AF509591

# L'AGRICULTURE

## DU

# NORD DE LA FRANCE

II

IMPRIMERIE DE JULES VERRONNAIS
rue des Jardins, 14, Metz

# L'AGRICULTURE

## DU

# NORD DE LA FRANCE

PAR

## J.-A. BARRAL

Directeur du *Journal de l'Agriculture*
Membre de la Société impériale et centrale d'Agriculture de France, etc.

---

TOME SECOND

## LES FERMES DE REXPOËDE, KILLEM & ARMBOUTS-CAPPEL

APPARTENANT A M. VANDERCOLME

L'AGRICULTURE DES ENVIRONS DE DUNKERQUE

LES MOËRES

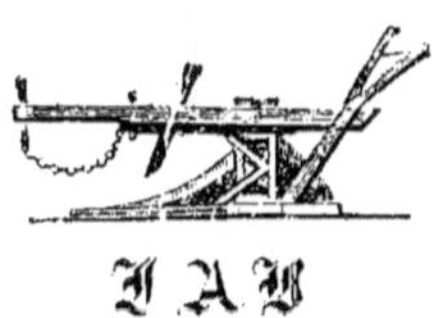

PARIS

## VICTOR MASSON ET FILS

PLACE DE L'ÉCOLE DE MÉDECINE

—

1870

A Messieurs

# Boussingault & de Lavergne

Membres de l'Institut

Deux illustres maîtres en Économie rurale,
l'un dans les sciences expérimentales,
l'autre dans les sciences morales et politiques,
sciences qui doivent être indissolublement
unies pour assurer les progrès
de l'Agronomie


Hommage de reconnaissance
et de respect

J.-A. Barral.

# INTRODUCTION

Ainsi que je l'ai promis en publiant mon étude sur la ferme de Masny comme le commencement d'une série de monographies de l'agriculture du Nord, je donne aujourd'hui un travail sur les fermes dont M. Vandercolme est propriétaire aux environs de Dunkerque, et un autre sur les fermes des Moëres belges et françaises.

Je continue à procéder par des descriptions très-complètes prises dans les exploitations; j'expose tous les détails de culture et de comptabilité que je peux recueillir. Observer, décrire, analyser, calculer et comparer, telle est ma règle. Je ne crois pas qu'il soit possible aujourd'hui de composer un livre nouveau sur l'agriculture, si l'on n'a pas recours à des expériences ou à des observations directes. Tout a été dit sur les géné-

ralités, et je ne regarde plus guère comme utile
de faire désormais un livre avec des livres.

La méthode des monographies que je me suis
imposée a l'inconvénient d'être très-lente et de ne
pas toujours conduire à des synthèses immédiates.
Mais aussi que d'avantages elle offre, en permettant de peindre le cultivateur aux prises avec les
difficultés de sa profession qui, pour prospérer,
exige des efforts de tous genres et des connaissances de toutes sortes. Nous sommes loin de
l'époque où l'ignorance et la routine régnaient
dans les champs. Aujourd'hui, pour cultiver avec
profit, il faut beaucoup savoir; il faut encore
bien appliquer ce que l'on sait. Nul ne réussit,
s'il n'a beaucoup vu et beaucoup comparé. Étudier les meilleurs exemples et les faire connaître
à fond, c'est rendre service à la pratique et à
la science, qui désormais ne sauraient plus être
présentées comme étant en état d'hostilité ou de
contradiction ; tous les esprits impartiaux ou
éclairés sont d'accord sur cette alliance qu'on ne
pourrait plus rompre.

En analysant ce que font les autres agriculteurs, tout fermier, métayer ou propriétaire exploitant rencontrera des méthodes nouvelles qui

lui permettront de modifier d'une manière fructueuse les procédés qu'il a adoptés. Il pourra se
rendre compte de l'opportunité de faire des chan-
gements, parce qu'il aura les moyens de suivre
toutes les conséquences des systèmes ou des pratiques, et de les juger d'après le produit définitif,
produit brut et produit net, produit cultural et
produit social.

J'ai avancé dans mon premier travail quelques
doctrines qui ont été combattues. Je tiens plus
aux faits qu'aux théories. Je n'hésiterai pas à
adopter de nouvelles opinions agronomiques, s'il
m'est démontré que je me suis trompé. Mais il
faut obtenir des faits eux-mêmes la lumière qui
doit éclairer le débat. C'est pour cette raison que
je reproduis en tête de ce volume l'article cri-
tique que mon illustre collègue de la Société
centrale d'Agriculture, M. Léonce de Lavergne,
a publié dans la *Revue des Deux-Mondes* sur la
ferme de Masny. Cet article d'ailleurs constitue
une excellente transition entre le premier et le
second volume de mes études sur l'agriculture
du Nord.

Dans les divers chapitres consacrés à l'examen
des fermes de M. Vandercolme ou des Moëres,

je trouve l'occasion de répondre aux critiques,
de justifier ou de modifier les doctrines agricoles
qui doivent ressortir de mes recherches.

Je ne puis mieux faire d'ailleurs pour montrer
ma déférence envers M. de Lavergne que de lui
dédier ce nouveau volume, en associant son nom
à celui de M. Boussingault, le chef respecté
de l'école agronomique moderne, fondée sur
l'emploi constant de la balance et de l'analyse
chimique.

Pour exécuter les monographies agricoles que
je donne successivement, il est nécessaire de rencontrer des collaborateurs dévoués et désintéressés
chez les directeurs des exploitations rurales qu'il
s'agit de soumettre à l'examen le plus approfondi.
M. Vandercolme, pour les fermes de Rexpoëde,
de Killem et d'Armbouts-Cappel, M. Moissenet,
pour le domaine des Mille-Mesures, dans les
Moëres, ont été pour moi d'une complaisance à
toute épreuve; je ne saurais trop les remercier
du concours qu'ils m'ont prodigué. Si ce nouveau
volume est jugé utile, s'il obtient le succès qui a
accueilli celui sur Masny, pour lequel j'avais été
tant aidé par M. Fiévet, c'est à eux que je le de-
vrai. Je fais aussi de vifs remercîments à

MM. de Laroière et Regodt, qui m'ont donné
d'intéressants détails sur l'état actuel des
Moëres, et à M. Vandercolme fils, qui m'a aidé
à composer l'histoire complète de leur desséchement, remplie d'un si grand nombre de péripéties.

Je ne consacre pas mes études aux grandes
fermes seulement. La petite culture a pour moi
un intérêt considérable. Les soins que j'ai mis à
décrire quatre petites fermes, soit dans le Nordland et le Pays-au-Bois, soit dans les Moëres, en
témoignent hautement. Cependant il faut reconnaître que c'est chez les grands cultivateurs,
principalement parmi les concurrents pour les
primes d'honneur, que l'on trouve plus facilement
les détails de culture, les éléments de comptabilité qui permettent d'apprécier les systèmes d'exploitation du sol. Les assertions vagues ne
peuvent servir à conquérir de nouveaux progrès.
Mais là où le cultivateur a appris à compter et à
discuter, afin de pouvoir affronter avec succès
l'examen des commissions de visite des fermes,
on peut être certain de recueillir des renseignements positifs. Ce sont ceux-ci que je me plais
surtout à constater.

Je ne suis encore qu'au début de la carrière

que je me suis proposé de parcourir. Cette
pensée m'effraie, car je reconnais que l'étude
sérieuse d'une seule exploitation rurale exige
plus d'une année. Je ne pourrai donc probablement pas faire un très-grand nombre de travaux
de ce genre. Lorsque la mort interrompra mes
recherches, j'aurai seulement la consolation
d'avoir indiqué une méthode qui pourra être
suivie par de plus jeunes et de plus heureux.
J'aurai laissé des termes de comparaison qui
manquent malheureusement trop souvent aujourd'hui, pour qu'on puisse tirer des déductions
certaines de la plupart des études agricoles.


J.-A. BARRAL.

25 Janvier 1870.

# CRITIQUE DE L'ÉTUDE

SUR

# LA FERME DE MASNY [1]

PAR M. L. DE LAVERGNE

Membre de l'Institut

Le département du Nord est le premier pays de culture de
France, et l'un des premiers du monde ; la terre y produit trois
fois plus que la moyenne du territoire, la population y est trois
fois plus condensée. En 1863, un concours a été ouvert entre les
exploitations les mieux dirigées de cette région prospère. La ferme
de Masny, près de Douai, a obtenu le prix. Cette ferme doit donc
présenter un des plus beaux exemples de richesse agricole. Ainsi a
pensé M. Barral, directeur du *Journal de l'Agriculture*, qui vient
de consacrer un volume entier à l'examen de Masny ; ainsi pense-
ront certainement avec lui tous ceux qui liront cette intéressante
description.

La ferme de Masny appartient à trois frères, MM. Fiévet, dont
l'un est colonel d'artillerie, le second conseiller à la cour de
Douai, et le troisième cultivateur. Ce dernier exploite depuis
trente-cinq ans les terres de la famille. La ferme se compose
aujourd'hui de 232 hectares, dimension remarquable pour le
département du Nord, qui est en général un pays de petite culture. 50 hectares appartiennent en propre à M. Constant Fiévet,
directeur de l'exploitation ; 107 sont la propriété de ses deux

[1] Extrait de la *Revue des Deux-Mondes* du 15 mars 1869.

frères, 75 lui sont loués par des propriétaires différents. Des plans et dessins annexés au travail de M. Barral font connaître les bâtiments d'habitation et d'exploitation ; évalués 130,000 francs, ces bâtiments sont la propriété personnelle de M. Constant Fiévet.

Un simple coup d'œil sur la distribution des cultures montre tout d'abord le caractère exceptionnel de la ferme de Masny :

| | |
|---|---|
| Betteraves | 78 hectares. |
| Blé | 75 |
| Lin | 23 |
| Avoine | 15 |
| Prairies artificielles | 12 |
| Hivernages | 14 |
| Prairies naturelles | 3 |
| Seigle | 6 |
| Jardins, bâtiments, chemins | 6 |
| Total | 232 hectares. |

Ce qui frappe ici, c'est l'absence à peu près complète de prairies naturelles, l'étendue relativement restreinte des prairies artificielles et des *hivernages* (mélanges de seigle et de vesces qu'on coupe en vert pour le bétail), et l'extension donnée à la culture de la betterave. Une fabrique de sucre est annexée à la ferme, ou, pour mieux dire, la ferme est annexée à une fabrique de sucre. La betterave produit à Masny 50,000 kilos à l'hectare, ce qui, à 20 francs les 1,000 kilos, donne un produit brut de 1,000 francs. Malgré ce beau rendement, les racines récoltées dans la ferme ne forment que le quart environ de l'approvisionnement de la sucrerie ; on y traite annuellement de 10 à 20 millions de kilos de betteraves, et on y fabrique jusqu'à 10,000 sacs de sucre. Toutes les pulpes, résidus de cette fabrication, sont revendues à la ferme à raison de 12 francs 50 centimes les 1,000 kilos, et servent à la nourriture du bétail. Les eaux de l'usine sont employées en irrigations, ce qui fournit une abondante source d'engrais.

Le blé couvre à peu près la même étendue que la betterave ou le tiers environ du sol de la ferme, et donne en moyenne 32 hec-

tolitres à l'hectare ; dans les bonnes années, le rendement s'est
élevé à 38 hectolitres, et sur quelques points jusqu'à 59 ; en y
comprenant la paille, le produit brut du blé atteint presque celui
de la betterave, ou 1,000 francs par hectare. Le lin s'élève
encore plus haut ; il donne un produit moyen de 1,200 à 1,500 fr.
Les autres cultures disparaissent devant celles-là. L'avoine rapporte 60 hectolitres à l'hectare, et monte quelquefois jusqu'à 80 ;
mais le bas prix de ce grain fait que le bénéfice final est restreint.
Le seigle ne sert qu'à fournir la paille pour les liens nécessaires
à la moisson ; on ne fait pas de pommes de terre, quoique le
département du Nord en produise beaucoup.

M. Fiévet cultive avec des chevaux ; il a 37 chevaux de travail.
La vacherie a peu d'importance, elle se compose de 7 vaches flamandes dont le lait sert uniquement à la consommation de la
ferme. Il n'y a pas de porcherie à proprement parler. La véritable
spéculation consiste dans l'engraissement des bêtes à cornes et
des moutons. M. Fiévet achète du bétail maigre et le revend
engraissé. 500 têtes de gros bétail et 2,400 moutons passent ainsi
tous les ans dans ses étables ; l'engraissement dure environ trois
mois, ce qui suppose une moyenne de 125 bêtes à cornes et de
600 moutons à la fois. Le bénéfice obtenu par cette opération se
compose principalement du fumier produit par les animaux.

Somme toute, le produit brut des cultures et du bétail, abstrac-
tion faite de la sucrerie, s'élève à 850 francs par hectare, ou
200,000 francs en tout ; il est vrai que dans ce total sont comprises les pailles et les semences. Le produit brut réalisable en
argent paraît être de 170,000 francs, ou 740 francs par hectare.
De si beaux résultats ne s'obtiennent pas sans un puissant capital
d'exploitation. M. Barral le porte à 370,000 francs, et, avec les
bâtiments, à 500,000 francs en tout. Ce gigantesque capital se partage inégalement entre les quatre destinations qu'il doit recevoir :
1o le cheptel vivant (chevaux et bétail), 2o le cheptel mort (instruments aratoires), 3o les engrais et les récoltes en terre, 4o les
récoltes en magasin et l'argent en caisse. La collection des machines est en particulier complète et magnifique.

Voilà certes un des plus beaux exemples de grande culture
qu'on puisse voir ; on doit remercier M. Barral de nous l'avoir fait
connaître. Une comptabilité tenue avec soin lui a permis de péné-

trer dans les moindres détails. Après avoir établi les résultats généraux, il les compare avec ceux que j'ai donnés pour la France et l'Angleterre prises dans leur ensemble, et fait ressortir pour Masny une grande supériorité. J'ai seulement une petite rectification à faire qui réduit un peu la différence sans rien changer au fond des choses. Quand j'ai évalué à 100 francs par hectare le produit brut moyen de l'agriculture en France, j'ai compris dans le calcul la surface entière du territoire, sans en déduire les terres incultes et les bois. La terre cultivée rapporte 150 francs par hectare, ce produit s'élève à 200 dans la région du nord-ouest, et dépasse 300 dans le département du Nord. Même observation pour l'Angleterre, dont le produit brut doit être porté à 250 francs pour les terres cultivées, et s'élève quelquefois jusqu'à 500. C'est à ces chiffres qu'il faut comparer le rendement de Masny ; il est encore énorme.

Étant donnés 170,000 francs de produits réalisables, ils se distribuent approximativement ainsi :

| | |
|---|---|
| Rente du sol.................... | 30,000 francs. |
| Intérêts du capital d'exploitation....... | 18,000 |
| Loyer des bâtiments................ | 6,000 |
| Impôts......................... | 4,000 |
| Frais de culture et d'entretien......... | 80,000 |
| Bénéfice de l'exploitant............. | 32,000 |
| Total........ | 170,000 francs. |

Ces chiffres ne sont pas exactement ceux que donne M. Barral, parce qu'il a cru devoir faire une moyenne de onze années ; mais cette moyenne ne suffit pas pour faire connaître le dernier état de Masny, puisque la culture y a été constamment progressive. J'ai cherché à dégager les derniers résultats. Il y a aussi entre nous une petite différence dans la manière de calculer le produit brut. M. Barral fait une distinction fort juste entre ce qu'il appelle le produit brut *cultural* et le produit brut *social*, le premier comprend les pailles et les semences, qui ne sont pas comprises dans le second ; mais faut-il déduire aussi l'équivalent des aliments et des engrais importés ? Pour mon compte, j'ai toujours ajouté au passif des cultures les aliments et les engrais achetés, en les comprenant dans ce que j'appelle les *frais accessoires*, et j'ai dû par conséquent porter à l'actif tous les produits réalisables.

D'après ce qui précède, la rémunération de l'exploitant de Masny s'élèverait aujourd'hui à 56,000 francs par an : 18,000 francs pour l'intérêt du capital d'exploitation, 6,000 francs pour le loyer des bâtiments, et 32,000 francs pour le bénéfice proprement dit, soit 11 pour 100 environ de son capital, bâtiments compris, et 14 pour 100 de son capital d'exploitation proprement dit. J'ai ici une dernière observation à faire : M. Barral porte l'intérêt du capital d'exploitation dans les frais accessoires, tandis que je l'ai toujours confondu avec le bénéfice du fermier ; on peut le distinguer si l'on veut, mais alors il faut en faire un article à part.

Même accrue de l'intérêt du capital d'exploitation, la part de l'exploitant n'excède pas en moyenne en France le dixième du produit brut, et en Angleterre le cinquième. A Masny, elle atteint le tiers. En revanche, la rente du sol, qui prend ordinairement le tiers, n'y atteint pas tout à fait le sixième, et la part des salaires et autres frais, qui dépasse en général la moitié, reste un peu au-dessous. Les 80,000 francs de frais de culture et d'entretien se divisent ainsi :

| | |
|---|---|
| Engrais importés. | 20,000 francs. |
| Nourriture importée | 20,000 |
| Salaires divers | 40,000 |

En divisant le tout par hectare de superficie, on trouve à peu près le résultat suivant :

| | |
|---|---|
| Rente du sol | 131 francs. |
| Intérêts du capital | 78 |
| Loyer des bâtiments | 26 |
| Impôts | 18 |
| Frais accessoires | 174 |
| Salaires | 174 |
| Bénéfice | 139 |
| Total | 740 francs. |

Ces chiffres dénotent une culture portée au *maximum*, ce qui n'empêche pas M. Fiévet de faire quelquefois des pertes. L'année

1861, par exemple, s'est soldée par un déficit de 34,000 francs ;
en revanche, l'année 1867 avait donné un bénéfice presque double
de la moyenne.

Après avoir rendu hommage à l'importance et à l'originalité du
travail de M. Barral, je dois dire un mot des doctrines qu'il y
rattache. Je ne suis pas toujours d'accord avec lui soit pour la
définition des termes, soit pour les conclusions à tirer des faits,
et je crois ne pouvoir mieux lui montrer mon estime qu'en dis-
cutant franchement ses propositions. En constatant le bénéfice
extraordinaire de l'exploitant de Masny, M. Barral ajoute : « Ce
bénéfice est porté généralement au-dessous de la rente dans les
statistiques agricoles ; à Masny au contraire, il est supérieur, et
*nous croyons que ce résultat se reproduit dans toutes les fermes
prospères.* » Si M. Barral s'était borné à dire que plus l'agriculture
se perfectionne, plus le bénéfice de l'exploitant grandit, il serait
resté dans le vrai ; mais il a trop généralisé ce qui n'est encore
qu'une exception. Il y a jusqu'à présent peu de fermes, même en
Angleterre, où le profit de l'exploitant dépasse ou égale la rente
du sol, et cependant on ne peut nier que beaucoup ne soient
prospères. Tout dépend du capital d'exploitation comparé au
capital foncier. A mesure que le capital d'exploitation s'élève, le
profit monte, et c'est justice. De même la rente du sol ne se règle
pas arbitrairement. Le capital appartenant au propriétaire est,
dans le plus grand nombre des cas, fort supérieur au capital
d'exploitation ; l'un ne rapporte que 2 ¹/₂ ou 3, tandis que
l'autre doit rapporter 10 pour 100, et cependant la différence de
capital est si grande que la somme des revenus du premier dépasse de beaucoup le revenu du second.

Suivant M. Barral, il n'y a d'autre *produit net* que le bénéfice
de l'exploitant. Ce n'est pas ainsi que les économistes français du
xviiie siècle ont défini ce mot, dont ils ont fait un grand usage ;
d'après eux, le produit net comprend, avec le bénéfice de l'exploitant, la rente et l'impôt. Ce produit se partage en trois, parce
que le propriétaire, l'exploitant et l'État ont concouru à le former.
M. Barral place la rente et l'impôt dans ce qu'il appelle les *charges
de l'agriculture.* Ce terme peut être usité dans le langage courant,
mais il n'exprime pas une idée juste. La rente et l'impôt ne sont
des charges qu'autant que le taux en est excessif : dans une juste

proportion ils ne constituent pas plus des charges que le bénéfice de l'exploitant. Supprimez la rente et l'impôt, le propriétaire ne supportera plus aucun de ces frais qu'on appelle des *avances foncières*, l'État ne fera plus de travaux publics et ne garantira plus justice et sécurité ; tout s'arrêtera. Dans quelle proportion le propriétaire, l'exploitant et l'État ont-ils contribué au produit ? Voilà toute la question, elle se représente pour les salaires.

On comprend la prédilection de M. Barral pour le chef d'exploitation ; mais l'ouvrier qui laboure, qui sème et qui moissonne peut aussi se considérer comme le seul agent de l'agriculture. Aurait-il raison ? Pour labourer, il a besoin d'une charrue attelée ; pour semer, il a besoin de semence et d'engrais ; pour moissonner, transporter et battre les récoltes, il a besoin d'instruments et de chariots ; pour semer et récolter à propos, pour varier convenablement ses cultures, pour introduire de nouveaux perfectionnements dans ses procédés, il a besoin d'une pensée qui le dirige ; enfin, pour toucher ses salaires, il a besoin de vendre ses produits. C'est le chef d'exploitation qui pourvoit à tout, et qui par conséquent contribue au résultat pour une grande part, quoiqu'il ne laboure pas de ses propres mains.

De même, pour que le chef d'exploitation puisse exercer son industrie, il faut qu'il trouve des bâtiments tout préparés, des terres ouvertes et amendées de longue main, des irrigations, des dessèchements, des prairies, un cours de culture tout établi ; c'est le propriétaire qui les lui fournit. S'il avait affaire à la terre nue, il produirait dix fois moins. On peut citer des cas où la rente s'accroît d'un élément dont on a fait beaucoup de bruit, la fertilité naturelle du sol ; mais ces cas sont rares et passagers. Analysez la valeur vénale des terres dans les pays les plus fertiles, vous trouverez que la valeur du sol nu n'y entre pour rien ou presque rien ; ce sont les capitaux enfouis qui font tout. Dans tous les cas, cette valeur originaire, en supposant qu'elle existe, n'a profité qu'au premier occupant ; les détenteurs actuels l'ont acquise au même titre que les autres capitaux. « La rente monte toujours, » dit avec regret M. Barral, mais n'est-il pas d'usage que le capital placé en terre ne rapporte que la moitié environ de l'intérêt des capitaux mobiliers, et n'est-il pas légitime que la seconde moitié se capitalise ? Le propriétaire renonce à une partie de son revenu pour augmenter son capital, la terre fait fonction de caisse d'épargne.

Dans un état arriéré d'agriculture, rentes, profits et salaires descendent ensemble; quand l'agriculture s'améliore, tout monte à la fois. Je reconnais sans difficulté que l'élément le plus précieux, c'est le bénéfice de l'exploitant, parce qu'il constate l'application d'un plus grand capital et d'une plus grande habileté à la culture. Si cette part est faible en France, ce n'est point parce que la rente est trop forte, c'est parce que le capital et l'habileté manquent trop souvent; si elle s'élève en Angleterre, c'est que l'un et l'autre font moins défaut. L'exploitant de Masny a un bénéfice exceptionnel parce qu'il a un capital exceptionnel et une habileté supérieure. La rente du sol devrait d'ailleurs y être accrue, pour rentrer dans les conditions ordinaires, du loyer des bâtiments, qui appartiennent en général au propriétaire, et il se peut que par des considérations de famille, la rente n'y soit pas portée tout à fait au même point qu'ailleurs.

Le capital d'exploitation est énorme, 1,600 francs par hectare. L'exploitant de Masny aurait-il pu gagner autant en dépensant moins? Question délicate que je ne me charge pas de résoudre. Tout ce qu'on peut dire, c'est qu'avec la moitié ou même le quart de ce capital beaucoup de fermiers font encore de bonnes affaires. J'ai évalué la moyenne du capital d'exploitation à 100 francs par hectare en France et à 400 francs en Angleterre; mais ces chiffres embrassent toujours la surface totale du territoire, et en les réduisant aux terres cultivées on trouve 150 francs pour la France et 500 francs pour l'Angleterre. Nous serions déjà fort heureux que la moyenne du capital français fût doublée. Même à Masny, le capital d'exploitation n'a pas commencé par être ce qu'il est aujourd'hui; il s'élevait à peine à la moitié il y a dix ans, et en remontant plus haut encore il ne dépassait pas le quart; la ferme de Masny était pourtant dès lors connue et estimée, on peut s'en assurer par le rapport des inspecteurs de l'agriculture sur le département du Nord en 1843.

Malgré sa définition exclusive du produit *net*, M. Barral attache encore plus d'importance au produit *brut*. « Le produit brut, dit-il, importe beaucoup plus à un pays que le produit net; le produit net intéresse particulièrement l'exploitant du sol, le produit brut est la grande affaire du pays. » Ici encore, je ne

puis être de son avis. Le produit net, même entendu dans un sens
plus large et comprenant la rente et l'impôt, n'intéresse pas
moins le pays tout entier que le produit brut. Sans l'espoir
d'augmenter le produit net, il y aurait beaucoup moins de produit brut, ce qui suffirait déjà pour montrer le lien étroit qui les
unit ; mais il y a un autre point de vue qui révèle dans le produit net le principal agent de la civilisation et de la richesse. Cet
excédant sur les frais de production sert à nourrir la partie de la
population qui ne s'adonne pas à l'agriculture. Si le produit net
n'existait pas, tout le monde devrait travailler la terre ; il ne resterait personne pour les travaux de l'industrie, du commerce et
des professions libérales.

En traitant de la *statique chimique*, M. Barral soulève un autre
ordre de questions qui a aussi son importance. Il n'a pas de peine
à montrer qu'avec de pareils produits l'exportation des principes
élémentaires doit être énorme à Masny : de si grandes quantités
de blé, de viande, de sucre, de lin, ne sortent pas tous les ans
de 230 hectares sans laisser un grand vide : M. Barral évalue la
perte annuelle à 93 kilos d'azote, 26 d'acide phosphorique et 42
de potasse par hectare. J'accepte ces chiffres sur parole, ils ne
sont pas de ma compétence. M. Barral calcule ensuite la restitution qui s'opère par les engrais, et il trouve qu'en pulpes de
sucrerie, tourteaux de lin et de colza, écumes de défécation,
engrais commerciaux, etc., M. Fiévet importe tous les ans une
quantité plus qu'équivalente d'azote, cinq fois plus d'acide phosphorique, et un peu moins de potasse, d'où il suit que la richesse
du sol va en s'accroissant, excepté en potasse. Pour réparer
l'épuisement de ce dernier élément, M. Barral conseille à M. Fiévet
d'annexer à sa sucrerie une distillerie de mélasse, ou d'avoir
recours à une importation de nitrate de potasse qu'il répandrait
sur ses fumiers.

Jusque-là tout est pour le mieux ; mais M. Barral ajoute en
forme de conclusion : « La statique chimique ne s'obtient sur un
domaine en progrès qu'à la condition d'un apport du dehors supérieur aux exportations des denrées agricoles. Dès qu'un domaine
exporte, il faut qu'il importe, soit directement par les soins du
cultivateur, soit indirectement par des conditions naturelles particulières. Ceux qui ont cherché l'équilibre ou le progrès dans la

simple rotation des cultures, dans une certaine relation des cultures fourragères non irriguées et des terres à grains, n'ont fait que remuer et amonceler des erreurs. » Cette théorie absolue me paraît en contradiction avec les faits. Il en résulterait que tout domaine qui exporterait des denrées, dans quelque mesure que ce soit, sans importer des engrais, irait en s'appauvrissant. Or toutes les terres exportent plus ou moins du blé, de la viande, de la laine, et très-peu de cultivateurs achètent des engrais. Bien des parties de notre sol sont cultivées depuis des siècles avec une exportation constante de produits sans aucune importation d'engrais, et, loin de donner des signes d'épuisement, elles montrent une fertilité croissante ; elle devraient être stérilisées depuis longtemps, si la thèse de M. Barral était vraie.

Ceci ne veut pas dire qu'il ne soit pas bon d'acheter des engrais : un surcroît de fertilité ne fait jamais de mal, et il y a un certain degré de production qui rend cette importation nécessaire ; mais il faut reconnaître qu'il existe d'autres moyens de réparer dans une certaine mesure les pertes causées par la consommation. Ces moyens sont au nombre de deux, l'un primitif, l'autre perfectionné : la jachère et l'assolement alterne. Pendant longtemps, la jachère a suffi ; tant que la population n'a pas été nombreuse, il a suffi de laisser reposer le sol une année sur deux ou sur trois pour assurer la perpétuité des récoltes. Même aujourd'hui la jachère joue encore un rôle important ; la France n'a pas moins de 5 millions d'hectares en jachère, et cette proportion suffit pour réparer les pertes de la moitié de notre territoire. L'assolement alterne permet à l'autre moitié, dont la culture est plus intensive, non-seulement de soutenir, mais d'accroître sa fertilité. Nier la théorie de l'assolement alterne, c'est rayer d'un trait de plume les démonstrations de l'expérience. L'importation des engrais donne un élément de plus, puissant et rapide ; mais, à part quelques exceptions brillantes, comme Masny, la rotation des cultures reste la règle : c'est à elle que nous avons dû, que nous devons et que nous devrons la plupart de nos progrès ; elle suffit, appliquée avec ensemble, pour doubler nos produits actuels.

La thèse chimique de M. Barral est incontestable en elle-même, il faut rendre au sol ce que les récoltes lui enlèvent, et au delà. Reste à savoir comment. La nature y a pourvu jusqu'à un certain

point, puisque la jachère suffit pour rétablir l'équilibre dans un
état limité de production. La chimie nous apprendra un jour, elle
commence à nous apprendre comment se reforment dans le sol,
par la seule influence du repos et des agents atmosphériques,
l'azote, le phosphate, la potasse, le carbone, tous les principes
élémentaires ; elle ne nous donnerait pas l'explication du fait, que
le fait n'en serait pas moins certain. De même l'expérience prouve
qu'à côté des récoltes qui épuisent, il y a celles qui fertilisent ; si
la chimie ne nous rend pas un compte complet de ce phénomène,
c'est qu'elle ne sait pas tout. Consultez le premier cultivateur
venu, et il vous répondra qu'en n'affectant aux céréales qu'une
moitié, un tiers ou un quart du domaine, suivant les circonstances, en consacrant le reste aux prairies et aux racines, en
faisant consommer par le bétail toutes les récoltes vertes, et en
restituant au sol les pailles et autres résidus, on répare largement
ses pertes. Le fumier de ferme est l'agent principal de cette restitution, mais il n'est pas le seul ; l'air, l'eau, la lumière, la chaleur, tout y contribue, et la nature a doué certaines plantes de la
faculté de reprendre par leur végétation ce que d'autres dépensent.
Une des plus grandes preuves de cette propriété se trouve dans
ce qu'on appelle les *engrais verts*, c'est-à-dire l'enfouissement des
récoltes vertes comme le sarrasin, le colza, la spergule, le lupin.
L'expérience prouve qu'on féconde par là les sols les plus pauvres ;
les engrais verts transforment en ce moment les sables de la
Prusse.

La nécessité des importations d'engrais s'explique à Masny par
l'énormité des produits. M. Fiévet, il ne faut pas l'oublier, a
presque renoncé aux prairies naturelles ou artificielles, et il
exporte une partie de ses racines ; ces moyens de fertilisation lui
manquant, il a d'autant plus besoin de secours étrangers. Dans ce
même département du Nord, où l'agriculture industrielle jouit
d'une si grande faveur, on trouve encore plus d'une exploitation
qui s'alimente par elle-même et qui cependant ne dégénère pas ;
ce département possède 90,000 hectares de prairies naturelles,
50,000 hectares de prairies artificielles, ce qui prouve qu'on n'y
renonce pas aux moyens ordinaires de faire de l'engrais. Avant
1789, la betterave à sucre était inconnue, et la Flandre était déjà
le premier pays de culture de France. Certes je ne veux dire

aucun mal de la betterave à sucre. Personne n'admire plus que moi cette magnifique culture, mais un doute s'élève sur son avenir par l'insuffisance de ses débouchés. La consommation du sucre et de l'alcool ne peut pas s'étendre autant que celle de la viande et du pain, et ces deux produits de la betterave rencontrent des concurrences redoutables dans le sucre des colonies et l'alcool de vin. La grande masse des agriculteurs français doit chercher ailleurs ses profits et ses engrais.

Malgré la netteté de sa déclaration finale, M. Barral fait plusieurs concessions de détail. La première porte sur le carbone, qui s'exporte à Masny comme les autres éléments, et qui n'est pas renouvelé par des importations spéciales. « Dans le cas, dit il, d'une culture telle que celle de Masny, qui repose essentiellement sur la production de la betterave à sucre, il y a une grande quantité de carbone exportée ; mais *une preuve indirecte de l'excédant de réimportation se trouve dans l'accroissement des rendements du domaine.* Il faut considérer que les eaux souterraines et de surface apportent beaucoup d'acide carbonique en dissolution ; une partie des récoltes du domaine est à racines pivotantes, qui puisent dans le sous-sol et ramènent à la surface une nourriture qui enrichit la couche atteinte par les instruments de labour ; les eaux pluviales, lavant l'atmosphère d'une localité où se trouvent tant de cheminées qui vomissent d'énormes quantités d'acide carbonique, sont plus riches que partout ailleurs en un gaz, source du carbone des plantes. C'est ainsi que l'humus des terres de Masny n'a pas diminué. » Ce qui se passe pour le carbone ne peut-il point se passer pour les autres éléments, quoiqu'on n'ait pas encore pu en saisir toutes les transformations ?

M. Barral fait une distinction entre les prairies irriguées et celles qui ne le sont pas ; il paraît admettre que l'irrigation apporte des sources d'engrais qui manquent aux autres prairies. Les eaux d'irrigation doivent en effet se charger, en traversant la terre, de principes fertilisants ; mais rien ne prouve que les prairies non irriguées n'aient pas aussi des moyens de décomposer à leur profit l'eau, l'air et le sol. Quand on compare les pays où abondent les prairies naturelles irriguées et ceux qui n'ont pour ainsi dire que des prairies artificielles, on trouve les seconds plus généralement riches que les premiers. Les départements de Seine-et-Oise, de Seine-et-Marne, de l'Oise, de la Somme, ont peu de prairies naturelles, et n'ont presque pas de prairies irriguées ; ils figurent cependant parmi les plus riches. Au contraire, les départements qui possèdent le plus de prairies irriguées, la Creuse, la Haute-Vienne, les pays de montagnes en général, comptent parmi les moins productifs. Cette différence tient sans doute à des causes multiples, mais elle prouve dans tous les cas que les prairies irriguées n'ont pas sur les prairies artificielles la supériorité qu'on leur attribue.

Les auteurs qui soutiennent la même thèse que M. Barral invoquent à l'appui de leur opinion des exemples historiques. « Voyez, nous disent-ils, les pays anciennement habités par les hommes, ils sont épuisés. Voyez en particulier la Sicile ; cette île a consommé les phosphates de son sol en vendant du blé aux Romains, et elle ne peut plus rien produire. » Cette observation serait vraie, qu'elle ne prouverait rien contre l'assolement alterne, à peu près inconnu des anciens ; mais il y a plus, les faits ne disent pas ce qu'on leur fait dire. Ce n'est pas la culture qui a stérilisé l'Asie-Mineure par exemple ; les révolutions et les guerres ont détruit les cultivateurs, l'inculture a suivi la dépopulation. La fertilité revient partout où revient le travail. La Sicile, entre autres, ne présente pas les signes d'épuisement qu'on lui prête ; elle est proportionnellement aussi peuplée que la France, et elle produit assez de blés pour alimenter une exportation considérable ; elle en exporte certainement plus aujourd'hui que jadis, car ce mot pompeux de *grenier des Romains* s'appliquait à la seule ville de Rome, qui ne tirait pas seulement ses approvisionnements de la Sicile, mais qui mettait aussi à contribution l'Italie et l'Afrique.

Il suffit de songer aux faibles moyens de navigation connus des anciens pour réduire à leur juste valeur ces importations de grains qui troublaient le sommeil d'Auguste ; l'Angleterre achète aujourd'hui au monde entier dix fois plus de blé que n'en achetait autrefois la ville de Rome, et on ne voit pas que les pays producteurs s'épuisent à lui en fournir, quand ils sont bien cultivés. Partout où l'assolement alterne n'est pas usité, l'épuisement arrive ; mais l'assolement alterne apporte la fécondité. Il ne faut pas confondre les effets de la mauvaise culture avec ceux de la bonne. Le déboisement par exemple est une puissante cause de

d

stérilité ; est-ce là de la culture ? Non, c'est de la dévastation.
Une certaine proportion de bois est nécessaire, surtout dans les
pays méridionaux. C'est une forme de l'assolement. Faut-il s'en
prendre à la culture, si l'Algérie et la Castille ont perdu cet
élément d'équilibre ?

Sans doute avec le seul secours de l'assolement alterne la production n'est pas illimitée. Il vient un point où, l'exportation
croissant toujours, la balance ne suffit plus ; mais ce point est
encore très-éloigné pour la plupart des terres en France et en
Europe. Le terme serait encore plus rapproché, si la théorie des
importations nécessaires était vraie à la lettre. On ne peut, dans
ce système, enrichir les uns sans dépouiller les autres. On en voit
un exemple à Masny. La nourriture importée se compose de la
pulpe de betteraves achetées au dehors. Or, comment font ceux
qui vendent ces betteraves pour réparer leurs pertes ? Les engrais
achetés se composent principalement de tourteaux ; comment font
ceux qui les vendent pour échapper à l'épuisement ? Masny est
donc un vampire qui se nourrit de la substance de ses voisins ;
ceux-ci doivent à leur tour se nourrir de celle d'autrui, et ainsi
de suite. L'assolement alterne est moins égoïste ; il ne demande
qu'à lui-même ses moyens d'approvisionnement.

Il y a enfin un genre d'engrais qui ne constitue pas une importation proprement dite et qui vient puissamment au secours de
l'assolement alterne. C'est l'engrais humain. En restituant à la
terre les résidus de ceux qu'elle a nourris, on n'ajoute rien à sa
substance ; elle reprend ce qu'elle a donné. La Chine offre un
grand exemple de l'énergie de cet engrais ; bien que les terres y
nourrissent depuis des siècles des centaines de millions d'hommes,
elles vont en s'enrichissant, et nous avons plus près de nous, en
Flandre, d'autres preuves de cette action fertilisante.

La chimie n'en rend pas moins tous les jours d'immenses services à l'agriculture. Elle nous suggère, quand le sol est arrivé à
un haut degré de production, l'emploi d'engrais spéciaux, dont le
véritable nom est celui d'engrais auxiliaires ou supplémentaires.
Quand le terrain est naturellement infertile, elle nous apprend à
connaître ce qui lui manque, et à lui donner, non ce qu'il a perdu,
mais ce qu'il n'a jamais eu. La nature a refusé à beaucoup de
terrains l'élément calcaire par exemple ; ce n'est pas leur rendre

ce que leur a enlevé la culture que d'y apporter de la chaux ou
de la marne, c'est faire le sol et non le réparer. L'unique tort de la
chimie serait de nier ce qu'elle ne peut pas encore expliquer. La
théorie chimique de l'épuisement absolu va beaucoup plus loin
que la fameuse théorie de Malthus, car Malthus admet un accroissement progressif de l'agriculture et de la population, pourvu
qu'il ne soit pas trop rapide, tandis que le système de l'épuisement
chimique conduit à un arrêt immédiat et même à une décadence
inévitable.

Admirons donc la ferme de Masny, mais sans en tirer de conséquences trop absolues. Pour la nature et la répartition des cultures,
pour l'énormité du capital d'exploitation, pour la proportion du
produit net, pour le mode de renouvellement des substances
exportées, cette ferme a bien peu d'analogues. Recommandons
l'élévation aussi grande que possible du capital d'exploitation et
par suite du bénéfice qu'il procure, mais sans porter atteinte à la
rente du sol. Conseillons l'emploi des engrais auxiliaires, sans les
présenter comme les seuls moyens de salut. Constatons la richesse
produite par la betterave à sucre, sans prétendre la généraliser.
Il n'y a qu'un système qui puisse s'appliquer à tous les cas, à la
petite culture comme à la grande, aux pays pauvres comme aux
pays riches : c'est l'assolement alterne avec ou sans base de prairies naturelles, en y ajoutant l'engrais humain. Avant tout, le sol
doit se réparer et s'enrichir par lui-même, les engrais auxiliaires
ne viennent qu'après.

M. Barral ne se contente pas de cette étude approfondie sur la
ferme de Masny ; il se propose de passer en revue les principales
exploitations du département du Nord. Nous ne pouvons que le
féliciter de cette entreprise. L'agriculture n'est plus une routine
aveugle, elle devient à la fois une science et une industrie. C'est
rendre au pays le plus grand des services que d'appeler l'attention
sur les meilleurs modèles. On vient de voir combien cet ordre
d'intérêts justifie les méditations de la théorie et les efforts de la
pratique. Tout le mécanisme social est engagé dans les questions
d'économie rurale, et les sciences physiques y trouvent leurs
principales applications.

L. DE LAVERGNE.

# LES FERMES

DE

## REXPOËDE, KILLEM & ARMBOUTS-CAPPEL

APPARTENANT A M. VANDERCOLME

Si vous exportez , importez.

Le bénéfice consistera à incorporer dans la terre
de vos champs des éléments qui , ayant moins de
valeur vénale que les récoltes , produiront néanmoins des moissons plus abondantes et plus riches.

L'engrais se change en or, en devenant d'abord
de l'herbe , du blé , du lin , du sucre , de l'huile.
Pour faire ce miracle , il faut du travail , du
capital et de l'intelligence.

# CHAPITRE PREMIER

MOTIFS DU CHOIX DES FERMES DE KILLEM, REXPOEDE & ARMBOUTS-
CAPPEL POUR LA DESCRIPTION DE LA CULTURE DE
L'ARRONDISSEMENT DE DUNKERQUE

Dans l'arrondissement de Dunkerque on ne trouve pas de
très-grandes exploitations ; on n'y rencontre guère que de
petites fermes sans grandes constructions : tout est simple ;
les améliorations ne peuvent s'y produire qu'à la condition
de peu coûter. Pour décrire le mode de culture qui y est
adopté, en suivant la méthode des monographies que
nous regardons comme la plus instructive à employer,
nous avons dû faire un choix qui permît de juger à la
fois le passé, le présent et l'avenir.

Le passé est toujours difficile à apprécier, mais il peut
en rester des témoins irrécusables.

Si l'on veut estimer le présent, il faut une grande in-
dépendance d'esprit, mais il y a des contradicteurs qui
peuvent ramener à la mesure exacte de la vérité.

Afin de se rendre compte de ce que sera l'avenir, sans

se laisser aller à des rêves impossibles, il n'y a de bon moyen que de regarder à l'œuvre les hommes qui précèdent leurs contemporains ; il se rencontre heureusement toujours des sentinelles avancées, ou mieux des éclaireurs qui vont de l'avant et portent des lumières dans les profondeurs de l'horizon.

Nous pensons être bien tombé en prenant pour sujet de notre étude les travaux de M. Alexandre Vandercolme, propriétaire de plusieurs fermes aux environs de Dunkerque. Parmi ces fermes nous choisirons celles situées à Rexpoëde, à Killem et à Armbouts-Cappel. M. Vandercolme n'en cultive qu'une petite, les autres sont entre les mains de fermiers selon les usages du pays. Ce n'est pas en raison de son *faire-valoir* direct que nous le prenons pour exemple, mais c'est parce qu'il fait de nombreuses expériences et qu'il a pu nous initier à toute la vie rurale de cette partie de la Flandre. L'un des premiers il a essayé toutes les améliorations : bétail de choix, instruments perfectionnés, drainage, bon aménagement des fumiers, engrais nouveaux, fourrages abondants, meilleures variétés de semences, etc. Il donne l'exemple, mais il laisse l'imitation libre, sauf quelquefois à la provoquer en offrant de faire tous les frais et de partager les bénéfices. C'est un propriétaire bienfaisant, réservé en apparence, enthousiaste au fond, se rendant compte de toutes ses opérations avec des soins scrupuleux, aimant à conserver le tableau précis de ce qui est, avant d'essayer ce qui sera. A tous les points de vue, les fermes de M. Vandercolme méritent d'être soumises à une étude attentive ; nous

nous proposons de les faire passer en détail sous les
yeux de nos lecteurs.

C'est après avoir voyagé en Angleterre, et avoir constaté la différence des produits que la terre fournissait des
deux côtés du détroit, que l'idée vint à M. Vandercolme
de s'occuper d'agriculture. Il trouvait le climat des côtes
de France plus favorable à la production du sol que le
climat britannique ; il constatait que les terres de ses environs étaient tout aussi fertiles que celles de l'autre côté
de la Manche. Pourquoi donc, se disait-il, les cultivateurs de l'arrondissement de Dunkerque ne feraient-ils
pas aussi bien que ceux qui labourent en face par-delà le
bras de mer. On était alors en 1848 ; à cette époque il
n'était question en Angleterre que du drainage, et partout on vantait les merveilleux effets qu'on en obtenait.
Après avoir bien étudié les détails d'exécution, s'être rendu
compte de toutes les dépenses et de tous les avantages,
avoir bien, en un mot, pesé le pour et le contre, M. Vandercolme se décida dès l'année suivante, en 1849, à introduire dans les plaines de Dunkerque le drainage qui y
était tout à fait inconnu, même de nom. Pour réussir,
sans courir le risque de compromettre par des essais malheureux une innovation dont tous les agriculteurs anglais
disaient tant de bien, il ne fallait négliger aucune précaution. Il était nécessaire d'agir de manière à frapper
vivement l'attention du paysan, qui, comme on le sait, est
toujours incrédule, si ce n'est quand il a vu le succès.

M. Vandercolme fit venir d'Écosse des ouvriers drai-
neurs, les meilleurs qu'il put trouver ; il introduisit aussi

des tuyaux en quantité suffisante pour drainer 8 hectares.
On se servait alors de tuyaux qui étaient ouverts par le
bas et que l'on posait sur des tuiles ou des briques
servant de semelles. C'était bon, mais c'était cher. On a,
depuis cette époque, réduit la dépense à moitié par l'emploi des tuyaux cylindriques. Mais ce n'était pas tout que
d'avoir des ouvriers et du matériel, il fallait encore choi-
sir les terres sur lesquelles l'expérience devait être faite.
Un propriétaire qui eût voulu opérer chez lui, n'aurait
pas eu grande chance d'être immédiatement imité. A cette
époque, les cultivateurs flamands étaient très-rétifs à tout
progrès, ils n'eussent pas cru aux faits qu'un propriétaire
leur eût annoncés. M. Vandercolme se dit qu'ils ne pourraient pas nier ce qu'ils verraient chez eux, et voici le
système ingénieux qu'il adopta. Il pensa qu'il convenait de
mettre en regard et côte à côte la culture anglaise et la
culture française ; il choisit pour théâtre de son expérience
sa ferme de Killem, d'une contenance de 30 hectares et
distante de Rexpoëde de 3 kilomètres ; il en demanda la
moitié à son fermier en lui garantissant que le produit
qu'il obtiendrait sur les parties qu'il ferait cultiver ne serait pas inférieur au produit que celui-ci aurait sur les parties qu'il cultiverait lui-même ; il s'engageait à faire tous
les frais ; il abandonnait tous les résultats, se réservant de
solder les échecs, la seule condition qu'il imposait était que
la moitié de chaque pièce serait drainée. Il fit venir un fermier écossais pour cultiver les parties drainées, laissant
au fermier français le soin de cultiver selon la mode du
pays les parties non drainées. Il eut soin, d'ailleurs, de

conserver des ouvriers écossais pour suivre les travaux de culture et soigner le drainage. Ce n'était pas une précaution inutile, car bien des tentatives furent faites pour boucher ses tuyaux.

Les deux fermiers firent tous leurs efforts pour obtenir chacun le meilleur résultat possible. Le succès du drainage fut complet et la cause du progrès ne tarda pas à être gagnée dans le pays; nulle part les petits cultivateurs n'ont été aussi vite convaincus de la réelle efficacité de l'assainissement du sol par les tuyaux souterrains systématiquement disposés. En même temps, M. Vandercolme avait fait drainer son jardin de Rexpoëde, il avait aussi opéré à Leffrinckhoucke, mais avec des chances diverses qui lui avaient montré qu'il ne suffisait pas de drainer, qu'il fallait encore modifier le système de culture. Ce n'était pas seulement en raison de l'emploi du drainage que le fermier écossais avait battu le fermier flamand : c'est ce que nous expliquerons dans la suite de notre étude : pour le moment il nous importait seulement de dire comment M. Vandercolme était devenu agriculteur.

# CHAPITRE II



L'arrondissement de Dunkerque est entièrement formé par des alluvions. Sauf à Watten, qui présente une colline, il est entièrement plat avec une double déclivité du sud au nord et du sud-ouest au nord-est. Ainsi que le montre la direction générale des cours d'eau le long de la mer, tout le sol a été conquis sur la Manche. Les eaux envahiraient constamment la plus grande surface de l'arrondissement, s'il n'était pas soumis à une administration vigilante.

Le sol de l'arrondissement de Dunkerque ne se conserve en bon état de culture que par des travaux de desséchement renouvelés et entretenus chaque année avec le plus grand soin. Les associations syndicales connues sous le nom de wateringues y sont divisées en quatre sections ainsi qu'il suit : — la première section comprend toutes

les terres bornées par les dunes de Dunkerque à Gravelines, par la rivière de l'Aa et le canal de Bourbourg à
Dunkerque ; sa superficie est de 9,298 hectares. La
deuxième comprend toutes les terres situées entre le
canal de Bourbourg, celui de la Colme et lé canal de
Bergues à Dunkerque ; la superficie est de 10,189 hectares.
La troisième comprend toutes les terres basses, situées
sur la rive droite du canal de la Colme jusqu'au Watergand de Handergracht ; sa superficie est de 8,509 hectares.
La quatrième enfin, à l'exclusion du bassin des Moëres
qui en occupe le centre et qui possède une administration particulière, a une étendue de 10,884 hectares ; elle
est limitée par le canal de Bergues à Dunkerque, le
chemin de Loo, la Belgique et la mer. Ainsi 38,880 hectares sur 72,160 que renferme tout l'arrondissement,
c'est-à-dire plus de la moitié, sont soumis à des travaux
d'assainissement sans lesquels il n'y aurait pour ainsi
dire pas de culture.

La population des campagnes parle presque exclusivement le flamand ; elle est attachée à son sol. Les mariages
se font dans le pays même et entre les familles des villages
voisins ; les déplacements considérables répugnent. Il y a
plus : le pays est divisé en deux contrées très-distinctes, le
Nordland et le Pays-au-Bois. Les cultivateurs de l'un ne
veulent pas aller dans l'autre. Dans le Nordland, les plantations sont assez rares ; elles sont au contraire très-nom-
breuses dans l'autre partie, ce qui lui a fait donner son
nom. La ligne de démarcation entre les deux contrées est
la Colme canalisée, branche de l'Aa qui s'en sépare au-

dessus de Watten et se porte sur Bergues où elle se jette dans le canal de Dunkerque. A partir de Bergues, la limite entre le Nordland et le Pays-au-Bois est le canal de Bergues à Furnes ou de la basse Colme. Le canal de la Colme a 24,180 mètres ; le canal de Bergues à Furnes jusqu'à la frontière belge, 13,772. Ce dernier canal passe un peu au-dessus d'Hondschoote, chef-lieu du canton où se trouvent les fermes de Rexpoëde et de Killem dont nous nous proposons de faire la monographie. Ces deux fermes sont par conséquent dans le Pays-au-Bois ; la ferme d'Armbouts-Cappel, appartenant au canton de Bergues, se trouve au contraire au-dessus de la Colme, en plein Nordland. Dans le Pays-au-Bois, toutes les fermes sont petites, c'est-à-dire dépassent rarement 30 ou 35 hectares, et il en est quelques-unes qui mesurent seulement trois hectares à peine ; sur une surface si réduite vivent cependant des familles de cultivateurs payant très-bien des loyers de 400 à 500 francs. Les terres sont assez divisées et nous reviendrons sur leur morcellement et sur la manière dont elles sont entrecoupées par des plantations et des fossés ; nous verrons que M. Vandercolme s'est attaché à faire disparaître ces derniers et qu'il a réussi dans ses efforts patriotiques. Dans le Nordland les fermes sont généralement plus étendues, elles comptent parfois jusqu'à 120 et 130 hectares. Les pièces de terres ont aussi de plus grandes dimensions que dans le Pays-au-Bois, et il n'est pas rare de trouver jusqu'à dix hectares d'un seul tenant. Tandis que dans le Pays-au-Bois la nature du sol est assez uniforme, elle est au contraire assez

variée dans le Nordland où souvent elle change tout à coup
et plusieurs fois sur un parcours assez faible. C'est que
dans tout l'arrondissement de Dunkerque le sous-sol est acci-
denté et qu'il est recouvert d'un sol d'alluvion dont l'é-
paisseur est plus grande dans l'intérieur des terres et va en
diminuant à mesure qu'on se rapproche des bords de la mer.

En général le sol est argilo-sableux ; il manque de calcaire ; aussi marne-t-on beaucoup dans le pays. La marne
employée vient de Saint-Omer. Pour les routes on est
obligé de faire venir des cailloux de Calais. Les routes et
les chemins sont bien meilleurs dans le Nordland que
dans le Pays-au-Bois, ou, d'une manière générale, dans
les wateringues que dans le reste de la contrée.

Le prix des terres est assez élevé ; dans toutes les
ventes, les enchères sont bien suivies, surtout lorsqu'il ne
s'agit pas de trop grandes pièces de terre. On achète et on
loue à la mesure du pays qui est de 44 ares 4 centiares.
Dans tous les villages, il y a ce qu'on appelle la place,
c'est-à-dire l'église, la mairie et quelques habitations
groupées ; une très-grande partie des habitations constituant les fermes sont disséminées dans le reste du pays.
Près de la place, la terre se vend jusqu'à 3,000 fr. la
mesure, environ 7,000 fr. l'hectare ; pour les terres disséminées dans le reste du territoire des communes, le
prix de la mesure est de 2,000 fr. pour les bonnes terres,
et de 1,000 fr. pour les terres des dernières classes. A la
location, les fermiers payent de 50 à 70 fr. la mesure, et
malgré ce taux élevé, ils font en général leurs affaires.

On peut se rendre compte de l'étendue ordinaire des

cultures que prennent à loyer les cultivateurs d'après ce relevé des superficies de treize fermes possédées par M. Vandercolme. Sur la commune de Rexpoëde nous avons compté six fermes mesurant respectivement 17, 12, 13, 30, 18 et 4 hectares ; sur la commune de Killem, trois fermes de 22, 22 et 30 hectares ; sur la commune d'Armbouts-Cappel, deux fermes de 38 et 15 hectares ; sur la commune de Leffrinckhoucke, deux fermes de 40 et 38 hectares.

Nous avons pris sur le terrain même des détails circonstanciés sur la vie du cultivateur, ainsi que sur les procédés de culture et les récoltes dans chacune de ces trois communes. Nos monographies feront connaître complétement, nous l'espérons, les ménages flamands, les ressources de leur industrie rurale, en même temps que les progrès déjà effectués ou que l'on peut espérer encore sous l'action d'un homme d'initiative tel que M. Vandercolme. Nous commencerons par Rexpoëde, nous passerons ensuite à Killem, pour terminer par Armbouts-Cappel ; Leffrinckhoucke n'apprendrait rien de plus que ne fera l'étude de la vie agricole dans les autres communes.

# CHAPITRE III



La nature imperméable du sous-sol de l'arrondissement
de Dunkerque, l'aspect verdoyant des lieux, ces nombreux
fossés découpant le pays en petits compartiments, démon-
traient à celui qui avait compris, par une étude attentive,
les bons effets du drainage en Angleterre, que cette opération devait être un bienfait pour cette partie de la
Flandre. M. Vandercolme ayant importé le drainage dès
1849, l'ayant pratiqué avec succès, ayant fait naître la conviction de son utilité dans les esprits des paysans, pouvait
se reposer sur un grand service rendu. Nous avons dit
qu'il ne s'était pas contenté d'avoir donné l'exemple en
faisant venir des ouvriers écossais, habiles dans l'art du
drainage ; qu'il avait en outre voulu implanter les pratiques d'une culture perfectionnée, complément nécessaire
de l'assainissement méthodique du sol, et au moyen des-

quelles cet assainissement produit tous les effets physiques
et pécuniaires qu'on est en droit d'en attendre. Son procédé
de démonstration fut éloquent. Tous les champs d'une
ferme furent drainés par moitié et livrés à un fermier
écossais; le fermier flamand continua à cultiver l'autre
moitié selon les habitudes locales, sous cette garantie que
le produit qu'on obtiendrait sur les parties cultivées par
les soins de M. Vandercolme ne serait pas inférieur à ce
que le fermier obtiendrait lui-même. Les dépenses faites
par le propriétaire ont été fructueuses, car le fermier flamand qui était dans la gêne s'est enrichi, et les agriculteurs
voisins ont profité de la leçon.

M. Vandercolme continua cette culture mixte pendant
quatre ans. En 1852, il put envoyer à l'exposition départementale du Nord, qui se tenait à Valenciennes, des
gerbes d'avoine et de blé qui démontrèrent la différence
des produits obtenus sur une même pièce de terre dont
une partie était drainée et dont l'autre était laissée dans
son état primitif. Nous nous souvenons qu'appelé à faire
partie du jury de cette exposition, nous eûmes l'honneur
de faire attribuer des médailles, bien méritées, au propriétaire dévoué qui donnait cette leçon et que nous
avons toujours retrouvé depuis cette époque à la tête des
agronomes d'initiative et de progrès. Les années ont succédé aux années, son énergie n'a pas faibli, et les applau-
dissements de nombreux jurys, non plus que leurs récom-
penses et celles du gouvernement, n'ont pas été pour lui
le prétexte de prendre enfin du repos. Et cependant, en
1852, n'ayant plus de propagande à faire pour le drai-

nage, il songeait à se retirer parce qu'il n'apercevait plus l'utilité de son intervention. De nouvelles observations ne tardèrent pas à lui montrer qu'il y avait beaucoup à faire encore pour développer les progrès autour de lui.

Des expériences de drainage, exécutées dans son jardin de Rexpoëde, avaient fait voir à M. Vandercolme qu'un drain couvert, même de petite dimension, assure à l'eau un écoulement plus certain et plus rapide qu'un fossé d'un mètre de largeur. Or, les fossés découverts découpaient autour de lui les champs en parcelles souvent très-petites et en même temps occupaient un espace considérable. Un examen attentif de la question lui démontra que dans la partie du département du Nord comprise entre Dunkerque et Lille, la superficie employée en fossés n'était pas inférieure à 6,000 hectares. Il prit dès lors la résolution d'essayer de faire rendre cette surface à la culture, en se mettant à propager la vérité de ce fait, à lui démontré, qu'un petit drain pouvait remplacer les fossés ouverts, et que ceux-ci pouvaient être comblés à peu de frais et ensuite cultivés avec avantage. Il annonça dans la séance de la Société d'agriculture de Dunkerque du 28 février 1852, qu'il voulait arriver à la suppression des fossés et que, pour donner une démonstration éclatante de la possibilité de ce progrès, il supprimerait en même temps tous les fossés d'une de ses fermes de Rexpoëde. La Société d'agriculture de Dunkerque, tout en votant aussitôt que ce serait rendre un grand service au pays que de donner une telle démonstration, restait complétement incrédule, à l'exemple de tous les propriétaires et cultivateurs de la contrée. Telle était la disposition des esprits lorsqu'il se mit à l'œuvre. Il prit nécessairement tous les risques de l'entreprise à sa charge, en se rendant responsable à l'égard de son fermier du préjudice qu'il pourrait porter aux récoltes. Le succès fut complet. C'est sur l'emplacement des anciens fossés, maintenant comblés, que la terre fut la plus asséchée et que les récoltes se montrèrent les plus belles. Il a laissé depuis cette époque cette ferme en exemple ; elle n'est drainée que par les anciens fossés comblés, au fond desquels sont placés des tuyaux pour maintenir l'écoulement souterrain des eaux en excès.

M. Vandercolme avait choisi parmi ses fermes celle qui avait le plus de fossés, celle qui, vraiment, en avait besoin pour être assainie avant qu'on connût le drainage par des tuyaux. Sur 16 hectares, il gagna 69 ares, soit près du vingtième de la surface (exactement les 0.043). Il proclama partout le succès obtenu, et il engagea les incrédules à venir vérifier eux-mêmes les faits. Jamais innovation ne prit plus vite. Il ne fallut que quelques années pour amener la suppression des fossés de Rexpoëde et des communes environnantes. De proche en proche l'exemple s'est répandu, mais plus vite partout où M. Vandercolme put exercer une influence personnelle. Plus de mille hectares ont été ainsi rendus à la culture dans l'arrondissement de Dunkerque ; mais il reste encore beaucoup à faire, surtout à mesure qu'on s'éloigne de Rexpoëde. Généralement les fermiers n'effectuent à leurs frais du drainage que par le moyen des fossés ; la dépense est payée par une ou par deux récoltes.

M. Vandercolme, quant à lui, ne cesse pas de recomman-
der partout où cela est nécessaire, outre le comblement
des anciens fossés, le drainage méthodique combiné avec
des labours plus profonds. Il compte faire une grande
guerre aux fossés, dans une commune éloignée de Rexpoëde
de 30 kilomètres, en supprimant tous les fossés d'une
ferme de 40 hectares qu'il y possède.

Les faits que nous rappelons furent reconnus authen-
tiques en 1854 à Lille, où le Comice avait ouvert un concours entre les candidats des sept arrondissements dont se
compose le département du Nord qui seraient présentés
par les sociétés locales comme ayant rendu le plus de
services à l'agriculture. M. Vandercolme fut le candidat
choisi à la fois par les Sociétés d'agriculture de Bourbourg
et de Dunkerque, et il fut proclamé lauréat de l'une des
quatre médailles d'or décernées.

A l'Exposition universelle de Londres en 1852, tous les
agriculteurs qui purent la visiter admirèrent le blé d'Australie. M. Vandercolme s'empressa de s'en procurer une
certaine quantité, et il l'introduisit dans ses fermes. Il put
montrer à l'Exposition universelle de Paris en 1855 les excellents résultats qu'il avait obtenus, et il parvint ainsi à
prouver l'avantage de prendre pour semences, dans une certaine proportion, des blés étrangers. Le blé d'Australie qu'il
cultive est maintenant très-répandu jusque dans l'arrondissement de Lille, où tous les ans il en envoie pour semence.

La production étant accrue par le drainage méthodique,
par la suppression des fossés, par une culture plus perfectionnée, il fallait songer à augmenter les engrais. Amélio-

rer le bétail, cela était trop indiqué pour que M. Vandercolme ne s'en occupât pas avec la même ardeur que nous
venons de signaler. La race flamande est précieuse sous
plusieurs rapports, mais les bœufs de cette race s'engraissent difficilement, et par conséquent sans profit, de
telle sorte que tous les veaux mâles étaient envoyés à l'a-
battoir. M. Vandercolme a pensé que le sang durham cor-
rigerait ce défaut et communiquerait au bétail une plus
grande aptitude à l'engraissement.

En 1855, ses amis d'Ecosse lui envoyèrent un taureau et
deux vaches courtes-cornes, d'une excellente tribu, choisis
dans des conditions analogues à celles que ces animaux
devaient trouver à Rexpoëde. Depuis lors, il a conservé
cette race entièrement pure. Il a dû toutefois renouveler
le sang durham, en demandant à l'Angleterre de nouveaux
reproducteurs. Il a produit en même temps des croisements qui ont répondu à son attente. Son étable de
durhams purs a remporté chaque année des prix dans les
concours régionaux et a fait souche dans la contrée. Les résultats qu'il espérait ont été atteints. Les saillies de ses taureaux sont nombreuses ; quelques-uns ont fait quelquefois
120 saillies en un an. Le sang durham améliore effective-
ment la race flamande en permettant un engraissement
plus rapide et moins coûteux des bœufs, et sans faire
perdre aux vaches leurs qualités laitières exceptionnelles.
Il y a déjà dans le pays des reproducteurs croisés où le
sang durham domine presque complétement. Chose très-
remarquable, la saillie par les taureaux de sang durham
tout à fait pur se paye plus cher que par les taureaux fla-

mands. M. Vandercolme, craignant que l'amélioration due
à l'emploi des durhams pût finir par disparaître, attacha
une grande importance à conserver des reproducteurs
d'une pureté absolue.

Pour pouvoir continuer à augmenter le bétail, il faut se
procurer les moyens d'accroître les ressources fourragères.
Il faut surtout pouvoir nourrir les animaux abondamment
et à bon marché pendant l'hiver. M. Vandercolme songea
à la pulpe de betterave. Il engagea un ingénieur, ancien
élève distingué de l'Ecole centrale des arts et manufac-
tures, à venir établir une distillerie à Rexpoëde, et il se fit
son associé. Depuis 1862, Rexpoëde possède une distillerie
agricole, où le cultivateur amène ses betteraves et où il
reprend la pulpe que laissent les racines après avoir donné
leur alcool par le procédé Champonnois. Les prix de la
racine payés aux cultivateurs augmentent avec le cours de
l'alcool, bon exemple de l'association de l'industrie avec
l'agriculture. La culture de la betterave se propage de plus
en plus dans le pays, grâce à cette initiative.

N'y avait-il pas, d'un autre côté, possibilité d'augmenter la valeur des pâtures ? M. Vandercolme l'a cherché
et il pense avoir résolu le problème par le mélange du
ray-grass au trèfle et par un assolement convenable. Des
expériences intéressantes sont entreprises à cet égard.

Préoccupé du peu de succès qu'obtenaient quelques
cultivateurs auxquels il portait de l'intérêt, M. Vandercolme a pensé avec raison en trouver la cause dans les
mauvaises conditions où sont généralement placées les
fosses à fumier. Ici, comme presque partout en France

d'ailleurs, les fumiers sont lavés par les eaux de pluie, et il ne reste, pour être portée aux champs, qu'une paille souvent dépouillée de ses principes fertilisants, tandis que le purin va se perdre dans les ruisseaux et dans les mares qu'il empoisonne. Pour changer un tel état de choses, il fallait indiquer aux cultivateurs un moyen simple et peu coûteux ; c'est ce que M. Vandercolme a fait en imaginant d'établir un courant d'eau dans le trottoir qui, dans les fermes du pays, longe les étables, et de l'autre côté duquel se trouve d'ordinaire la fosse à fumier ; il élève en outre un petit parapet sur les trois autres côtés de la fosse et de cette manière il empêche l'afflux des eaux pluviales. La première fois qu'il a fait faire cette opération, il a montré qu'avec la quantité de fumier ordinairement employée pour trois hectares, on pouvait engraisser trois hectares et demi, et que les champs recevant cette dernière fumure portaient une récolte plus forte que ceux qui avaient reçu le fumier ordinaire. Il avait agi, bien entendu, par comparaison, comme dans toutes ses autres expériences. Or, cette augmentation de plus d'un sixième dans le produit, il l'obtient par une dépense qui a varié dans les fermes, de 25 à 80 fr., selon les difficultés plus ou moins grandes des lieux. M. Vandercolme a fait afficher à Rexpoëde qu'il arrangerait à ses propres frais toutes les fosses à fumier de la commune, si on voulait lui donner pendant trois ans, pour les pauvres, la moitié du bénéfice produit constaté par le fermier lui-même ; malheureusement un petit nombre seulement de cultivateurs a accepté son offre, et l'argent qu'il a reçu pour sa part de bénéfices

pendant une année équivaut à la moitié de la dépense
qu'il a faite. « Si tous avaient accepté, nous disait-il avec
une noble simplicité, j'aurais touché une somme suffisante
pour faire bâtir, comme c'était mon intention, un refuge
pour les vieillards. »

Dans cette amélioration comme pour la suppression des
fossés, les cultivateurs finiront par arranger eux-mêmes
leurs fosses à fumier, sans rien demander à leurs propriétaires. M. Vandercolme a fait aussi des expériences comparatives pour montrer les bons effets de l'arrosage du ray-
grass avec le purin. Afin de faire toucher du doigt les
bons résultats que donne cette pratique, il opérera par
comparaison chez un fermier ; car il sait, pour l'avoir vérifié plus d'une fois, que quand les expériences sont
exécutées sur des terres qu'il cultive lui-même, les cultivateurs doutent plusieurs années, tandis qu'ils sont vite
convaincus, lorsque l'opération est exécutée chez un des
leurs. Il a, du reste, trouvé un de ses fermiers qui, ayant
vu les bons effets des fosses à fumier bien disposées et de
l'arrosage avec le purin, a fait lui-même construire une
citerne au milieu de ses champs pour y préparer du lizier
ou engrais flamand. Afin de ne jamais éprouver d'échec,
lorsqu'il porte ses expérimentations dans une ferme qu'il a
donnée en location, il a toujours commencé par vérifier à
l'avance sur son propre *faire-valoir* les résultats possibles.
C'est ainsi que sur la petite ferme qu'il exploite lui-même
à Rexpoëde, il essaie maintenant les effets des fumiers
préparés dans des fosses couvertes. Sa propagande personnelle ne s'arrête jamais, et il a entrepris de faire des irriga-

tions et de remplacer dans les champs les saules par des pommiers; il plante enfin des poiriers, afin de répandre le goût de l'arboriculture fruitière.

Ainsi les besoins principaux de la contrée se trouvent satisfaits: drainage, suppression des fossés, approfondissement des labours, amélioration du bétail, transformation des pâtures, établissement d'une distillerie de betteraves, introduction de nouvelles semences, meilleur aménagement des fosses à fumier, arrosages et irrigations, plantations d'arbres fruitiers. Tous ces progrès se répandent peu à peu, chaque année, avec une vitesse plus grande. Nous constaterons les résultats obtenus, nous mesurerons leurs effets par des comparaisons avec les anciens modes de culture de nos trois études détaillées des trois fermes de Rexpoëde, Killem et Armbouts-Cappel. A Rexpoëde, nous verrons surtout la suppression des fossés, l'amélioration du bétail, la transformation des pâtures, les essais de fumiers couverts. C'est à Killem qu'ont été faites les plus grandes expériences, tant du drainage que du changement de système de culture. A Armbouts-Cappel, nous constaterons les effets remarquables du bon aménagement du fumier et des arrosages avec l'engrais liquide. Grâce aux nombreuses notes que M. Vandercolme nous a fournies avec un empressement que l'on devait du reste attendre d'un homme si dévoué au progrès, nous pourrons faire un tableau complet de l'agriculture de l'arrondissement de Dunkerque dans son passé et dans son avenir.

# CHAPITRE IV



La commune de Rexpoëde, où M. Vandercolme fait ses expériences agricoles préalables, avant de soumettre à l'épreuve de la pratique des fermiers les améliorations qu'il juge possibles et fructueuses, est située dans le canton de Hondschoote, à 18 kilomètres au sud-est de Dunkerque, à 9 kilomètres de Bergues dans la même direction, et à 6 kilomètres au sud-ouest d'Hondschoote. Elle est entourée (voir planche I) des communes de Warhem au nord, de Killem à l'est, d'Oost-Cappel au sud-est et au sud, de Bambecque au sud-ouest et de West-Cappel à l'ouest. Elle est traversée par la route impériale n° 40 de Calais à Ypres, passant par Gravelines, Dunkerque et Bergues ; elle est dans cette direction à moins de 5 kilomètres de la frontière belge ; elle est distante de 6 kilomètres de Ronsbrugh (Belgique) et de 27 kilomètres d'Ypres. Son territoire s'étend sur une surface de 1,304 hectares ainsi répartis :

| | | |
|---|---|---|
| Terres labourées. . . . . . . . . | 1,071 | hectares. |
| Prés naturels fauchés . . . . . . | 5 | — |
| Autres prairies ou pâtures. . . . | 209 | — |
| Jardins . . . . . . . . . . . . . | 19 | — |
| Total . . . . . . . . | 1,304 | hectares. |

On peut voir par les planches 1 et 2 comment cette surface est découpée, et surtout était encore découpée il y a quelques années, par des fossés sur lesquels nous reviendrons plus loin, et comment sont distribuées les habitations ainsi que les prairies ou pâtures. Parmi les habitations, les unes sont groupées près de la place où se trouvent l'église, la maison commune et les établissements commerciaux, les autres sont éparpillées sur tout le territoire. Ces dernières habitations sont occupées par les cultivateurs, chaque maison étant entourée d'une pâture, ainsi que le montrent les deux plans parcellaires. Les fermiers vivent au milieu des terres qu'ils exploitent, celles-ci étant généralement assez bien rassemblées autour de la maison où ils demeurent et de ses dépendances. C'est ce que l'on aperçoit sur la planche I où deux fermes de M. Vandercolme ont été limitées l'une par une teinte jaune, l'autre par une teinte rouge. En général, les biens ne se morcellent pas. Lorsque des fermes se vendent par parties, ce n'est pas pour en former d'autres, mais c'est pour agrandir celles qui existent déjà. Le prix moyen des terres est de 2,000 fr. par mesure de 44 ares ; mais il s'élève à 3,000 fr. près de la place du village. C'est une valeur de 4,500 à 5,000 fr. par hectare.

D'après des contrats de vente de 1811, que nous avons pu
compulser, le prix moyen de l'hectare était alors de
2,500 fr. La valeur des terres a à peu près doublé
depuis un  demi-siècle.

Les fermiers tiennent beaucoup à se trouver au centre
ou tout au moins à portée des champs qu'ils cultivent ; ils
ont d'autant plus raison dans ce sentiment que, ainsi qu'on
peut le voir par les deux planches, il n'y a encore sur la
commune qu'une bien petite étendue de routes pavées ou
macadamisées ; la  plus grande partie des chemins est
simplement en terre, de telle sorte qu'ils sont inabordables
pendant l'hiver et dès que commence l'arrière-saison. Sur
32 kilomètres de routes et chemins environ que compte
Rexpoëde, il n'y a guère en effet que 4,800 mètres de
routes pavées et 2,000 mètres de routes en gravier. Par les
mauvais temps il est presque impossible de se rendre de
Rexpoëde dans les communes voisines sauf aux localités
situées sur la route impériale de Calais à Ypres et au chef-
lieu de canton, Hondschoote, par le chemin de grande
communication dont nous avons parlé. Les ressources des
chemins vicinaux s'élèvent à 663 fr. 30. Les prestations pour
les chemins (vicinaux et autres) s'élèvent à 2,419 fr. Le rôle
entier de toutes les contributions se monte à 24,636 fr. 29.
Il y a depuis dix ans une augmentation de 1,200 fr. sur ce
compte. On évalue en moyenne à un kilomètre courant de
bons chemins publics par kilomètre carré l'étendue des
voies de communication désirables dans toute commune
bien pourvue de voies de communication ; Rexpoëde, présentant une surface de 13 kilomètres carrés à très-peu

près, aurait besoin de 13 kilomètres de bons chemins
publics : cette commune a environ la moitié de sa viabilité
nécessaire achevée, mais elle en aura plus du double
lorsque ses routes en sol naturel auront été construites ;
c'est une des communes jusqu'à présent les moins bien
partagées de l'arrondissement de Dunkerque et de tout le
département du Nord. Cependant Rexpoëde jouit d'une
certaine prospérité et on y trouve toutes les ressources
d'une petite ville. Ainsi, pour 1,850 habitants, on y compte
3 boutiques d'épiceries en gros et en détail et de nombreux
petits détaillants, 3 boulangers, 3 bouchers, 3 tailleurs
livrant eux-mêmes le drap nécessaire aux vêtements qu'ils
font pour les habitants, 2 bourreliers, 4 débits de char-
bons (anciennement on ne brûlait que du bois, maintenant
on se chauffe mieux et à meilleur marché avec du charbon
de terre), 2 corroyeurs, 1 marchand de bois de sapin,
1 fabrique de bleu, 3 charrons, 3 marchands de faïence,
1 poterie, 2 tonneliers, 2 horlogers, 1 facteur d'orgues,
1 poëlier, 1 débit de tabac, 18 cabarets et 2 brasseries,
1 notaire, 1 médecin et 1 huissier ; 3 moulins à vent pour
moudre le grain, sans compter qu'il se trouve sur le
territoire de Warhem, à 3 kilomètres de Rexpoëde, un
moulin à vapeur qui moût le grain, mais dont l'emploi
principal est de faire de l'huile ; nous avons déjà dit que
depuis un petit nombre d'années il a été construit une
distillerie montée d'après le système de M. Champonnois.
Pour que l'industrie et notamment la distillerie pussent
prendre de l'importance, il faudrait une grande amélioration de la viabilité, et surtout une bonne route sur

PLANCHE A. — *Saint Éloi, patron des fermiers, bénissant la charrue sous-sol et les instruments de drainage (voir p. 26).*

West-Cappel et sur Bambecque. Le conseil municipal a voté
les fonds nécessaires pour empierrer le chemin de Rexpoëde
à West-Cappel.

Rexpoëde compte 1,850 habitants, dont 942 du sexe
masculin et 908 du sexe féminin; cette population présente
suivant les âges la répartition suivante :

|  | Sexe masculin. | Sexe féminin. |
|---|---|---|
| Au-dessous de 5 ans ... | 107 | 96 |
| De   5 ans à 10 ans ... | 87 | 96 |
| — 10 — 15 — ... | 85 | 81 |
| — 15 — 20 — ... | 78 | 64 |
| — 20 — 25 — ... | 72 | 60 |
| — 25 — 30 — ... | 63 | 68 |
| — 30 — 35 — ... | 63 | 58 |
| — 35 — 40 — ... | 56 | 42 |
| — 40 — 45 — ... | 47 | 42 |
| — 45 — 50 — ... | 62 | 45 |
| — 50 — 55 — ... | 49 | 60 |
| — 55 — 60 — ... | 45 | 54 |
| — 60 — 65 — ... | 37 | 42 |
| — 65 — 70 — ... | 39 | 42 |
| — 70 — 75 — ... | 21 | 46 |
| — 75 — 80 — ... | 16 | 19 |
| — 80 — 85 — ... | 13 | 19 |
| — 85 — 90 — ... | 1 | 5 |
| — 90 — 95 — ... | 1 | 2 |
| Totaux ....... | 942 | 908 |

Le nombre moyen d'habitants est de 135 par kilomètre
carré : c'est loin de la moyenne du département du Nord ,
mais un peu plus que la moyenne  de la Seine-Inférieure
qui arrive au quatrième rang parmi les 89 départements
français pour la  densité de la population en France. Les

4

enfants au-dessous de 15 ans ne s'élèvent pas au tiers de la
population, qui reste vigoureuse jusqu'à un âge très-avancé,
puisqu'on compte 31 vieillards et 35 vieilles femmes ayant
plus de 75 ans, et qu'il en est 3 qui ont plus de 90 ans.
Ajoutons que 1,300 habitants seulement font partie de la
population agglomérée; les autres sont disséminés dans
les fermes de la campagne. On compte 478 ménages; les
familles ont encore le plus souvent de quatre à sept enfants.
Il y a 85 fermiers; la moyenne étendue des fermes exploitées
est de 15 hectares. La population s'accroît, mais très-
lentement, parce que les petites fermes tendent à disparaître
pour augmenter l'importance de chacune des autres. Il y a
ainsi une certaine diminution de la population agricole,
mais la population commerçante devient plus nombreuse.

Toute la population est catholique. Il y a un instituteur
et une institutrice communaux, plus un instituteur libre;
l'enseignement est entièrement confié à des laïques. On ne
parle généralement que le flamand; la prédication se
fait en flamand à l'église; le curé est aidé d'un vicaire.
L'église, qui est suffisamment vaste et bien construite,
possède deux verrières données par M. Vandercolme;
elles sont en l'honneur des perfectionnements agricoles les
plus importants du pays. L'une (planche B) est consacrée
à rappeler le desséchement des moëres mené à bonne fin
par M. de Buyser, beau-père de M. Vandercolme; l'autre
(planche A), représente la suppression des fossés et le
drainage. Dans la première, saint Omer, patron de l'église,
bénit les instruments de desséchement; dans la seconde,
saint Éloy, patron des fermiers, bénit la charrue sous-sol.

Les mœurs de la population de Rexpoëde sont bonnes ;
on est loin de la ville ; on émigre rarement ; les familles
s'allient les unes aux autres. En général, les jeunes couples
veulent être cultivateurs, et il y aurait plus de mariages
s'il y avait plus de fermes à prendre à bail dans le pays.
Ordinairement, les jeunes mariés n'ont pas assez d'argent
à eux pour s'établir ; mais ils en trouvent à 4 pour 100 parmi
leurs amis ou leurs connaissances, et les remboursements
se font bien. Des fermiers en assez grand nombre sont propriétaires. Lorsque les fermiers se présentent pour acheter
une terre mise en vente, il n'est pas possible de leur faire
concurrence ; ils ont l'amour de la propriété foncière.
On appelle dans le pays *terres courantes* celles où il n'y a
pas de corps de ferme ; elles se louent plus cher que les
autres, parce que presque toujours plusieurs fermiers se les
disputent. Mais c'est un certain luxe pour les propriétaires
riches d'avoir des fermes, et l'on n'a pas toujours besoin
de diviser pour vendre avantageusement. Autrefois, en
attendant une occasion d'acquérir une terre, les cultivateurs
enfouissaient leur argent ; maintenant ils achètent des rentes
sur l'État ou des obligations de chemins de fer. Quelques-
uns ont tenté des placements industriels ; des pertes écla-
tantes sont venues réveiller la méfiance instinctive, mais
momentanément endormie, des habitants de la campagne.

La population de Rexpoëde jouit d'une certaine aisance,
quoique le bureau de bienfaisance ait à assister 110
ménages ; les ressources du bureau s'élèvent à 5,967 fr.
provenant de loyers de terre et de rentes sur l'Etat ; on
supplée à l'exiguité de ces revenus par des dons indivi-

duels et par des quêtes qui sont faites dans l'église à la fin de chaque mois. Jadis on comptait toute une population de fraudeurs qui a disparu depuis que les droits de douane ont été fortement abaissés.

La nourriture est assez bonne dans la commune et correspond à ce qu'elle doit être pour une population robuste. Les trois bouchers s'arrangent entre eux pour abattre par an et se partager 76 bêtes à cornes, 60 moutons, 30 veaux et 30 porcs. En outre il faut compter que, l'un dans l'autre, on tue chez chaque fermier deux cochons par an, soit en tout 170. Cela équivaut à une consommation annuelle totale de 30,000 kilogrammes de viande, soit 16 à 17 kilogrammes par tête de population. La viande est vendue 1 fr. 80 le kilogramme, toutes sortes compensées ; le lard seul se vend un peu moins, 1 fr. 60. Les deux brasseries ont une forte production ; l'une exploitée par M. Thiollet, fabrique de 4,500 à 5,000 hectolitres de bière, à 18 fr. l'hectolitre ; M. Thiollet vend tous les ans pour 4,500 fr. à 5,000 fr. de drèche et de levure. L'autre brasserie, exploitée par MM. Vandacle frères, produit en moyenne, 2,200 hectolitres de bière. MM. Vandacle ont en outre une poterie assez importante ; ils expédient au loin leurs produits ; en 1852 ils ont fait venir une machine à fabriquer les tuyaux de drainage et ils ont fourni des drains à presque tout le pays ; cette machine est encore en activité en 1869.

La population s'amuse assez, au moins autant qu'elle travaille. Les cabarets sont nombreux, on en compte un par cent et quelques habitants. Il y a deux kermesses par

an, une en juillet et l'autre en septembre ; toute la jeunesse
s'assemble le soir pour danser dans une salle qui peut
contenir 200 ou 300 personnes. Durant l'hiver, les
cultivateurs sont dans l'habitude de réunir leurs parents
et leurs amis dans une fête pour laquelle on tue un porc
et qu'on appelle une tripée. Il existe un corps de musique
composé de 21 jeunes gens ; il a des répétitions le
soir, une fois par semaine ; cette société philharmonique
se fait entendre très-souvent et organise des prome-
nades dans les villages voisins. Rexpoëde possède aussi
une société d'archers ; deux fois par an ont lieu de
grands concours de tir auxquels sont conviées les sociétés
des villes et des communes des environs. Enfin on y
trouve aussi, comme dans la Flandre belge, des amateurs
d'oiseaux chantants, principalement de pinsons ; durant
l'été s'engagent des luttes où l'oiseau qui chante le plus
longtemps sans se reprendre un seul instant dans une
émission continue de notes harmonieuses, remporte le
prix. Toutes ces récréations indiquent des mœurs douces,
des habitudes d'une certaine élévation. On voudrait
peut-être voir une bibliothèque commune, un atelier
de dessin, des associations mutuelles de secours ou des
associations coopératives. Mais nous décrivons et nous
n'avons pas à nous faire ici le promoteur d'institutions
nouvelles. Le conseil municipal de Rexpoëde vient de
décider l'achat d'une pompe à incendie et la formation
d'une compagnie de sapeurs-pompiers.

Tous les jeudis, dans la matinée, il se tient à Rexpoëde
un marché public, mais le grand marché du pays est celui

de Bergues, l'un des plus importants de France pour les grains. Malheureusement on n'a pas encore pris à Bergues l'usage de vendre sur échantillon. Quand on conduit du blé au marché de Bergues, qui se trouve à 9 kilomètres de Rexpoëde, on en ramène généralement du fumier ou de la marne, les matières fertilisantes arrivant à Bergues par la voie d'eau et les fermiers ayant la vieille habitude de charger leurs chariots sur les quais du canal. Les chariots transportant le blé qui vont à Bergues sont recouverts d'une toile du plus beau blanc dont l'effet est très-pittoresque. On s'aperçoit qu'on est en Flandre, le pays des bons tisserands et des excellentes toiles. Bergues s'oppose, comme toute ville qui compte beaucoup d'auberges, à l'adoption de la vente sur échantillon qui exonérerait le cultivateur de beaucoup de frais, tous faits en pure perte pour le pays, mais dont une partie profite à son commerce de consommation.

Hondschoote vient aussi d'ouvrir un marché; les prix des grains y sont généralement au-dessous de ceux de Bergues. En raison des vieilles habitudes, ce marché nouveau est moins fréquenté, quoique Hondschoote soit chef-lieu de canton; il y arrive surtout des produits belges. Les prix plus élevés de Bergues font donner toujours la préférence à ce dernier marché de la part des fermiers de Rexpoëde, malgré la plus grande distance, 9 kilomètres au lieu de 6.

Il y a beaucoup de pommiers sur tout le territoire de la commune; nombre de pâtures constituent de véritables vergers. Aussi on fait à Rexpoëde un grand commerce de pommes. On n'y compte que très-peu d'autres arbres fruitiers.

On peut voir par les deux planches 1 et 2, combien les arbres sont multipliés dans la commune ; il s'en trouve le long de tous les fossés et l'on est dans l'habitude de faire des plantations sur toutes les divisions des propriétés. Le commerce des bois est important à Rexpoëde, et il y arrive même de Belgique une assez grande quantité de bois de construction. On y achète beaucoup pour la marine. Les essences qu'on y trouve sont celles de chêne et d'orme. Le commerce du bois d'orme tend depuis quelques années à se transformer aux dépens de la qualité. On plante deux espèces d'ormes : l'orme fin ou à petites feuilles (*ulmus campestris stricta*, vulgairement ormille), et l'orme à larges feuilles, ou orme de Hollande (*ulmus campestris latifolia*, vulgairement orme-tilleul).

Anciennement, l'orme fin se vendait 30 pour 100 plus cher que l'orme hollandais, et cela s'expliquait. Cet arbre, en effet, a des racines plus pivotantes ; il est plus dense et il dure beaucoup plus dans la construction que l'orme hollandais, mais il est plus difficile à travailler. Or, dans les grandes adjudications, les cahiers des charges disent simplement bois d'orme, aussi les adjudicataires ont-ils tout intérêt à fournir l'orme hollandais qui est plus tendre, beaucoup moins solide et se travaille avec de moindres frais que son rival. De là le nivellement des prix des deux ormes et par suite la tendance des propriétaires à planter de préférence l'orme hollandais qui pousse plus vite quoique ce soit une mauvaise espèce pour les cultures voisines, puisque ses racines s'étendent presque superficiellement et à de grandes distances. C'est ainsi qu'un arbre médiocre est arrivé à dominer. Les beaux ormes ont parfois une grande valeur, 300 et même 350 fr.; les ormes communs ne valent en général à 60 ans que 60 à 70 fr.

Les salaires sont encore peu élevés à Rexpoëde ; les manœuvres sont payés 1 fr. 75 la journée pendant l'hiver et 2 fr. pendant l'été ; ceux qui ont un état, comme les maçons et les charpentiers, sont payés 25 centimes en plus. Quand les fermiers nourrissent leurs ouvriers, ils ne donnent que 1 fr. par jour aux hommes et 60 centimes aux femmes ; les charretiers sont payés 35 fr. par mois et les servantes de 12 à 15 fr. Pour les travaux pressés, particulièrement pour ceux de la moisson, les ouvriers du pays ne pourraient pas suffire, mais il vient beaucoup d'ouvriers belges. Les battages des grains se font généralement aujourd'hui à l'entreprise ; il y a une machine à battre locomobile à Rexpoëde même et quatre machines semblables dans les villages voisins. On fournit des chevaux pour aller chercher les machines à battre et les machines à vapeur locomobiles ; les entrepreneurs reçoivent 40 fr. par jour et ils arrivent avec 3 ouvriers; on ajoute en général 6 femmes pour lier et ranger la paille dans la grange ; ces femmes sont payées 1 fr. 25 par le propriétaire. L'entrepreneur fournit le charbon. Lorsqu'il a terminé le battage de toutes les gerbes d'une ferme, il va dans une autre.

Le prix du collier d'un cheval est de 6 fr. par jour, lorsqu'on met deux chevaux à un attelage ou à une charrue, le prix est réduit à 10 fr., parce que l'on n'emploie qu'un homme pour deux chevaux.

Les fermiers ont d'habitude la moitié de leurs terres en blé ; toutefois on ne fait pas de jachères, et on cultive sur l'autre partie de la sole de l'avoine, du lin, des fèves, des betteraves, des haricots, des pois, des fourrages artificiels tels que du trèfle, du sainfoin et de la luzerne. La luzerne ne dure que de 2 à 3 ans ; cela vient sans doute de ce qu'on ne sait pas bien la cultiver ou de ce que le sol n'a pas assez de profondeur, en ce sens qu'on rencontre l'eau beaucoup trop vite. Le trèfle revient tous les 5 ou 6 ans sur la même terre, mais il ne réussit plus aussi bien qu'autrefois ; les orobanches l'abîment surtout pour la deuxième coupe. On a remarqué toutefois que les cultivateurs qui entretiennent des moutons parviennent à avoir de plus beaux trèfles que les autres. Ainsi que nous le verrons, M. Vandercolme conseille de faire des pâtures contenant à la fois du trèfle et du ray-grass. La culture du lin est en faveur dans le pays ; on récolte peu de graine pour semence, ou du moins la graine du pays ne sert que pour une récolte ; on a recours tous les 2 ans à la graine de Riga, arrivant par le port de Dunkerque, mais que l'on commence à faire venir par le chemin de fer. Les petits ouvriers achètent le lin sur pied aux fermiers et le travaillent pendant l'hiver, afin de livrer la filasse aux marchands qui viennent acheter pour les filatures. On ne cultive que très-peu d'orge ; le seigle n'est semé que juste en quantité nécessaire pour fournir la paille nécessaire à confectionner les liens. On ne fait que très-peu de pommes de terre.

On marne beaucoup dans le canton ; on emploie la marne tous les huit ans ; on la fait venir de Saint-Omer. Quant aux cailloux nécessaires pour les routes, on les tire des environs de Calais.

Le sol de Rexpoëde est formé d'une argile douce très-uniforme, avec un sous-sol constitué par une argile jaune d'une très-forte consistance, ce qui explique pourquoi le drainage a produit de si heureux effets, et pourquoi aussi les fossés étaient jadis si nombreux. Presque toutes les terres en culture sont rangées dans la première classe pour l'acquittement de l'impôt foncier.

Le pays tout entier se transforme peu à peu. Les toits en chaume tendent à disparaître pour être remplacés par des tuiles plates (pannes), cimentées les unes aux autres au moyen de terre glaise. Les habitations des cultivateurs sont de plus en plus salubres et bien tenues. Un autre signe de prospérité est le nombreux et beau bétail que compte la commune. Ainsi en 1869, il s'y trouvait 139 chevaux, 22 ânes et mulets, 733 bêtes à cornes, 90 moutons et 250 porcs. C'est à peu près l'équivalent de 890 têtes de gros bétail pour 1,304 hectares, ou deux tiers de tête par hectare, proportion très-remarquable quand on considère qu'elle est applicable à toute une commune. C'est, on le voit, l'espèce bovine qui domine. Jusqu'en 1855, on ne trouvait dans les fermes du pays que la race flamande ; les croisements avec le sang durham se répandent de plus en plus, et on estime maintenant que le tiers des vaches est formé de flamandes et de durhams.

# CHAPITRE V



## SUPPRESSION ET MISE EN CULTURE DES FOSSÉS

Il a été dit précédemment comment M. Vandercolme
après avoir constaté dès 1849 l'efficacité du drainage dans
quelques-unes de ses fermes, et avoir énergiquement pro-
pagé dans l'arrondissement de Dunkerque l'assainissement
du sol par des tuyaux souterrains méthodiquement disposés, avait eu l'idée de faire disparaître une grande
partie des nombreux et larges fossés découpant le pays
en une foule de parcelles d'une culture souvent très-
difficile. C'est dans la séance du Comice agricole de
Dunkerque du 28 février 1852, qu'après avoir donné
connaissance de ses travaux de drainage et de leur succès
complet, il posa à ses collègues la question suivante
consignée au procès-verbal des actes du Comice : « L'assemblée croit-elle que je rendrais un grand service à
l'agriculture en démontrant la possibilité de supprimer,

à peu de frais, les fossés intérieurs (c'est-à-dire divisant les grandes pièces)? » — M. Vandercolme ne proposait pas la suppression des fossés de ceinture. — Le procès-verbal imprimé de la séance du Comice ajoute : « Le haut intérêt attaché à une telle mesure, tant sous le rapport du terrain que les cultivateurs y gagneraient, que sous celui de l'engrais, attendu que les fossés enlèvent une grande partie des matières végétales contenues dans le sol arable a été promptement compris ; aussi l'affirmative a-t-elle été hautemeut proclamée. » Il suffit de jeter les yeux sur la planche 1 donnant le plan parcellaire de la commune de Rexpoëde en 1849 pour se rendre compte du nombre excessif de parcelles déterminées par les fossés dans un pays cependant où nous avons dit que les terres d'une même ferme restent en général agglomérées autour de l'habitation du fermier. En comptant ces parcelles sur le plan parcellaire nº 1, on en trouve 2,046 ; l'étendue moyenne de chaque parcelle est de 63 ares. Que si maintenant on regarde le plan parcellaire représenté par la planche 2, et qui a été dressé en 1857, on s'aperçoit tout de suite de l'effet remarquable produit par la suppression d'une grande partie des fossés ; il ne reste plus que 1,353 parcelles et l'étendue moyenne de chacune d'elles s'est élevée à presque 1 hectare. Et cependant l'œuvre entreprise par M. Vandercolme n'était pas encore complétement achevée. En 1849, Rexpoëde présentait un développement de fossés de desséchement de 156,284 mètres ; d'après le plan nº 2, il y avait déjà 115,743 mètres couverts en 1857 ; il restait à combler 40,541 mètres

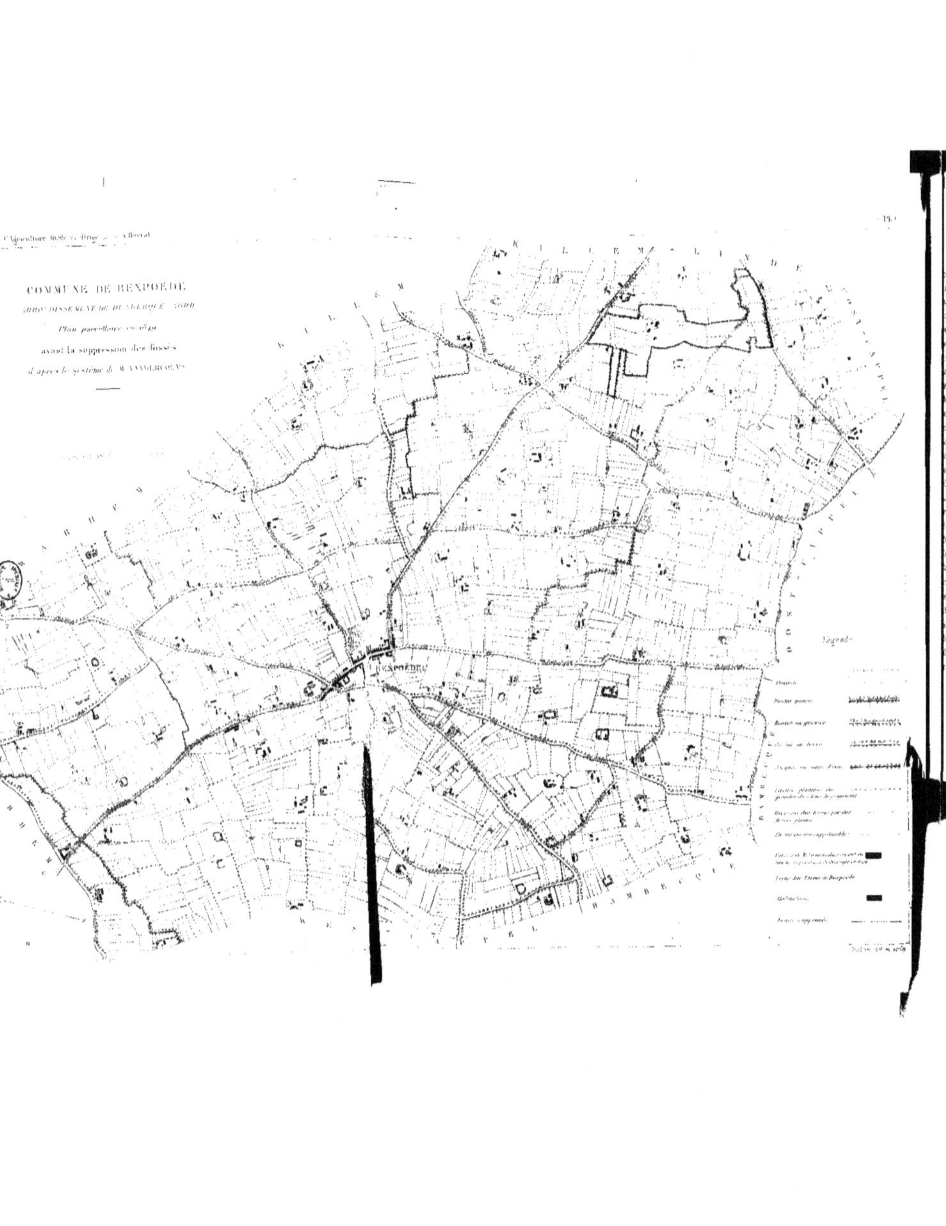
COMMUNE DE REXPOEDE
ARRONDISSEMENT DE DUNKERQUE (NORD)
Plan parcellaire en 1849
avant la suppression des fossés
d'après le système de M. VANDERGUCHT
Légende

courants. Les divisions en lignes ponctuées que présente
la planche 2, indiquent l'emplacement des fossés encore
supprimables dans le système de M. Vandercolme. On peut
voir que c'est surtout loin des fermes où il a fait ses
expériences que la disparition des fossés s'est produite
avec le moins d'ensemble ; c'est que les cultivateurs n'ont
pas cru d'abord que l'opération fut possible, et ils ne s'y
sont décidés que peu à peu en remarquant que le succès
se manifestait durable, malgré les très-ardents détracteurs
de l'entreprise. M. Vandercolme a vu le langage de ceux-ci
se modifier successivement, puis il a eu la satisfaction de
constater que se mettaient à l'œuvre ceux-là mêmes que la
seule idée de la proposition avait d'abord fait en quelque
sorte sourire de pitié. L'opération s'est poursuivie chaque
jour ; maintenant elle est complétement achevée et il n'y a
plus sur le territoire de Rexpoëde que 950 parcelles d'une
surface moyenne de 1 hectare 37 ares. Le long de chaque
ancien fossé, d'après M. Vandercolme, 2 mètres de terrain
étaient perdus pour la culture, les fossés ayant une largeur
de 1 mètre, et en outre 50 centimètres sur chaque bord ne
fournissant que de mauvaises herbes ; la supression des
fossés déjà disparus en 1857 représentait par conséquent
une surface de 23 hectares 15 ares rendus à l'agriculture ;
ce qui restait à couvrir offrait une surface de 8 hectares
11 ares ; l'achévement de l'œuvre proposée par M. Vandercolme a donc rendu à la culture dans la seule commune
de Rexpoëde 31 hectares 27 ares. On peut constater par les
planches 1 et 2 que les fossés supprimés ou encore supprimables sont tous dans les terres en culture et non pas

dans les pâtures ou prairies ; par conséquent il faut
comparer le gain obtenu aux terres labourées, c'est-à-
dire à 1,071 hectares. On peut donc dire que la surface
occupée par les fossés dont la disparition sera due à
l'action bienfaisante de M. Vandercolme est à peu près la
35e partie des terres en culture. Appliquant cette proportion
du 35e à l'ensemble des terres cultivées qui, entre Dunkerque
et Lille, sont couvertes de fossés supprimables, M. Vandercolme disait, dès 1852, qu'on pouvait ainsi rendre
à l'agriculture, dans cette seule partie de la France,
plus de 6,000 hectares.

Cette appréciation n'est pas exagérée, et on doit en
estimer d'autant plus les effets qu'ils sont obtenus à des
prix vraiment très-minimes. En effet, pour le cultivateur,
la dépense nécessitée par la mise en culture des fossés
se borne pour un mètre à 7 centimes et demi pour les
tuyaux, et à 2 centimes et demi pour les autres frais,
au total à 10 centimes, prix évidemment très-peu élevé
pour gagner une surface de 2 mètres carrés. Avant de
livrer ces chiffres à la discussion, M. Vandercolme avait
eu soin, du reste, de les soumettre à l'expérience. Dans
les deux plans 1 et 2, on trouve circonscrites, par une
teinte jaune, les terres de la ferme, dite de Rexpoëde,
où, pour prouver la possibilité de mettre en culture la
superficie des fossés, il les a tous couverts à la fois, ce
qui a porté tout de suite la conviction dans tous les esprits
autour de lui. C'est cette ferme que M. Vandercolme
cultive lui-même depuis plusieurs années, et sur laquelle
nous aurons plusieurs fois à revenir à l'occasion de diverses

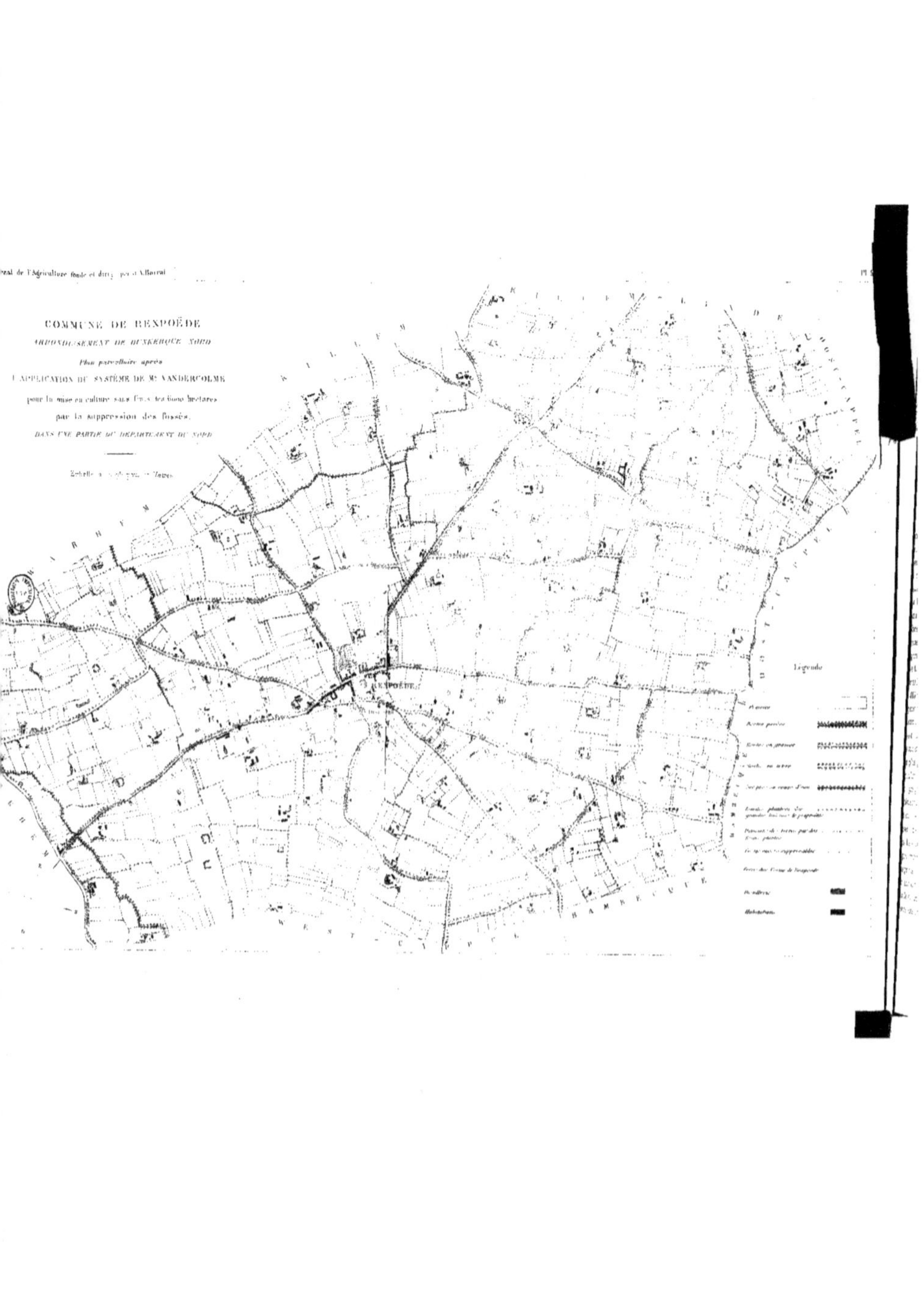
Journal de l'Agriculture fondé et dirigé par J.A. Barral

COMMUNE DE REXPOËDE
ARRONDISSEMENT DE DUNKERQUE NORD
Plan parcellaire après
L'APPLICATION DU SYSTÈME DE M. VANDERCOLME
pour la mise en culture sans frais des 6000 hectares
par la suppression des fossés,
DANS UNE PARTIE DU DÉPARTEMENT DU NORD

Échelle

Légende

REXPOËDE

autres expériences. Cette ferme a une superficie de 16 hectares 10 ares, sur lesquels 69 ares étaient occupés par des
fossés ; il ne restait donc de productifs que 15 hectares
41 ares ; les fossés avaient un développement de 3,450
mètres courants. M. Vandercolme a employé pour les couvrir 11,000 tuyaux à 21 fr. le mille, soit 231 fr. ; la main
d'œuvre et les autres frais se sont élevés à 7 centimes par
mètre, c'est-à-dire à 241 fr. 50 pour tous les fossés ; ce qui
donne en total 472 fr. 50. Mais tous les ans il fallait en outre
réparer les fossés, c'est-à-dire, en creuser à nouveau le tiers,
soit 1,150 mètres à 5 centimes le mètre courant, ce qui
donne 57 fr. 50 à déduire. Il ne reste donc qu'une dépense
de 415 fr., soit 12 centimes par mètre courant. Mais cette
dépense n'a été qu'une avance : la première récolte qu'ont
fournie les *terrains sauvés des eaux* a payé plus que les
frais effectués ; les portions des champs placées au-dessus
des anciens fossés se sont montrées et continuent à se montrer plus particulièrement fertiles, en même temps que
l'écoulement des eaux excédantes se fait avec plus de facilité que par les fossés à ciel ouvert. Les avantages du
système nouveau et les inconvénients de l'ancienne méthode
ont été mis en évidence par M. Vandercolme : « Il faut
penser, en effet, non-seulement à la perte du terrain noyé
sous les eaux, mais encore à l'imperfection des moyens
d'égouttement que ces fossés procuraient. Ils exigeaient les
plus grands frais, soit pour leur établissement, soit pour
leur entretien ; ils assujettissaient à des travaux incessants
pour le curage, pour le remaniement des rigoles, pour
les sarclages difficiles et coûteux que nécessitait la venue

trop facile des mauvaises herbes qui foisonnaient sur leurs
bords, et bientôt infestaient les champs par la dispersion
de leurs semences. Il faut également songer aux entraves
que les fossés apportaient aux opérations de la culture, à
la nécessité de suspendre assez loin du bord l'action de la
charrue et d'achever lentement à la main, à la bêche, cette
partie du labourage, en se tenant encore à distance, afin
d'éviter les éboulements. Il est facile de suivre des yeux,
avec regret, ces matières précieuses, les plus fertilisantes
des fumures, que les eaux entraînent encore dans quelques
fossés, et qu'on ne retrouve qu'en bien faible partie par un
curage dispendieux. Enfin, l'esprit s'attriste en songeant à
ces causes si nombreuses d'insalubrité que présentait un
pays tenu, pour ainsi dire, à l'état perpétuel de marécage ;
aux miasmes pestilentiels qui s'en élevaient et qu'exhalent
encore aujourd'hui les fossés qui sont restés ; aux fièvres
périodiques qui décimaient ou affaiblissaient les populations de ces campagnes. Ne sait-on pas combien est défavo-
rable à l'agriculture ce morcellement des terrains, qui
réduit tout le pays flamand en parcelles ? On sait combien
l'humidité persistante, provenant de la surabondance des
eaux, ou de l'existence d'un sous-sol imperméable,
entrave les labours, et réduit à un court espace le temps
pendant lequel il devient possible de les exécuter ; elle
exige, par conséquent, pour l'accomplissement des travaux
de culture, l'action simultanée d'un personnel nombreux,
que les fermiers flamands ne sont pas toujours en mesure
de se procurer. Avec la suppression des fossés, plus de
ces séparations inutiles ou nuisibles ; facilité de se mouvoir,

de labourer dans tous les sens et dans tous les temps ;
réduction de la main d'œuvre ; possibilité d'introduire de
nouvelles cultures, d'augmenter la production des fourrages, d'arriver à l'entretien et à l'élevage d'une plus
grande quantité de bétail, enfin, de faire de la viande,
de s'assurer des engrais, condition indispensable de toute
exploitation agricole bien entendue. Il ne s'agit pas d'ailleurs d'ouvrir des tranchées ; les fossés sont béants, il n'y
a plus qu'à les combler ; et ce comblement n'exige du fermier aucun sacrifice. »

M. Vandercolme a excepté, en proposant sa mesure
générale, les fossés de séparation des propriétés ; dans
beaucoup de cas leur suppression ne pourrait avoir lieu
qu'en plaçant au fond de chacun d'eux deux ou trois tuyaux
de drainage bien dirigés suivant une pente nécessaire
pour conduire les eaux dans un petit nombre de fossés
d'écoulement. Les propriétaires de terrains contigus se
trouveraient souvent très-bien de prendre ce parti, qui
ne peut être adopté que d'un commun accord. Le bornage
n'en serait pas affecté, car les tuyaux de drainage, par
leur stabilité, par leur permanence, constituent certainement un des moyens les moins sujets à contestation
qu'on puisse employer pour limiter les propriétés. On
ne doit pas objecter que le limon retiré des fossés par
leur curage trisannuel forme un engrais précieux ; cet
engrais est certainement prélevé par les eaux pluviales
et par les vents sur la fertilité des champs eux-mêmes,
et souvent il est porté au loin dans les grands canaux
d'écoulement lors des fortes crues, tandis que les tuyaux

de drainage ne laissent écouler que des eaux filtrées.

L'air de Rexpoëde est très-sain ; le choléra n'y a pas sévi ; des fièvres pernicieuses y sont plus rares que dans les communes voisines. Il n'y avait généralement de l'eau dans les fossés qu'en hiver et au printemps ; l'été, ils étaient complétement à sec ; on ne se plaignait pas de leur insalubrité ; il n'y a nul doute cependant que leur couverture ait assaini le pays. A tous les points de vue l'opération imaginée et propagée par M. Vandercolme, opération qui se répand de plus en plus, a donc été un véritable service rendu par cet habile et persévérant agronome.

# CHAPITRE VI



LA FERME DITE DE REXPOEDE — LES FUMIERS COUVERTS

Parmi les fermes que M. Vandercolme possède sur le territoire de la commune, celle dite *de Rexpoëde* a ses terres en face de l'habitation du propriétaire, et elle touche à la place du village, comme on peut le voir par les planches 1 et 2 qui ont déjà été citées. Sur 16 hectares 10 ares que contient cette ferme, M. Vandercolme a réservé 6 hectares pour des expériences relatives à un système particulier de culture basé sur la création des pâturages artificiels ; nous aurons à revenir dans un chapitre spécial sur ces expériences et ce système. Le restant, soit 10 hectares, continue à être cultivé par le fermier suivant les usages du pays. Les terres ont toutes été drainées par des tuyaux mis simplement dans le fond des anciens fossés qui ont été couverts, ainsi que nous l'avons expliqué précédemment. Les bâtiments de la ferme sont occupés par le bétail et le cheptel mort du propriétaire et du fermier. Le plan complet des lieux se trouve donné dans la planche 3, dont voici la légende :

1 , Champ d'expériences où depuis 6 ans on a adopté la culture écossaise basée sur la création de pâturages artificiels.

2 , Terres et pâturages de la ferme.

A , Maison d'habitation de M. Vandercolme.

BB , Habitation du fermier et du jardinier.

C , Serre.

DD , Ecuries.

E , Remise.

FF , Granges.

G , Etables et fumier couvert.

H , Fumier à ciel ouvert établi dans une bonne fosse pour expérimenter si l'amélioration résultant de la couverture d'un fumier peut payer les intérêts et l'amortissement du capital dépensé pour construire cette couverture.

I , Seconde étable.

J , Dépôt de pulpes de distillerie de betteraves.

K , Fosse à purin.

LLL, Hangars pour les instruments et les chariots.

M , Remise de la moissonneuse.

N , Potager de la ferme.

L'étendue des jardins est de 2 hectares 35 ares ; les 4 hectares sur lesquels M. Vandercolme a établi la rotation herbe, betteraves et blé, sont divisés en cinq parcelles qui sont indiquées sur la planche n° 3 ; les parcelles n° 1 et n° 2 font suite au jardin. Cette rotation permet à M. Vandercolme d'avoir une tête et quart de bétail par hectare ; de plus, elle a considérablement amélioré les terres : celles-ci valent aujourd'hui, et M. Vandercolme les louerait 15 fr. plus cher par mesure de 44 ares, que celles qui y sont contiguës et qui sont louées

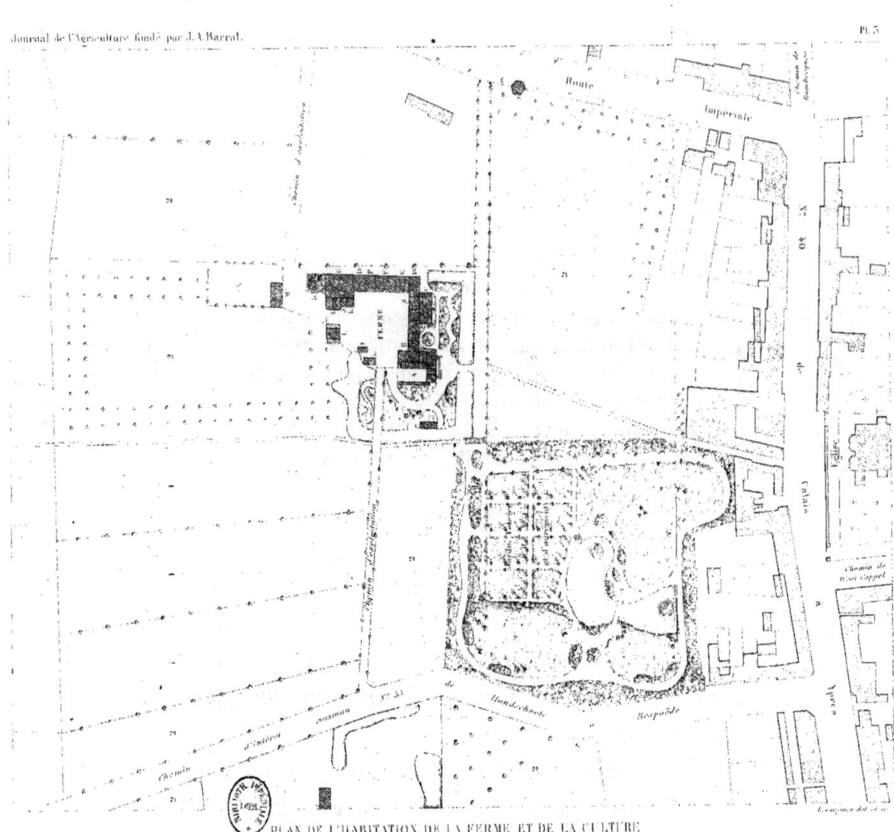


PLAN DE L'HABITATION, DE LA FERME ET DE LA CULTURE
de M. Vandervolme à Rexpoëde (Nord).

50 fr. Il peut ainsi faire la comparaison exacte de ses
produits et de ceux du fermier, comparaison qui est de
nature à faire accepter ses améliorations dans toute la
contrée. Le fermier n'a que trois quarts de tête de bétail
par hectare ; tandis que M. Vandercolme qui veut aujour-
d'hui appliquer sur ses 16 hectares l'expérience déjà faite,
compte arriver à une tête et demie de bétail pour la
même étendue. Seulement le genre de culture qu'il a
établi exige un capital beaucoup plus considérable que celui
consacré à la culture par les fermiers du pays, et il faudra,
pour qu'il s'étende, des baux d'une durée plus grande que
la durée habituelle qui est de 9 ans ; on ne peut pas amener
en si peu de temps une terre à un très-haut degré de fertilité,
et en tirer des produits de nature à compenser les avances
faites au sol. Ici, comme partout, la petite durée des baux
est un sérieux obstacle aux améliorations agricoles.

Si la ferme qui touche à la campagne de M. Vandercolme était mise en vente pour être adjugée en totalité, on
en obtiendrait de 75,000 à 80,000 fr., les bâtiments
d'exploitation compris ; au détail, on en obtiendrait de
de 105,000 à 115,000 fr. sans les bâtiments. Quand dans
le pays on achète une ferme, les bâtiments ne comptent
pas. Pour construire ceux de la ferme de Rexpoëde, il
faudrait dépenser de 8,000 à 9,000 fr. Le prix de la location est pour tout le pays de 50 fr. la mesure, soit 112
à 115 fr. l'hectare.

Ce qui doit attirer d'une manière toute particulière
l'attention sur les bâtiments de la ferme, c'est l'établissement de la fosse à fumier couverte, construite afin de

pouvoir faire des expériences comparatives avec du fumier
aménagé dans une bonne fosse ouverte qui est placée à une
petite distance, comme le montre la planche 3 ; les figures

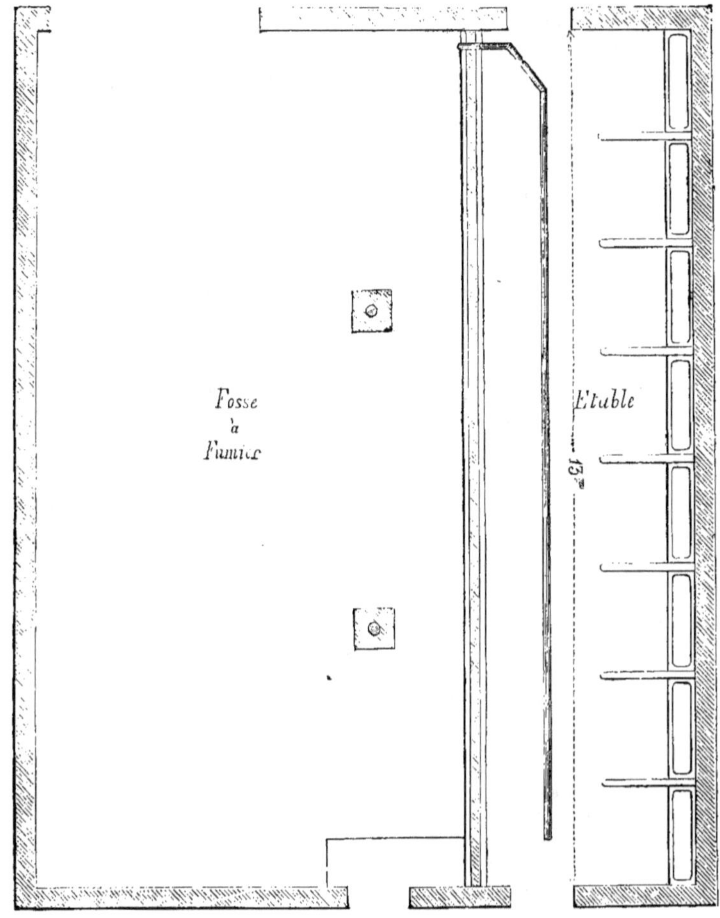


Fig. 1. — Plan de la fosse à fumier couverte de M. Vandercolme.

1 et 2 représentent cette fosse couverte en plan et en coupe.
Voici le devis de cette construction qui a été exécutée avec
toute l'économie possible, condition que s'impose toujours

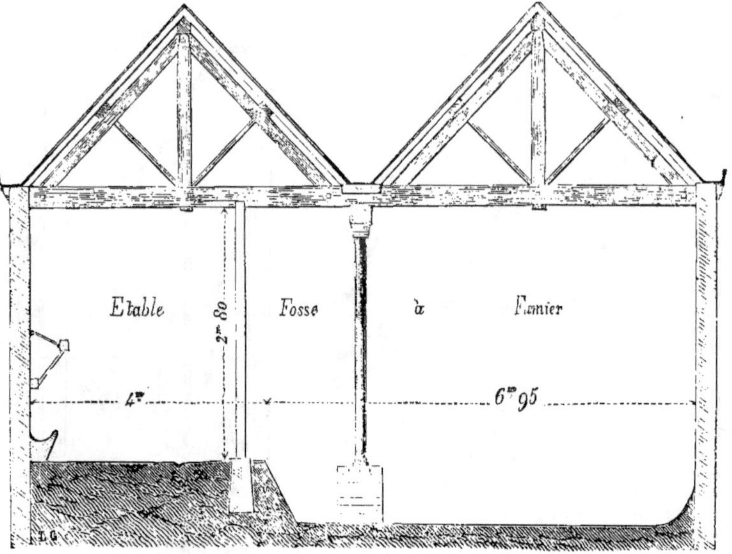


Fig. 2 — Coupe de la fosse à fumier couverte de M. Vandercolme.

M. Vandercolme, parce qu'il ne fait rien en agriculture qui
ne puisse être au besoin imité par les simples fermiers du
pays une fois que l'expérience a prononcé en faveur de
nouveaux systèmes :

| | |
|---|---:|
| Charpente | 580 fr. |
| Une porte charretière | 50 |
| 2 colonnes en fonte pour soutenir la poutre transversale. | 55 |
| 13 mètres courants de gouttières à 4 fr 30 | 61 |
| 9 mètres cubes de maçonnerie à 15 fr | 135 |
| 2,300 pannes creuses pour couverture, à 50 fr. le mille. | 115 |
| 13 mètres courants de pannes faîtières | 28 |
| Total | 1,024 fr. |

M. Vandercolme ne porte au compte de la maçonnerie que 9 mètres cubes. En même temps il construisait une étable, représentée en G dans la planche 3 ; la fosse à fumier se trouvait déjà entre deux bâtiments, c'est ainsi que l'établissement de la couverture n'a augmenté la dépense de maçonnerie que de 135 fr. Quant à la charpente, le bois a été abattu sur la ferme, et M. Vandercolme le compte au prix auquel il l'aurait vendu. La fosse était faite, le fond pavé avec de gros morceaux de marne ; le coût n'en figure donc pas dans le devis qui ne comprend que les frais pour couvrir, frais venant, par conséquent, en sus de ceux exigés pour une fosse à fumier ordinaire. Pendant la première année, M. Vandercolme n'a obtenu aucun résultat de la comparaison des deux fumiers, couvert et non couvert. Il attribue ce fait à ce qu'il n'avait pas laissé couler sur le fumier couvert assez d'eau provenant des toits. Ce fumier peut aujourd'hui en recevoir à volonté, au moyen d'un robinet disposé à cet usage. M. Vandercolme croit que le fumier couvert a une plus grande valeur ; mais avant de se prononcer, il veut consulter les plantes ; l'amélioration ne doit pas d'ailleurs être énorme, surtout puisqu'il opérera par comparaison avec du fumier disposé dans des fosses bien aménagées. C'est pourquoi, pendant plusieurs années, il va fumer la moitié d'une pièce de terre avec le fumier couvert, l'autre moitié avec celui qui ne l'est pas. Il faudra du temps pour arriver à un résultat ; mais il sera certain et instructif. On sait d'ailleurs que les expériences en agriculture ne vont jamais vite.

# CHAPITRE VII



On a déjà vu (p. 3 et 10) que dès 1849, M. Vandercolme
introduisit le drainage dans l'arrondissement de Dunkerque. Ses premiers essais furent faits dans les quatre
fermes de la commune de Rexpoëde marquées en rouge sur
la planche 1, ainsi que dans le jardin de son habitation.
Il eut soin d'opérer sur des pièces de terre qu'il divisait en
deux parties, l'une recevant le drainage, l'autre restant
dans son état primitif, afin que les récoltes comparatives
pussent témoigner d'une manière évidente de la bonté du
procédé d'assainissement. Quelques champs furent même
divisés en trois parties, deux drainés et une non drainée ;
l'une des deux parties drainées était en outre soumise à un
défoncement au moyen d'une charrue sous-sol. Au commencement de 1852, M. Vandercolme fit connaître les
premiers résultats qu'il avait obtenus dans une communi-

cation faite au Comice agricole de Dunkerque. Nous citerons les principaux passages de son Mémoire de cette époque, parce qu'ils constituent un document historique ; alors le drainage était peu connu en France et ses effets étaient même fortement contestés.

« Le terrain choisi, disait-il, d'une étendue de trois hectares, présente un sous-sol argileux qui a quelque compacité. On y rencontre parfois du sable grisâtre paraissant s'opposer à l'infiltration de l'eau. Le plan a peu d'inclinaison. Des rigoles ont été creusées à 8 mètres les unes des autres, elles sont profondes de 1 mètre et la pente qu'on a ménagée ne dépasse pas 5 millimètres par mètre ; toutefois cette pente n'a pas été uniforme, elle s'est trouvée réduite plus ou moins au point de devenir presque insensible, selon le nivellement varié de chaque pièce et d'après les données fournies par des ouvriers spéciaux, venus d'Écosse pour la conduite des travaux et la culture des terres.....

« Dans mon jardin, qui s'étend à côté des exploitations dont font partie les trois hectares drainés, la culture et les travaux ont été exactement les mêmes à cause de la similitude des choses sous tous les rapports....

« La première année (1850), la récolte a été généralement plus fructueuse sur les portions assainies que sur celles qui ne l'étaient pas. Toutefois, le blé n'a donné qu'un faible excédant. A côté, l'avoine a fourni une augmentation de 75 pour 100 par rapport à la parcelle de comparaison. Il fut impossible de juger pour le lin. Dans les jardins il y avait des promesses d'avantages plutôt que des résultats significatifs à citer.

« La deuxième année (1851), le succès fut décisif tant dans mon jardin que dans mes trois hectares ensemencés en blé. La récolte du blé fournit un excédant de 35 pour 100. Le jardin fut encore plus favorisé peut-être pour la beauté, la qualité et la quantité de ses produits ; les pommes de terre, par exemple, ont dépassé de 40 pour 100 le rendement d'une portion égale non drainée, et de bons fruits ont été cueillis sur des arbres frappés de stérilité depuis leur plantation qui date de vingt années. Ces résultats ont été constatés d'une manière aussi sûre que facile, chaque pièce de terre

FERME DE REXPOEDE
Appartenant a Mr. Vandercolme
ARROND.t DE DUNKERQUE (NORD)
Plan du drainage
Echelle du plan 0m.0016 pour 10 met.s
Signes conventionnels.
Prairies
Labours (drainés)
Route Imp.le N.o 40 d'Ypres
Zéro du nivellement
Détail du remblai de la Becque
Coupes longitudinales suivant l'axe de la Becque
en hiver
en Eté
Coupes transversales sur la Becque
(Hiver)
(Eté)

étant partagée par moitié exacte ; d'un côté culture en usage, d'un autre côté culture nouvelle....

« Voici une évaluation du prix de revient du drainage pour un hectare, les rigoles étant creusées à 8 mètres de distance les unes des autres et ayant 1 mètre de profondeur :

| | |
|---|---:|
| 1,200 mètres de rigoles à 7ᶜ.5 le mètre................. | 90 fr. |
| 4,000 tuyaux de 0ᵐ.30 de longeur, à 18 fr. le mille...... | 72 |
| Transport, pose et frais divers...................... | 40 |
| Total................ | 202 fr. |

Soit 88 fr. 96 par surface de 44 ares 4 centiares.

« Cette évaluation est approximative et ne saurait être considérée comme fixe, le prix de revient devant varier d'un lieu à un autre suivant la nature du sol, le taux du salaire des ouvriers, la distance du dépôt des tuyaux, etc......»

Au mois d'août 1852, une commission du Comice agricole de Dunkerque se transportait sur les fermes de M. Vandercolme pour apprécier les résultats du drainage à la troisième année et voici les faits qu'elle constatait :

1° sur 80 centiares drainés et travaillés à la charrue sous-sol et sur la même surface drainée seulement, on a trouvé :

| | Par parcelle. Kilog. de gerbes. | Par hectare. Kilog. de gerbes |
|---|---:|---:|
| Terre drainée et sous-solée......... | 71.25 | 8,906 |
| Terre drainée seulement............. | 63.25 | 6,187 |
| Différence en faveur de la partie drainée et sous-solée.. | | 3,719 |

2° Dans un autre champ, avec des parcelles mesurant 1 are 33 centiares, on a obtenu un rendement à l'hectare :

| | Kilog. de gerbes | Kilog. de paille battue. | Kilog. de blé. |
|---|---:|---:|---:|
| Terre drainée.......... | 7,857 | 5,238 | 2,605 |
| Terre non drainée....... | 5,188 | 3,258 | 1,943 |
| Différences en faveur du drainage · | 2,669 | 1,980 | 662 |

3° Dans un troisième champ, où une première partie était drainée et sous-solée, la deuxième drainée seulement et la troisième enfin non drainée, on a eu par hectare :

|  | Kilog. de blé. |
|---|---|
| Partie drainée et sous-solée...................... | 2,197 |
| Partie drainée seulement........................ | 1,740 |
| Partie non drainée............................ | 1,355 |

Ces résultats étant décisifs, M. Vandercolme chercha à les propager par des expériences faites sur une échelle beaucoup plus grande encore ; nous le verrons à propos de la ferme de Killem, où le fermier a été intéressé à constater lui-même les bons résultats du drainage méthodique.

Le drainage est aujourd'hui devenu une opération que les cultivateurs et les propriétaires s'accordent à étendre de plus en plus. C'est une conquête acquise aussi bien que la suppression des fossés. Les deux opérations sont combinées ainsi que le montre la planche 4 qui représente l'exécution du drainage de la ferme dont les limites sont marquées en rouge dans la planche 1 et qui est située au bout de la route impériale n° 40 du côté de la Belgique.

La distribution des terres cultivées et des pâtures s'aperçoit sans aucune difficulté ; on voit aussi la direction des drains ordinaires et des drains collecteurs, suivant les pentes et contrepentes du terrain ; le plan de comparaison du nivellement marqué zéro se trouve en A sur le radier de l'aqueduc, sous le chemin de Bambecque. Ce plan est surtout intéressant pour montrer le drainage de la *becque* qui traverse la propriété de C en D. — On appelle

*becques* dans le pays les petits cours d'eau. — Cette becque
ne fournit réellement de l'eau qu'en hiver et durant l'été
au moment des pluies torrentielles. Mais elle portait préjudice à M. Vandercolme à cause de sa grande profondeur.
Elle était l'occasion de fréquents éboulements ; ses talus
raides et toujours dépourvus de gazon étaient souvent
dégradés et emportés par les courants. Aussi les charrues
devaient-elles s'arrêter à 3 mètres de la crête. Pour remédier à ces inconvénients, M. Vandercolme a placé dans le
fond deux tuyaux de $0^m.10$ de diamètre accolés l'un à
l'autre ; il les a recouverts d'une couche de cailloux et de
blocaille, puis de terre; il a fait remblayer par dessus avec
de la terre, a arrondi les crêtes des talus sur chaque rive
et ensuite ensemencé pour former une prairie à surface
concave. Comme les tuyaux devaient donner passage aux
eaux provenant des terres voisines, ils eussent été probablement très-vite engorgés si M. Vandercolme n'avait pris
quelques précautions. La tête du côté d'amont est formée
d'une muraille en briques sèches sans mortier, ce qui
permet aux eaux de passer facilement sans rien entraîner
avec elles. La tête d'aval est aussi en même maçonnerie,
mais l'orifice des tuyaux est resté découvert. Seulement on
a fait en avant un parafouille en briques et blocaille. Ce
travail permet aux eaux d'été de s'écouler par les tuyaux
et à celles de l'hiver de passer par dessus le remblai qui
forme une rigole de 4 mètres de largeur en moyenne, bien
fournie d'un gazon résistant et qui donne en outre une
excellente prairie arrosée. On a mis trois tuyaux au fond de
la becque, comme le montrent deux coupes faites transversa-

lement et longitudinalement, et figurées dans la planche 4.
Sous le pont, le passage étant rétréci, il a fallu ménager ainsi
un écoulement plus considérable par le fond. Voilà dix ans
que ce système fonctionne sans qu'il se soit produit aucun
engorgement dans les tuyaux. On a dû prendre seulement la
précaution de mettre le fond de la becque au niveau des eaux
d'hiver afin de ne pas inonder les terres qui seraient plus
basses que le remblai formé. La becque avait de C en D une
longueur de 140 mètres; sa transformation en prairie a coûté:

|  | fr. |
|---|---|
| 1,000 briques à 13 fr. le mille...................... | 13.00 |
| Une journée de pose............ ........... .... | 2.45 |
| Deux tuyaux de 0m.10, soit 840 tuyaux à 10 fr. le mille. | 84.00 |
| Pose sur le bon fond..... ........ ... ......... | 14.00 |
| Neuf journées à 1 fr. 75 pour jeter la terre de la crête | |
| dans le fond de la becque....................... | 15.75 |
| Total............. | 129.20 |

On a gagné une prairie de 5 mètres de largeur, soit de
7 ares ; le prix est de 1,847 fr. l'hectare, ce qui est loin
de former la valeur des terres dans le pays. L'opération a
donc été excellente, quoique l'on eût pu l'effectuer à un
prix un peu moindre en ne mettant qu'un seul gros tuyau
au fond de la becque.

Il y avait sur la même ferme un développement de
2,720 mètres courants de fossés qui ont tous été supprimés et couverts après la pose d'un tuyau dans leur fond ;
l'opération a coûté :

| | fr. |
|---|---|
| 2,720 mètres de tuyaux, soit 8,160 tuyaux à 21 fr. le | |
| mille.................................... | 171.36 |
| Main-d'œuvre................................ | 150.40 |
| Total............. | 321.76 |

On a gagné 2 mètres carrés de terrain par mètre courant, soit en tout 54 ares 40 centiares, ce qui ne fait, comme prix d'acquisition, que 591 fr. l'hectare.

Enfin le drainage méthodique de la ferme a coûté 146 fr. par hectare, l'écartement des drains étant de 11 mètres. Dans ce prix moyen de 146 fr. n'est pas compris le coût du premier hectare drainé en 1849 ; les tuyaux et les ouvriers sont alors arrivés d'Ecosse ; et les tuyaux sont revenus à plus de 130 fr. le mille, transport et droits de douane compris. La totalité de la ferme représentée par la planche 4 est drainée. M. Vandercolme a en outre 78 hectares méthodiquement drainés dans ses diverses fermes de Rexpoëde, plus 18 hectares drainés par le moyen des fossés couverts ; il les conserve comme type de la transformation qu'il a effectuée. Toute la commune de Rexpoëde est drainée, au moins par des fossés couverts ; nous n'avons pu connaître les proportions de l'étendue drainée méthodiquement par des drains couverts dans le but de produire l'assainissement.

Le système de couverture des becques a permis à M. Vandercolme de supprimer sur une autre propriété un fossé où ne passaient qu'en petite quantité les eaux d'un terrain voisin. Le fossé était très-large parce qu'il devait être profond. M. Vandercolme a encore ainsi gagné 3 ares. Ces minimes surfaces conquises sur l'improductivité font néanmoins beaucoup dans un pays où les propriétés sont petites et où la terre a une grande valeur. Les drains ne s'engorgent pas quand ils sont

protégés par une couche de briques et de cailloux, lors
même qu'ils doivent donner passage à des eaux abondantes qui viennent de loin et que, dans certaines saisons,
ces eaux, ainsi qu'il arrive pour l'exemple que nos
lecteurs ont sous les yeux, passent par dessus le remblai
et forment une véritable irrigation.

# CHAPITRE VIII





Pour établir le bilan d'une ferme de la commune de Rexpoëde, nous ne prenons pas pour exemple la ferme qui touche à l'habitation de M. Vandercolme, où il entretient son bétail et où il fait ses expériences habituelles, de concert avec le fermier. On pourrait croire à l'emploi des ressources exceptionnelles d'un propriétaire qui ne recule devant aucun obstacle pour obtenir de bons résultats. Nous reviendrons d'ailleurs plus loin sur les faits pleins d'intérêt qui s'y produisent. Nous choisissons de préférence une ferme éloignée ; c'est la ferme drainée représentée par la planche 4, et dont la planche 1 montre également la position dans la commune. On voit comment les terres d'un seul tenant sont agencées au milieu de celles des fermes voisines. Cette ferme, d'une étendue de 18 hectares ou de 41 mesures du pays environ, est bien placée dans la moyenne des fermes de cette partie de l'arrondissement de Dunkerque. Nous admettons d'ailleurs que le fermier qui la cultive a une conduite régulière, soigne ses affaires et agit comme un bon père de famille, laborieux et actif, ce qui est, du reste, le cas général dans le pays.

La valeur foncière de cette ferme est de 82,000 fr. ; le loyer de 2,050 fr. L'exploitation se décompose ainsi :

|  | Hectares. | Ares. | Centiares. |
|---|---|---|---|
| Pâturages (7 mesures 1/2 environ) | 3 | 35 | 90 |
| Terres à labours (33 mesures 1/2) | 14 | 70 | 05 |
| Surface totale | 18 | 05 | 95 |

Nous allons donner le tableau des produits moyens de cette ferme, calculés sur les cinq dernières années. Ce tableau servira à établir le produit brut d'un hectare sur la commune de Rexpoëde. Les rendements sont calculés par mesure du pays, c'est-à-dire par 44 ares 4 centiares.

| Mesures. |  | Fr. |
|---|---|---|
| 17.0 | Blé : grain, 11 hectol. 5 par mesure, soit en tout 195 hectol. 1/2, à 20 fr. 50 l'hectol.... | 4,007.75 |
| — | — paille, à 2,000 kilog. par mesure, soit 34,000 kilog. à 36 fr. les 1,000 kilog.......... | 1,224.00 |
| 2.0 | Lin, vendu 400 fr. la mesure................. | 800.00 |
| 2.0 | Betteraves, 17,000 kilog. à la mesure, soit 34,000 kilog. à 18 fr. les 1,000 kilog.......... | 612.00 |
| 4.5 | Fèves : grains, 11 hectol. à la mesure, soit 49 hectol. 1/2, à 20 fr. l'hectol.......... | 990.00 |
| — | -- paille, 1,100 kilog. à la mesure, en tout 5,000 kilog., à 36 fr. les 1,000 kilog.... | 180.00 |
| 0.5 | Haricots : graines, 11 hectol. à la mesure, soit 5 h. 5, à 33 fr. l'hectol............. | 181.50 |
| — | — paille, 970 kilog. à la mesure, soit 485 kilog., à 36 fr. les 1,000 kilog............. | 17.46 |
| 26.0 | A Reporter....... | 8,012.71 |

| Mesures. | | Fr. |
|---|---|---|
| 26.0 | *Report.* . . . . . . | 8,012.71 |
| 0.5 | Pois, graines, 13 hectol. à la mesure, soit 6 h. 5, à 26 fr. l'hectolitre. . . . . . . . . . . . . . . . . | 135.50 |
| — | — paille, 970 kilog. à la mesure, soit 485 kilog., à 36 fr. les 1,000 kilog. . . . . . . . . . . . . . | 17.46 |
| 1.5 | Pommes de terre, 77 hectol. en tout, à 7 fr. l'hectol. | 539.00 |
| 2.5 | Trèfle, 2,400 kilog. à la mesure. soit en tout 6,000 kilog., à 120 fr. les 1,000 kilog. . . . . . . . . | 720.00 |
| 1.5 | Avoine : grain, 22 hectol. à la mesure, soit 33 hectol., à 8 fr. 40 l'hectol. . . . . . . . . . | 277.00 |
| — | — paille, 2,000 kilog. à la mesure, soit 3,000 kilog. à 36 fr les 1,000 kilog. . . . . . . . . | 108.00 |
| 1.5 | Colza, 13.5 hectol. à la mesure, soit 20 h. 25, à 28 fr. . . . . . . . . . . . . . . . . . . | 567.00 |

33.5 ou 14 hect.<sup>es</sup> 74 ares.  Total pour les terres en labour  10,376.67

Soit 703 fr. 98 par hectare.

Sur les pâturages, on nourrit du 1<sup>er</sup> au 10 mai jusqu'au 20 ou au 30 octobre, c'est-à-dire pendant cinq mois et demi à six mois, soit pendant 170 jours, 9 bêtes à cornes, dont 5 vaches à lait. Une vache donne pendant cette saison une somme de 140 à 150 fr. de beurre. Il faut compter en outre que les quatre autres bêtes s'accroissent chacune d'un kilogramme par jour à 90 centimes le kilogramme. Par conséquent, on aura pour le produit des 7 mesures et demie ou 3 hectares 32 ares le produit brut suivant :

| | |
|---|---|
| Beurre de 5 vaches à lait, à 145 fr. l'une, soit. . . . . . . . . . . . | 720 fr. |
| Croît de 4 autres bêtes, à 1 kilog. par jour et par tête, à 90 centimes, soit. . . . . . . . . . . . . . . . . . . . . . . . . . . . | 612 |
| Total pour les pâtures. . . . . . . . . | 1,337 fr. |

Le produit brut cultural, tel que nous l'avons défini dans nos précédentes études sur l'agriculture du Nord, s'élève donc, pour une ferme ordinaire de la commune de Rexpoëde, au total suivant :

| | |
|---|---:|
| Terres en labour ........................... | 10,377 fr. |
| Pâtures ................................... | 1,337 |
| Total pour 18 hectares........... | 11,714 fr. |
| Soit par hectare.. 650 fr. 78. | |

Pour passer du produit brut cultural au produit brut social, c'est-à-dire réalisable en argent, il faut retrancher des sommes précédentes les pailles et les semences :

| | Fr. |
|---|---:|
| Blé, semences, 2 hectol. par hectare, soit pour 17 mesures. | 306.08 |
| Lin, semences, 118 fr. par hectare, soit pour 2 mesures... | 103.84 |
| Betteraves, graines, 18 fr. par hectare, soit pour 2 mesures. | 11.00 |
| Fèves, graines................................ | 35.20 |
| Haricots, graines............................. | 11.00 |
| Pois, graines................................. | 7.00 |
| Pommes de terre, tubercules de semence............... | 92.40 |
| Trèfle, semences, 17 fr. 90 par hectare............... | 18.00 |
| Avoine, semences, 1 hectol. 35 par hectare........... | 7.12 |
| Colza, semences, 3 fr. par hectare.................. | 2.50 |
| Pailles de blé, fèves, haricots, pois, avoines........ | 1,546.92 |
| Total à déduire de 11,714 fr...... | 2,143.66 |
| Reste pour produit brut social total.......... | 9,570.34 |
| Soit par hectare..... 531.77. | |

Ce résultat est obtenu en ne s'occupant nullement de l'intérieur de la ferme, et en supposant seulement que les pailles sont données en échange du fumier par la culture. Il serait mieux encore de supprimer les subtances fourragères consommées par le bétail à l'étable durant la saison d'hiver ; mais alors il faudrait ajouter les sommes prove-

nant de la vente des veaux, des porcs, de la basse-cour,
c'est-à-dire de tous les produits animaux. Ces produits
doivent faire une somme d'environ 990 francs, de telle
sorte que les produits animaux totaux réalisables s'élèvent
à 2,027 francs, et les produits végétaux également vendus
à 7,543 fr. Les fermiers qui se trouvent près d'une *place*
de village vendent du lait. Généralement ils s'arrangent
pour que le commencement du vêlage ait lieu en mars,
ce qui fait que durant l'hiver on produit peu de lait;
ceux qui en obtiennent et qui ne le vendent pas pour la
consommation directe, font du beurre.

Pour arriver maintenant au produit net, il faut calculer
les dépenses et leur répartition par chapitres. D'après
M. Vandercolme, dans une ferme qui n'a que 20 mesures
de terres à labour, un seul cheval suffit, et quand la ferme
compte de 20 à 30 mesures, il est nécessaire d'avoir deux
chevaux. Comme il y a beaucoup de fermes où un cheval
ne suffit pas, mais où deux chevaux seraient beaucoup
trop, les fermiers se prêtent en général mutuellement un
cheval. La couverture des fossés a rendu plus facile le
travail sur la commune de Rexpoëde et a diminué le
nombre des chevaux. Ce même fait ressortira d'une manière
bien marquée de l'étude particulière de la ferme de
Killem. Quoi qu'il en soit, nous compterons deux chevaux
à nourrir pendant toute l'année pour la ferme dont nous
calculons le bilan. Sur une pareille ferme il faut un charretier et un autre homme, plus une servante et une autre
femme; ces quatre ouvriers sont nourris par le fermier.
Les gages sont réglés ainsi qu'il suit :

Le charretier, 35 fr. par mois.... ................    420 fr.

L'autre ouvrier, de 17 à 25 fr. par mois, soit 20 fr. en

moyenne.................. ...........................    240

La servante, 18 fr. par mois.....................    216

L'autre femme, 12 fr. par mois .................    144
                                                    ———————
                                        Total........    1,020 fr.

Cette dépense est encore la même pour des fermes qui n'ont que 20 mesures de terres à cultiver ; mais elle disparait tout-à-fait chez le fermier qui n'a en location que dix mesures. Alors le mari et la femme font toute la besogne, et généralement leurs affaires sont prospères. Quoi qu'il en soit, en restant dans la moyenne des fermes que nous examinons, il faut encore ajouter à la dépense des gages, celle de la nourriture de 4 personnes, soit 80 centimes par tête et par jour, ce qui fait 1,168 francs. Pour avoir l'ensemble de tous les salaires, on doit en outre compter 450 francs pour le sarclage et l'arrachage des deux mesures cultivées en betteraves. L'ensemble des salaires s'élève en conséquence par an à 2,638 francs.

Le chapitre de la dépense pour les engrais et les amendements ne laisse pas que d'être considérable ; il faut compter, d'après M. Vandercolme :

Fumier de ville......... ....................    200 fr.

Fumier acheté dans le village.................    80

Guano ............................ ............    180

Marne (on marne tous les 8 ou 9 ans)..........    80

Engrais flamand ..............................    70
                                                ———————
                    Total pour 18 hectares......    610 fr.

Soit 33 fr. 80 par hectare d'engrais importés du dehors.

Par là, on voit que, dans les petites fermes de cette partie de la Flandre, on a reconnu qu'on ne peut pas

arriver à de forts rendements moyens de 26 à 27 hectolitres de blé par hectare et à un produit brut cultural de
660 francs, sans restituer beaucoup à la terre.

Les deux chevaux entretenus sur la ferme y sont nourris,
mais ils donnent en échange leur travail et le fumier. Le
coût de la nourriture ne peut pas être évalué à moins de
2 fr. par jour, ce qui ferait pour toute l'année une dépense
de 1,460 fr. Il y a en outre à compter l'entretien de la
ferrure et du harnais et l'amortissement de la valeur des
animaux. M. Vandercolme nous a indiqué comme dépense
annuelle payée au maréchal 120 fr., et comme dépense
annuelle payée au charron la même somme de 120 fr.
Ces 240 fr. représentent évidemment à la fois l'entretien
des chevaux et des instruments de culture. La ferrure ne
coûte guère par cheval que 20 fr. par an ; il y a donc
environ 200 fr. pour l'entretien des outils de la ferme. Le
coût du reste, nourriture des chevaux et entretien du
cheptel mort, peut être considéré comme consommé par
le travail des labours et des charrois. Les chevaux doivent
d'un autre côté rendre en fumier pour une somme d'environ 16 centimes par jour et par tête : la valeur des
fumiers produits de ce chef pourra donc s'élever à
116 fr. 80.

Le bétail est nourri à l'étable pendant l'hiver : le prix
moyen de la nourriture par jour pour toute tête peut être
porté à 1 fr. 18 ; par conséquent, pour 9 bêtes, pendant
195 jours de stabulation, on aura une dépense de
2,070 fr. 90. On a comme produit le fumier que l'on peut
évaluer à 25 centimes par tête et par jour, ce qui donne

pour toute la saison de stabulation une somme de 438 fr. 75.

La valeur totale des fumiers produits sur la ferme tant par les chevaux que par l'espèce bovine est de 555 fr. 55. En ajoutant les engrais importés, on arrive à un total de 1,165 fr. 55, soit par hectare 64 fr. 75.

On peut évaluer le cheptel vivant à la somme de 1,400 fr. pour les deux chevaux au prix moyen de 700 fr. par cheval, et de 3,150 fr. pour le bétail, ce qui fait un total de 4,550 fr. Le cheptel inerte, c'est-à-dire les instruments divers, peuvent être estimés à 1,850 fr., ainsi qu'il suit :

| | |
|---|---:|
| 2 chariots................................. | 1,000 fr. |
| 2 tombereaux et leurs caissons............ | 300 |
| 3 charrues............................... | 225 |
| 4 herses en bois.......................... | 70 |
| 1 rouleau................................ | 70 |
| 1 baratte................................ | 40 |
| 2 tarares................................ | 70 |
| 3 cribles................................ | 36 |
| Instruments à main divers................. | 39 |
| Total......... | 1,850 fr. |

Le capital d'exploitation pour le fermier est donc de 6,400 fr. pour le cheptel vif et mort, soit par hectare 355 fr. 55. Il faut ajouter les 610 fr. employés chaque année en achats d'engrais, et les 2,143 fr. 66 représentant les pailles et les semences. Le total du capital d'exploitation du fermier est donc de 9,153 fr. 66, soit par hectare 508 fr. 54.

D'après tous ces détails, on peut estimer les dépenses annuelles aux chiffres suivants :

|  | Frais totaux. Fr. | Frais par hectare. Fr. |
|---|---|---|
| Salaires et nourriture des ouvriers . . . . . . . | 2,138.00 | 146.50 |
| Travail des chevaux pour labours et charrois, et entretien des instruments . . . . . . . . . | 1,700.00 | 94.44 |
| Semences . . . . . . . . . . . . . . . . | 597.74 | 33.20 |
| Engrais et fumiers . . . . . . . . . . . . . | 1,165.55 | 64.75 |
| Rente du propriétaire ou loyer de la terre . . . | 2,050.00 | 113.88 |
| Impôts . . . . . . . . . . . . . . . . . . | 306.00 | 17.00 |
| Intérêt du capital d'exploitation (9,153 fr. 66 à 5 pour 100) . . . . . . . . . . . . . . | 457.68 | 25.43 |
| Totaux . . . . . . . | 8,864.97 | 492.50 |
| Bénéfices de l'exploitant et salaire de son propre travail . . . . . . . . . . . . . . . . . . . | 2,849.03 | 158.28 |
| Total égal au produit brut cultural . . . | 11,714.00 | 650.78 |

Si nous ôtons dans les produits, les pailles et les semences pour revenir au produit brut social, nous devrons faire une suppression analogue dans les frais, c'est-à-dire enlever la valeur des semences (577 fr. 74), celle des fumiers (555 fr. 55), plus la somme de 990 fr. 37 (voir p. 61), qui doit représenter en partie les salaires employés dans l'intérieur de la ferme même pour les soins donnés au bétail pendant l'hiver. Cette somme est, dans ce cas, payée par les produits animaux que fournit la ferme durant cette saison. Le produit brut social d'une ferme ordinaire de Rexpoëde de 18 hectares se ramène donc aux termes suivants :

|                                                         | Frais totaux. | Frais par hectare. |
|---------------------------------------------------------|--------------:|-------------------:|
|                                                         | Fr.           | Fr.                |
| Rente du sol (comprenant le loyer des bâtiments) . .    | 2,050         | 114                |
| Intérêts du capital d'exploitation . . . . . . . . . .  | 458           | 25                 |
| Impôts. . . . . . . . . . . . . . . . . . . . . . . .   | 306           | 17                 |
| Salaires . . . . . . . . . . . . . . . . . . . . . . .  | 1,649         | 92                 |
| Frais accessoires . . . . . . . . . . . . . . . . . . . | 2,258         | 126                |
| Bénéfices de l'exploitant, y compris son propre travail. . . . . . . . . . . . . . . . . . . . . . | 2,849 | 158 |
| Totaux . . . . . . . .                                   | 9,570         | 532                |

Ce même produit brut social se décompose de la manière suivante :

|                                                  | Totaux. | Par hectare. |
|--------------------------------------------------|--------:|-------------:|
|                                                  | Fr.     | Fr.          |
| Produits végétaux . . . . . . . . . . . . . . . . | 7,543   | 419          |
| Produits animaux . . . . . . . . . . . . . . . .  | 2,027   | 113          |
| Totaux . . . . . . . .                            | 9,570   | 532          |

Dans notre étude sur la ferme de Masny , nous avons trouvé :

|                                                | Frais par hectare. |
|------------------------------------------------|-------------------:|
|                                                | Fr.                |
| Rente du sol . . . . . . . . . . . . . . . . .  | 129                |
| Intérêt du capital . . . . . . . . . . . . . .  | 53                 |
| Loyer des bâtiments. . . . . . . . . . . . . .  | 36                 |
| Impôts . . . . . . . . . . . . . . . . . . . .  | 17                 |
| Salaires . . . . . . . . . . . . . . . . . . .  | 150                |
| Frais accessoires. . . . . . . . . . . . . . .  | 196                |
| Bénéfices de l'exploitant . . . . . . . . . .   | 142                |
| Total . . . . . . . . .                         | 723                |

Et sous une autre forme :

|                                                | Fr.      |
|------------------------------------------------|---------:|
| Produits végétaux. . . . . . . . . . . . . . .  | 616 fr.  |
| Produits animaux . . . . . . . . . . . . . . .  | 107      |
| Total . . . . . . . . .                         | 723 fr.  |

A Masny, la rente du sol devrait être augmentée du loyer des bâtiments et serait alors de 165 fr. par hectare. C'est un des chapitres qui présentent le plus de différence avec Rexpoëde ; le capital d'exploitation y est aussi plus du double ; enfin les salaires et les frais accessoires sont également plus considérables. Dans les deux cas, le bénéfice de l'exploitant, c'est-à-dire le produit net particulier, est à peu près le même ; mais il y a, à l'avantage de Masny, un produit net social plus considérable, en entendant par ce mot de *produit net social* le bénéfice de l'exploitant, la rente du sol, celle du capital et l'impôt. On a pour Rexpoëde un total de 323 fr., et pour Masny un total de 377 fr. Les salaires et les frais accessoires forment à Rexpoëde une somme de 220 fr., et à Masny une somme de 346 fr. L'avantage est marqué, soit pour toute la société, soit pour la localité même, dans la culture la plus intensive ; mais il faut bien convenir que les résultats obtenus à Rexpoëde dans une ferme ordinaire cultivée par un simple fermier sont vraiment remarquables, surtout quand on considère combien est restreint son capital d'exploitation.

La décomposition du produit brut que nous venons de rappeler pour la ferme de Masny a été calculée pour une période de onze années. En se servant de nos chiffres détaillés, mais en calculant non pas pour onze ans, mais pour les cinq dernières années de la période seulement, M. de Lavergne, dans un article de la *Revue des Deux-Mondes* du 15 mars 1868, est arrivé aux résultats suivants, qui ne diffèrent des nôtres que par un léger accrois-

sement du chiffre total et de quelques-uns des chapitres
spéciaux :

| | |
|---|---|
| Rente du sol . . . . . . . . . . . . . . . | 131 fr. |
| Intérêt du capital . . . . . . . . . . . . . . | 78 |
| Loyer des bâtiments . . . . . . . . . . . . . . | 26 |
| Impôts . . . . . . . . . . . . . . . . . . | 18 |
| Salaires . . . . . . . . . . . . . . . . . | 174 |
| Frais accessoires . . . . . . . . . . . . | 174 |
| Bénéfices . . . . . . . . . . . . . . . . | 139 |
| Total . . . . . . . . . . | 740 fr. |

La reproduction de ce tableau et l'arrangement conforme
que je viens de donner aux résultats de la monographie
de la ferme de Rexpoëde montrent bien que je fais bon
marché des petites dissidences qui peuvent exister entre ma
manière de voir et celle de mon éminent confrère de la
Société centrale d'agriculture de France. Je suis prêt à accepter la même définition des termes, car il est bon de parler
la même langue afin de toujours s'entendre. M. de Lavergne
a admis la distinction que j'ai établie entre le produit brut
*cultural* et le produit brut *social;* j'ai eu tort de ne pas
m'expliquer suffisamment pour dire que j'admettais aussi
un produit net *cultural* et un produit net *social.* Le produit
net cultural est ce qui reste entre les mains du cultivateur,
après qu'il a payé tous les frais de son exploitation et toutes
les charges quelconques de l'agriculture ; le produit net social comprend pour moi en plus la rente du sol et l'impôt.
Quand j'ai dit qu'un gros produit brut cultural importait
plus à la société qu'un gros produit net, je crois avoir
exprimé une vérité presque naïve, une fois que les termes

ont la définition que je viens de reproduire. Mais il est bien entendu que chaque subdivision du produit total a son importance, et une importance du premier ordre, sans quoi il serait inutile d'en donner le détail. Donc, il faut que les salaires s'accroissent en même temps que le bénéfice de l'exploitant, s'il est juste aussi que dans une certaine mesure la rente du sol soit également emportée dans l'augmentation générale des produits. L'impôt seulement ne devrait pas nécessairement participer à la rapidité de l'accroissement. Je crois que le meilleur gouvernement est celui qui assure la sécurité publique au moindre prix possible. Lorsque l'exploitant fait d'ailleurs tout pour accroître le produit sans que l'État et le propriétaire se donnent aucune peine, ma prédilection reste toute entière acquise au premier. Mais je me hâte de dire que ce n'est pas le cas à Rexpoëde. Le propriétaire, ainsi que le démontre l'étude que je poursuis, s'occupe avec une assez grande sollicitude du progrès général de l'agriculture : il a d'ailleurs soin de faire toujours partager à ses fermiers le bénéfice de ses efforts. C'est un exemple que je suis heureux d'être amené à mettre en évidence par suite des bienveillantes remarques de M. de Lavergne.

# CHAPITRE IX



On a vu précédemment que l'une des principales améliorations introduites dans l'arrondissement de Dunkerque
par M. Vandercolme était l'introduction de la race Durham
qui a renouvelé en quelque sorte le bétail de la contrée. Il
a commencé par introduire, en novembre 1855, un taureau
et deux vaches durham tirés d'Écosse et qui étaient placés
dans ce pays dans des conditions très-analogues à celles
qu'ils devaient rencontrer à Rexpoëde. De ces premiers
animaux et jusqu'en 1868, il est né 15 veaux tant mâles
que femelles. M. Vandercolme a renouvelé deux fois ses
taureaux. Ses animaux ont été choisis par les frères de
M. Dickson, son ami, grand manufacturier établi à Dunkerque, et qui, possédant plusieurs fermes tant en France
qu'en Écosse, en cultive deux, l'une en Écosse, l'autre
en France, à Clairmarais, dans les wateringues du Pas-
de-Calais, sur lesquelles nous reviendrons dans la suite de
ces études sur l'agriculture du nord de la France. Ils ont

coûté en tout 2,100 fr. comme prix d'achat; il faut joindre à cette somme 50 francs de frais de transport par tête. Les vaches ont été payées 550 fr. chacune; elles étaient pleines lors de leur arrivée à Rexpoëde.

Quelques-uns des animaux nés chez M. Vandercolme ont été vendus même pour des pays lointains; ainsi M. Villeroy a acheté un taureau en 1860 et en a redemandé un autre en 1867 pour la ferme de Rittershof, dans la Bavière rhénane. Les produits de l'étable de Rexpoëde ont remporté des prix, dans les divers concours suivants:

1857. — Concours départemental à Lille, taureau *David*, médaille d'honneur, hors concours.

1858. — Concours régional de Versailles, taureau *David*, 2ᵉ prix.

1859. — Concours régional de St-Quentin, taureau *David*, 1ᵉʳ prix.

1860. — Concours régional d'Amiens, taureau *Georges*. 3ᵉ prix.

1861. — Concours régional de Beauvais, taureau *Duc Job*, 1ᵉʳ prix, et vache *Armide*, 1ᵉʳ prix.

1862. — Concours régional d'Arras, taureau *Duc Job*, 2ᵉ prix, et génisse *Alice*, 1ᵉʳ prix.

1863. — Concours régional de Lille, taureau *Duc Job*, 1ᵉʳ prix; taureau *Rexpoëde*, 3ᵉ prix, et vache Alice, 2ᵉ prix.

1864. — Concours régional de Melun, taureau *Rexpoëde*, 2ᵉ prix.

1865. — Concours régional de Versailles, taureau *Richmond*, 2ᵉ prix; génisse *June*, mention honorable. — Concours régional d'animaux de boucherie à Amiens, *Général Lee*, jeune bœuf croisé durham-flamand, âgé de 35 mois et pesant près de 900 kilogrammes, 3ᵉ prix.

1866. — Concours régional de Laon, taureau *Richmond*, 1ᵉʳ prix; vache *Jane*, 2ᵉ prix.

1867. — Concours régional d'Amiens, vache *Jane*, 2ᵉ prix; génisse *Joséphine*, 2ᵉ prix.

1869. — Concours régional d'animaux de boucherie de Saint-Quentin, bœuf *Rameaux*, 1ᵉʳ prix. — Concours régional de Beauvais, vache *Jane*, 2ᵉ prix.

Ainsi, en treize années, l'étable de M. Vandercolme a remporté 7 premiers prix, 9 seconds, 3 troisièmes, une médaille d'honneur et une mention honorable.

Les planches coloriées 5, 5 *bis* et 5 *ter*, représentent trois de ces animaux.

On peut voir combien le taureau *Richmond*, né le 3 mars 1864, et qui a remporté successivement un deuxième prix à Versailles en 1865, et un premier prix à Laon en 1866 était remarquable par l'ampleur du poitrail, la rectitude du dos, la petitesse de la tête et des jambes ; il a été peint à l'âge de ving-six mois. Son père était un taureau anglais et sa mère *Miss June* ; il n'a été conservé que deux ans. Il a donné les mêmes résultats que le taureau suivant, dont je vais faire l'histoire. Il a fait 86 saillies pendant la seule campagne de 1865.

Le taureau *Duc Job*, qui a été dessiné alors qu'il était âgé de 13 mois, montre bien la précocité de cette famille de courtes-cornes, car il pesait déjà 472 kilogrammes. Son père était *David* (2e prix à Versailles en 1858, et 1er prix à Saint-Quentin en 1859), et sa mère venait d'Écosse.

Né le 25 juin 1860, le *Duc Job* a été vendu en octobre 1863, après avoir fait 51 saillies en 1861, 72 en 1862 et 76 en 1863. Grâce aux prix qu'il a remportés en 1861 à Beauvais, en 1862 à Arras et en 1863 à Lille, son bilan se solde par une recette totale de 2,898 fr., par des dépenses s'élevant à 1,693 fr. 80, ce qui fait ressortir un bénéfice de 1,204 fr. 20. Sans les prix qu'il a obtenus dans les concours, ce bénéfice se serait changé en une perte de 200 fr. environ, somme insignifiante pour l'entretien d'un taureau ayant fait 199 saillies en trois ans , comptées chacune à 2 fr. seulement, tarif extrêmement bas. En résumé, il n'est pas vrai de dire que l'entretien d'un animal de prix tel que le *Duc Job* donnerait lieu à des dépenses très-considérables si les primes des concours ne venaient pas en aide aux propriétaires. Ces primes sont un excellent encouragement ; mais elles ne sont pas indispensables à l'entretien d'un bon troupeau d'animaux purs de la race durham.

Voici le détail du bilan du *Duc Job*. Le débet se monte à :

|  | Fr. |
|---|---|
| Valeur à sa naissance. | 100.00 |
| Lait de sa mère , évalué | 70.00 |
| Pain consommé | 20.00 |
| Herbe mangée de juin en octobre | 25.00 |

*Nourriture du 1er novembre 1860 au 20 mai 1861.*

| | |
|---|---|
| Fèves concassées | 78.00 |
| Tourteaux de lin . | 26.00 |
| 15 kilog. de pulpe de distillerie par jour ; ci. | 34.50 |
| Foin de ray-grass d'Italie au prix de revient | 20.00 |

*Frais au concours de Beauvais en 1861.*

| | |
|---|---|
| Transport, aller et retour | 50.00 |
| Nourriture en 5 jours | 15.00 |
| Part dans frais divers. | 50.00 |

*Nourriture au pâturage du 28 mai au 31 octobre 1861.*

| | |
|---|---|
| Loyer de 44 ares de pâturage | 70.00 |

*Nourriture à l'étable du 1er novembre 1861 au 20 mai 1862.*

| | |
|---|---|
| 4 kilog. de fèves concassées par jour | 234.00 |
| Tourteaux de lin . | 39.00 |
| 25 kilog. de pulpe par jour | 57.50 |
| Ray-grass d'Italie. | 25.00 |

*A reporter* . . . . . . . .  914.00

|  |  |
|---|---:|
| *Report* . . . . . . . . | 914.00 |

### *Frais du concours d'Arras en 1862.*

| | |
|---|---:|
| Transport, aller et retour . . . . . . . . . . . . . | 36.00 |
| Nourriture, 5 jours.. . . . . . . . . . . . . . . . . | 15.00 |
| Moitié de frais divers. . . .      . . . . . . . . . | 50.00 |
| *Nourriture au pâturage du 1er juin au 31 octobre 1862.* | 70.00 |
| *Nourriture à l'étable, du 1er novembre 1862 au 8 juin 1863.* | |
| 6 kilog. de fèves concassées par jour . . . . . . . . . . . | 310.00 |
| Tourteaux de lin . . . . . . . . . . . . . . . . . | 45.50 |
| 30 kilog. de pulpe par jour . . . . . . . . . . . . . | 73.80 |
| Foin de ray-grass d'Italie . . . . . . . . . . . . . | 29.00 |

### *Frais au concours de Lille en 1863.*

| | |
|---|---:|
| Transport    . . . . . . . . . . . . . . . . . . . . | 32.00 |
| 5 jours de nourriture . . . . . . . . . . . . . . . . . | 15.00 |
| Tiers de frais divers . . . . . . . . . . . . . . . . . | 33.50 |
| *Nourrit. au pâturage jusqu'en octobre*, moment de sa vente. | 70.00 |
| **Frais totaux** . . . . . . . . | **1,693.80** |

M. Vandercolme a établi le crédit de la manière suivante :

|  |  | Fr. |
|---|---|---:|
| 1er prix à Beauvais en 1861 . . . . . . . . . . . . . . . . | | 600.00 |
| 51 saillies, à 2 fr. chaque, en 1861 . . . . . . . . . . | | 102.00 |
| 2e prix au concours d'Arras en 1862 . . . . . . . . . . | | 500.00 |
| 72 saillies en 1862 . . . . . . . . . . . . . . . | | 144.00 |
| 1er prix au concours de Lille en 1863 . . . . . . . . . | | 600.00 |
| 76 saillies en 1863 . . . . . . . . . . . . . . . | | 152.00 |
| Médailles d'or et d'argent . . . . . . . . . . . . . . . . . | | mémoire. |
| Prix de vente en octobre 1863. . . . . . . . . . . . . | | 800.00 |
| | Recettes totales . . . . . | 2,898.00 |
| | Dépenses . . . . . . . . | 1,693.80 |
| | **Bénéfices** . . . | **1,204.20** |

A en juger seulement d'après ces chiffres, il doit pa-

raître évident que, sans les prix remportés dans les
concours, la spéculation eut été ruineuse. Mais M. Vandercolme fait à ce sujet ces judicieuses observations :
« Les bêtes élevées pour les concours coûtent beaucoup
plus cher à nourrir que le bétail ordinaire ; mais lorsqu'il
s'agit d'implanter une nouvelle race dans une contrée,
peut-on viser à l'économie ? Si vous n'avez en vue que le
bénéfice net direct, vous ne devez pas conserver un taureau plus de 18 mois ; dans ces conditions, il vous a peu
coûté, et vous le vendez cher. Mais supposez que vous
ayez un bon taureau, j'entends un taureau qui donne de
bons élèves, croyez-vous que vous serez bien vu dans le
pays si vous vous en défaites aussitôt ? Si un taureau a coûté
cher à nourrir et qu'on le garde, c'est qu'on le trouve
beau, c'est qu'on espère obtenir des prix par lui-même ou
ses élèves. D'ailleurs il faut aussi faire entrer en ligne de
compte le fumier qu'il fournit et qui est d'autant meilleur
que les bêtes reçoivent une alimentation plus riche. Le
fumier vert vaut plus alors que la litière. »

La vache *Armide* a été dessinée alors qu'elle avait trois
ans ; cette belle bête est née le 8 avril 1858 ; son père
était le taureau *David*, sa mère venait d'Écosse ; elle a
remporté un premier prix au concours régional de Beauvais en 1861. Elle a donné successivement 5 veaux,
savoir : en 1861, *Alice*, 1er prix à Arras et 2e prix à Lille ;
— en 1862, *Robert*, vendu à M. Diemer, de Strasbourg ;
— en 1863, *Jane*, 2e prix à Laon et à Beauvais ; — en
1864, *Joséphine*, 2e prix à Amiens ; — en 1866, *Albert*,
qui a malheureusement eu la jambe cassée quelques jours

avant le concours d'Amiens, et qu'on a été obligé d'abattre.
*Armide* était préparée pour le concours de la Villette en
1868, lorsque au mois de décembre 1867, elle est morte
d'un coup de sang, elle pesait alors 896 kilog. A sa mort,
une partie de sa viande a été donnée gratuitement ; une
autre partie a été vendue pour 120 fr. Cette vache avait
coûté en tout 2,296 francs, et n'a produit que 1,780 fr. ;
la perte de 314 francs s'explique par l'accident survenu.
Dans toute étable, il faut tenir compte de semblables mécomptes.

Le veau vendu à M. Diemer, de Strasbourg (*Robert*, né
du *Duc Job* et d'*Armide* le 25 octobre 1862), a donné les
résultats suivants :

|  | Fr. |
|---|---|
| Lait de sa mère | 70 |
| Pain | 20 |
| Herbe | 5 |
| Frais de transport à Lille | 25 |
| Frais totaux | 120 |
| Prix de vente | 700 |
| Bénéfices | 580 |

Au moment où nous avons visité Rexpoëde en 1868,
quatre animaux étaient dans l'étable de M. Vandercolme :
un taureau, une vache de trois ans, une autre vache de
quatre ans, et un bœuf de dix-neuf mois préparé pour
les concours de boucherie de 1869. Une vache était morte
récemment d'une attaque pulmonaire. M. Vandercolme fait
saillir les vaches dès qu'elles atteignent treize mois ; il a
observé que, quand on ne les fait pas saillir de bonne

Berck del.

imp Becquet Paris

N° 172. TAUREAU DURHAM ÂGÉ DE 13 MOIS, NÉ ET ÉLEVÉ CHEZ Mᵣ VANDERCOLME A REXPOEDE.

heure, elles ne prennent le mâle que difficilement. Le fermier de la ferme de Rexpoëde, contiguë à l'habitation de M. Vandercolme, avait dans ses étables 8 vaches et un bœuf. Parmi les vaches il y en avait deux durham-flamandes : les autres étaient des flamandes pures.

Quand les animaux sont à l'étable, ils reçoivent par jour et par tête chez M. Vandercolme, 25 kilogrammes de pulpe de distillerie de betteraves, 4 kilogrammes de foin et 12 kilogrammes de paille qu'ils fourragent et qu'ils laissent ensuite tomber à terre pour constituer la litière. Les animaux reçoivent en outre par semaine un tiers d'hectolitre de féveroles qu'on concasse et qu'on humecte de façon à en faire une sorte de pâte. M. Vandercolme ne vend pas de lait ; il fait entièrement consommer par les veaux celui qu'il obtient dans son étable, sauf les besoins de la consommation de son ménage alors qu'il habite Rexpoëde. Pendant la saison d'été, les animaux sont envoyés dans les pâturages, sur lesquels M. Vandercolme fait aussi des expériences intéressantes que nous décrirons dans un autre chapitre.

Le compte définitif de l'étable de M. Vandercolme, depuis qu'elle a été fondée, à la fin de 1855, jusqu'au printemps de 1868, se solde par un bénéfice suffisant que nous allons faire ressortir. Mais auparavant nous donnerons, pour compléter les comptes particuliers précédemment établis et qui ne se rapportent qu'à des animaux reproducteurs, celui d'un bœuf qui a été préparé à l'âge de deux ans pour un concours de boucherie, et qui en 1865 a remporté à Amiens un troisième prix. C'est du bœuf *Gé-*

*néral Lee*, né le 2 avril 1862 d'un taureau flamand et d'une mère durham pure, que nous voulons parler. Voici comment M. Vandercolme en établit les dépenses :

|  |  | Fr. | Fr. |
|---|---|---|---|
| 1862. — Valeur à sa naissance | 100.00 | } | |
| Frais jusqu'à la fin d'octobre. | 50.00 | } | 150.00 |
| 1863. — *Hiver :* Pulpe et paille | 45.00 | } | |
| *Été :* Pâturage. | 30.00 | } | 75.00 |
| 1864. — *Hiver :* Foin | 15.00 | | |
| Avoine. | 80 00 | | |
| Pulpe | 54.00 | } | 234.00 |
| Paille | 40.00 | | |
| *Été :* Pâture artificielle | 45.00 | | |
| 1865. — *Hiver :* Fèves | 242.00 | | |
| Drèche | 60.00 | | |
| Avoine | 40.00 | | |
| Tourteaux de lin | 54.00 | | |
| Pain | 20.00 | } | 533.00 |
| Paille pour litière | 40.00 | | |
| Frais pour le transport au concours d'Amiens | 32.00 | | |
| Frais de séjour | 45.00 | | |
| Total des dépenses | | | 992.00 |

Voici maintenant comment on peut établir le crédit :

|  | Fr. |
|---|---|
| Premier hiver | 00.00 |
| Deuxième hiver (fumier) | 35.00 |
| Troisième hiver (id.) | 45.00 |
| Prix de vente | 925.00 |
| 3ᵉ prix au concours d'Amiens | 500.00 |
| Recettes totales | 1,505.00 |
| Dépenses | 992 00 |
| Bénéfices | 513.00 |

Le bœuf dont nous parlons pesait 515 kilogrammes au

Burck del.

imp Becquet, Paris.

ARMIDE, VACHE DURHAM ÂGÉE DE 3 ANS, NÉE ET ÉLEVÉE CHEZ M^r VANDERÇOLME, À REXPOËDE.

printemps de 1864 ; il en pesait 635 en sortant du pâturage artificiel le 8 octobre, et, au moment où il a été vendu, il pesait 968 kilogrammes.

Dans chacun de ses comptes particuliers, M. Vandercolme met immédiatement au débit de chaque bête une somme de 100 fr. ; comme il porte au crédit de la mère la même somme, les deux choses se compensent et peuvent par conséquent figurer sans faire double emploi. Cela étant admis, voici le doit et l'avoir de l'étable :

*Débit de l'étable.*

|  | Fr. | Fr. |
|---|---|---|
| *Taureau Peter.* — Acheté en Angleterre au prix de 600 fr., plus 50 fr. pour frais de transport........ | 650.00 | |
| Nourriture du 1er novembre au 1er mai : — Drèche, 90 fr. ; foin, 20 ; tourteaux, 25 ; fèves, 39 ; paille, 50 ; soit pour une année 224 fr., et pour 2 années..................................... | 448.00 | 1,158.00 |
| Pâturage, 60 fr. pour une année ........ .... | 60.00 | |
| *Vache écossaise.* — Achetée en Angleterre 550 fr., plus 50 fr. de frais de transport.......... ..... | 600.00 | |
| Nourriture du 1er novembre au 1er mai :—Drèche, 90 fr.; foin, 15 ; tourteaux, 25 ; fèves, 39 ; paille, 50 ; soit pour une année, 219, et pour 4 années... | 876.00 | 1,816.00 |
| Pâturage, 60 fr. par année, soit pour 4 années.. | 240.00 | |
| *David.* — Evalué à l'âge de 1 mois........... ... | 100.00 | |
| Nourriture du premier hiver, 115 fr. ; du premier été, 25 ; de l'hiver 1857, 208 ; de l'été de la même année, 60 ; de l'hiver 1858, 250 ; de l'été de la même année, 60 ; et de l'hiver de 1859, 300 ; soit en total .................................. | 1,018.00 | 1,368.00 |
| Frais aux concours de Versailles et de St-Quentin. | 250.00 | |
| *Blanche.* — Achetée en Angleterre en 1857 au prix de | 500.00 | 779.00 |
| Nourriture d'une année.................. | 279.00 | |

A reporter...... 5,121.00

Fr.

Report........ 5,121.00

*Armide*, née le 8 avril 1858. — Evaluée à sa naissance. 100.00
 Nourriture jusqu'au 1<sup>er</sup> novembre, 100 fr.; hiver
 de 1859, 150; été, pâturage, 45; années 1860,
 1861 et 1862, soit par année 282 fr., et en trois ans
 846; année 1863, avec pulpe, 246 fr.; pâturage
 artificiel et 5 mois à l'étable, 692, soit en total... 2,079.00
 Frais au concours de Beauvais................ 115.00 } 2,294.00

*Georges*, né le 10 avril 1858. — Valeur à sa naissance. 100.00
 Nourriture jusqu'au 1<sup>er</sup> novembre, 90 fr.; hiver
 de 1859, 115; été de la même année, 45; hiver de
 1860, 230, soit.................. 480.00
 Frais au concours d'Amiens, 125 fr.; à celui de
 Paris, 100, soit en tout.................. 225.00 } 805.00

*Duc Job*, né le 25 juin 1860. — Valeur à sa naissance. 100.00
 Nourriture jusqu'au 1<sup>er</sup> novembre 1860, 115 fr.;
 hiver de 1861, 158 fr. 50; hiver de 1862, 355 fr. 50;
 hiver de 1863, 458 fr. 30, soit en total.......... 1,087.30
 Pâturage pendant 3 étés, à 70 par été, soit..... 210.00
 Frais au concours de Beauvais, 115 fr.; à celui
 d'Arras, 101, et à celui de Lille, 80 fr. 50........ 296.50 } 1.693.80

*Alice*, née en 1861. — Valeur à sa naissance....... 100.00
 Nourriture jusqu'au 1<sup>er</sup> novembre, 90 fr.; hiver
 de 1862, 205; pâturage en été, 50; hiver de 1863,
 270, soit en total.................. 615.00
 Frais au concours d'Arras, 110 fr.; à celui de
 Lille, 80, soit.................. 190.00 } 905.00

*Rexpoëde*, acheté en mai 1862 à M. Dickson, de Clair-
 Marais (Pas-de-Calais), produit d'une vache pleine
 venue d'Ecosse. — Prix d'achat................ 600.00
 Nourriture jusqu'au 1<sup>er</sup> novembre 1862, 60 fr.;
 hiver de 1863, 174; été de la même année, pâturage,
 60; hiver de 1864, 300, soit en total........... 594.00
 Frais au concours de Lille, 80 fr.; à celui de
 Melun, 145, soit.................. 225.00 } 1,419.00

*Robert*, né le 25 octobre 1862. Jeune veau vendu à
 M. Diemer, de Strasbourg. — Valeur à un mois... 100.00
 Nourriture et frais de transport.............. 120.00 } 220.00

A reporter........ 12,457.80

|  | Fr. |
|---|---:|
| *Report* . . . . . . | 12,457.80 |

*Général Lee*, bœuf né le 2 avril 1862. — Valeur à sa
naissance . . . . . . . . . . . . . . . . . . . .   100.00
   Nourriture jusqu'au 1er novembre 1862, 50 fr.;
hiver 1863, 45; été, pâturage, 30; hiver 1864,
189; pâturage en été, 45; hiver 1865, 456, soit.   815.00
   Frais au concours d'Amiens . . . . . . . . . .   77 00   }  992 00

*Jane*, née en 1863. — Valeur à sa naissance . . . .   100.00
   Nourriture, hiver 1864, 100 fr.; pâturage, même
année, 30; hiver 1865, 180 fr.; hiver 1866, 200 fr.;
hiver 1867, 220; hiver 1868, 270; soit en total . .   1,000 00
   Pâturage, 3 étés à 50 fr. l'un, soit . . . . . . . .   150.00
   Frais aux concours de Versailles, de Laon et
d'Amiens, 125 fr. l'un, soit . . . . . . . . . . .   375.00   }  1,625.00

*Richmond*, né le 3 mars 1864. — Valeur à un mois.   100.00
   Nourriture, été 1864, 100 fr.; hiver 1865, 110;
hiver 1866, 300, soit . . . . . . . . . . . . . .   540.00
   Etés 1865 et 1866, pâturages, à 50 fr. par année,
soit . . . . . . . . . . . . . . . . . . . . . .   100.00
   Frais aux concours de Versailles et de Laon, à
125 fr. l'un, soit . . . . . . . . . . . . . . . .   250.00   }  990.00

*Joséphine*, née le 25 novembre 1864. — Valeur à un
mois. . . . . . . . . . . . . . . . . . . . . . .   100.00
   Nourriture, hiver, 1865, 115 fr.; été 1865, pâturage, 30; hiver 1866, 180; hiver 1867, 220; hiver
1868, 270, soit . . . . . . . . . . . . . . . . .   815 00
   Pâturage, étés 1866 et 1867, à 40 fr. par année,
soit . . . . . . . . . . . . . . . . . . . . . .   80.00
   Frais au concours d'Amiens . . . . . . . . . .   125.00   }  1,110.00

*Albert*, né le 26 avril 1866. — Valeur à un mois   . .   100.00
   Nourriture jusqu'au 1er novembre, 110 fr.; hiver
1867, 160, soit . . . . . . . . . . . . . . . . .   270.00   }  370.00

*Pour mémoire :* Rameaux, élevé pour les concours de boucherie
   de 1869.

   *Sans-Tache*, jeune taureau de 5 mois.

   Part de l'étable dans les frais de gardien, à 125 fr. par
an, soit pour 12 années . . . . . . . . . . . . . . .   1,500.00
————

           Total du passif . . . . . .   19,044.80

11

Nous allons maintenant donner pour chaque animal l'actif porté au compte de l'étable. Nous trouvons :

*Actif de l'étable.*

| | Fr. | Fr. |
|---|---:|---:|
| *Taureau Peter* — Saillies : 20 à 5 fr. l'une, et 30 à 3 fr. en 1856, et 25 à 3 fr. en 1857, soit en tout. | 265.00 | |
| Fumiers, 2 années, à 45 fr. l'une, soit...... | 90.00 | 955.00 |
| Prix de vente........................... | 600 00 | |
| *Écossaise.* — 4 veaux, à 100 fr. l'un.......... | 400.00 | |
| Lait, 80 fr. par année, soit pour 4 ans..... | 320.00 | |
| Fumiers, 4 années, à 45 fr. l'une, soit..... | 180.00 | 1,400.00 |
| Prix de vente........................... | 500.00 | |
| *David.* — Saillies : 60 saillies en 1857, 75 en 1858, 25 en 1859, à 2 fr. l'une, soit............ .... | 320.00 | |
| Fumier, 3 années, à 45 fr. l'une, soit...... | 135.00 | |
| Prime de Versailles, 500 fr., et de Saint-Quentin, 600 fr., soit . . . . . . . . . . . . . . | 1,100.00 | 2,405.00 |
| Prix de vente . . . . . . . . . . . . . . . . | 850.00 | |
| *Blanche.* — Un veau . . . . . . . . . . . . . . | 100 00 | |
| Lait . . . . . . . . . . . . . . . . . . . . | 80.00 | |
| Fumier . . . . . . . . . . . . . . . . . . . | 45.00 | 825.00 |
| Prix de vente . . . . . . . . . . . . . . . . | 600.00 | |
| *Armide.* — 5 veaux . . . . . . . . . . . . . . | 500.00 | |
| Lait, 6 années, à 100 fr. l'une . . . . . . . | 600.00 | |
| Fumier, 8 années, à 45 fr. l'une . . . . . . . | 360.00 | 1,980.00 |
| Prix au concours de Beauvais . . . . . . . | 400.00 | |
| Parti tiré après la mort de cette vache . . . | 120.00 | |
| *Georges.* — Saillies : 50 en 1859, et 25 en 1860, à 2 fr. l'une . . . . . . . . . . . . . . . . | 150.00 | |
| Fumier, 2 ans, à 45 fr. par an . . . . . . . | 90.00 | 1,440.00 |
| Prime au concours d'Amiens . . . . . . . . . | 400 00 | |
| Prix de vente (à M. Villeroy) . . . . . . . . | 800.00 | |
| *Duc Job.* — Saillies : 51 en 1861, 72 en 1862, 76 en 1863, à 2 fr. l'une . . . . . . . . . . . . | 398.00 | |
| Premiers prix à Beauvais et à Lille à 600 fr. l'un et deuxième prix à Arras de 500 fr., soit en total. | 1,700.00 | 2,898.00 |
| Prix de vente . . . . . . . . . . . . . . . . | 800.00 | |

*A reporter* . . . . . . 11,903.00

|                                                                        | Fr.        |
|------------------------------------------------------------------------|-----------:|
| *Report* . . . . . . 11,903.00                                         |            |

*Alice.* — Un veau . . . . . . . . . . . . . . . . . 100.00

Lait . . . . . . . . . . . . . . . . 90.00  
Fumier, 2 années, à 45 fr. par an, soit . . . . 90.00  
Primes à Arras et à Lille, 300 fr. l'une, soit. 600.00  } 1,580.00  
Prix de vente . . . . . . . . . . . . . . . 700.00

*Rexpoëde.* — Saillies : 67 en 1863, et 35 en 1864,  
à 2 fr. l'une, soit . . . . . . . . . . . . . . 204.00  
Fumier, 2 années, à 15 fr. l'une, soit . . . . 90.00  } 2,194.00  
Primes à Lille, 400 fr., et à Melun, 500 fr., soit. 900.00  
Prix de vente . . . . . . . . . . . . . . 1,000.00

*Robert.* — Veau gras vendu à M. Diemer 700 fr., soit . . . . . 700.00

*Général Lee.* — Fumier : 1er hiver, 35 fr.; 2e hiver,  
15 fr., soit . . . . . . . . . . . . . . 80.00  
Prime . . . . . . . . . . . . . . . . 500.00  } 1,505.00  
Prix de vente . . . . . . . . . . . . . . 925.00

*Jane.* — Deux veaux . . . . . . . . . . . . . . 200.00  
Lait . . . . . . . . . . . . . . . . 190.00  
Fumier, 3 années, à 45 fr., soit . . . . . . . 135.00  } 1,125.00  
Primes : au concours de Laon, 300 fr.; à celui  
d'Amiens, 300 fr., soit . . . . . . . . . . 600.00

*Richmond.* — Saillies : 40 en 1864; 70 en 1865;  
20 en 1866, à 2 fr. l'une, soit . . . . . . . . . 260.00  
Primes : au concours de Versailles, 500 fr.; à  } 2,160.00  
celui de Laon, 600 fr., soit . . . . . . . . . 1,100.00  
Prix de vente . . . . . . . . . . . . . . 800.00

*Joséphine.* — Fumier, 3 années, à 15 fr. l'une . . . . 135.00  } 435.00  
Prime au concours d'Amiens . . . . . . . . 300.00

*Albert.* — A eu la cuisse cassée et a été abattu. Prix de vente . . 285.00

Total de l'actif . . . . . . . 21,887.00  
Total du passif . . . . . . . 19,044.80

Bénéfices . . . . . . . . 2,842.20

Ainsi le compte de ce troupeau durham en douze ans se soldait, à la fin de 1868, en faveur de M. Vandercolme par 2,842 fr. en espèces, et en quatre animaux restant à l'étable, savoir : les vaches *Jane* et *Joséphine*, un bœuf qu'il a appelé *Rameaux*, parce qu'il est né le dimanche des Rameaux, et un jeune taureau nommé *Sans-Tache*, en raison de l'entière blancheur de sa robe. Le bœuf était un animal magnifique pesant déjà plus de 500 kilogrammes. M. Vandercolme pensait que s'il vendait dès lors ces quatre bêtes il en obtiendrait facilement 3,000 fr. au moins ; mais pour lui elles valaient plus que cette somme. Il faut bien noter d'ailleurs que la famille écossaise à laquelle il a pris ses reproducteurs se distingue surtout par sa faculté laitière. C'est ce que l'éminent agriculteur de Rittershof (Bavière-Rhénane), M. Villeroy, écrivait en 1867 à M. Vandercolme dans les termes suivants : « A l'exposition de 1860, à Paris, je vous ai acheté un jeune taureau durham (4ᵉ prix du concours d'Amiens). Il n'était pas tracé, et ses formes n'étaient pas irréprochables ; mais il avait pour moi l'avantage d'appartenir à une bonne famille laitière, et j'ai été content de ses produits. Je m'adresse de nouveau à vous, et je vous prie de me faire savoir si vous auriez à vendre un jeune taureau de un à deux ans, et même trois ans. » Le succès de M. Vandercolme a justifié les espérances qu'il avait fondées sur le choix de ses reproducteurs courtes-cornes. Il voulait donner, par des taureaux convenables, plus d'ampleur à la race flamande, sans rien lui faire perdre de ses qualités laitières, et c'était-là une condition essentielle à remplir. Aujourd'hui dans le canton d'Hondschoote, le cultivateur accorde la préférence au taureau durham pur, quoique la saillie soit un peu plus cher, parce que les vaches croisées sont moins

osseuses et donnent tout autant de lait que les flamandes
pures, et parce que les bœufs durham-flamands sont beaucoup plus précoces et peuvent être engraissés dès l'âge de
trente mois d'une manière avantageuse pour la boucherie.
Quand, dans le pays, les fermiers n'élevaient que la race
flamande, tous les veaux mâles étaient envoyés à l'abattoir ;
maintenant on en conserve autant qu'on peut en nourrir
avec économie, et on s'attache à augmenter la quantité de
nourriture nécessaire pour passer l'hiver avec un nombreux bétail. Toutefois les fermiers continuent à s'arranger
de telle sorte que le vêlage ait lieu en mars, c'est-à-dire
peu de temps avant l'époque où l'on envoie les animaux au
pâturage.

# CHAPITRE X



Pour pouvoir convenablement nourrir ses animaux pendant l'hiver, M. Vandercolme a voulu avoir un supplément de nourriture. Il a pensé d'ailleurs qu'il rendrait service à sa contrée, en y propageant davantage la culture de la betterave. C'est ainsi qu'il a résolu d'établir une distillerie qui a fait pénétrer dans les habitudes du cultivateur la culture des racines, sans nécessiter autant de frais qu'une sucrerie, et sans exiger que l'on plante tout d'un coup une aussi grande surface en betteraves, ce qui n'a pas lieu généralement sans beaucoup de résistance. Jusqu'à présent, il n'y a encore dans l'arrondissement de Dunkerque que trois sucreries, toutes trois situées dans la partie du pays qu'on appelle, comme nous l'avons dit, le Nordland. Nous en reparlerons à l'occasion d'Armbouts-Cappel.

Pour établir sa distillerie, M. Vandercolme s'est entendu

avec M. Bouchet, ingénieur distingué, sorti de l'École centrale des Arts-et-Manufactures. Il a établi l'usine à l'endroit indiqué par la planche 2, sur des terrains qui lui appartiennent. Ce terrain est loué à la société formée pour la distillerie moyennant une somme de 120 fr. L'usine a coûté 27,141 fr. de frais d'établissement; elle est construite d'après le système Champonnois; on peut y distiller 2 millions de kilogrammes de betteraves par an et doubler même cette quantité à peu de frais. Si la distillerie ne prend pas un plus grand développement dès maintenant, il faut surtout l'attribuer au mauvais état des chemins vicinaux qui, pendant une partie de l'hiver, sont presque impraticables, ainsi que nons l'avons dit en parlant d'une manière générale de la vicinalité de Rexpoëde (p. 23). La loi de 1868 sur les chemins vicinaux pourra améliorer cette situation.

La campagne de la distillerie commence, chaque année, un peu après la moitié d'octobre et finit un peu après la mi-janvier. Voici quels ont été les rendements annuels et les produits totaux de chaque année :

| Campagnes | Rendements en alcool pour 100 de betteraves. | Alcool produit par campagne. Hectolitres. | Betteraves soumises à la distillation. Kilog. |
|---|---|---|---|
| 1862-63 | 4.51 | 680 | 1,500,000 |
| 1863-64 | 5.15 | 780 | 1,515,000 |
| 1864-65 | 5.20 | 600 | 1,150,000 |
| 1865-66 | 5.66 | 587 | 1,040,000 |
| 1866-67 | 5.35 | 607 | 1,135,000 |
| 1867-68 | 6.30 | 540 | 860,000 |

Ces forts rendements sont dus certainement aux soins

intelligents que M. Bouchet donne à la distillerie qu'il
dirige : car à Rexpoëde les betteraves ne sont pas d'une
qualité meilleure que dans le reste du département du
Nord. Les cultivateurs amènent leurs betteraves à la sucrerie, et remportent la pulpe. La pulpe est reprise à raison
de 10 francs les 1,000 kilog. Quant à la betterave, elle est
payée par la distillerie à un prix proportionnel à celui de
l'alcool, de telle sorte qu'il y a une véritable association
entre l'usine et la culture. Pour la dernière campagne,
le prix minimum avait été fixé à 18 fr. les 1,000 kilog.,
avec cette condition que le prix de la betterave augmenterait de 1 fr. par chaque hausse de 5 fr. dans le prix de
l'hectolitre d'alcool pur au delà de 70 fr.; c'est-à-dire que
la betterave serait payée 19 fr., si le prix moyen de l'hectolitre d'alcool atteignait 75 fr.; que la racine serait payée
20 fr., si le prix moyen de l'alcool atteignait 80; et ainsi
de suite.

La culture de la betterave se répand de plus en plus.
Les fermiers qui ont de trop mauvais chemins pour se
rendre à la distillerie plantent eux-mêmes une certaine
quantité de betteraves, et ils donnent leurs racines à leurs
animaux après les avoir fait cuire. Le transport de la pulpe
se fait généralement avec le tombereau représenté par la
fig. 3. C'est de lui qu'on se sert aussi pour porter le fumier
dans les champs. Lorsqu'on veut conduire du purin, on
démonte les côtés de la caisse, et on place sur le chariot
un tonneau contenant généralement 6 hectolitres. Ce
tombereau ne coûte avec son caisson que 150 fr.

Lorsqu'il s'agit au contraire de transporter des betteraves,

Fig. 3. — Tombereau flamand de l'arrondissement de Dunkerque. (Échelle : 0m.06 pour mètre.)

ou bien de conduire des marchandises au marché, ou bien encore de faire la rentrée des récoltes, on emploie le chariot représenté par la fig. 4 ; c'est ce véhicule qui est

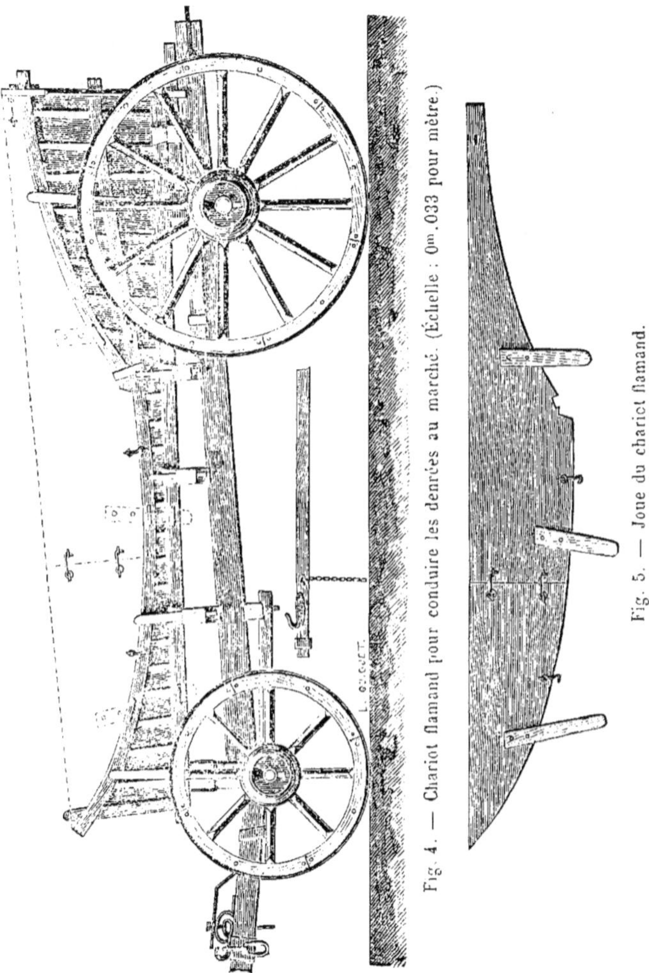

Fig. 4. — Chariot flamand pour conduire les denrées au marché. (Échelle : 0m.033 pour mètre.)

Fig. 5. — Joue du chariot flamand.

d'un usage général dans le pays ; les joues latérales (fig. 5)
peuvent être ajoutées ou enlevées avec facilité, suivant la
nature des denrées transportées. On le recouvre d'une
toile blanche, lorsque l'on va au marché. Son prix est de
1,000 fr.

On peut remarquer dans les comptes fournis par le
chapitre précédent, que, avant la création de la distillerie,
M. Vandercolme donnait pour 90 fr. de drèches de brasserie pendant l'hiver à ses animaux, et qu'il a pu remplacer cette nourriture par 57 fr. de pulpe. Il se loue
beaucoup de l'usage de la pulpe pour l'engraissement, et
les fermiers du pays en sont très-satisfaits.

# CHAPITRE XI




SYSTÈME DE CULTURE BASÉ SUR LES PATURAGES ARTIFICIELS


Depuis longtemps, M. Vandercolme avait compris qu'une
des conditions essentielles à remplir, pour maintenir la
prospérité de l'agriculture de la contrée, était d'en accroître
la population bovine; pour cela il fallait trouver le moyen
d'augmenter économiquement la production fourragère. Il
avait été surpris, en parcourant l'Angleterre en 1849, de la
différence des produits, quoique le climat et la nature des
terres ne pussent pas expliquer une infériorité semblable à
celle qu'il constatait pour la quantité des fourrages obtenus
dans les Flandres. L'exposition universelle de 1852, l'appela
de nouveau en Angleterre ; il était anxieux de chercher si,
après un intervalle de quinze ans et après toutes les améliorations déjà introduites, il existait encore une aussi grande
différence entre les produits de l'agriculture britannique et
ceux de l'agriculture de la plaine de Dunkerque. Il eut la

satisfaction de pouvoir constater que, sous le rapport des rendements du sol, nos compatriotes n'avaient plus rien à envier à nos voisins d'Outre-Manche. Mais en examinant leur comptabilité agricole, il fut frappé, d'une part, du peu d'élévation des frais généraux, et d'autre part, de ce que les sarclages, qui coûtent si cher en France, n'entrent là-bas que pour une somme relativement minime dans les frais de main-d'œuvre. En examinant de près la question, il reconnut combien les mauvaises herbes étaient rares, et par conséquent que l'entretien de la propreté des terres était facile et peu coûteux. Or les récoltes sarclées sont, en Angleterre et particulièrement en Écosse, précédées de pâturages artificiels. On croirait ces pâturages séculaires, tant ils sont luxuriants ; cependant ils ne durent qu'une année. Ils forment la base de l'admirable culture écossaise ; peut-être leur réussite était-elle due en grande partie à l'humidité du climat de l'Écosse, et le climat du nord de la France était sans doute moins favorable aux herbages. Mais comme, par compensation, la qualité de nos terres est supérieure, M. Vandercolme n'hésita pas à introduire chez lui ce système. Décidé à appliquer tous les moyens propres à donner les avantages qu'en retirent les cultivateurs écossais, il acheta immédiatement chez M. Lawson les diverses graines employées en Écosse pour les pâtures artificielles, savoir : trois trèfles, *red clover*, *alsike clover*, *trifoil* ; trois ray-grass, *Ayrshir panical ray-grass*, *evergreen ray-grass*, *Italian ray-grass*. Dès l'automne de 1862, il divisa un champ de 2 hectares 4 ares en trois parties destinées à former les soles de l'assolement qu'il se pro-

posait d'essayer, c'est-à-dire : 1re *année*, blé , où seront
semées les graines du pâturage ; — 2e *année,* pâturage
artificiel devant nourrir quatre bêtes par hectare du 5
avril à fin d'octobre ; — 3e *année,* betteraves pour distillerie ; — la 4e *année,* comme la première ; — la 5e comme
la seconde ; — la 6e comme la troisième, et ainsi de suite.
Au printemps suivant, il sema dans la partie blé les
graines destinées à former la pâture. Au mois de décembre, il répandit sur le jeune gazon le fumier fait pendant
l'hiver par trois vaches, nombre de bêtes qu'il comptait
pouvoir nourrir sur la sole pâturage, et devant fournir
l'engrais en quantité suffisante pour constituer une forte
fumure. Il attendit le résultat avec une certaine anxiété ,
car il comptait que la réussite de l'expérience serait extrêmement profitable au pays. Le début fut heureux ; dès le
commencement d'avril 1864, l'herbe était assez haute
pour qu'on pût y mettre les bestiaux, trois semaines avant
le moment de le faire sur les pâturages permanents de la
contrée. Malgré la grande sécheresse de l'été qui suivit ,
il put conserver sur la pâture trois bêtes pendant toute la
saison dans des conditions au moins aussi bonnes que
dans les pâturages permanents où, sur la même surface
de terrain, on ne pouvait nourrir qu'une bête et demie.

La planche 6 représente l'expérience qui se continue
en face même de l'habitation de M. Vandercolme, à Rexpoëde. D'un côté, il y a la pâture permanente du pays
qui, sur un hectare, ne nourrit que deux bêtes et un
veau ; de l'autre côté, se trouve la pâture artificielle qui
nourrit quatre bêtes.

Dans le tableau tel qu'il a été dessiné, on voit sur l'hectare de gauche la prairie permanente, sur laquelle on a nourri du 30 avril au 25 octobre 1866, c'est-à-dire pendant 178 jours : A, *Armide*, vache à lait de race durham, 1er prix au concours régional de Beauvais ; — B, *Duc Job*, taureau de race durham, 1er prix au concours régional de Beauvais, 2e à celui d'Arras, et 1er à celui de Lille ; — plus un jeune veau de 3 ans.

On voit sur l'hectare de droite la prairie artificielle qui a nourri du 8 avril au 25 octobre, c'est à dire pendant 199 jours, mais d'où il faut déduire 10 jours donnés au repos de la pâture, les bêtes suivantes : C, *Général Lee*, bœuf durham-flamand, 3e prix des jeunes bœufs au concours de boucherie d'Amiens ; — D, *Richmond*, taureau de race durham, 2e prix, au concours régional de Versailles et 1er à celui de Lille ; — E, *Jane*, vache à lait de race durham, mention honorable au concours de Versailles, et 2e prix à celui de Laon ; — F, *Joséphine*, génisse de race durham, pesant 351 kilog., n'ayant pas encore concouru.

Ainsi, en résumé, la pâture permanente a nourri la vache *Armide*, pendant 178 jours ; le taureau *Duc Job*, pendant le même temps, et un veau, compté pour un tiers de bête, c'est-à-dire 59 jours : total, 415 jours. La prairie artificielle a nourri les bêtes *Général Lee*, *Richmond*, *Jane*, chacune pendant 189 jours, et *Joséphine*, si on la compte pour une demi-bête, pendant 94 ; c'est donc un total de 661 jours de nourriture ; différence en faveur de la prairie artificielle, 246 jours.

Nous allons présenter plus de détails sur les avantages

des pâturages artificiels du système écossais. Mais nous devons dire immédiatement que pour nourrir un taureau sur les pâturages permanents pendant la saison d'été, il faut 44 ares de pâture qui se louent 70 fr. pour les pâtures ordinaires, et 100 à 130 fr. pour les pâtures grasses. Depuis que M. Vandercolme a établi les pâturages artificiels, il ne lui faut plus, pour nourrir la même bête, que 25 ares d'une terre qui se loue de 50 à 55 fr. la mesure de 44 ares.

Au mois de février 1865, M. Vandercolme nous écrivit les premiers résultats qu'il avait obtenus par comparaison avec ceux que l'on constatait, en suivant le même système de culture, dans une ferme d'Écosse ; nous croyons devoir reproduire le texte de sa lettre :

« Augmenter la production de la viande dans des conditions économiques, c'est le problème que cherchent à résoudre les agriculteurs français. Tout progrès en ce sens, quelque minime qu'il soit, ne peut que tourner au profit du bien-être général. Je crois donc être utile en faisant connaître les résultats que j'ai obtenus de pâturages artificiels ; j'ai pris pour exemple ce qui se pratique en Écosse. Au printemps de 1863, j'ai semé, dans un champ de blé de la contenance de 66 ares, trois espèces de ray-grass et trois espèces de trèfles que j'ai reçus de la maison Lawson et fils, de Londres. Le 8 mai 1864, j'y ai mis en liberté trois bœufs de deux ans. Voici les résultats que j'ai obtenus :

|  | Poids au 8 mai. | Poids au 25 septembre. |
|---|---|---|
| N° 1. Durham pur............ | 410 kilog. | 480 kilog. |
| N° 2.     —     ........... | 440 — | 518 — |
| N° 3. Durham croisé flamand..... | 515 — | 635 — |

« Je dois à l'obligeance de mon ami, M. Dickson, les
bœufs n° 1 et n° 2. Il a conservé dans la ferme qu'il fait
exploiter à Forfar (Ecosse) deux bœufs pareils et de même
poids ; ce qui m'a permis de comparer les résultats obtenus dans les deux pays. Le 30 juillet, M. Dickson vendait
ses bœufs 454 fr. l'un ; le 25 septembre, je vendais mes
bœufs n°s 1 et 2 chacun 400 fr., prix de la viande de première qualité. Mes bœufs ont donné en viande net 260
kilogrammes chacun, les bœufs de M. Dickson 230 kilogrammes. La viande étant plus chère en Angleterre qu'en
France, M. Dickson devait recevoir un prix plus élevé que
celui que j'ai obtenu.

» *Nourriture d'hiver chez M. Dickson.* — Chaque bœuf a
reçu par jour 42 kilog. de navets et de la paille à discrétion.

» *Nourriture d'hiver chez moi.* — Chaque bœuf a reçu
chaque jour 25 kilogrammes de pulpe de betteraves obtenue
par le système de distillation de M. Champonnois, 1 kilogramme et quart de foin de ray-grass d'Italie, 3 kilogrammes d'avoine, de la paille à discrétion.

» *Nourriture d'été en Ecosse.* — M. Dickson a mis ses
bœufs à l'herbe le 25 mai. Il a donné à chacun une étendue d'herbe de 33 ares.

» *Nourriture d'été chez moi.* — Mes bœufs ont été mis
à l'herbe le 8 mai, sur ma prairie artificielle de 66 ares.
Pendant la sécheresse du mois d'août, je leur ai donné le
tiers d'une première coupe de ray-grass d'Italie, d'un
petit champ de 25 ares, ce qui porte à environ 75 ares
l'étendue de pâturage artificiel nécessaire à la nourriture
de trois bœufs pendant tout un été.

13

» Ce premier succès me fait espérer que, sur plusieurs
points de la France, on pourra, avec avantage, adopter la
culture écossaise. On diminuerait ainsi l'étendue des terres
consacrées aux céréales, on éviterait l'inconvénient grave
de semer tous les deux ans des blés sur les mêmes terrains, ainsi que cela se pratique dans cet arrondissement. »

Depuis cette époque, M. Vandercolme a développé le
nouveau système de pâturages artificiels, et il a été de
plus en plus satisfait des résultats constatés. La fertilité
de ses terres s'est développée, et cela se conçoit, car elles
reçoivent le fumier d'une tête et quart de bétail par hectare. C'est maintenant un mois plus tôt que ses bœufs et
ses vaches à lait quittent l'étable. Dès 1866, il y a eu
assez d'herbe pour ne plus être obligé de donner pendant
le mois d'août aucune addition de fourrages. En 1868 le
bétail est entré sur les pâtures artificielles le 7 avril, et
on aurait pu le mettre à paître plus tôt si le temps n'avait
pas été exceptionnellement froid ; l'herbe était tellement
abondante qu'il y aurait eu de quoi nourrir six bêtes par
hectare pendant un mois. En d'autres termes, il fallait, au
commencement de l'expérience, à M. Vandercolme, et il
faut encore dans la culture du pays, pour nourrir une
vache de mai en octobre, 44 ares d'une pâture permanente ; maintenant avec les pâturages artificiels, il ne lui
faut que 25 ares pour nourrir une vache d'avril en octobre,
soit pendant un mois de plus. M. Vandercolme espère
obtenir mieux encore : il pense pouvoir nourrir sur un
hectare, dès le commencement d'avril jusqu'à fin octobre,

c'est-à-dire pendant près de sept mois, quatre bêtes et demie.

Depuis 1863, M. Vandercolme a 3 hectares de sa ferme consacrés au nouveau système de culture, et 3 hectares soumis à la culture du pays ; la comparaison des résultats ainsi que des frais de culture est ainsi rendue facile. Nous allons en donner un tableau synoptique.

1° *Produits de la culture ordinaire du pays.*

Un demi-hectare en pâturage permanent nourrissant une bête de fin avril à fin octobre ;

Un hectare et demi en blé donnant un produit moyen de 27 hectolitres à l'hectare (le rendement moyen de la commune est de 24 hectolitres) ;

Un demi-hectare en betteraves donnant un produit moyen de 44,000 kilog. à l'hectare (le rendement moyen de la commune est de 40,000 kilog. à l'hectare) ;

Un demi-hectare en fèves donnant un produit de 18 hectolitres à l'hectare.

Cela produit en argent :

| | |
|---|---|
| Croît du bétail, lait, beurre, etc. | 160 fr. |
| Un veau | 100 |
| Blé : 40 hectol. 50, à 22 fr. | 891 |
| Betteraves : 22,000 kilog., à 20 fr. | 110 |
| Fèves : 9 hectol. à 25 fr. | 225 |
| Total | 1,816 fr. |

2° *Produits de la culture basée sur la création des pâturages artificiels.*

Un hectare sur lequel on nourrit quatre bêtes du commencement d'avril à fin octobre ;

Un hectare de betteraves donnant un produit moyen de 50,000 kilog. à l'hectare ;

Un hectare de blé donnant un produit moyen de 36 hectolitres à l'hectare.

Cela produit en argent :

Croît du bétail, lait, beurre, 160 fr. par tête, soit
 pour 4 têtes .......  ...................... .   640 fr.
Quatre veaux..... .... ......................   400
Betteraves : 50,000 kilog , à 20 fr...............   1,000
Blé : 36 hect., à 22 fr...................... ....   792

         Total..........   2,832 fr.
Système ordinaire........ ....................   1,816

   Excédant de produit du nouveau système..   1,016 fr.

Passons maintenant à l'examen des frais, en supprimant
les frais communs aux deux systèmes de culture.

    1° *Frais de la culture ordinaire du pays.*

Labourage et hersages de 2 hectares et demi.......   150 fr.
Déchaumage......................... .........   45
Sarclages..... ......... ............. .......   80

     Total des frais de main-d'œuvre..   275 fr.
Nourriture d'une vache pendant l'hiver.............   124
Achat d'engrais nécessaires pour maintenir la fertilité
 du sol........................... ....   100

        Frais totaux.. .   499 fr.

2° *Frais de la culture basée sur la création des pâturages artificiels.*

Labourage et hersages d'un hectare de blé et d'un
 hectare de betteraves........ ............. ......   130 fr.
Sarclages.......... .............. .......   48

     Total des frais de main-d'œuvre..   178 fr.
Pour la nourriture de 3 vaches pendant l'hiver, il faut :

Pour chaque bête, 25 kilog. de pulpe par jour, soit...   105
    —    1 kilog. de tourteau par jour, soit.   72
    —    4 kilog. de foin ray-grass d'Italie
       par jour, soit...............   35
    —    paille... ..................   100
Intérêt de 3 bêtes, valant 400 fr. chaque, soit ....   60

        Frais totaux....   550 fr.
       Système ordinaire.....   499

    Excédant du nouveau système........   51 fr.

Le bénéfice du nouveau système est par conséquent réduit à 965 fr., soit à 322 fr. par hectare environ. Il n'y a que deux hectares à labourer et à herser, et les déchaumages ne sont plus à faire. Il faut ajouter que les frais des sarclages doivent diminuer, puisque, sur trois années, il y a une année en herbe pâturée et une année en betteraves, et que, par suite, les mauvaises herbes diminuent considérablement. On n'a plus à se servir de chevaux que pour labourer après les betteraves pour le blé. On a deux mois pour labourer l'herbe, pour semer les betteraves et herser au printemps. Mais il faut considérer que le capital d'exploitation par hectare doit être, dans le nouveau système, beaucoup plus considérable. Tandis que la culture ordinaire du pays n'exige qu'un peu plus de 500 fr. par hectare de capital d'exploitation (voir précédemment chapitre VIII, page 65), il faut au moins 1,000 fr. par hectare pour le nouveau système. En outre, la durée ordinaire des baux, qui, dans le pays, n'est que de neuf ans, ne permettrait pas au fermier de faire cette transformation ; il n'aurait pas en effet le temps de jouir de l'excédant de fertilité acquise par le sol, puisque, au bout de cinq ans, M. Vandercolme n'était pas encore arrivé à porter ses terres à leur maximum de produit. Mais il était tellement content des résultats obtenus, qu'il n'hésitera pas à soumettre toute la petite ferme qui entoure son habitation au nouveau système. Il désintéressera le fermier en lui donnant une autre bonne ferme, et il cultivera lui-même, avec un chef de culture, ce petit domaine qui n'exigera qu'une faible surveillance.

L'herbe étant trop abondante sur la pâture artificielle, M. Vandercolme prit le parti, le 1er juin 1868, de séparer la pièce de terre en deux, afin que le bétail ne pût continuer à pâturer que sur la première moitié, et il fit faucher l'autre moitié. Il obtint ainsi une meule de foin que nous avons vue le 23 juin et dont nous avons pris un échantillon pour faire l'analyse dont nous parlerons dans un instant. La quantité de fourrage fané ainsi obtenu s'est élevée à 270 bottes de 4 kilogrammes chacune sur une surface de 34 ares. Lors de notre visite, l'herbe avait repoussé très-verte ; on y a fait rentrer le bétail devant nous en supprimant la barrière. Cette partie de la pièce avait alors un aspect très-verdoyant et ne présentait pas les taches de longues herbes sèches qu'on trouvait çà et là dans la partie qui avait été pâturée sans intermittence. Le ray-grass nous a paru toutefois avoir repris avec plus de force que le trèfle.

Nous devons constater ici que tous les animaux qui depuis le 7 avril 1868 étaient restés nuit et jour sur la pâture (1 bœuf, 2 vaches et 2 jeunes bêtes) et qui n'avaient reçu absolument aucune nourriture étrangère, étaient dans l'état le plus satisfaisant. Le bœuf surtout était remarquable de toute manière, et il nous a paru pouvoir certainement arriver à lutter au concours d'animaux de boucherie de la Villette avec les plus beaux animaux qui y sont amenés ; il a remporté un premier prix au concours régional de Saint-Quentin (voir page 71).

Nous avons cru qu'il serait intéressant de faire l'analyse du foin recueilli dans les conditions que nous venons de dire, par comparaison avec du foin d'une petite prairie voisine et avec du foin de ray-grass d'Italie provenant aussi d'un champ voisin. Voici les résultats obtenus :

|  | I. | II. | III. |
|---|---|---|---|
|  | Foin provenant d'un pâturage pâturé du 7 avril au 1er juin. | Foin naturel provenant d'un champ de 45 ares ayant donné 400 bottes de 4 kilog. | Ray-grass d'Italie fumé avec des urines renfermant 1/75 d'eau de foie de morue et ayant donné à la première coupe 600 bottes de 4 kilog. sur 55 ares. |
| Eau pour 100 parties | 8.216 ⎫ | 7.705 ⎫ | 8.100 ⎫ |
| — | 8.400 ⎬ Moyenne 8.241 | 7.608 ⎬ Moyenne 7.545 | 8.227 ⎬ Moyenne 8.136 |
| — | 8.108 ⎭ | 7.423 ⎭ | 8.081 ⎭ |
| Azote............ | 1.093 ⎫ 1.087 | 1.208 ⎫ 1.208 | 0.872 ⎫ 0.873 |
| — ... | 1.081 ⎭ | » ⎭ | 0.875 ⎭ |
| Cendres.......... | 0.627 | 0.555 | 0.485 |
| — ... | 0.635 | 0.533 | 0.500 |
| — ... | 0.603  0.643 | 0.550  0.542 | 0.480  0.493 |
| — ... | 0.672 | 0.558 | 0.492 |
| — ... | 0.660 | 0.517 | » |
| Cellulose............ | 26.536 | 22.385 | 28 452 |
| Matières grasses (solubles dans l'éther). | 1.817 | 2.033 | 1.002 |

*Composition des cendres.*

| | | | |
|---|---|---|---|
| Sels solubles...  ... | 26.912 | 23.108 | 28.927 |
| Sels insolubles. .... | 73.088 | 78.892 | 71.073 |

*Corps immédiats des cendres* (pour 100 parties de ces cendres).

| | | | |
|---|---|---|---|
| Silice...  ......... | 49.425 | 47.172 | 51.575 |
| Acide phosphorique . | 6.017 | 7.817 | 3.879 |
| Chaux ......  ..... | 18.328 | 20.585 | 16.200 |
| Potasse .......... | 3.770 | 4.103 | 3.257 |
| Chlore..  ......... | 3.000 | 3.101 | 4.102 |
| Acide sulfurique.... | 2.422 | 2.283 | 1.817 |
| Soude ........... | 2.685 | 4.710 | 4.287 |
| Oxyde de fer....... | 0.814 | 0.755 | 0.703 |
| Acide carbon. et perte | 13.539 | 9.474 | 14.179 |

De ces chiffres on peut conclure pour la composition des trois foins, dans l'état où ils sont donnés comme aliment au bétail, les nombres suivants :

|  | I. | II. | III. |
|---|---|---|---|
| Eau | 8.24 | 7.55 | 8.14 |
| Matières azotées | 6.79 | 7.55 | 5.46 |
| Matières gommeuses, sucrées, amylacées, etc. | 55.97 | 59.95 | 56.40 |
| Matières grasses | 1.82 | 2.03 | 1.06 |
| Cellulose | 26.54 | 22.38 | 28.45 |
| Matières minérales | 0.64 | 0.54 | 0.49 |
| Totaux | 100.00 | 100.00 | 100.00 |

Ainsi le foin provenant de la pâture artificielle est pour sa qualité, à en juger d'après la composition chimique, supérieur au ray-grass, et il se rapproche tout à fait du foin naturel des terres voisines. M. Vandercolme est donc tout à fait fondé à dire à tous les points de vue que son système de culture, pour les conditions agricoles au milieu desquelles il se trouve placé, rendra de très-grands services en se substituant à la culture ordinaire du pays ; mais afin que la démonstration soit bien complète pour les cultivateurs de la contrée, il se propose de faire faire l'expérience sur sa ferme de Killem par un simple fermier. On a vu que c'est le procédé qu'il emploie afin de lever toutes les objections de ceux qui doutent toujours en voyant une amélioration introduite par un riche propriétaire. Il faut du reste noter que la valeur foncière des terres augmente par le nouveau système de culture en raison du plus grand rendement qu'elles donnent. On les louerait certainement 15 francs de plus à la mesure de 44 ares. M. Vandercolme

pense donc que, pour la contrée qu'il habite, il a résolu
le problème d'obtenir économiquement une beaucoup plus
grande quantité de viande sans diminuer en proportion la
quantité de grain produite, vu l'accroissement du rendement, quoique les céréales cèdent à des cultures fourragères une partie de la surface qu'elles occupent d'ordinaire.
En même temps la main-d'œuvre est considérablement
diminuée. Il faut toutefois remarquer que le système ne
repose pas seulement sur l'emploi des fourrages artificiels,
mais qu'il a pour base encore la création d'une distillerie,
en attendant peut-être une sucrerie, afin de nourrir de
la manière la plus avantageuse un nombreux bétail.

Une objection pouvait être faite au système suivi par
M. Vandercolme. Il y répond dans les termes suivants :
« Dans ma rotation, le pâturage revient tous les trois ans.
On peut craindre que les trèfles, qui jouent un grand rôle
dans ces sortes de pâturages, ne finissent par s'amoindrir
en revenant à des intervalles si rapprochés. Heureusement,
il n'en a pas été ainsi. Ils se sont même améliorés aux
deuxièmes rotations. Cela devait être ; on ne prend rien à
la terre ; tout est consommé sur place. Voilà cinq ans que
j'ai commencé ces expériences ; la terre s'est considérablement enrichie, et je n'ai employé que le fumier fait l'hiver
par les bêtes nourries sur la pâture artificielle. En trois
années, j'ai une récolte sarclée, celle des betteraves,
une en pâturage et une en blé. En trois ans, l'herbe
couvre la terre seize mois. Je répands tout mon fumier sur
cette herbe ; elle reçoit en outre pendant l'été le fumier
des bêtes qui y pâturent. La terre se trouve donc dans

d'excellentes conditions pour produire une forte récolte de betteraves, sans addition de fumier, de même qu'une récolte de blé. Puis elle revient à l'herbe et reçoit une nouvelle fumure. »

Le 15 novembre 1868 et le 29 juillet 1869, nous avons encore revu le pays dont nous décrivons la culture, en prenant pour type les monographies de trois des fermes de M. Vandercolme. Nous avons de nouveau constaté le bon état des pâtures artificielles, en les examinant dans les circonstances les plus variées. Puisque les agriculteurs veulent bien nous suivre dans cette étude avec la bienveillance à laquelle il nous ont habitué, nous leur demanderons la permission d'insister encore aujourd'hui sur les avantages des pâtures artificielles imaginées par M. Vandercolme à l'imitation de ce qui se fait en Écosse.

On vient de voir que ce système consiste à semer au printemps dans les blés un mélange de graines de trèfles et de ray-grass, à fumer dans l'hiver le jeune gazon de manière à avoir, dès le mois d'avril suivant, une pâture où l'on puisse nourrir jusqu'à la fin d'octobre au moins l'équivalent de trois têtes de gros bétail par hectare. Dans la pâture qui est ensuite retournée, on sème des betteraves, puis on revient au blé et ainsi de suite. Au lieu de ne fumer qu'en couverture sur le gazon, on pourra mettre le fumier pour les betteraves et l'enterrer. Chaque parcelle a 68 ares. La nouvelle pousse des trèfles et des ray-grass nous a toujours paru parfaite et promettre autant que les pâtures que nous avons suivies antérieurement. Quant à la pâture prête à être retournée, elle était encore chargée d'herbe malgré l'époque avancée à laquelle nous l'avons vue parfois. M. Vandercolme y a fait répandre sur la moitié environ 13 hectolitres de chaux d'épuration de l'usine à gaz de Dunkerque à 20 centimes l'un ; il a voulu chercher si cet agent détruira les insectes et particulièrement les vers blancs. En fait, les vers blancs n'ont pas fait de dégâts en 1869. Voici quelques-uns des résultats qui ont été obtenus.

Le 7 avril 1868, sont entrés dans la pâture une vache laitière et un bœuf de race durham comme les autres animaux dont nous allons parler ; le 17 avril, un jeune taureau ; le 2 juin, une nouvelle vache laitière et son veau. Le 1er juin, la pièce fut partagée en deux par une barrière pour empêcher le bétail de se rendre dans la moitié supérieure qui fut fauchée. On a plus haut l'analyse du foin ainsi récolté et mis en meule sur la pâture même. La barrière fut enlevée le 12 juin de manière que le bétail pût de nouveau librement pâturer partout. Plus tard, à partir du 10 août, le foin sec récolté a été donné au bétail ; il a été mangé pendant la grande sécheresse de cette année. Enfin, le 2 septembre, le bœuf est rentré à l'étable afin d'être préparé pour les prochains concours d'animaux de boucherie ; le 15 septembre, le jeune taureau est rentré à son tour. Le reste du bétail a été retiré le 26 octobre ; il a séjourné, à partir du 1er de ce mois, sur la pâture de l'année suivante, la barrière séparant les deux pièces ayant été supprimée.

A son entrée, le bétail pesait : la première vache (*June*) 550 kilog.; le bœuf (*Les Rameaux*), ainsi nommé en raison

du jour de sa naissance, en 1866), 570 kil.; le jeune taureau (*Sans-Tache*) 200 kilog.; la seconde vache (*Joséphine*),
550 kilog., et son veau qui a été castré, 50 kilog.

Le poids, à la sortie, était : le bœuf (à 30 mois), 675
kilog. ; le jeune taureau *Sans-Tache*, 350 kilog.; le veau,
157 kilogr. Quant aux vaches, elles avaient conservé leur
poids initial ; mais la vache *Jane,* qui avait vêlé au mois
de novembre précédent, a continuellement donné 6 litres
de lait par jour, et la vache *Joséphine,* quoique tétée par
son veau, 5 litres ; ce dernier lait était d'une qualité tout
à fait supérieure. Cette production laitière sera certainement remarquée, si l'on considère que les deux vaches sont
de race durham. Dans tous les cas, cette production, aussi
bien que les accroissements en poids des autres animaux,
prouvent que la pâture a été très-nourrissante. Il a été
obtenu 355 kilog. de poids vif, et 1,931 litres de lait : la
vache *Jane* est restée 6 mois et demi ; le bœuf et le taureau 5 mois ; la vache *Joséphine,* et son veau, 4 mois trois
quarts, c'est-à-dire que sur 68 ares une tête de gros bétail
aurait trouvé 20 mois de nourriture (exactement 19 mois
94), ce qui revient à quatre têtes de gros bétail pendant
sept mois environ par hectare. C'est un résultat très-supérieur à celui que recherchait M. Vandercolme, qui espérait
seulement pouvoir nourrir trois têtes sur un hectare
pendant le même temps.

# CHAPITRE XII



Pour augmenter le rendement en blé de chaque hectare,
M. Vandercolme ne s'est pas seulement attaché à mieux
cultiver ses terres et à les mieux fumer. Il a voulu encore
introduire une variété qui aurait l'avantage d'être plus
productive. Après un examen des meilleures variétés an-
glaises, il s'est arrêté au blé blanc, dit *Chiddam*. Voici les
résultats comparatifs obtenus avec le blé ordinaire du pays,
dit blé de Bergues :

|  | Rendement du blé Chiddam à l'hectare. | Rendement du blé de Bergues à l'hectare. |
| --- | --- | --- |
| 1863....... | 45 hectol. | 33 hectol. |
| 1864....... | » | 26 — |
| 1865....... | 27 — | 24 — |
| 1866....... | 34 — | 25 — |
| 1867....... | 34 — | 21 — |

En 1864, le blé Chiddam a gelé chez M. Vandercolme.
Il l'a labouré et l'a remplacé par de l'avoine qui a produit
90 hectolitres à l'hectare ; il n'hésite jamais à retourner

un blé qui a souffert de la gelée, parce qu'il a constaté que chez lui un blé gelé va toujours en s'amoindrissant jusqu'à la récolte. Il cultive également un blé dont les épis contiennent quelquefois plus de 100 grains ; son produit n'est cependant pas supérieur ni à celui du blé Chiddam ni à celui du blé de Hollande. Il en sème tous les ans pour arriver à connaitre la cause du faible rendement par rapport au volume des épis.

Voici les rendements moyens obtenus pendant trois périodes quinquennales commençant en 1853 sur la ferme de Rexpoëde :

| Années. | Hectolitres à l'hectare. | Années. | Hectolitres à l'hectare. | Années. | Hectolitres à l'hectare. |
|---|---|---|---|---|---|
| 1853 | 16 | 1858 | 24 | 1863 | 30 |
| 1854 | 21 | 1859 | 23 | 1864 | 23 |
| 1855 | 19 | 1860 | 25 | 1865 | 23 |
| 1856 | 22 | 1861 | 20 | 1866 | 27 |
| 1857 | 27 | 1862 | 22 | 1867 | 22 |
| Moyenne | 21 | Moyenne | 23 | Moyenne | 25 |

L'accroissement constant de la fertilité du sol est rendu évident par la comparaison des trois moyennes quinquennales.

Les expériences faites par M. Vandercolme ont paru tellement décisives aux cultivateurs de sa commune, que le blé indigène n'entre plus que pour deux tiers environ dans l'ensemencement général ; il faut dire du reste, qu'à Rexpoëde, le rendement des blés d'origine étrangère a toujours été de 5 à 10 pour 100 plus élevé que celui des blés indigènes. Aussi l'usage des blés d'origine étrangère se propage à Rexpoëde et dans les communes voisines et

même dans tout le département. M. Vandercolme n'a pas
du reste encore achevé ses essais à cet égard. Il veut se
rendre un compte exact de la résistance de plusieurs variétés aux intempéries des saisons dans le pays qu'il habite ;
il veut en outre avoir des chiffres positifs sur les rendements comparatifs des diverses variétés, alors qu'elles sont
semées en lignes ou à la volée. Dans ce but, il a disposé
des expériences comparatives faites sur un quart de mesure chacune, c'est-à-dire sur 11 ares environ. Ces expériences ne donneront leurs résultats qu'à la fin de 1869 ;
mais en attendant, il est déjà possible de faire connaître
des faits intéressants, d'autant plus que nous avons pu
prendre des épis de quatre variétés, afin d'en faire faire
les dessins, et que nous avons prélevé des échantillons de
cinq blés de 1868, dont nous avons fait l'analyse. Déjà en
1863 nous avions prélevé aux mêmes lieux deux échantillons qui ont également été analysés. L'intérêt de semblables
comparaisons n'échappera à aucun agriculteur.

Le blé de Bergues est un blé blanc, jaunâtre que l'on
donne souvent comme identique au blé roux d'Armentières. Dans ce dernier cas, d'après Louis Vilmorin, il se
rapporterait au blé de Crépi, section 11 des variétés sans
barbes du *Triticum sativum*. L'ensemble des caractères de
toutes les variétés de ce genre serait le suivant :

« Epi dépourvu de barbes, généralement long, pyramidé, présentant sa plus grande largeur sur la face des épillets, qui sont
plats et disposés en éventails; glumes légèrement échancrées
au-dessous du sommet et portant une pointe courte; carène (ou
pli dorsal de la glume) saillante dans sa partie supérieure seulement et s'évanouissant vers la base; balles dépassant le grain,

distinctes et un peu écartées au sommet ; grain oblong, ovale, généralement tendre ; paille creuse. »

Quant aux variétés spéciales, Louis Vilmorin met dans la section 1 de sa synonymie le blé de Bergues ou de Flandres, avec les caractères suivants :

« Epi prismatique, presque droit, demi-serré, blanc, glabre, canaliculé sur le profil ; grain blanc, moyen, feuilles nombreuses, larges. »

Louis Vilmorin met dans la section 11 de sa synonymie le blé d'Armentières qui, à Rexpoëde, est considéré comme identique au blé de Bergues, et il lui donne les caractères suivants :

« Epi demi-lâche, courbé sur le plat des épillets, atténué vers la pointe et portant souvent quelques barbes très-courtes ; grain jaune très-souvent glacé ; paille flexible, feuille plus fine, plus verte que dans les blés blancs. »

L'épi (fig. 6) que nous avons fait dessiner ressemble bien à la première description avec quelques analogies avec la seconde. Il porte en moyenne 60 grains ; le poids moyen de 100 grains a été trouvé être de 4 gr. 796 ; le centimètre cube contient de 16 à 17 grains, de telle sorte que le poids moyen de l'hectolitre est pour cette année 1868 de 81 kilog. La composition chimique s'est trouvée être la suivante :

| | |
|---|---:|
| Eau | 10.609 |
| Matières azotées (azote 2.683 $\times$ 6.25) | 16.768 |
| Matières amylacées | 61.088 |
| Matières grasses | 1.500 |
| Principes solubles dans l'eau (sucre, dextrine, etc.) | 6.927 |
| Cellulose | 1.880 |
| Matières minérales | 1.228 |
| Total | 100.000 |

Les cendres ont présenté la composition centésimale
suivante :

|                                         |         |
|-----------------------------------------|---------|
| Potasse                                 | 36.414  |
| Soude                                   | traces. |
| Chaux                                   | 3.460   |
| Magnésie                                | 11.319  |
| Peroxyde de fer                         | 0.597   |
| Chlore                                  | 0.309   |
| Acide sulfurique                        | 1.175   |
| Acide phosphorique                      | 37.255  |
| Acide silicique                         | 9.020   |
| Acide carbonique et perte               | 0.451   |
| Total                                   | 100.000 |

L'échantillon que nous avions pris en 1863 avait les
grains un peu plus petits, car nous avions trouvé 18 grains
dans un centimètre cube, et le poids de 100 grains était
de 4 gr. 355, ce qui faisait 78 kilog. 400 à l'hectolitre.
Nous avons alors obtenu la composition suivante :

|                                          |         |
|------------------------------------------|---------|
| Eau                                      | 16.770  |
| Matières azotées (azote $1.76 \times 6.25$) | 11.000  |
| Matières minérales                       | 1.500   |
| Autres principes                         | 70.730  |
| Total                                    | 100.000 |

Ce blé de Bergues de 1863 avait été récolté chez un
cultivateur de Rexpoëde, M. Masselis, qui a constaté un
rendement de 33 hectolitres à l'hectare. On doit conclure
de la comparaison des analyses que la richesse d'un blé en
gluten ou en matières azotées varie considérablement dans
la même variété, et dépend soit des circonstances météo-
rologiques de l'année, soit de la richesse du sol.

Les rendements que M. Vandercolme a obtenus à Rexpoëde avec le blé de Bergues dans quatre cultures spéciales ont été les suivants par hectare :

| | |
|---|---|
| 1863 . . . . . . . . . . . . . . . . . | 33 hectolitres. |
| 1864 . . . . . . . . . . . . . . . . . | 26 — |
| 1865 . . . . . . . . . . . . . . . . . | 24 — |
| 1866 . . . . . . . . . . . . . . . . . | 26 — |
| 1867 . . . . . . . . . . . . . . . . . | 21 — |
| 1868 . . . . . . . . . . . . . . . . . | 29 — |
| Total pour 6 ans . . . . . . | 159 hectolitres. |
| Moyenne par année . . . . . | 26.5 — |

Le blé Chiddam ou Cheltham, dont nous avons fait dessiner un épi récolté à Rexpoëde en 1868 chez M. Vandercolme (fig. 7), est une très-ancienne variété anglaise de blé blanc sans barbes. Il est très-estimé et se trouve généralement cultivé dans les comtés d'Angleterre les plus réputés pour la production du blé. Il a été importé dès 1835 en Écosse où, pour le conserver avec toutes ses qualités, et particulièrement avec toute sa fécondité, on a l'habitude, dit M. Lawson, de renouveler la semence tous les deux ans en la faisant venir du sud de l'Angleterre. M. Vandercolme l'a introduit à Rexpoëde dès 1860 ; il a eu l'inconvénient de geler en 1864 ; il a fallu retourner le champ qui le portait et semer de l'avoine qui a produit 98 hectolitres à l'hectare. Voici les rendements qui ont été successivement constatés :

| | |
|---|---|
| 1863 . . . . . . . . . . . . . . | 45 hectolitres par hectare. |
| 1865 . . . . . . . . . . . . . . | 27 — — |
| 1866 . . . . . . . . . . . . . . | 33 — — |
| 1867 . . . . . . . . . . . . . . | 34 — — |
| 1868 . . . . . . . . . . . . . | 45 — — |
| Total pour 5 années . . . . . | 184 hectolitres par hectare. |
| Rendement moyen par année. | 37 — — |

L'excédant de rendement du blé Chiddam, par rapport au blé du pays dit de Bergues, étant de 50 pour 100, c'est-à-dire 37 contre 26, il est tout naturel que le blé Chiddam

Fig. 6. — Blé de Bergues, récolté chez M. Vandercolme en 1868.

Fig. 7. — Blé Chiddam pris chez M. Vandercolme en 1868.

Fig. 8. — Blé de Hollande, pris chez M. Vandercolme en 1868.

Fig. 9. — Blé Prince-Albert récolté en 1868 chez M. Vandercolme.

se répande d'année en année, malgré son inconvénient d'être un peu délicat lorsque les froids sont vifs.

Nous avons trouvé que l'épi compte en moyenne 36 à 40 grains ; mais cette variété talle bientôt. L'épi est prismatique, long, assez droit, mais plat sur la face des épillets qui sont assez élargis ; le grain est gros dans des balles longues. Le poids moyen de 100 grains a été trouvé être de 4 gr. 932 ; le centimètre cube contient 15 à 16 grains. Par conséquent le poids moyen de l'hectolitre a été cette année de 78 kilog. 900. Morton, dans son Encyclopédie, en le donnant comme un blé remarquablement adapté pour les terres légères, comme mûrissant rapidement et n'étant sujet ni à la verse ni à la rouille, dit qu'il pèse 75 kilog. 500 l'hectolitre dans les années humides, et de 82 à 83 kilogrammes après les années sèches. Nous avons trouvé pour la composition chimique de cette variété en 1868 les chiffres suivants :

| | |
|---|---:|
| Eau . . . . . . . . . . . . . . . . . . . . . | 11.605 |
| Matières azotées (azote 2.513 × 6.25) . . . . | 15.706 |
| Matières amylacées . . . . . . . . . . . . . | 61.115 |
| Matières grasses . . . . . . . . . . . . . . . | 1.385 |
| Principes solubles dans l'eau (sucre, dextrine, etc.) . . . . . . . . . . . . . . . . . . . . | 7.320 |
| Cellulose . . . . . . . . . . . . . . . . . . | 1.109 |
| Matières minérales . . . . . . . . . . . . . . | 1.760 |
| Total . . . . . . . . | 100.000 |

Les cendres ont présenté la composition centésimale suivante :

| | |
|---|---:|
| Potasse | 32.753 |
| Soude | 0.207 |
| Chaux | 4.757 |
| Magnésie | 8.438 |
| Peroxyde de fer | 1.300 |
| Chlore | 0.587 |
| Acide sulfurique | 0.881 |
| Acide phosphorique | 37.456 |
| Acide silicique | 13.121 |
| Acide carbonique et perte | 0.500 |
| Total | 100.000 |

En 1863, nous avions déjà pris à Rexpoëde deux échantillons de ce même blé Chiddam, l'un chez M. Vandercolme qui a alors obtenu, comme on l'a vu plus haut, 45 hectolitres à l'hectare, l'autre chez M. Charles-Louis Verlynde ; ce dernier est un petit cultivateur qui avait semé son blé dans un champ bien fumé, d'une contenance de 7 ares et demi sur lesquels il a obtenu 4 hectolitres et demi ; cela donne un chiffre extraordinaire de 60 hectolitres par hectare. Ces deux échantillons nous ont alors donné la composition suivante :

| | Blé de M. Vandercolme en 1863. | Blé de M. Verlynde en 1863. |
|---|---:|---:|
| Eau | 13.690 | 12.430 |
| Matières azotées [1] | 7.310 | 12.000 |
| Matières minérales | 1.520 | 1.450 |
| Autres principes | 77.480 | 74.120 |
| Totaux | 100.000 | 100.000 |

On voit que, comme pour la variété de Bergues, les

[1] Azote : 1.17 chez M. Vandercolme, et 1.92 chez M. Verlynde.

blés de 1868 ont été plus riches en matières azotées que ceux de 1863.

Le blé de Hollande, dont la figure 8 représente l'épi un peu courbé, a été introduit en 1864 à Rexpoëde par M. Vandercolme. On le donne comme une variété qui ne gèle pas et ne verse pas malgré une forte fumure, comme convenant enfin d'une manière toute particulière aux terres riches de première classe. Voici les rendements que M. Vandercolme a constatés :

| | | | |
|---|---|---|---|
| 1865. 37 hectolitres à l'hectare. | | 1867. 34 hectolitres à l'hectare. | |
| 1866. 33 — | — | 1868. 40 — | — |

L'épi de ce blé porte de 35 à 40 grains; le poids moyen de 100 grains est de 4 grammes 640. Nous avons compté 17 grains au centimètre cube; le poids moyen de l'hectolitre pour 1868 est par conséquent de 78 kilog. 800. La composition chimique a été trouvée la suivante :

| | |
|---|---|
| Eau | 10.208 |
| Matières azotées (azote $2.185 \times 6.25$) | 13.656 |
| Matières amylacées | 64.859 |
| Matières grasses | 1.097 |
| Principes solubles dans l'eau (sucre, dextrine, etc.) | 7.425 |
| Cellulose | 1.455 |
| Matières minérales | 1.300 |
| Total | 100.000 |

Pour la composition des cendres, on a obtenu les chiffres suivants :

| | |
|---|---|
| Potasse. | 34.741 |
| Soude. | traces. |
| Chaux | 3 107 |
| Magnésie et peroxyde de fer | 11.974 |
| Acide sulfurique et chlore | traces. |
| Acide phosphorique | 38.680 |
| Acide silicique | 11 000 |
| Acide carbonique et perte | 0.498 |
| Total | 100.000 |

M. Vandercolme n'est pas encore fixé sur le rendement du blé *Prince Albert* dont la figure 9 représente un épi. C'est un blé qui atteint une très-grande hauteur ; en 1868 la paille avait 2 mètres ; mais jusqu'alors il n'avait pas poussé très-dru. M. Vandercolme pense qu'il sera peut-être avantageux de le mêler avec d'autres variétés et notamment avec le blé Chiddam. Il n'en avait que 2 ou 3 ares en 1868 ; il le cultivera sur une plus grande étendue dans les années suivantes, semé à la volée et semé en lignes, avec les autres variétés qu'il soumet à l'étude. L'épi de ce blé, dont nous avons pris des échantillons, portait de 65 à 70 grains. Le poids moyen de 100 grains a été trouvé de 7 grammes 022, ce qui prouve déjà que les grains sont très-gros ; dans le centimètre cube, on compte 12 grains seulement ; le poids de l'hectolitre est d'après ces chiffres de 84 kilog. ; c'est évidemment un blé très-remarquable. Nous avons trouvé pour sa composition chimique :

| | |
|---|---|
| Eau. | 11.403 |
| Matières azotées (azote 2.409 × 6.25) | 15.056 |
| Matières amylacées | 61.390 |
| Matières grasses | 1.311 |
| *A reporter* | 89.160 |

|  |  |
|---|---|
| *Report*........ | 89.160 |
| Principes solubles dans l'eau (sucre, dextrine, etc.) . . . . . . . . . . . . . . . . . . . . . | 8.009 |
| Cellulose. . . . . . . . . . . . . . . . . . . . | 1.327 |
| Matières minérales . . . . . . . . . . . . | 1.504 |
| Total . . . . . . . | 100.000 |

La composition des matières minérales ou cendres est représentée par les nombres suivants :

|  |  |
|---|---|
| Potasse. . . . . . . . . . . . . . . . . . . . . | 33.716 |
| Soude . . . . . . . . . . . . . . . . . . . . | 1.424 |
| Chaux . . . . . . . . . . . . . . . . . . . | 3.123 |
| Magnésie et peroxyde de fer . . . . . . . . | 13.661 |
| Chlore . . . . . . . . . . . . . . . . . . . . | 0.144 |
| Acide sulfurique . . . . . . . . . . . . . . . | 1.154 |
| Acide phosphorique . . . . . . . . . . . . . | 40.741 |
| Acide silicique . . . . . . . . . . . . . . . . | 5.685 |
| Acide carbonique et perte . . . . . . . . . . | 0.352 |
| Total . . . . . . . | 100.000 |

Désireux de cultiver les blés à la fois les plus productifs et les meilleurs que possède l'Angleterre ou l'Écosse, et qui, selon lui, ce en quoi nous trouvons qu'il a complétement raison, doivent mieux réussir sous le climat de l'arrondissement de Dunkerque que des variétés qui proviendraient de pays plus méridionaux, M. Vandercolme s'est encore adressé en 1868 à M. Lawson, d'Edinburgh, l'homme le plus compétent en ces matières. M. Lawson lui a répondu en lui envoyant du blé *Hunter's white*, comme étant ce qu'il pouvait conseiller de mieux au point de vue de la qualité et du rendement. Ce blé a été essayé à Rexpoëde en 1869, comparativement avec les autres variétés dont nous venons de parler. Nous avons compté 65 grains dans les épis que M. Vandercolme nous a remis. 100 grains pèsent en moyenne 4 grammes 387, et dans le centimètre cube on compte 18 grains; le poids de l'hectolitre d'après ces chiffres serait de 79 kilogrammes. Nous avons trouvé pour la composition chimique les chiffres suivants:

| | |
|---|---:|
| Eau.......... ..................... | 11.705 |
| Matières azotées (azote $2.795 \times 6.25$)..... | 17.468 |
| Matières amylacées..................... | 57.909 |
| Matières grasses ..................... | 1.393 |
| Principes solubles dans l'eau (sucre, dextrine, etc.) ............................. | 8.092 |
| Cellulose ... ..... .................. | 1.530 |
| Matières minérales.................... | 1.903 |
| Total........ | 100.000 |

C'est le blé le plus riche en matières azotées que nous ayons analysé; toutefois, d'autres chimistes ont trouvé jusqu'à 3.5 pour 100 d'azote dans les blés de Pologne, ou dans des blés venus dans des terres de jardins. Pour les cendres, les chiffres suivants ont été obtenus:

| | |
|---|---:|
| Potasse ....... .................... | 34.394 |
| Soude ........................... . | 0.588 |
| Chaux .. .................... | 9.248 |
| Magnésie..................... ...... | 11.656 |
| Peroxyde de fer ..................... | 0.142 |
| Chlore .... .................... | 0.611 |
| Acide sulfurique ......... ........... | traces. |
| Acide phosphorique ................... | 34.863 |
| Acide silicique..................... | 8.145 |
| Acide carbonique et perte........ ...... | 0.353 |
| Total..... ...... | 100.000 |

Le blé de Hunter méritait, comme on le voit, d'être importé en France. Voici ce qu'en dit M. Lawson dans son livre : *The agriculturist's Manual :*

« Les variétés de blé le plus généralement estimées en Écosse sont les blés blancs, parmi lesquels les blés blancs de Hunter tiennent encore la première place. Il y a beaucoup d'espèces qui, dans des saisons favorables, produisent un blé plus beau ; mais sa vigueur, sa fécondité, ses excellentes qualités à la mouture, lui donnent généralement plus de faveur auprès des fermiers et des meuniers. Son caractère le plus marqué est que, en frottant un seul épi, on trouve une partie des grains opaques et blancs, tandis que les autres sont durs et d'une couleur rougeâtre, comme si deux espèces de blés avaient été mêlées ensemble. »

D'un autre côté, on lit à son sujet les détails suivants dans l'ouvrages de Morton : *A Cyclopedia of agriculture practical and scientific* (t. II, p. 1130, London, 1855) :

« Ce blé est une des variétés les plus anciennes et les plus estimées en Ecosse. Il a été découvert il y a environ cinquante ans par M. Hunter, de Tynefield, près Dundar dans la province de Louthian de l'Est, sur le bord de la route de Coldingham à Muir, dans le comté de Bervick. Il est assez communément cultivé dans beaucoup des comtés de l'est de l'Écosse, spécialement, dans ceux de Louthian de l'Est, de Fife et de Forfar. Il s'est maintenu sur son terrain en face de beaucoup de variétés plus nouvelles, qui, quoique plus fécondes à leur première introduction, ont été trouvées se détériorer tellement que leur culture a cessé peu à peu, tandis que celle du blé de Hunter s'accroissait. Celui-ci est remarquablement bien adapté aux sols moyens et inférieurs ; il est vigoureux, talle beaucoup au printemps et continue à pousser sans interruption jusqu'à l'automne. Dans des expériences comparatives il a été observé que, tandis que beaucoup de variétés de blés plus jeunes et plus belles se montrent plus tôt en hiver et au printemps, le blé de Hunter supporte mieux d'année en année la comparaison avec chacune des autres, dans la gerbe, la meule, le sac, la fleur de farine, ou sur la planche du boulanger. Il est très en faveur

auprès des meuniers et des boulangers, et son nom est pour eux
une suffisante recommandation pour acheter, même quand l'échantillon n'a pas la belle couleur des lots plus blancs. Il a pour
caractère de présenter une longueur moyenne de la paille et de
l'épi, ce dernier serré dans le milieu, s'effilant aux deux extré-
mités, un peu barbu, et légèrement courant à la pointe; le grain est
d'une couleur roussâtre, d'une forme un peu allongée, mais d'une
belle contexture dure et serrée, et pesant bien dans le boisseau
quelquefois jusqu'à 66 livres (82 kilog. l'hectolitre), quand il a
poussé dans une terre forte. Il vient à maturité beaucoup plus
tard que bon nombre de blés blancs, et il ne doit jamais être semé
dans les champs environnés de bois ; car, dans ces circonstances,
il souffre ordinairement beaucoup des attaques des insectes. Il ne
doit pas non plus être semé dans des terrains d'alluvion riches
et d'une haute fertilité ; car il y pousserait trop gros et verserait
avant que le grain soit achevé. Il faut avouer que le blé de Hunter
n'est plus ni aussi franc ni d'une aussi bonne qualité qu'on était
habitué à le voir ; mais si l'on considère la longue période pendant
laquelle il a continué à maintenir ses précieux caractères sans affai-
blissement, son altération et sa détérioration doivent sans doute
être attribuées à l'introduction de quelques variétés nouvelles, et à
la négligence qui en est résultée pour la plus ancienne. Un homme
pourrait apporter un grand bienfait pour une large proportion des
fermiers de l'Écosse ; il choisirait avec un grand soin un bon épi de
blé de Hunter, poussé dans sa ferme, dans une terre caillouteuse,
celle qui lui est le plus favorable, et de cet épi il ferait venir une
provision pure. Nonobstant son impureté et sa détérioration fréquentes, le blé de Hunter est encore en grande faveur en Écosse ;
toutes les objections que l'on peut entendre contre lui sont qu'il
vient d'être tellement mêlé avec d'autres blés que, partout où vous
irez pour en trouver, il est impossible d'en obtenir qui soit pur. »

Nous pensons que le blé *Hunter's white* envoyé par M.
Lawson en 1868, appartient à des produits de sélection
qui ont ramené l'ancienne variété à toute sa pureté.

# CHAPITRE XIII



Nous devons maintenant quitter Rexpoëde pour nous transporter à Killem, où il nous faut étudier une autre ferme appartenant également à M. Vandercolme. C'est celle sur laquelle le dévoué propriétaire et agronome éminent a fait, dès l'origine de l'importation du drainage systématique en France, des expériences pour connaître les résultats du drainage seul et du drainage avec labours profonds, comparés à ceux de la culture ordinaire à cette époque. Le village de Killem est contigu à celui de Rexpoëde. Il est le premier qui ait imité Rexpoëde pour le remplacement des fossés ouverts par des drains couverts, et il a gagné à cette oprération plus de 40 hectares. Nous dirons dans un chapitre suivant ce qu'est aujourd'hui ce village; nous décrirons sa population et ses ressources. Pour le moment, nous remontons à 1850, 1851 et 1852 pour dire les

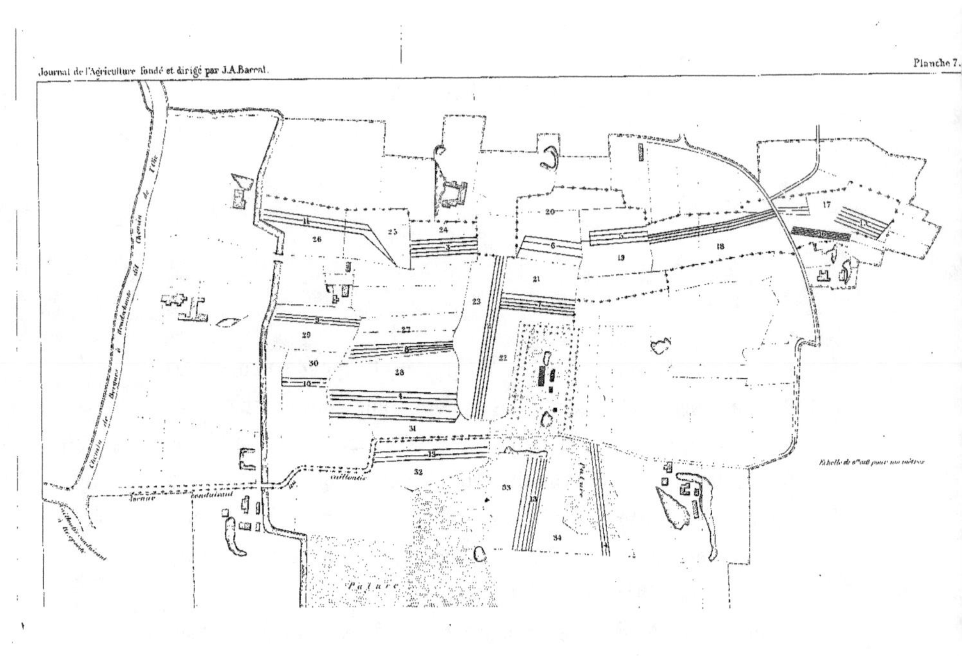
Pature

résultats décisifs obtenus dans une expérience comparative, immédiatement après que les premiers essais faits
à Rexpoëde avaient démontré l'incontestable efficacité de
l'assainissement par les tuyaux placés dans des fossés couverts et systématiquement disposés suivant la méthode
anglaise. C'est à M. Vandercolme qu'il appartient d'avoir
prouvé qu'un drain couvert bien établi donne un écoulement plus certain qu'un fossé d'un mètre de largeur.

La planche 7 représente la ferme qui a été le théâtre
des expériences dont nous voulons parler. Cette ferme a une
contenance de 31 hectares 10 ares ; elle comprend 7 hectares 78 ares de pâturages et 23 hectares 32 ares de terres
arables ; mais, comme il fallait en déduire 1 hectare 27
ares pour le terrain occupé par des fossés, il n'y avait de
terrain réellement en culture que 22 hectares 5 ares, qui
étaient divisés en 29 pièces. Le rendement du blé n'était
en moyenne que de 17 hectolitres par hectare. Le fermier
n'était pas dans de bonnes affaires ; il devait plusieurs
années de fermage, et en outre son propriétaire lui avait
prêté plusieurs milliers de francs. M. Vandercolme pensa
que la transformation de la ferme par le drainage chan-
gerait cet état de choses, et il a complétement réussi. Il
résolut d'abord de montrer par comparaison ce que don-
neraient simultanément, dans les mêmes terres, la culture
ordinaire du pays, la culture de champs drainés, enfin la
culture de champs drainés et en même temps labourés profondément. Il fit venir un fermier écossais pour cultiver
les deux dernières parties. On voit dans la planche 7 que
la comparaison devait être complétement démonstrative,

car il y a en quelque sorte un enchevêtrement, un mélange
complet des terres à la fois drainées et labourées profondément (parcelles 1 à 4, ayant une superficie totale de 3
hectares 15 ares), des terres améliorées par le drainage
seul (parcelles 5 à 14, ayant une superficie de 8 hectares
50 ares), et des terres qui ont continué à être livrées à la
culture ordinaire du pays (17 à 34, ayant une superficie
de 11 hectares 55 ares, égales à l'ensemble des autres
parties). Les premières (1 à 14) furent remises entre les
mains du fermier écossais ; les dernières restèrent sous
la direction de l'ancien fermier, auquel M. Vandercolme
garantit comme minimum autant qu'il récolterait lui-
même sur les parties dont la culture lui était réservée.
Voici les résultats pour le blé. Le fermier ancien n'a obtenu
sur sa culture que 17 hectolitres à l'hectare. William Kyd,
le fermier écossais, a obtenu 22 hectolitres à l'hectare sur
les parties simplement drainées, et 27 hectolitres sur les
parties à la fois drainées et labourées avec la charrue sous-
sol[1]. La production a été en rapport avec la profondeur de
la couche dans laquelle gisaient les racines du blé ; elles
s'étendaient dans une couche de $0^m.10$ de profondeur pour
la culture ordinaire, dans une couche de $0^m.15$ par l'effet
du drainage, et dans une couche de $0^m.33$ par l'effet du
drainage et de l'emploi de la charrue sous-sol.

Les mêmes résultats se sont continués pendant trois ans.
La démonstration était suffisante. M. Vandercolme fit alors

---

[1] M. Kyd est maintenant retourné en Écosse, où il cultive une ferme de
80 hectares, sur les bords de la mer ; il est dans une situation prospère
quoique le taux de son fermage soit de 200 fr. par hectare.

drainer toute la ferme; la transformation fut radicale. La
moyenne du rendement en blé pendant les quatre années
dernières (1864 à 1867) a été de 29 hectolitres 83 à l'hectare. L'influence de récoltes plus abondantes a permis
d'augmenter le nombre des bestianx. En 1851, on nourrissait sur la ferme 9 vaches à lait, 3 bêtes de 2 ans et 4 de
un an; en 1858, après le drainage complet, il y avait déjà
10 vaches à lait, 4 bêtes de deux ans et 5 d'un an.
En 1868, on y nourrissait 12 vaches à lait, 6 bêtes de
2 ans, 8 bêtes d'un an. L'ancien fermier est mort, mais
sa fille unique s'était mariée; le gendre a succédé à
son beau-père en 1857. C'est un homme intelligent, laborieux, actif, aimant le progrès. M. Coullier (tel est son
nom) a peu à peu soldé à M. Vandercolme tout ce que
devait son beau-père. Son fermage est maintenant payé.
Il élève une nombreuse famille, composée de six enfants;
il possède un riche mobilier, et dans sa maison on trouve
la propreté flamande dans toute sa pureté. L'expérience a
donc été complète. M. Vandercolme prit d'ailleurs soin de
bien mettre en évidence, au fur et à mesure, les succès obtenus, de telle sorte que l'exemple donné a été et est hautement instructif.

# CHAPITRE XIV



On a déjà vu que la superficie de la ferme de Killem est de 31 hectares 15 ares 50 centiares; elle est plantée de 38 chênes, 824 ormes et 98 arbres fruitiers. Le drainage est maintenant complet, il a été exécuté conformément au plan que montre la planche 8 : les drains sont placés à une profondeur moyenne de 1 mètre à 1 mètre 20 ; on a employé à ce travail 19,553 mètres courants de tuyaux de 0m.03 de diamètre intérieur ; 498 mètres de 0m.04 ; 1,364 mètres de tuyaux de 0m.06 ; et 190 mètres de tuyaux de 0m.09. Le drainage a fourni le moyen de supprimer 2,786 mètres de fossés qui ont été rendus à l'agriculture pour une superficie de 50 ares sans nuire aucunement à l'écoulement des eaux. Le plan de comparaison pour le nivellement du terrain est supposé zéro, et se trouve au point A du fossé d'écoulement du versant Nord. Les chiffres qui sont marqués en un très-

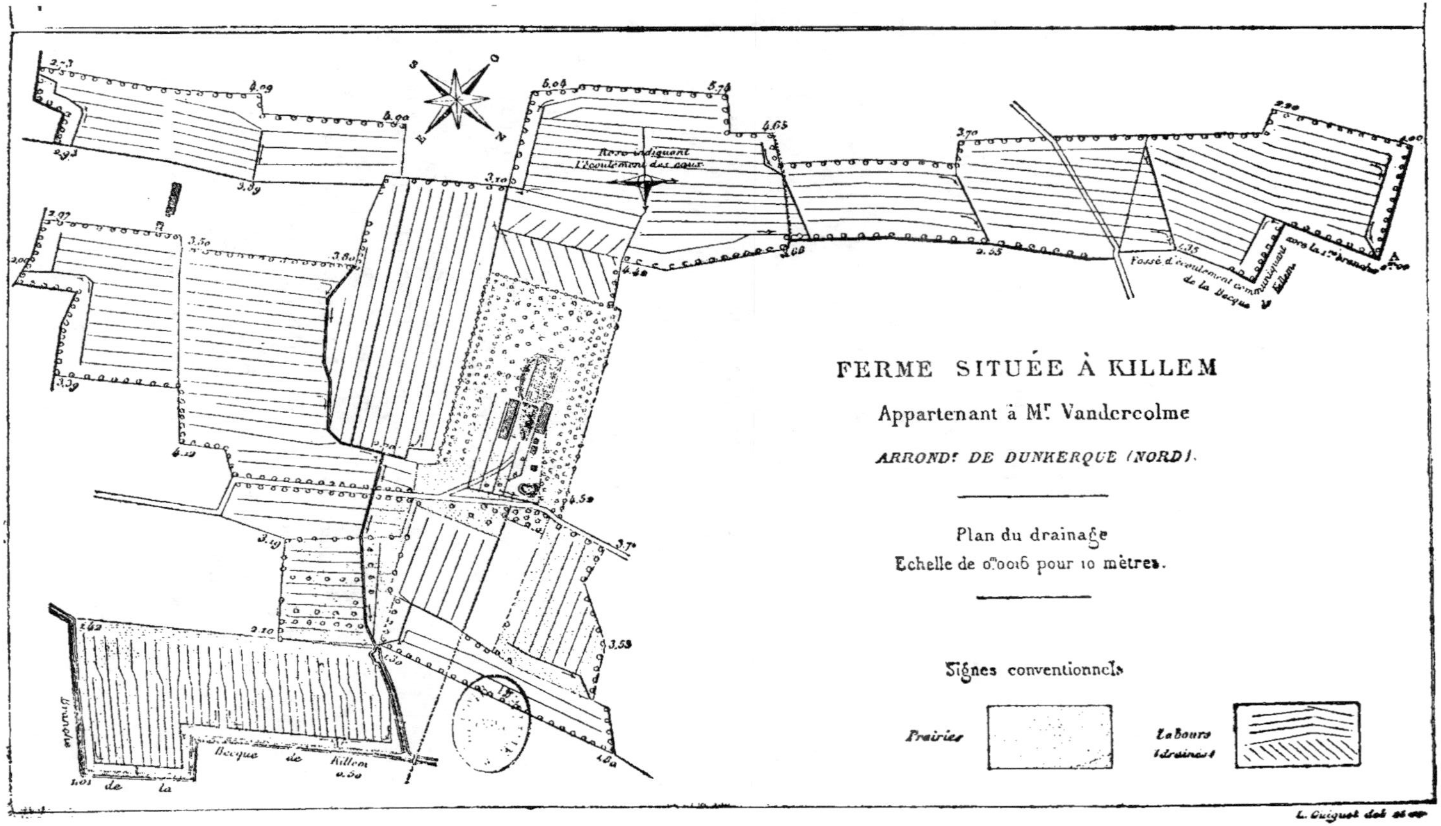

FERME SITUÉE À KILLEM
Appartenant à Mr. Vandercolme
ARROND.t DE DUNKERQUE (NORD).
Plan du drainage
Echelle de 0m.0016 pour 10 mètres.
Signes conventionnels
Prairies
Labours
(drainés)
Rose indiquant l'écoulement des eaux
Fossé d'écoulement communiquant de la Becque à Killem
Fossé d'écoulement communiquant avec la 1re branche
Becque de Killem
Branche
Lot de la
L. Guiguet del. et sc.

grand nombre de points des pièces principales indiquent les différences de hauteur des diverses parties de la ferme. On voit que les plus grandes altitudes ne se montent pas à six mètres, ce qui donne une idée de la configuration du pays. L'écoulement des eaux de tout le territoire de la ferme s'effectue sur trois versants : le premier allant vers le nord-ouest, d'une superficie de 7 hectares 50 ares 20 centiares, écoule ses eaux vers le point A dans un fossé qui communique avec la première branche de la becque de Killem ; le deuxième, d'une superficie de 3 hectares 99 ares 20 centiares, allant vers le sud-est, écoule ses eaux dans un fossé qui communique avec la deuxième branche de la becque de Killem ; le troisième, d'une superficie de 19 hectares 66 ares 10 centiares, allant vers le nord-est, écoule ses eaux directement dans la deuxième branche de la becque de Killem. Les travaux ont coûté les sommes suivantes :

|  |  | Fr. |
|---|---|---|
| 65,000 tuyaux de 0m.03 à 20 fr. le mille........ | | 1,300.00 |
| 1,650    —    de 0m.04 à 26 fr.    —    ........ | | 42.90 |
| 4,500    —    de 0m.06 à 40 fr.    —    ........ | | 180.00 |
| 650    —    de 0m.09 à 60 fr.    —    ........ | | 9.00 |
| 21,600 mètres de tranchées à 0 fr. 11 le mètre... | | 2,376.00 |
| Total.......... | | 3,907.90 |
| Soit par hectare... .... | | 125 fr. 40 |

Le total des dépenses de M. Vandercolme, tant pour le drainage que pour avoir fait venir un fermier écossais, pour avoir exécuté des travaux de labours profonds, amélioré la fosse à fumier, etc., n'ont pas dépassé 7,000 fr. Le bénéfice qu'il en a retiré, outre les services qu'il a rendus au pays, se chiffrent dans l'augmentation du fermage qui de 2,700 fr. est monté à 3,650. Sans doute dans cette augmentation de 950 fr. une part revient à l'élévation générale du prix du loyer des terres. Mais, malgré cela, l'argent ainsi placé en améliorations agricoles ne rapporte certainement pas moins de 6 à 7 pour 100. Quant au fermier, ses bénéfices sont plus grands encore, car le rendement moyen en blé ayant été porté de 17 à 27 hectolitres, cela donne au moins 200 fr. par hectare, et pour 11 hectares en blé par an 2,200 fr., sans compter l'accroissement notable de la production des fourrages et de celle du lin. La ferme de Killem est maintenant une des meilleures de la commune ; elle se louerait facilement aux meilleurs cultivateurs de la contrée au prix de 4,200 fr. C'est ce qui explique comment M. Coullier, fermier de M. Vandercolme, est arrivé à l'heureuse situation que nous avons constatée dans le chapitre précédent.

# CHAPITRE XV



Pour se rendre un compte exact d'une culture, il faut bien connaître le milieu où elle s'opère. On a vu le passé de la ferme que M. Vandercolme possède à Killem ; il a été donné ensuite un aperçu comparatif de l'état actuel amené par le drainage et par diverses autres améliorations importantes. Avant d'entrer dans des détails en quelque sorte monographiques sur ce qu'obtient le fermier, il faut décrire le village sur lequel le domaine est situé.

Killem appartient au canton d'Hondschoote, de l'arrondissement de Dunkerque. Il est à 3 kilomètres d'Hondschoote, à peu près au milieu de la distance qui sépare Rexpoëde de cette dernière ville ; son territoire, contigu aux communes de Rexpoëde, Hondschoote et

Oost-Cappel, s'étend sur une surface de 1,182 hectares
ainsi répartis :

| | | |
|---|---|---|
| Terres en labour................... | 968 | hectares. |
| Prés naturels fauchés.............. | 5 | — |
| Autres prairies ou pâtures.... ..... | 198 | — |
| Jardins......... .. ............. | 11 | — |
| Total ........ | 1,182 | hectares. |

Les fermes sont nombreuses sur la commune, mais de
petite étendue. On y compte, en effet, 39 fermes à deux
chevaux, et 17 fermes à un seul cheval. La ferme de
M. Vandercolme, de plus de 30 hectares, est une grande
ferme. La composition du sol est uniforme : c'est une argile plus ou moins légère, mais sans que les pièces de
terre présentent des différences très-marquées. La partie
nord de la commune est comprise dans la circonscription
de la quatrième section des wateringues qui y entretient
quelques petits courants d'eau ou watergands. Comme
Killem n'a rien à craindre des inondations, il réclame
sa part de chemins empierrés que l'administration des
wateringues accorde aux communes qui ont le moins besoin de travaux hydrauliques ; il a été très-longtemps le
seul village qui n'eût pas de chemins empierrés. On espère
obtenir de l'administration des wateringues la reconstruction d'un chemin qui conduirait directement à Bergues
sans passer par Rexpoëde ; ce chemin est une ancienne
voie romaine. Le cailloutis d'Hondschoote à Killem et Rexpoëde a été commencé en 1856 ; il n'a été achevé qu'en
1863. Avant cette époque, le village était complétement

privé de voies de communication autres que des chemins
en terre. Aussi on n'y trouve aucune industrie ancienne.
Il possède une jolie église qui est située sur la route empierrée ; longtemps elle n'était entourée que de quelques
masures ; depuis la construction de la route, il s'y élève
des maisons d'assez bonne apparence et bien construites ;
il en a été bâti 21 depuis 1860. La population habitant *la
place*, c'est-à-dire l'agglomération entourant l'église, n'é-
tait que de 222 âmes ; elle est maintenant de 282. Les
habitants ont compris l'avantage d'avoir de bonnes routes,
et depuis 1860 ils dépensent tous les ans de 1,000 à
1,200 fr. pour exécuter les embranchements qui permettront à toutes les parties du village de communiquer avec
la route principale. Il y a une école de garçons en état
satisfaisant et une école de filles qui, n'étant pas dans de
bonnes conditions, va être reconstruite moyennant une
dépense de 12,000 fr. que la commune n'a pas hésité à
s'imposer. La population totale s'élève en 1868 à 1,136
habitants, dont 589 du sexe masculin et 547 du sexe féminin. 363 personnes habitent les 56 fermes de la commune.
Les écoles sont fréquentées par 67 garçons et 58 filles. On
ne compte guère que 12 enfants qui n'aillent pas à l'école.
Depuis quinze ans, la moyenne annuelle de la mortalité
est de 36 décès, et on compte en moyenne pendant la même
période 38 naissances par an. Il y a 73 ménages assistés
présentant une population de 250 indigents. Le montant de
toutes les contributions s'élève à 8,782 fr. La population
présente, suivant les âges, la répartition suivante :

|  | Sexe masculin. | Sexe féminin. |
|---|---|---|
| Au-dessous de 5 ans ... | 64 | 66 |
| De 5 ans à 10 ans ... | 50 | 52 |
| — 10 — 15 — ... | 49 | 43 |
| — 15 — 20 — ... | 49 | 45 |
| — 20 — 25 — ... | 45 | 44 |
| — 25 — 30 — ... | 40 | 41 |
| — 30 — 35 — ... | 45 | 29 |
| — 35 — 40 — ... | 29 | 37 |
| — 40 — 45 — ... | 42 | 28 |
| — 45 — 50 — ... | 33 | 29 |
| — 50 — 55 — ... | 39 | 31 |
| — 55 — 60 — ... | 33 | 31 |
| — 60 — 65 — ... | 27 | 22 |
| — 65 — 70 — ... | 26 | 17 |
| — 70 — 75 — ... | 11 | 21 |
| — 75 — 80 — ... | 3 | 7 |
| — 80 — 85 — ... | 3 | 2 |
| — 85 — 90 — ... | 1 | 2 |
| Totaux...... | 589 | 547 |

Le nombre moyen d'habitants est seulement de 96 par
kilomètre carré, le nombre des enfants au-dessous de 15
ans ne s'élève pas au tiers de la population qui, proportionnellement, arrive à un âge bien moins avancé qu'à
Rexpoëde; on ne compte à Killem que 7 vieillards et 11
vieilles femmes au-dessus de 75 ans, en tout 18, tandis
qu'à Rexpoëde, il y a 31 vieillards et 35 femmes, en tout
66 pour une population de 1,850 habitants.

L'enseignement est confié à un instituteur et à une institutrice laïques; l'instituteur est en même temps le sacris-
tain du village. Il y a un curé et un vicaire. La prédication
à l'église se fait en flamand. Beaucoup de fermiers ne
parlent pas le français, mais cela finira par disparaître,

puisque le plus grand nombre des enfants fréquentent les écoles. On compte dans le village 15 cabarets, la plupart situés le long de la route empierrée, 2 brasseries, 5 moulins à vent, 13 petits épiciers, 1 boulangerie, 2 petites boucheries, 3 forgerons. On fait généralement le pain dans les fermes. On consomme surtout de la viande de porc. Les deux bouchers ne tuent eux-mêmes des vaches que lors des grandes fêtes, ce qui peut s'élever en tout à 5 vaches du poids de 500 kilog. brut chacune ou 250 kilog. net. Dans le courant de l'année, ils s'entendent avec des bouchers de Rexpoëde, de Hondschoote et de Varhem pour livrer les petites quantités de viande de vache que demande la population, et qui s'élèvent de 75 à 80 kilog. par semaine en dehors des fêtes. Les bouchers de Killem tuent en outre de 15 à 20 moutons, et depuis Pâques jusqu'à septembre 2 veaux par semaine, soit en tout 30 veaux ; enfin ils tuent aussi de 50 à 60 porcs de 75 kilog. chaque. La consommation de la viande est donc de 11,000 kilog. environ, sans compter les porcs tués dans les fermes ; c'est 10 kilog. par tête de population. En ajoutant 170 porcs pour les 56 fermes, on arriverait à doubler à peu près cette consommation.

Le bétail est très-nombreux à Killem, car on compte 108 chevaux, 27 ânes et mulets, 641 bêtes à cornes, 6 moutons et 230 porcs, soit en tout l'équivalent de 782 têtes de gros bétail pour 1,182 hectares, soit deux tiers de tête par hectare; c'est la même proportion qu'à Rexpoëde. L'élevage porte surtout sur l'espèce bovine ; la race flamande domine, mais les croisements avec la race durham prennent faveur. Anciennement tous les veaux mâles étaient destinés à la boucherie ; maintenant qu'on peut élever avec profit des bœufs croisés , on joint, dans une certaine mesure, l'engraissement à la production laitière, et le nombre des bestiaux entretenus dans les fermes tend à s'accroître tous les ans.

Depuis de longues années, le canton d'Hondschoote était dans l'arrondissement de Dunkerque celui où l'agriculture était la plus avancée. L'antique valeur des terres en donne la preuve. En remontant aux actes de vente de 1802 , on trouve dans la partie sud de Killem des terres vendues 1,100 fr. la mesure de 44 ares, tandis qu'à la même époque, dans une autre partie de l'arrondissement de Dunkerque, à Leffrinckhoucke par exemple, des achats étaient faits à 400 fr. la mesure; depuis lors les prix se sont nivelés. Killem , comme Rexpoëde , appartient à ce qu'on appelle le Pays-au-Bois, et il formait une des parties de l'arrondissement de Dunkerque des plus boisées ; en 1825 , c'était une véritable forêt. Toutes les pièces de terre sont généralement de la contenance d'un hectare ; elles étaient jadis entourées d'un fossé de chaque côté duquel il y avait des arbres montants appartenant en général aux essences du chêne ou l'orme , plus une haie ou taillis d'aunels qu'on ne coupait que tous les sept ou huit ans. On ne trouve presque plus de traces de ces haies. En outre, on abat de plus en plus les arbres montants et on ne les remplace pas. Les propriétaires veulent augmenter leurs revenus en louant leurs terres le plus cher possible, et le prix de location des fermes varie maintenant à Killem

de 100 à 120 fr. l'hectare. Or, on calcule que sur les
terres à labour un orme à grandes feuilles que l'on vend
100 fr. a coûté 300 fr. au fermier ; il est vrai que les
ormes qui atteignent un diamètre de 3<sup>m</sup>.30 à 3<sup>m</sup>.60 se
vendent de 300 à 400 fr.; mais les arbres de cette dimension sont très-rares. Le village de Killem, contigu à celui
de Rexpoëde, n'a pas tardé à imiter celui-ci en remplaçant les fossés par des drains couverts. Il a gagné à cette
opération une étendue de terres cultivées d'environ 40
hectares. La dépense du comblement des fossés et de la
pose des drains a été supportée par le fermier ; mais dès la
seconde récolte celui-ci a été remboursé de ses frais.

Les cultivateurs font, pour la vente, du blé, de l'avoine,
des haricots, des pois et du lin, et, pour la consommation
intérieure ou pour l'entretien du bétail, des fèves, du
trèfle ; quelquefois ils font aussi un peu de colza et d'orge ;
ils commencent à essayer les betteraves. Le tableau suivant,
qui donne l'étendue des hectares semés en blé et les rendements annuels depuis 1850, présente une idée de la fertilité des terres de la commune :

| Années. | Nombre d'hectares semés en blé. | Rendements moyens annuels par hectare. Hectolitres. | Années. | Nombre d'hectares semés en blé. | Rendements moyens annuels par hectare. Hectolitres. |
|---|---|---|---|---|---|
| 1850.... | 440 | 18.00 | 1860.... | 450 | 26.00 |
| 1851.... | 440 | 20.00 | 1861.... | 380 | 18.00 |
| 1852.... | 440 | 16.00 | 1862.... | 455 | 21.00 |
| 1853.... | 440 | 12.00 | 1863.... | 455 | 27.30 |
| 1854.... | 440 | 21.00 | 1864.... | 380 | 19.00 |
| 1855.... | 440 | 18.90 | 1865.... | 455 | 21.00 |
| 1856.... | 440 | 22.00 | 1866.... | 455 | 23.00 |
| 1857.... | 450 | 23.00 | 1867.... | 455 | 18.90 |
| 1858... | 450 | 21.00 | 1868.... | 453 | 29.00 |
| 1859.... | 450 | 21.00 | | | |

Le rendement moyen des dix premières années de cette série est de 19 hectolitres 20, et celui des neuf dernières années est de 22 hectolitres 54 ; le progrès est notable.

Les instruments du pays sont la charrue flamande, le binot, le rouleau, les herses parallélogrammiques. La charrue est à avant-train ; la figure 10 la représente à l'échelle de 51 millimètres pour 1 mètre. Les plus grands modèles coûtent dans le pays 120 fr. ; et les ordinaires de 70 à 80 fr. Ces charrues sont en bois ; on commence à en avoir en fer qu'on construit dans le pays ; elles sont encore peu nombreuses.

Quoique les fermes, à Killem comme dans tout le Pays-au-Bois, soient nombreuses, beaucoup de jeunes gens attendent longtemps avant de trouver une ferme disponible ; ils ne se marient guère qu'au moment où ils peuvent prendre une exploitation à leur compte. Lorsque l'occasion s'en présente, les jeunes gens qui ont de la conduite, mais qui n'ont pas le capital nécessaire pour s'établir, trouvent aisément celui-ci chez leurs parents ou leurs amis, moyennant un intérêt de 4 pour 100. En général les familles des cultivateurs prospèrent.

Fig. 10. — Charrue flamande employée à Killem.

# CHAPITRE XVI



Les baux, à Killem, comme dans le reste du Pays-au-Bois, se font en général pour neuf ans. Le prix de location est de 50 à 60 fr. pour la mesure de 44 ares. Il y a en outre à chaque renouvellement un pot-de-vin qui est de la moitié du prix total du fermage, plus quelques autres menues redevances. Les bons propriétaires ne font pas payer le pot-de-vin d'un seul coup ; ils le répartissent sur une partie de la durée du bail. Pour donner une idée de la forme ordinaire des baux, nous croyons que le mieux est de transcrire ici le texte même du bail conclu par M. Vandercolme avec le fermier Coullier, dont la culture sera exposée avec tous ses détails et par doit et avoir dans le chapitre suivant. Il est nécessaire de dire, avant de reproduire le texte de ce bail, que beaucoup de clauses dans les baux sont *lettre morte ;* on

copie tout nouveau bail sur l'ancien depuis le commencement du siècle, et l'on ne songe pas à y changer des
clauses qui sont admises de part et d'autre sans y attacher
d'importance. Ce point convenu, voici le bail de la ferme
de Killem :

NAPOLÉON, par la grâce de Dieu et la volonté nationale, Empereur
des Français, à tous présents et à venir, salut.

Par-devant M⁰ Charles-Auguste Deprez, notaire à la résidence de Rexpoëde,
en présence du sieur André Desquand, garde champêtre, et du sieur Henri
Noorenberge, maréchal-ferrant, demeurant tous deux audit Rexpoëde,
témoins à ce requis et soussignés.

        A comparu :

M. Alexandre Vandercolme, homme marié, propriétaire, chevalier de
l'ordre impérial de la Légion d'honneur, demeurant à la ville de Dunkerque,
actuellement à sa campagne, à Rexpoëde ;

Lequel déclare, par ces présentes, avoir donné à titre de bail à ferme et
à prix d'argent :

A et au profit du sieur Pierre-François Coullier, cultivateur, demeurant
à Killem, à ce présent et ce acceptant pour lui et la dame Marie-Louise-
Mélanie Ingelaere, son épouse, et au survivant d'eux, à l'exclusion de tous
autres, même leurs héritiers,

Pour neuf années consécutives qui commenceront à la Saint Martin, 11
novembre 1859, avec l'option laissée aux preneurs seuls ci-dessus nommés
de résilier ce bail à l'expiration des trois ou six premières années, en préve-
nant le bailleur par écrit une année d'avance, sous peine de continuation,

Toute une ferme sise en la commune de Killem, consistant en un corps
de bâtiments servant de logement au fermier, avec greniers, caves, écuries,
étables, granges, hangars et autres bâtiments ; plus 30 hectares 96 ares
67 centiares ou environ de terres à labour, pâture et prairie, situées en
ladite commune de Killem, occupées présentement par les preneurs ; ainsi
que le tout se poursuit et se comporte, sans en rien excepter ni réserver,
mais sans aucune garantie de mesure.

Ledit sieur Coullier, ici présent, déclare connaître parfaitement lesdits biens
et en être content et n'en pas demander une plus ample désignation.

Ce bail est fait aux charges, clauses et conditions suivantes, que ledit
sieur Coullier s'oblige d'exécuter et d'accomplir en tout leur contenu, sans
pouvoir prétendre pour ce aucune rétribution, paiement, récompense,

indemnité ni diminution du prix de fermage ci-après fixé, et à peine de toutes pertes, dépens, dommages et intérêts, savoir :

1° De garnir la ferme et de la tenir garnie pendant la durée du bail, de meubles, ustensiles, bestiaux et grains suffisants pour la garantie des fermages, et, en outre, de tous ceux nécessaires à la bonne exploitation de la ferme et des terres ;

2° De l'entretenir pendant le bail et de la rendre, lorsqu'il sera expiré, en bon état de réparations locatives, notamment en ce qui regarde les bâtiments, au nombre desquelles réparations sont les carreaux de vitre et de faïence, carreau de terre cuite, les trottoirs, les dégradations des râteliers et mangeoires, celles des murs et cloisons à la hauteur des chevaux dans les écuries, et les débris et dégâts qui pourraient arriver par la faute des preneurs, ou par celle de leurs domestiques, aux portes, croisées, loquets, verroux, clefs, serrures, crochets et autres choses de pareille nature étant aux bâtiments ;

3° De faire avec chevaux et chariots tous les charrois nécessaires pour les grosses réparations de tous les bâtiments de la ferme et de leurs dépendances, même pour leur reconstruction totale ; d'entretenir en bon état tous les toits des bâtiments de la ferme ; de livrer gratuitement les gluis, lattes, verges et autres accessoires à ce nécessaires, de payer les journées des ouvriers à ce employés et de leur donner la nourriture, le tout sans indemnité et à leurs dépens ;

4° De faire avec ses chevaux et ses harnais, pendant la durée du présent bail, tous les charrois nécessaires à l'effet de transporter au domicile du bailleur, ou à tel autre endroit qu'il indiquera dans l'arrondissement de Dunkerque, le bois qu'il fera abattre sur les terres de ladite ferme, sans indemnité ;

5° De labourer, fumer et ensemencer lesdites terres par voies directes et saisons convenables, sans rien changer à la nature de leur culture, et sans pouvoir semer la dernière année de sa jouissance au delà d'un hectare 76 ares 16 centiares en avoine, orge ou colza d'été, à peine de tous dépens, dommages et intérêts, et le double rendage de l'excédant ;

6° De convertir toutes les pailles en fumier pour l'engrais desdites terres, d'éparpiller et d'étendre ledit engrais sur les terres ci-dessus louées sans pouvoir le vendre et le mettre sur d'autres terres qu'il joindrait à son exploitation ; de ne pouvoir vendre ni distraire aucune partie dudit fumier, et de laisser à la fin de son bail, au fermier entrant, toutes les pailles qui s'y trouveront ainsi que le fumier pour être repris par estimation à dire d'experts ;

7° De nettoyer les pâtures, d'entretenir leur clôture, de faire fossoyer et tenir à vive crête en temps utile les fossés de la ferme quand ils en auront besoin ;

8° De veiller à ce qu'il ne soit fait aucune usurpation ou empiétement sur aucuns des biens présentement loués ; d'avertir sur-le-champ le bailleur de tous ceux qui y pourraient être commis, à peine d'en être responsable en son propre et privé nom ;

9° De fournir et mettre à la disposition du bailleur, quatre fois par an, durant le présent bail, un conducteur et un chariot couvert, attelé de deux chevaux, pour conduire le propriétaire, sa famille et ses amis à la ferme ci-dessus louée, et le ramener à son domicile ou en tel lieu qu'il lui plaira d'indiquer ;

10° De souffrir les plantations que le bailleur fera faire pendant la durée du bail sur les terres de ladite ferme ; de nourrir et héberger les ouvriers qu'il emploiera auxdites plantations : de les armer d'épines afin de les préserver de l'atteinte des bestiaux, ainsi que les jeunes arbres actuellement existants ; d'aller prendre, et conduire avec ses chariots et chevaux, sur les terres de ladite ferme, les arbres de telle espèce ou en tel nombre qu'il plaira au propriétaire de faire planter, comme aussi de fumer une fois durant ce bail avec du bon engrais, à la réquisition du propriétaire, les jeunes arbres qu'il fera planter dans les vergers et pâtures de cette ferme ;

11° De ne pouvoir demander ni prétendre aucune diminution du prix et des charges du présent bail pour cause de grêle, gelée, famine, tempête, feu du ciel et autres événements prévus et imprévus qui pourraient arriver pendant la durée du présent bail ;

12° De ne pouvoir céder ni sous-louer à qui que ce soit son droit au présent bail, soit en totalité soit en quelque partie que ce puisse être, sans le consentement exprès et par écrit du bailleur ;

13° De nourrir et loger gratuitement tous les ouvriers, sans exception, qui travailleront à ladite ferme et terres pour le propriétaire ;

14° De payer et acquitter chaque année du présent bail, et sans diminution du prix ci-après fixé, les contributions foncières, mobilières, portes et fenêtres, wateringues ordinaires et extraordinaires, frais d'administration, du culte, centimes additionnels, frais communaux, charges locales, entretien des routes et barrières, ponts, becques, canaux, taxes de guerre et généralement toutes charges et impositions établies et à établir, sous quelque prétexte et dénomination que ce puisse être, quand bien même elles seraient décrétées ou mises, par une loi, à la charge du propriétaire, comme aussi d'acquitter toutes les rentes foncières et autres, anciennes redevances, dont la ferme pourrait encore être chargée, même d'en payer ou faire payer le montant au propriétaire au cas de remboursement ou de suppression, d'en rapporter du tout annuellement quittance bonne et valable, et de faire en sorte que le propriétaire ne soit nullement inquiété, poursuivi ni recherché à ce sujet, à peine de tous dépens, dommages et intérêts :

15° D'acquitter chaque année la prime d'assurance contre l'incendie, dans le cas où le propriétaire ferait assurer les bâtiments de la ferme ci-dessus louée et où elle serait justifiée ;

16° D'abattre ou faire abattre à ses dépens, pour la provision de bois à brûler du bailleur, les arbres qui seront désignés par ce dernier, ou par un délégué, les scier et fendre en bûches ; de conduire ce même bois, soit à Rexpoëde à la campagne, soit à Dunkerque, au choix du bailleur, le tout sans indemnité ;

17° De laisser la dernière année de sa jouissance la faculté, au fermier qui lui succédera, de labourer les terres labourables aussitôt que les grains et avélies seront coupés et ramassés ; de le laisser sursemer de la graine de trèfle en temps et saison convenables et dans telles pièces de terre qu'il jugera à propos, de lui fournir place dans la maison, écurie et autres bâtiments nécessaires pour le logement de ses domestiques, chevaux et outils aratoires, le tout sans indemnité ;

18° D'occuper lesdites ferme et terres comme le ferait un bon père de famille et à l'instar des meilleurs cultivateurs voisins, et pour ce qui n'est pas prévu ni conditionné aux présentes, les parties déclarant se référer aux dispositions du Code Napoléon, titre du contrat de louage, et à la coutume du pays ;

19° De payer les droits et frais auxquels le présent bail pourra donner lieu, et de fournir une grosse au bailleur ;

20° De fournir annuellement au domicile du propriétaire, à Dunkerque, ou à sa campagne, à Rexpoëde : 1° neuf hectolitres d'avoine de première qualité ; 2° trente-cinq kilogrammes de beurre de première qualité, et 3° trois hectolitres de pommes, le tout sans indemnité et livrables à des époques à indiquer par le propriétaire.

21° M. Vandercolme, de son côté, s'oblige de drainer, à ses frais, toutes les terres de la ferme sus-louée, sans indemnité.

Et par-dessus les charges, clauses et conditions ci-dessus exprimées, le présent bail est fait moyennant la somme de 3,500 francs de fermage que le sieur Coullier, locataire, promet et s'oblige de payer annuellement à la Saint-Martin, 11 novembre fixé, à M. Vandercolme, bailleur, en sa demeure, ou pour lui au porteur de la grosse des présentes et de ses pouvoirs ; le premier desquels échoira le onze novembre mil huit cent soixante, et il sera ainsi continué d'année en année jusqu'à la fin du bail.

Ces payements ne pourront être faits qu'en espèces métalliques d'or ou d'argent ayant cours de monnaie en France, aux titres, poids et valeur actuels et non en aucuns papiers, billets en vertu de quelques lois qu'ils aient été mis ou pourraient l'être, le sieur Coullier y dérogeant et renonçant expressément. Cette convention est de rigueur et ne pourra être réputée comminatoire, et, en cas de contravention, le bail sera résilié de plein droit par le seul fait d'un payement effectué ou d'offres faites autrement qu'en espèces métalliques, attendu que ce bail n'a été fait que dans l'assurance de l'exécution de la présente convention.

Afin de faciliter la perception des droits d'enregistrement, les parties ont évalué les charges onéreuses au preneur du présent bail, autres que les contributions, avoines et beurre, à la somme de quarante-cinq francs par an.

Pour l'exécution des présentes, les parties élisent domicile en leurs demeures respectives ci-dessus désignées.

Ainsi fait et passé à Rexpoëde, en la maison de campagne de M. Vandercolme, l'an 1857, le 24 août après-midi.

Lecture faite et explication donnée en flamand, les comparants et les témoins ont signé avec le notaire :

A. Vandercolme, — F. Coullier, — J. A. Desquand, —<br>
H. Noorenberge, — Deprez.

Enregistré à Hondschoote ce 28 août 1857, f° 112, v° c° 1 ; reçu 83 francs 32 centimes, décimes 16 francs 66 centimes.          J. Favié.

Mandons et ordonnons à tous huissiers sur ce requis de mettre ces présentes à exécution ; à nos procureurs généraux, à nos procureurs près les tribunaux de première instance d'y tenir la main ; à tous commandants et officiers de la force publique de prêter main-forte lorsqu'ils en seront légalement requis.

En foi de quoi ces présentes ont été signées et scellées par Me Deprez, notaire dépositaire de la minute, et ont été délivrées en forme de première grosse à M. Vandercolme.


Plusieurs dispositions de ce bail, comme celle de payer en espèces sonnantes, et celle encore de ne semer que très-peu d'avoine, orge ou colza, comme aussi d'aller chercher le propriétaire et ses amis dans une voiture, sont coutumières, mais elles ne sont pas exécutées. C'est après le désastre des assignats qu'on a introduit la convention

de payer en espèces sonnantes. Anciennement on n'avait
aucun moyen de locomotion autre que les chariots donnés
par le fermier lui-même pour aller visiter les fermes;
aujourd'hui les choses sont généralement bien changées.
M. Vandercolme fera disparaître des nouveaux baux toutes
les clauses qu'on n'exécute jamais. Il est presque inutile
de dire que l'opération complète du drainage prévue dans
le bail a été achevée dès l'année 1858. Il laisse faire toutes
les semailles à volonté, notamment celles de l'orge, de
l'avoine, du colza; du reste, sur le territoire de Killem on
ne sème pas d'orge. Pour les impositions extraordinaires,
tout ne tombe pas à la charge du fermier; ainsi, en 1848,
les fameux 45 centimes sur les contributions directes ont
été payés moitié par le fermier, moitié par le propriétaire.
Si les fermiers doivent abattre à leurs frais les arbres
nécessaires pour la provision du propriétaire, ils conservent pour eux la souche et la couronne. Une autre
charge qui diminue aussi chaque année est l'entretien des
toits de chaume. M. Vandercolme remplace les chaumes
par des tuiles creuses; celles-ci sont posées sur un plafond
formé de lattes qu'on recouvre d'un enduit d'argile mêlée
de foin haché. Cette couverture a tous les avantages du
chaume pour la conservation des grains, les souris ne
peuvent y trouver un refuge, et, en outre, elle permet
d'obtenir une grande diminution dans le taux de la prime
d'assurance. En 1869, tous les greniers, écuries et étables
de Killem seront couverts en tuiles creuses plafonnées, le
fermier préférant beaucoup ce mode de couverture au
chaume.

# CHAPITRE XVII



Pour se rendre à la ferme de Killem, on est obligé, en quittant la route empierrée qui conduit de Rexpoëde à Hondschoote, de prendre un chemin de terre et de traverser une première ferme avant d'arriver à la barrière qui donne accès sur la pâture entourant les bâtiments d'exploitation. Le chemin est planté d'arbres et forme une avenue ou une *drève* charmante par le beau temps ; en hiver et par la pluie il est impraticable. C'est une longueur de 700 à 800 mètres qu'il faudrait empierrer. Il est inutile de dire que M. Vandercolme comprend l'importance de cette amélioration, mais pour l'exécution il faut s'entendre avec le propriétaire des terres traversées par l'avenue, et celui-ci n'a encore voulu consentir à aucun arrangement, quoique M. Vandercolme ait offert de prendre les deux tiers de la route à sa charge. D'après ses conventions avec son fermier, il donnerait les cailloux, et celui-ci devrait faire le transport ; la distance du rivage pour aller chercher les cailloux est de 3 kilomètres. C'est une amélioration urgente à faire, car la ferme manque de bons chemins soit pour aller à Bergues, soit pour se rendre à Hondschoote. M. Vandercolme désire d'autant plus avoir un chemin empierré qu'il veut encore employer, afin de propager les pâtures artificielles, le système qui lui a si bien réussi pour faire accepter tant d'autres améliorations en peu d'années ; il veut que la ferme de Killem fasse voir l'avantage des pâturages artificiels, comme jadis elle a fait comprendre ceux du drainage. Il sait par expérience que les cultivateurs croiront plus vite quand ils auront vu à l'œuvre un des leurs, ce qu'ils appellent un véritable fermier. Avec les pâtures artificielles on augmente le nombre des bestiaux et la culture des betteraves peut prendre de l'extension ; mais pour conduire les betteraves en certaine quantité à la distillerie, il faut de toute nécessité un chemin praticable à l'arrière-saison. Sans doute M. Vandercolme possède plusieurs fermes le long des chemins empierrés, mais il ne rencontre pas partout un fermier comme celui de Killem, disposé à donner avec conscience et activité tous ses soins à un nouveau système de culture. Plein de conviction dans les avantages des pâtures artificielles, M. Vandercolme a d'ailleurs pris des mesures pour qu'en cas de mort le système fut continué après lui. C'est un homme qui, lorsqu'il croit une idée juste, ne néglige aucun moyen pour la faire accepter. Aussi, grâce à l'intérêt de la conversation par laquelle il a su captiver l'attention

de son compagnon, la route de terre, malgré sa longueur,
a été bien vite franchie. Entrons dans la ferme de Killem.

L'aspect de la cour plantée de pommiers et revêtue d'un
vert gazon réjouit l'œil, de même que la réception du fermier Coullier est engageante. C'est un homme grand et
vigoureux, à la figure énergique et bienveillante. Sa femme
est une ménagère dont la tenue de travail indique la plus
grande propreté, et elle fait simplement les honneurs de
son habitation tenue avec grand soin à la manière flamande. Elle est fille de l'ancien fermier qui a cultivé
naguère la ferme concurremment avec le cultivateur que
M. Vandercolme avait fait venir d'Ecosse pour montrer
l'avantage du drainage et des labours profonds. Son mari
a succédé à son père après la mort de ce dernier. L'homme
et la femme parlent tous deux très-bien le français. Ils ont
une certaine instruction ; M. Coullier reçoit et lit le *Journal de l'Agriculture* depuis bien des années. Le système
importé par le cultivateur écossais continue à être appliqué ; néanmoins on ne laboure qu'à 18 ou 20 centimètres,
mais on profite maintenant de l'ameublissement produit
par le drainage et par les défoncements primitifs. L'arran·
gement de la ferme, pour tout livrer au jeune ménage en
bon état, a coûté environ 6,000 francs à M. Vandercolme,
qui est heureux de voir la prospérité de son fermier. Cinq
enfants, nés dans l'espace de onze ans, jettent de la gaieté
dans la maison ; les aînés vont déjà à l'école, et la mère
se plaint seulement que celle-ci soit trop loin en raison du
mauvais état des chemins pendant une grande partie de
l'année.

Pour aider le fermier et la fermière dans les travaux de la culture et les soins à donner au bétail, il y a cinq hommes et deux femmes pendant toute la saison des grandes occupations. Un des hommes et une des femmes sont renvoyés pendant l'hiver : tous ils sont nourris à la ferme. On prend quelquefois des ouvriers supplémentaires qui se nourrissent eux-mêmes. Le charretier reçoit 1 fr. par jour ; les autres domestiques mâles qui, comme lui, sont nourris à la ferme sont payés 90 centimes. Pendant les deux mois les plus occupés, c'est-à-dire ceux des moissons, les salaires mensuels des domestiques mâles s'élèvent à 35 fr. La servante qui reste toute l'année a pour gages 13 fr. par mois ; l'ouvrière qui ne reste pas l'hiver reçoit 70 centimes par jour ; son salaire quotidien est porté à 1 fr. 25 pendant les quinze jours de moisson. Les salaires des ouvriers mâles auxiliaires qui ne sont pas nourris à la ferme sont de 2 fr. 25 par jour, ceux des femmes sont de 1 fr. 25. Pour battre le blé au fléau on paye 80 centimes par hectolitre, la machine à battre par entreprise, n'est pas encore en usage en raison de l'absence d'un chemin empierré. Les frais de sarclage s'élèvent à environ 400 fr. par an. Pour l'entretien du matériel et le ferrage des chevaux, le maréchal reçoit 100 fr.

Nous relevons tous les détails que nous donnons ici dans nos conversations pendant que nous visitons bâtiments, pâtures et champs, ou bien ils nous sont fournis par M. Vandercolme. Ni le fermier ni la fermière ne tiennent aucune comptabilité ; ils jugent les avantages ou les inconvénients de leurs opérations d'après leurs seules observations, et ils apprécient leurs bénéfices d'après l'excédant de leur encaisse à la fin de l'année. C'est ainsi que font malheureusement les cultivateurs du pays. Aussi les moins intelligents ne savent jamais guère où ils en sont.

Pour la nourriture de la famille et des ouvriers, il est consommé par an 52 hectolitres de blé ; on tue 5 porcs ; chaque dimanche on consomme en outre 2 kilogrammes de viande ; chaque vendredi on mange de la morue et des œufs; les légumes consistant en pommes de terre, haricots, pois et choux sont récoltés sur la ferme. Le pain est fait avec de la farine brute sans blutage; le meunier reçoit 108 kilog. de blé et rend 100 kilog. de farine brute; en d'autres termes il prend 8 pour 100 pour la mouture du blé ; sa préhension s'élève à 10 pour 100 pour la mouture de l'orge et du seigle ; pour moudre les fèves, le meunier prend un franc par sac d'un hectolitre et demi.

La boisson ordinaire est ce qu'on appelle du thé ; ce n'est pas autre chose qu'une infusion de cannelle dont la saveur est assez agréable ; pour tout le personnel de la ferme le coût de cette boisson est de 10 centimes de cannelle par semaine. Pendant la moisson on donne trois fois par jour de la bière aux ouvriers.

Le fermier, la fermière et leurs enfants mangent avec les ouvriers. L'ensemble de la nourriture doit être estimé coûter 1,040 fr. pour le blé ; 500 fr. pour les porcs ; 156 fr. pour la viande de boucherie; 104 fr. pour la morue et les œufs; 400 fr. pour les légumes ; 6 fr. pour la cannelle ; 110 fr. pour la bière, plus 25 fr. pour le sel; soit en tout 2,268 fr.; il faut en outre ajouter 200 fr. pour le chauffage et 50 fr. pour l'éclairage. Le mobilier doit être estimé d'après nous 2,000 fr. et représenter, intérêts et réparations compris, une dépense anuelle de 200 fr. Mettons également 300 fr. pour l'habillement et dépenses pour divers petits objets. Nous avons ainsi pour la dépense ménagère totale (nourriture et entretien) une somme de 3,091 fr.

Le matériel d'exploitation se compose de cinq charrues dont une grande et quatre ordinaires, d'un binot, de deux rouleaux, de quinze herses et de deux chariots. La valeur de l'ensemble de ces instruments est de :

| | |
|---|---:|
| La grande charrue . . . . . . . . . . . . . . . . | 120 fr. |
| 4 charrues ordinaires à 75 fr. l'une, soit... | 300 |
| Binot. . . . . . . . . . . . . . . . . . . . . . . . . . . . . | 30 |
| 2 rouleaux à 50 fr. l'un . . . . . . . . . . . . . | 100 |
| 15 herses à 18 fr. en moyenne l'une. . . . . . | 270 |
| 2 chariots à 500 fr. l'un, soit. . . . . . . . . . . | 1,000 |
| Total. . . . . . . . . . . | 1,820 fr. |

A raison de 15 pour 100 par an, le cheptel inerte correspond à une dépense de 273 fr. pour les intérêts et l'entretien.

Le cheptel vivant se composait, au moment de notre visite, de 13 vaches à lait, de 7 jeunes bêtes de l'espèce bovine, de 3 chevaux, d'un âne, de 2 porcs et de 10 jeunes cochons. Cela correspond à 20 têtes de gros bétail en tout ou à deux tiers de tête par hectare. Si l'on faisait sur la ferme trois hectares de pâturages artificiels, selon l'assolement préconisé par M. Vandercolme et qui a été expliqué dans le chapitre XI (p. 92 à 108), deux chevaux suffiraient certainement, les frais de labour étant dans ce

système de beaucoup diminués. La valeur du cheptel
vivant peut s'évaluer ainsi :

| | |
|---|---:|
| 3 chevaux à 600 fr. l'un . . . . . . . . . . . . . . | 1,800 fr. |
| 1 âne . . . . . . . . . . . . . . . . . . . . . . . . . . | 220 |
| 13 vaches à lait à 360 fr. l'une . . . . . . . . . | 4,680 |
| 7 jeunes bêtes à 100 fr. l'une . . . . . . . . . . | 700 |
| Porcs et gorets . . . . . . . . . . . . . . . . . . . . . . | 600 |
| Total . . . . . . . . . . . | 8,000 fr. |

correspondant à un intérêt de 400 fr., à raison de 5
pour 100.

Pour la nourriture, il faut compter 2 fr. par jour pour
les chevaux, et 1 fr. pour l'âne, ce qui fait 2,555 fr.
comme dépense annuelle de l'écurie. En échange, le fermier a le travail et le fumier. Le produit en fumier doit
être estimé à 16 centimes par tête et par jour pour les
chevaux, et à 5 centimes pour l'âne ; l'écurie produit donc
annuellement du fumier pour une valeur de 193 fr. 45.
Le travail des chevaux et de l'âne équivaut, comme on le
verra plus loin, à une dépense de 2,782 fr. La nourriture des bêtes à cornes doit être comptée à 1 fr. 18 par
jour pour toute tête pendant 195 jours de stabulation
hivernale, ce qui donne pour 20 têtes une dépense de
4,602 fr. Pendant l'été, les animaux sont exclusivement
nourris sur les 7 à 8 hectares de pâturages que contient
la ferme ; il ne sera rien porté en recette ni en dépense
pour les pâtures que l'on regarde comme suffisant à la
dépense du bétail pendant ce temps. Le fumier produit
par l'étable doit être compté à raison de 25 centimes par
tête et par jour pendant 195 jours, ce qui donne un total

de 975 fr. Nous ne compterons rien pour la dépense des porcs qui sont nourris avec les débris de la ferme, qu'il est également impossible de compter en recettes ; par contre, nous ne porterons rien aussi pour le produit du fumier de la porcherie. Nous ne compterons rien non plus pour la dépense du poulailler dont les habitants sont nourris avec des menus grains et différents débris qui ne sauraient pas être vendus et qui n'entrent pas dans les recettes.

Chaque année, outre le fumier produit par le bétail, le fermier achète 600 fr. de guano, 400 fr. de fumier et 90 fr. de marne, soit en tout pour 1,090 fr. d'engrais supplémentaires. A cette dépense, il faut ajouter la valeur du fumier produit dans la ferme, soit 1,168 fr. 45, ce qui fait en tout 2,258 fr. 45, pour 23 hectares de terres en labour, soit par hectare 98 fr. d'engrais. Les pâtures ont reçu, dans ces dernières années, une certaine quantité de fumier, ce qui permet de nourrir l'été un plus grand nombre de bêtes et d'augmenter le rendement en beurre. Si l'on répartit la dépense en fumier sur les 31 hectares, on a encore par hectare une somme de 72 fr. 85.

Le capital d'exploitation, en y comprenant le bétail, la valeur des engrais, le matériel et l'ameublement du ménage, mais sans rien compter pour fonds de roulement, s'élève à 14,078 fr. 45 pour 31 hectares environ, soit par hectare 454 fr. 14.

Les impositions totales se montent à 413 fr. 79 ; il y a en outre à payer 98 fr. 34 en moyenne pour la cotisation des wateringues.

En conséquence, les dépenses peuvent se résumer de la
manière suivante :

| | |
|---|---|
| Fermage annuel, y compris le neuvième du pot-de-vin et 45 fr. de redevance au propriétaire, en tout........ | 3,745 fr. |
| Nourriture des ouvriers, chauffage, éclairage et entretien du ménage................................ | 3,091 |
| Intérêt du cheptel mort, entretien et frais du maréchal.. | 373 |
| Intérêt du capital représentant le cheptel vivant....... | 400 |
| Nourriture de l'écurie........................ | 2,555 |
| Nourriture des bêtes à cornes pendant l'hiver........ | 4,602 |
| Engrais achetés au dehors et fumier produit dans la ferme | 2,258 |
| Coût du travail des chevaux et de l'âne............. | 2,782 |
| Gages des domestiques et salaires des ouvriers, frais de sarclage, etc............................ | 2,299 |
| Impôts et cotisation des wateringues............... | 512 |
| Semences dont le détail sera donné plus loin........ | 955 |
| Dépenses totales........ | 23,572 fr. |
| Soit par hectare............. | 760 fr. 40. |

Ces frais donnent 760 fr. 40 par hectare ; en y joignant
les 454 fr. 14 pour le capital représentant le cheptel, on
arrive à un total de 1,214 fr. 54 d'avances par hectare.

Maintenant il faut calculer les recettes, afin d'obtenir le
bénéfice du fermier et de faire la balance des produits de
la ferme. Le tableau suivant représente les recettes ; les
rendements qui s'y trouvent rapportés sont les rendements
moyens depuis dix ans, c'est-à-dire de 1858 à 1867, par
mesure du pays valant 44 ares 4 centiares.

| Mesures. | | Fr. |
|---|---|---|
| 26.0 | Blé, 13 hectol. 25 par mesure, soit en tout 344 hectol. 5, à 20 fr. 50 l'hect.......... | 7,062.25 |
| — | — paille, à 2 300 kilog. par mesure, soit en tout 59,800 kilog., à 36 fr. les 1,000 kilog . . . . | 2,152.80 |
| 26.0 | À reporter...... | 9,215 05 |

| Mesures. | | Fr. |
|---|---|---|
| 26.0 | Report | 9,215.05 |
| 6 0 | Lin vendu sur pied à 160 fr. par mesure | 2,760.00 |
| 5.0 | Fèves : grains, 11 hectol. par mesure, soit 55 hectol , à 20 fr. l'hectol. | 1,100.00 |
| — | — pailles : 1,100 kilog. par mesure, en tout 5,500 kilog., à 36 fr. les 1,000 kilog | 198 00 |
| 5.0 | Trèfle . 1re coupe, 400 bottes de 4 kilog. ; 2e coupe, 250 bottes, soit 2,600 kil. par mesure, en tout 13,000 kilog., à 120 fr. les 1,000 kilog. | 1,560.00 |
| 3.0 | Haricots : grains. 13 hectol. 12 par mesure, soit 39 hectol. 36, à 33 fr. l'hectol. | 1,298.88 |
| — | — paille, 1,150 kilog. par mesure, soit 3,150 kilog , à 36 fr. les 1,000 kilog. | 121.20 |
| 2.5 | Colza : 14 hectol. 5 par mesure, soit en tout 36 hectol. 25, à 28 fr. l'hectol. | 1,015 00 |
| 2.0 | Avoine : grains, 28 hectol. par mesure, soit 56 hect., à 8 fr. 40 l'hectol. | 470.40 |
| — | — paille, 2,500 kilog par mesure, soit 5,000 kilog , à 36 fr. les 1,000 kilog. | 180.00 |
| 1.5 | Betteraves : 19.500 kilog par mesure, soit 29,250 kilog., à 18 fr. les 1,000 kilog. | 526.50 |
| 51.0 | ou 22 hect. 46 ares.     Total pour les terres en labour. | 18,418.03 |
| | Soit par hectare en culture . . . . . 821 fr. 37. | |

Avant 1858, c'est-à-dire avant le drainage et les autres améliorations faites par M. Vandercolme, le rendement n'était que de 10 hectolitres 5 par mesure pour le blé, de 20 hectolitres pour l'avoine, de 8 hectolitres pour les fèves, de 11 hectolitres pour les haricots; on ne faisait ni colza, ni betteraves ; les trèfles ne donnaient à la première coupe que 340 bottes et à la deuxième que 200.

Outre les 51 mesures en labour dont nous venons de détailler le produit brut, il y a en outre 2 mesures en jardins et cour, pour la production des légumes, etc., et 18

mesures en pâtures. Ces terres concourent à la production
de la ferme par l'engraissement du bétail, le beurre, les
œufs, etc. La fermière porte elle-même au marché environ
40 kilog. de beurre par semaine durant l'été et 15 kilog.
pendant l'hiver; le petit-lait est consommé dans la ferme.
Le prix de vente du beurre est en moyenne de 3 fr. le
kilog.; le produit de la vente est de 1,450 fr. l'été, et
460 l'hiver, soit en tout 1,910 fr.

On vend annuellement quelques vaches engraissées ; on
ne fait l'engraissement que lorsque les bêtes cessent d'être
bonnes laitières et bonnes mères ; ainsi, nous avons trouvé
à l'étable une vieille vache de vingt ans qui avait donné 18
veaux et une autre vache de quatorze ans. Ordinairement
on vend chaque année 5 veaux à dix ou quinze jours après
leur naissance, au prix de 25 à 30 fr. chaque ; on engraisse
2 et quelquefois 3 veaux. On vend ceux-ci 100 fr. la pièce.
Jusqu'à présent le fermier de Killem n'engraisse pas de
bœufs. La vente annuelle de l'étable en animaux divers
s'élève à 1,800 fr. On vend 5 jeunes porcs de trois mois à
raison de 40 à 50 fr. pièce, soit pour une somme de
225 fr. La basse-cour compte une centaine de poules et
25 canards ; la fermière porte au marché, en moyenne,
200 œufs par semaine, de mai à décembre; les deux dou-
zaines ou plutôt les 26 sont maintenant vendus 1 fr. 90 ; on
peut estimer à 600 fr. le produit annuel de la basse-cour.
Enfin, il y a une soixantaine de pommiers qui donnent en
moyenne de 600 à 700 pommes chacun, soit en tout 3,000
kilog., se vendant de 10 à 20 fr. les 100 kilog., soit par an
en moyenne 450 fr. Si nous récapitulons, nous trouvons :

| | |
|---|---|
| Vente du beurre. . . . . . . . . . . . . . . | 1,910 fr. |
| — des vaches grasses et des veaux. . . . | 1,800 |
| Vente des porcs . . . . . . . . . . . . . . | 225 |
| Fumier produit par l'écurie et l'étable . . . . | 1,168 |
| Travail des chevaux et de l'âne : 265 jours | |
| chaque cheval, à 3 fr. par jour ; et pour | |
| l'âne 1 fr. 50 . . . . . . . . . . . . | 2,782 |
| Produit de la basse-cour . . . . . . . . . . | 600 |
| Légumes et pommes . . . . . . . . . . . | 850 |
| Total . . . . . . . | 9,335 fr. |

Les recettes totales ou le produit brut cultural s'établissent par conséquent ainsi :

| | |
|---|---|
| Terres en labour.. . . . . . . . . . . . . | 18,448 fr. |
| Étable, écurie, produits animaux, jardin et | |
| verger, etc. . . . . . . . . . . . . . . | 9,335 |
| Total pour 31 hectares . . . . | 27,783 fr. |
| Soit par hectare . . . . . . . . | 755 fr. 90. |

On pourrait objecter que dans nos calculs, il y a des doubles emplois, en ce sens que les pailles et les fourrages comptés dans les produits de la culture servent à fournir une grande partie des produits du bétail, mais comme la nourriture des animaux a été supputée dans les dépenses, cela ne change rien aux bénéfices qui ressortent du rapprochement que nous allons faire. D'ailleurs nous éliminerons toute difficulté dans l'établissement du produit brut social, c'est-à-dire du produit réel qui sort de la ferme.

En comparant maintenant les recettes aux dépenses, on peut calculer les bénéfices du fermier y compris, bien entendu, son propre travail de direction et celui de sa femme. L'un et l'autre sont constamment à l'œuvre, et leur communauté aurait à supporter tous les mécomptes de l'exploitation. On trouve :

Recettes . . . . . . . . . . . . . . . . . .   27,783 fr.
Dépenses . . . . . . . . . . . . . . . . . .   23,572
                                              ——————
Bénéfices du fermier . . . . . . .   4,211 fr.

Pour passer du produit brut cultural au produit brut social, il faut retrancher du premier les valeurs du fumier, du travail des attelages, des pailles et des semences.

Les semences doivent être calculées de la manière suivante :

                                                                  Fr.
Blé, semences, 2 hectolitres par hectare, soit pour 26 mesures.   471.50
Lin, semences, 118 fr. par hectare, soit pour 6 mesures...        313.88
Betteraves, graines, 18 fr. par hectare, soit pour 1 mesure 1/2.   11.98
Fèves, graines .  . . . . . . . . . . . . . . . . . . . . . . .    39.10
Haricots, graines . . . . . . . . . . . . . . . . . . . . . . .    66.00
Trèfle, semences, 17 fr. 90 par hectare, soit pour 5 mesures.      39.38
Avoine, semences, 1 hectol. 35 par hectare, soit pour 2 mesures   10.00
Colza, semences, 3 fr. par hectare, soit pour 2 mesures 1/2.       3.33
                                                                 ——————
Total du prix des semences . . . .   955.17

On a par conséquent, en se reportant pour les pailles au tableau précédemment donné sur l'ensemble des produits des terres en labour ( p. 155 ), et pour les fumiers et le travail aux autres tableaux antérieurs :

Semences . . . . . . . . . . . . . . . . . .   955 fr.
Pailles . . . . .  . . . . . . . . . . . . .   2,655
Fumier et travail . . . . . . . . . . . . .   3,950
                                             ——————
Total . . . . . . . .   7,560 fr.

Si l'on retranche cette somme du produit cultural brut,
on a pour le produit brut social, 20,223 fr., ou par hectare 652 fr. 35, qui se décomposent ainsi :

|  | Totaux Fr. | Par hectare. Fr. |
|---|---|---|
| Produits végétaux . . . . . . . . | 15,688 | 506.06 |
| Produits animaux . . . . . . . . | 4,535 | 146.29 |
| Totaux . . . . . . | 20,223 | 652.35 |

Ces chiffres peuvent encore s'exprimer de la manière
suivante :

|  | Frais totaux. Fr. | Frais par hectare. Fr. |
|---|---|---|
| Rente du sol ou fermage . . . . . . . . . . . . . . . . . . | 3,745 | 121 |
| Intérêts du capital d'exploitation . . . . . . . . . . . . | 773 | 25 |
| Impôts. . . . . . . . . . . . . . . . . . . . . . . . . . . . . . | 512 | 17 |
| Salaires et nourriture des gens de l'exploitation. . | 4,567 | 147 |
| Frais accessoires, labours par les animaux, engrais importés, etc . . . . . . . . . . . . . . . . . . . . . . . . | 6,415 | 207 |
| Bénéfices de l'exploitant y compris son propre travail. . . . . . . . . . . . . . . . . . . . . . . . . . . . . | 4,211 | 136 |
| Totaux. . . . . . . . . . | 20,223 | 653 |

Ces résultats ne sont pas très-éloignés de ceux que nous
avons trouvés pour une ferme moyenne de la commune de
Rexpoëde (chap. IX, p. 66) ; mais ils sont supérieurs en général, et ils se rapprochent davantage de ceux qui résultent
de notre étude sur la ferme de Masny ; pour le produit brut
de cette ferme, on avait trouvé 723 fr. (t. I de l'*Agriculture du Nord*, p. 282) ; une ferme moyenne de la commune
de Rexpoëde avait donné 532 fr. C'est un fait très-remarquable, car on voit ainsi une culture relativement petite

produire presque autant qu'une grande culture. Les bénéfices de l'exploitant sont supérieurs dans le cas de la petite culture, et les frais accessoires sont beaucoup réduits. Il faut noter seulement que, à Killem, nous avons affaire à une ferme tout à fait progressive, où on trouve réunis à la fois le concours d'un fermier intelligent et celui d'un propriétaire que l'on doit regarder comme un des hommes les plus désintéressés et les plus dévoués au progrès de l'agriculture.

On remarquera certainement le chiffre moyen des bénéfices du fermier qui, d'après les calculs précédents, ne s'élève pas annuellement à moins de 4,200 fr. environ. Quelques-uns crieront à l'exagération et ne voudront pas, malgré l'évidence de nos chiffres, admettre un tel résultat. D'autres n'hésiteront pas à dire : Voyez ces cultivateurs qui se plaignent et qui cependant ont des années si fructueuses ! — Nous devons une réponse à chacun. — Et d'abord, si le mode de culture n'avait pas été modifié, grâce à l'intervention de M. Vandercolme, les recettes annuelles du fermier eussent été diminuées des sommes suivantes :

|  | Fr. |
|---|---|
| 2 hectol. 75 de blé en moins par mesure, sur 26 mesures, à 20 fr. 50 l'hect. | 1,465.75 |
| 8 hectol. d'avoine en moins par mesure, sur 2 mesures, à 8 fr. 40 l'hectol. | 134.40 |
| 110 bottes de trèfle de 4 kilog. en moins par mesure, sur 5 mesures, soit 2,200 kilog. à 36 fr. les 1,000 kilog. | 79.20 |
| Colza et betteraves | 1,531.50 |
| Total | 3,210.85 |

Il eût fallu, en outre, compter une forte réduction sur les produits des animaux domestiques : de telle sorte que le cultivateur n'eut joint les deux bouts que dans les bonnes années. Mais, en outre, ne doit-on pas remarquer combien est laborieuse la vie de ces courageux cultivateurs flamands qui, dès l'aube jusqu'au delà du coucher du soleil, durant la belle saison, sont au travail ; qui, durant les frimas, supportent toutes les intempéries, et pendant les veillées d'hiver, ne cessent pas de travailler durement pour préparer le lin ; qui mangent du pain dont le son n'a pas été séparé, ne boivent jamais de vin, et malgré tout sont attachés d'âme et de cœur à leur profession, sont profondément patriotes, et conservent la vigueur du corps en même temps que leur esprit s'éclaire au flambeau d'une instruction chaque jour plus développée. La prospérité constatée à Killem est le juste résultat du travail et de l'intelligence appliqués à la culture du sol, avec le concours du capital judicieusement apporté par le propriétaire directement intéressé au succès.

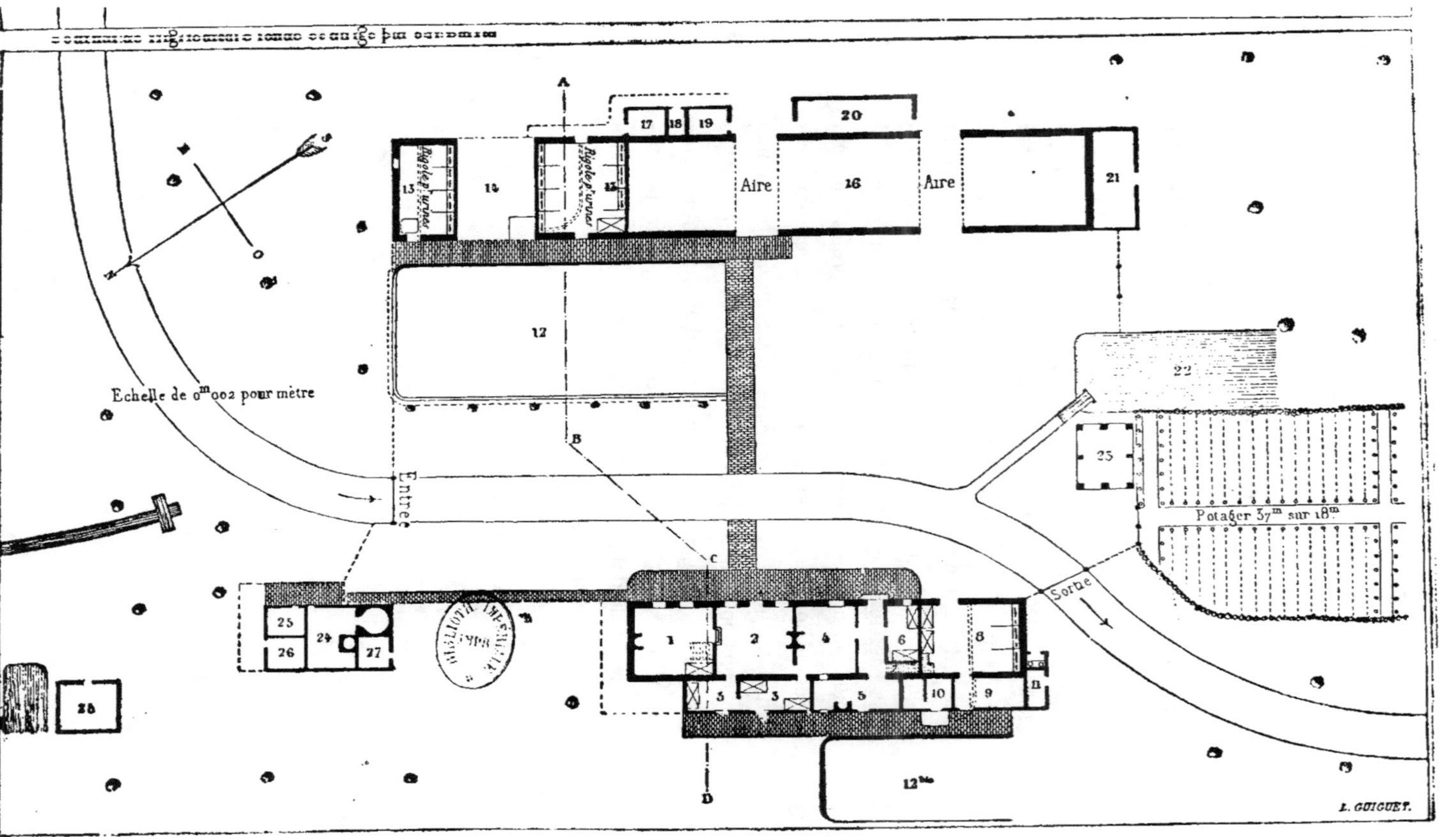

Aire
Aire
Rigole p'urines
Rigole p'urines
13
14
15
16
17 18 19
20
21
12
22
23
25
24
26
27
28
1
2
4
3
3
5
6
10
8
9
11
12bis
A
B
C
D
Entrée
Sortie
Potager 37m sur 18m
Echelle de 0m002 pour mètre
L. GUIGUET.

# CHAPITRE XVIII



Pour achever de bien représenter ce que nous pouvons
appeler la physionomie de la ferme de Killem, nous avons
pensé qu'il était utile de placer sous les yeux du lecteur
le plan exact des bâtiments, de la cour et de toutes les
dépendances de la ferme. On sait que l'habitation et les
étables sont situées au milieu des champs, comme le
montrent les planches 7 et 8 que nous avons données
précédemment (p. 125 et 128). Une pâture-verger et un
potager les entourent ; le tout a une contenance de 2 hectares 98 ares ; dans cette pâture-verger sont plantés des
pommiers dont deux lignes sont au nord-ouest des bâtiments de la ferme, trois lignes au sud-ouest et trois
lignes au sud-est. La pâture est entourée d'ormes. Une avenue plantée d'arbres conduit à la ferme, et là se trouve une
première barrière en fer ; un chemin en terre, comme l'ave-

nue elle-même, traverse la pâture, puis passe devant la ferme ; mais auparavant il rencontre une nouvelle barrière pour sortir du côté du potager où se trouve également une barrière en bois. Tout cela est rustique et très-analogue à ce qu'on rencontre dans les fermes de Normandie, sauf que, ici, il n'y a pas de murs en terre et que les fossés ont disparu sous la propagande de M. Vandercolme. La planche 8 *bis* offre tout l'ensemble des dispositions actuelles des bâtiments et des plantations. Nous cherchons à décrire les choses telles qu'elles sont, et non pas telles

Fig. 11. — Coupe des bâtiments de la ferme de Killem suivant la ligne ABCD du plan.

qu'elles pourraient être. Nous ajoutons que la cour de la ferme est entièrement entourée de gazon. Les barrières, très-rustiques et en bois, éloignent toute idée de luxe ; elles sont simplement destinées à arrêter le bétail librement abandonné sans garde dans les pâtures.

La figure 11 représente une coupe des bâtiments et de la cour faite suivant la ligne ABCD du plan 8 *bis*, de manière à montrer l'étable et les bâtiments d'habitation, ainsi que la principale fosse à fumier.

Voici la légende du plan exécuté, ainsi que la coupe (fig. 11), à l'échelle de 2 millimètres par mètre :

1, Grande salle avec lit d'étranger ; en dessous cave pour lait et fromages ; en dessus grenier à grains ;

2, Grande salle du fermier ;

3, Chambres du fermier et des enfants ;

4, Cuisine d'hiver dans laquelle maîtres et valets prennent leurs repas ;

5, Cuisine d'été, laverie ;

6, Chambre des servantes ;

7, Escalier du grenier à grains :

8, Écurie pour trois chevaux, contenant deux lits de domestiques et l'escalier du grenier à foin ;

9, Boxe pour un poulain ;

10, Étable pour truie et jeune porcs ;

11, Petits instruments aratoires (pelles, pioches, etc.) ;

12, 12 *bis*, Fumiers ;

13, Étable pour huit vaches à l'engrais, avec grenier en dessus ;

14, Hangars pour chariots ;

15, Étable pour quatorze vaches à lait et lit du vacher ;

16, Grange avec deux passages servant d'aire :

17, Étable du taureau :

18, 19, Petites resserres ;

20, Étable d'hiver pour douze veaux ;

21, Hangar pour charrues, etc. (les herses, etc., sont pendues sous le toit, contre les murs de la grange) ;

22, Abreuvoir ;

23, Hangar pour racines, pommes de terre, betteraves, etc. ;

24, Four, buanderie et cuisson des racines pour les bestiaux ;

25, Charbon, tourbe ;

26, Porcs à l'engrais ;

27, Poulailler ;

28, Teillage du lin.

Les bâtiments, dont la valeur peut être estimée de 10,000 à 12,000 fr., sont couverts en pannes. Au-dessus des habitations règnent des greniers auxquels conduit un escalier ; ces greniers servent soit pour les grains, soit pour les fourrages. Trois citernes reçoivent les purins de l'étable

des vaches à l'engrais (nº 13 du plan), de l'étable des
vaches laitières (nº 15 du plan), et enfin de la porcherie
(nº 10 du plan). Ces citernes ont une capacité de 130 à 150
hectolitres. Les matières des fosses d'aisance (en avant du
nº 11) sont également recueillies avec soin pour être épan-
dues sur les terres comme les engrais liquides. La ferme
est trop éloignée de tout grand centre de population, et
on ne peut y arriver que par de trop mauvais chemins
pour qu'on ait pu établir de grandes citernes dans les
champs, suivant ce qu'on appelle la méthode flamande ;
nous reviendrons sur ce genre de citernes à propos de la
ferme d'Armbouts-Cappel. Nous nous étendrons aussi, en
parlant de cette dernière ferme, sur l'aménagement des
fumiers. Pour le moment, il doit nous suffire de dire que,
avec le concours de M. Vandercolme et sur ses indications,
les deux fosses à fumier (nºˢ 12 et 12 *bis* du plan) ont
été aménagées de manière à ce que les eaux pluviales des
clôtures et de la cour ne puissent pas y affluer, pour ensuite s'écouler au dehors en entraînant les parties les
plus utiles de l'engrais, ainsi que cela arrive dans l'immense majorité des fermes du pays. Pour cela, un petit
mur en briques du côté des bâtiments de la grande fosse
à fumier (nº 12) et un petit parapet en terre sur les deux
autres côtés de cette même fosse ont suffi ; les eaux pluviales sont obligées de s'écouler par les ruisseaux ainsi
formés en dehors de la fosse sans s'y répandre. La construction du petit mur et des parapets n'a pas coûté plus
de 50 fr., et elle a suffi certainement pour augmenter d'un
tiers la valeur du fumier. Pour la petite fosse à fumier

(nº 12 *bis*), on a dû faire un mur en briques sur deux
des côtés, comme le montre le dessin. Ajoutons encore que,
pour pouvoir circuler facilement pendant les mauvais
temps à travers la cour et aller aux différents bâtiments,
de petits pavés en briques régnent tout le long des habitations et devant toutes les étables. Les deux séries de
bâtiments qui se font face sont en outre rejointes par un
petit pavé également en briques. Tout cela est très-rus-
tique, mais suffit parfaitement pour répondre à tous les
besoins des services de l'exploitation. Il faut bien noter
que, pendant une partie de l'année, la vie de la famille
rurale est tout entière concentrée dans cet étroit espace,
où néanmoins règne une aisance relative qu'augmente
chaque jour l'intelligence de plus en plus développée des
cultivateurs.

M. Vandercolme a fait entourer le fumier d'une palis-
sade dont les montants sont en fer, de telle sorte que
l'hiver, pour aller à l'abreuvoir les bestiaux ne peuvent
plus s'éloigner du fumier.

# CHAPITRE XIX



Nous allons maintenant nous transporter dans un pays d'aspect tout différent, dans le Nordland. Les plantations arbustives deviennent rares, le sol presque plat est coupé par les canaux des wateringues ; il est en outre sillonné par de bonnes routes, mais l'œil ne peut se reposer à de grandes distances que sur les quelques fermes situées au milieu des terres. C'est là que se trouvent les vergers plantés sur les pâtures où le bétail est abandonné à lui-même. Les champs sont encore découpés par de nombreux fossés d'assainissement ; mais sous l'impulsion de M. Vandercolme, ces fossés disparaissent peu à peu pour se transformer en drains couverts. Ainsi se forment de grandes pièces de terre qui sont d'une culture beaucoup plus facile. La planche 9 donne le plan d'une partie de la commune d'Armbouts-Cappel ; on y voit facilement que les terres et les pâtures qui appartiennent à la ferme que nous allons étudier en détail offrent des étendues sans division beaucoup plus considérables que les champs voisins. C'est là un des principaux progrès déjà effectués, mais sur lequel il nous est possible de glisser rapidement, après ce que nous avons dit à propos de Rexpoëde.

Ici, la ferme étant placée aux abords d'une bonne route en cailloutis, n'étant distante du chef-lieu du canton, Bergues, que de 7 kilomètres, et du chef-lieu d'arrondissement, Dunkerque, que de 8 kilomètres, il est facile d'exporter toutes les denrées produites sur le domaine et d'importer des engrais venant de ces villes et même de beaucoup plus loin, grâce aux canaux nombreux et tout voisins de la ferme qui sillonnent le territoire. La soumission à la loi de la restitution au sol des principes enlevés par les récoltes est extrêmement facile.

Nous aurons particulièrement à signaler l'emploi des boues de ville et des engrais liquides si connus dans le monde entier sous le nom d'engrais flamands. L'usage des engrais du dehors n'ôte d'ailleurs rien à l'intérêt que présente le bon aménagement des fumiers de ferme, et nous aurons spécialement à insister sur les résultats que fournit une fosse à fumier bien disposée par rapport aux effets si faibles que l'on retire d'un fumier amassé dans une mauvaise fosse. Ajoutons encore que, grâce aux voies de communication si bien entretenues par l'association des wateringues, les industries agricoles ont pris dans la contrée un important développement; c'est donc sous un aspect nouveau que va se présenter pour les lecteurs cette étude sur la troisième ferme dunkerquoise dont nous nous sommes proposé de faire la monographie. Mais avant de pénétrer dans cette ferme, nous devons, d'après la méthode que nous nous sommes imposée, étudier la commune rurale elle-même où habitent les fermiers intelligents dont nous établirons le bilan et dont nous montrerons la vie laborieuse, mais pleine de prospérité.

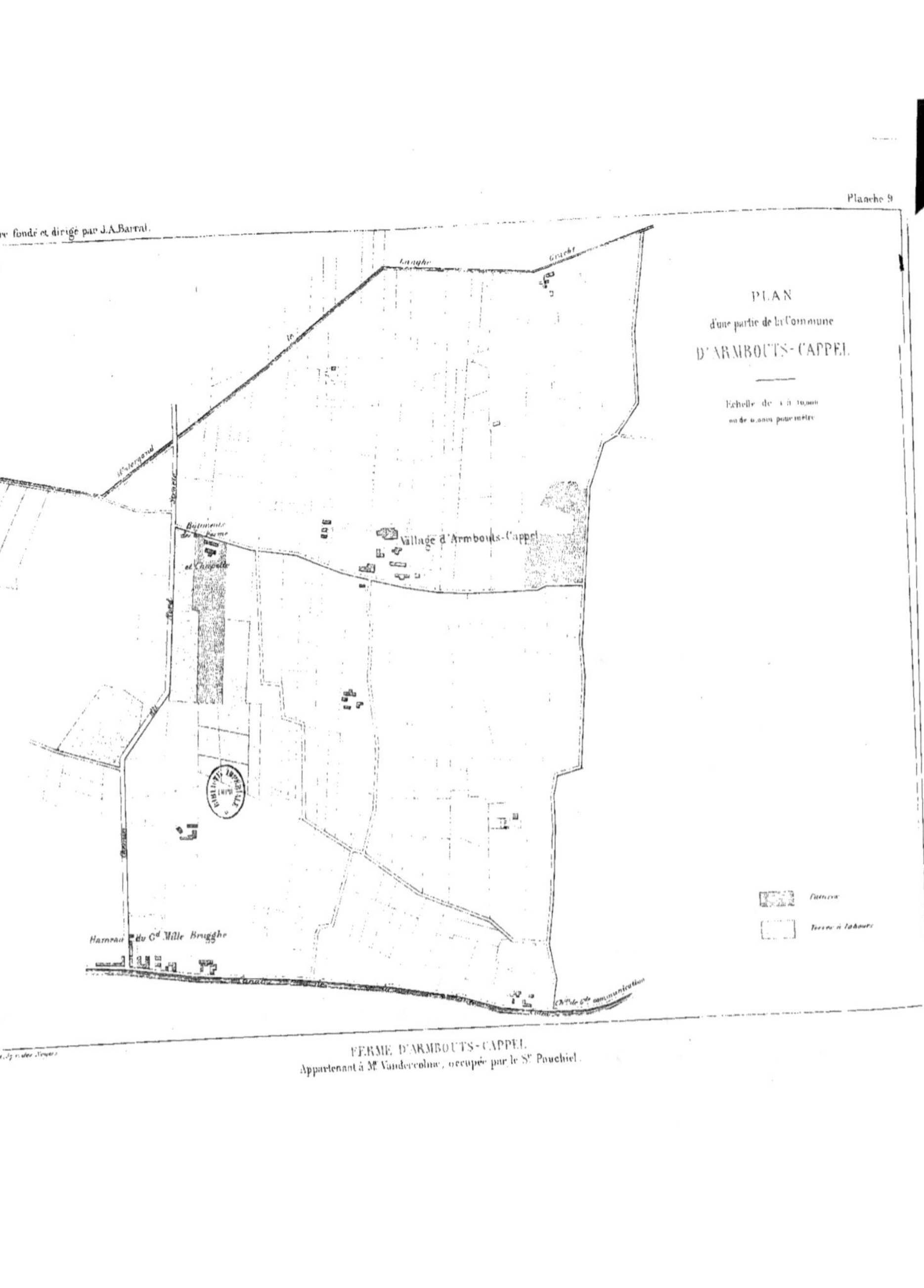


FERME D'ARMBOUTS-CAPPEL
Appartenant à Mr Vandercolme, occupée par le Sr Pouchiel.

# CHAPITRE XX



La partie des environs de Dunkerque où se trouve le village d'Armbouts-Cappel est une des plus industrieuses, et c'est aussi une des plus prospères. Cette situation est due en très-grande partie aux nombreuses et excellentes voies de communication qui sillonnent la contrée de toutes parts. Le chemin de grande communication d'Hondschoote à Watten longe la commune sur un parcours de 3 kilomètres et demi ; huit chemins vicinaux ordinaires, en grande partie empierrés, ont, dans son ressort, un développement de 18 kilomètres ; quatre chemins ruraux parfaitement entretenus avec du sable qu'on trouve dans la commune, et qui ne coûte que le prix d'extraction, y ont une étendue de 6 kilomètres environ ; enfin la Colme canalisée longe tout son territoire. Ces détails montrent qu'Armbouts-Cappel est un des villages les mieux dotés de l'arrondissement de Dunkerque ; il le doit en grande partie à l'intelligence et à l'activité de son maire, M. Hilst, docteur en médecine, président de la deuxième section des wateringues dont la commune fait partie. Ce village a d'ailleurs trois grands débouchés pour ses produits : Dunkerque et Bergues, qui sont situés chacun à 6 kilomètres, et Bourbourg qui n'en est distant que de 10 kilomètres. Le territoire de la commune, contigue à celles de Spycker, Petite-Synthe, Coudekerque et Brierne, s'étend sur une surface de 971 hectares, ainsi répartis :

|  | Hectares. |
| --- | --- |
| Terres labourées...... ................... | 647.39 |
| Prés naturels fauchés.................... | 42.00 |
| Autres prairies en pâtures............... | 261.28 |
| Jardins.. ....,..... ... ......... | 11.80 |
| Avenues ............... ................ | 1.19 |
| Superficie couverte de bâtiments........... | 7.26 |
| Total........... | 970.92 |

La longueur des chemins en cailloutis étant de 27 kilomètres et demi, la commune d'Armbouts-Cappel compte 2 kilomètres 830 mètres de chemins par kilomètre carré ; c'est presque trois fois la longueur regardée comme nécessaire à toute localité convenablement dotée en voies de communication.

Le sol est en général plus bas que celui de Killem et de Rexpoëde. Aussi la proportion des pâtures par rapport aux terres labourables est-elle ici plus forte que dans ces deux communes. Ces pâtures sont généralement très-bonnes, formées qu'elles sont par des alluvions riches et en outre toujours irriguées par infiltration, grâce aux fossés des wateringues. Le sol est d'ailleurs d'une composition très-variable ; il y a des parties qui sont tout à fait sablonneuses, mais qui deviennent très-fertiles au moyen des engrais humains qu'on y répand.

On compte sur la commune 30 fermes, d'étendue très-diverse ; plusieurs n'ont qu'un seul cheval ; une seule a 120 hectares et occupe douze chevaux. Le village, quoique petit, est riche ; on y compte 220 maisons, grandes et petites, pour une population de 1,005 habitants répartis tant dans les fermes que dans l'agglomération qu'on appelle la place de la commune et qui entoure l'église. Les habitants appartiennent à 250 ménages, sur lesquels 20 sont assistés par le bureau de bienfaisance, dont les ressources annuelles s'élèvent à 1,937 fr. La population présente suivant les âges et les sexes la répartition suivante :

|  | Sexe masculin. | Sexe féminin. |
|---|---|---|
| Au-dessous de 5 ans ... | 65 | 70 |
| De 5 ans à 10 ans ... | 60 | 60 |
| — 10 — 15 — ... | 39 | 46 |
| — 15 — 20 — ... | 38 | 37 |
| — 20 — 25 — ... | 38 | 35 |
| — 25 — 30 — ... | 35 | 35 |
| — 30 — 35 — ... | 31 | 43 |
| — 35 — 40 — ... | 35 | 33 |
| — 40 — 45 — ... | 34 | 34 |
| — 45 — 50 — ... | 36 | 24 |
| — 50 — 55 — ... | 32 | 31 |
| — 55 — 60 — ... | 27 | 15 |
| — 60 — 65 — ... | 12 | 14 |
| — 65 — 70 — ... | 12 | 6 |
| — 70 — 75 — ... | 4 | 6 |
| — 75 — 80 — ... | 3 | 6 |
| — 80 — 85 — ... | 3 | 3 |
| — 85 — 90 — ... | 1 | 2 |
| Totaux . . . . . . | 505 | 500 |

Le nombre moyen d'habitants est de 103 par kilomètre carré ; le nombre des enfants au-dessous de 15 ans est de 340, soit de plus du tiers de la population. La proportion des vieillards au-dessus de 75 ans est de 7 hommes et de 11 femmes, ce qui est un peu plus relativement qu'à Killem, mais un peu moins qu'à Rexpoëde. Pendant ces dernières années les naissances annuelles ont été de 65 et les décès de 40. Actuellement 165 enfants fréquentent les écoles, savoir : 80, l'école des garçons ; 65, celle des filles ; il y a en outre une école mixte pour les tout petits garçons qui en compte 20 ; l'instituteur et l'institutrice sont laïques. La population parle habituellement le flamand, et beaucoup de vieillards ne comprennent pas le français. On trouve à Armbouts-Cappel un docteur en médecine, un officier de santé et un vétérinaire non diplômé. Le montant des contributions directes s'élève à 7,950 fr. ; celui des prestations à 1,807 fr.

On compte dans le village 25 cabarets ou débits de boissons, 3 débits de tabac, 4 boulangeries, 1 boucherie, 3 lardiers, 3 moulins à vent pour moudre le blé, 2 brasseries, 1 distillerie d'eau-de-vie de grains, qui chômait en 1867 et 1868 en raison du trop haut prix des grains, 1 fabrique d'huile de graines grasses, 2 fabriques de poteries de terre et de tuyaux de drainage, 3 forges et 2 charronneries. A 1 kilomètre se trouvent à Steene la grande fabrique de sucre et la distillerie de MM. Dantu et C$^{ie}$, et à 5 kilomètres la sucrerie et l'établissement du teillage du lin à la mécanique de MM. Durriez frères ; l'existence de ces usines explique l'aisance et la prospérité des fermes, mais rend compte aussi du nombre excessif de cabarets et débits de boissons, 1 pour 40 habitants. Les deux brasseries produisent annuellement ensemble 3,000 hectolitres de bière. La consommation de la viande est relativement considérable ; dans la boucherie et les trois larderies, on débite en effet par an 9,100 kilog. de viande de porc, 2,100 kilog. de viande de veau, 2,500 kilog. de viande de mouton, 9,000 kilog. de viande de vache, soit en tout 22,700 kilog., indépendamment de la viande de boucherie que vend un boucher d'un village voisin qui vient chaque samedi ouvrir son étal dans le hameau du Grand-Millebrugghe ; indépendamment encore du lard qui est consommé dans les fermes et que le fermier de M. Vandercolme n'évalue pas à moins de 6,600 kilog. par an. La quantité de viande consommée ne s'élève pas par conséquent à moins de 30 kilog. par tête et par an.

Le bétail est moins nombreux qu'à Rexpoëde et à Killem ; cela tient surtout à ce que l'on trouve facilement des engrais de ville, et à ce qu'on est porté plus que dans ces dernières localités à faire des cultures industrielles. On compte seulement 247 bêtes à cornes, 125 chevaux, 26 mulets ou ânes, 184 moutons, 160 porcs, en tout l'équivalent de 415 têtes de gros bétail, soit seulement 4 dixièmes de tête par hectare. Il paraît y avoir ici une contradiction avec ce qui a été constaté sur les deux communes de Killem et de Rexpoëde ; il y a moins de bétail, et cependant plus de pâtures ; or, celles-ci sont très-bonnes. Mais la contradiction est plus apparente que réelle. Il se trouve à Armbouts-Cappel des pâtures qu'on appelle grasses, c'est-à-dire

où les bestiaux s'engraissent tout naturellement. En général
elles n'appartiennent pas à des corps de ferme ; elles sont
le plus souvent louées à des bouchers qui, au printemps,
achètent des bêtes maigres pour les revendre ou les tuer
dès qu'elles sont grasses ; ces bêtes ne sont pas recensées
dans le bétail de la commune ; elles n'entrent pas à l'étable
et elles ne donnent pas de fumier qu'on puisse porter sur
les terres.

D'après divers contrats de vente que M. Vandercolme
a compulsés, l'hectare, en 1806, se vendait 1,440 fr.; dans
les ventes de 1867 et 1868 , le prix moyen de l'hectare
a été de 4,600 fr. Plusieurs causes ont contribué à ce
considérable accroissement de la valeur des terres; d'abord
il faut tenir compte de la plus-value générale des propriétés
dans tout le pays ; mais en outre, les nombreux travaux
d'assainissement qui ont été faits par l'administration des
wateringues, ainsi que les routes en cailloutis qui ont été
créées par cette administration, ont rendu la culture plus
facile et par conséquent ont permis aux fermiers de payer
des prix beaucoup plus élevés pour les loyers.

# CHAPITRE XXI



MONOGRAPHIE ET BILAN DE LA FERME D'ARMBOUTS-CAPPEL

Quand on se rend de Dunkerque à Armbouts-Cappel, on
parcourt, sur des routes bien entretenues, un pays plat,
peu abrité par les plantations d'arbres, et l'on voit, se
dressant sur presque tous les points de l'horizon, d'assez
nombreuses hautes cheminées d'usine. Les champs ont une
assez grande étendue ; les fossés d'écoulement qui jadis les
découpaient en petites parcelles sont maintenant couverts ;
garnis dans leur fond de tuyaux de drainage, il sont revêtus
d'une luxuriante végétation. Seulement on longe ou
traverse souvent les ruisseaux des wateringues qui assurent
l'assainissement de la contrée, et sans lesquels, au lieu de
riches cultures, on ne rencontrerait que d'insalubres
marais.

Nous arrivons à la ferme. M. Pouchel, le fermier, vient
nous recevoir à la barrière qu'il ouvre pour laisser entrer

notre voiture dans la cour, environnée de pâtures plantées
de quelques arbres fruitiers, ainsi que cela a lieu pour
toutes les fermes du pays. C'est un homme grand et fort,
parlant très-bien le français. L'aspect des lieux respire
l'aisance et la prospérité. Nous entrons dans une sorte de
salon campagnard, rustiquement meublé, et nous nous
asseyons, nous sommes au milieu de décembre, près d'un
poêle de fonte bien chauffé. M. Pouchel nous dit avec
empressement qu'il se tient à notre disposition pour tous
les renseignements que nous lui demanderons, que d'ailleurs il ne saurait refuser aucune confidence à celui qui
vient avec M. Vandercolme. Ses commencements ont été
difficiles, parce qu'il a été élevé, ainsi que toute sa famille,
par un beau-père qui manquait d'ordre et qui a laissé
des affaires très-embarrassées. Nous le savions à l'avance;
car M. Vandercolme nous avait dit que l'ancien fermier en
1850 était ruiné, qu'il devait plusieurs années de loyer et
que la culture était alors aussi pauvre et négligée que nous
allions la trouver florissante et soignée.

M. Pouchel vit en famille sur la ferme avec une sœur du
premier lit, un frère et deux sœurs du deuxième lit. Ce
sont donc cinq frères et sœurs, tous non mariés et qui
d'un commun accord exploitent ensemble la ferme sous la
direction patriarcale de l'aîné. Ils ont un frère marié,
mais qui depuis longtemps les a quittés; ils ont pris à leur
charge un enfant de ce frère; c'est une petite fille âgée
de douze ans; ils l'ont mise en pension; ils ont le désir
de rester sur la ferme jusqu'à ce que cette enfant puisse
leur succéder. Une des femmes conduit la basse-cour et la

laiterie et va au marché; une autre femme dirige le ménage. Il y a en outre à la ferme un vacher et deux autres
ouvriers; tous les trois sont nourris par le fermier; mais
l'un de ceux-ci part à la saint Eloi, le 1er décembre, pour
ne revenir qu'au mois de mars. Ce dernier est payé 1 fr.
50 par jour; le vacher et l'autre ouvrier, assurés de travail,
de logement et de nourriture pour toute l'année, ne reçoivent pour salaire que 1 fr. 25. On a recours en outre à
des ouvriers supplémentaires payés à la tâche pour les
travaux pressés; on paye pour les sarclages 15 fr. par
mesure pour le blé, les fèves, l'orge, etc., 20 fr. pour les
betteraves, 25 fr. pour le lin.

La moisson exige aussi des ouvriers supplémentaires
qui sont payés de 5 à 6 fr. par mesure pour couper à la
pique et ramasser, puis 3 fr. pour lier les 1,000 gerbes
avec des liens de paille de seigle. Le battage des grains
n'a pas lieu au fléau; il se fait à la machine. Quatre
fermiers du voisinage se sont associés en donnant chacun
2,000 fr. pour acheter une machine à battre mue par la
vapeur. Cette machine est placée sous la direction d'un
nommé Halmberger qui fait le battage par entreprise; il
en est à sa troisième campagne; il prend 2 fr. par rasière
pour battre le blé (la rasière est une mesure qui équivaut
à 1 hectolitre et demi). L'entrepreneur fournit d'ailleurs le
combustible et tous les ouvriers; sa machine bat 47 rasières, soit 70 hectolitres par jour, et a besoin de 14 ouvriers
pour être desservie.

La ferme d'Armbouts-Cappel a maintenant une superficie
de 38 hectares 62 ares, soit 88 mesures; une petite partie

est située sur la commune de Spycker qui la confine. Le bail est de 3,600 fr. par an, soit 93 fr. par hectare; la durée de ce bail est de neuf ans, comme pour les fermes de Rexpoëde et de Killem. A chaque renouvellement, le pot-de-vin est de la moitié du bail, somme que M. Vandercolme ne fait payer que par neuvièmes. Il change le moins possible de fermier. Le domaine est dans sa famille depuis 1797. En 1826, le fermier qui l'exploitait étant ruiné, Madame Pouchel, qui était veuve, prit la ferme; elle se remaria plus tard. En 1850, alors que le beau-père du fermier actuel faisait de mauvaises affaires, le fermage ne s'élevait qu'à 2,550 fr. pour une superficie de 80 mesures et demie ou 35 hectares 45 ares, soit 31 fr. 60 par mesure, ou environ 72 fr. par hectare. Mais alors il y avait encore une surface de 1 hectare 32 ares occupée par des fossés qui ont été comblés après la pose des tuyaux de drainage dans leur fond, et qui ont ainsi été rendus à la culture; ces travaux ont coûté une dépense de 707 fr. En outre, 7 mesures et demie environ ou exactement 3 hectares 17 ares ont été achetés par M. Vandercolme pour être ajoutés à la ferme.

Pour montrer les résultats des améliorations qui ont été effectuées par le nouveau fermier, avec le concours du propriétaire, nous croyons devoir donner le tableau suivant qui représente les rendements comparatifs obtenus à l'hectare pour les années qui ont précédé les améliorations commencées en 1850 et pour les années de 1862 à 1868, période dans laquelle ces améliorations avaient produit tout leur effet.

| | Rendements moyens pour une période de 5 ans s'achevant en 1850. | Rendements moyens pour une période de 5 ans s'achevant en 1868. |
|---|---|---|
| | Hectolitres. | Hectolitres. |
| Blé......................... | 21.23 | 31.80 |
| Avoine..................... | 39.50 | 61.00 |
| Fèves...................... | 18.00 | 27.00 |
| Pois....................... | 20.25 | 27.00 |
| Pommes de terre........... | 160.00 | 136.00 |
| | Kilog. | Kilog. |
| Trèfle..................... | 4,640 | 7,320 |
| Betteraves................ | 26,300 | 38,000 |
| | Fr. | Fr. |
| Lin ....................... | 710 | 1,360 |

La comparaison des chiffres est évidemment plus éloquente que ne pourraient être les phrases les plus développées ; la diminution dans le produit des pommes de terre fait exception, mais elle s'explique, sans qu'il soit besoin d'insister, par la maladie qui a frappé le précieux tubercule et dont on commence à peine à se rendre maître.

Les premiers pas dans la voie du progrès ont été faits par l'achat de guano que permit un prêt avancé par le propriétaire. Il arriva notamment qu'une pièce d'avoine sur laquelle on avait semé du guano donna une très-belle récolte, tandis qu'une pièce à côté ne produisit presque rien. Les bons effets de l'usage du guano prouvèrent au fermier que, en donnant à ses terres des engrais en suffisante quantité, il pouvait espérer de beaucoup accroître les produits de la ferme ; il vit là une ancre de salut qui lui fit prendre courage et espérer d'obtenir de tous autres résultats que ceux si tristes qui causaient la misère de son beau-père. La confiance lui étant venue dans les conseils de son propriétaire, il prit le parti en 1855 de couvrir, à l'exemple de ce qui s'était fait à Rexpoëde, les fossés qui découpaient les champs. Non-seulement il obtint ainsi avec une dépense très-faible une augmentation de 132 ares sur la surface productive de sa ferme, mais il constata d'autres avantages qui lui procurèrent immédiatement sur ses dépenses une diminution qu'il n'estime pas à moins de 250 fr. par an. « En effet, nous a-t-il dit, je n'ai plus eu d'entretien de fossés ; mes labours et mes hersages sont devenus plus faciles, et j'ai pu les exécuter plus rapidement. En même temps, mes sarclages m'ont été bien moins coûteux ; car les mauvaises herbes, toujours en abondance le long des fossés, n'ont plus répandu leurs semences sur mes champs. Je ne parvenais pas auparavant à détruire les chiendents qui trouvaient toujours un refuge assuré sur les berges des fossés, et maintenant je m'en suis rendu maître. Je n'ai donc pas gagné seulement le produit brut tout entier des récoltes fournies par un hectare et tiers ; mieux que cela encore, j'ai diminué mes frais généraux d'une somme d'environ 250 fr., comme je vous l'ai dit, mais encore j'ai assuré de meilleurs rendements sur le reste de mes champs. »

Un fait de moindre importance, mais qui a eu aussi une influence marquée sur l'amélioration de la nourriture du bétail et sur l'accroissement numérique de celui-ci, a été l'innovation provoquée en 1856 par M. Vandercolme de semer du ray-grass d'Italie en même temps que le trèfle, ce qui a concouru à donner un accroissement de produit en foin constaté par le tableau que le lecteur a sous les

yeux. A partir de cette époque, le bétail a été de mieux en
mieux nourri, a produit davantage et a augmenté en nombre.

Il faut aussi noter ici l'amélioration considérable amenée
par l'arrangement de la fosse à fumier que fit faire en 1862
M. Vandercolme, et par la construction de citernes à purin
tant dans la cour et les bâtiments de la ferme qu'au milieu
des champs. Ce sujet a une telle importance que nous y reviendrons avec des détails suffisants dans le chapitre suivant.

Nous allons établir l'inventaire et le budget de la ferme
d'après les notes que nous avons pu recueillir et d'après
les renseignements obtenus tant de M. Vandercolme que
du fermier. Nous n'avons trouvé aucune comptabilité.
Le fermier néanmoins a beaucoup d'intelligence et sait se
rendre compte des causes de bénéfices et de dépenses.

Pour les salaires des deux ouvriers qui restent toute
l'année sur la ferme, il faut compter, à 1 fr. 25 par jour,
912 fr. 50, et pour ceux de l'ouvrier qui ne reste que de
mars à novembre, à 1 fr. 50 par jour, 412 fr. 50. Il faut
en outre porter, en frais de sarclages payés à la tâche,
200 fr. pour le blé, 254 fr. pour le lin, 60 fr. pour les
betteraves, 135 fr. pour les fèves, les pois et légumes
d'hiver, soit en tout 649 fr. Pour les récoltes de grains,
les frais de salaires extraordinaires s'élèvent à 250 fr. et il
faut en outre compter 30 fr. par mesure pour l'arrachage
des betteraves ou 90 fr. L'ensemble des salaires, en ce qui
concerne à la fois les ouvriers de la ferme et ceux pris à la
tâche pour les moissons et le battage des récoltes, s'élève
donc à 2,344 fr. Ajoutons que le maréchal reçoit 150 fr.
par an pour l'entretien du matériel et le ferrage des chevaux.

Pour la nourriture des habitants de la ferme et des ouvriers, il est consommé par an 34 rasières de blé, soit 51 hectolitres. Le pain est fait avec de la farine brute non blutée ; on livre du blé de Bergues au meunier qui rend en farine mélangée de son 90 pour 100 du poids du blé ; le pain se cuit à la ferme. On mange chaque année 240 kilog. de viande de porc ; en d'autres termes on tue annuellement trois cochons du poids de 160 kilog. environ chacun. On mange en outre 50 kilog. de viande de boucherie les dimanches et les fêtes. Chaque semaine on consomme 4 pièces de beurre de 5 quarts de livre chacune et un pot ou deux litres de sel, soit pour 35 centimes ; dans cette consommation de sel, n'est pas compris le sel employé pour la fabrication du fromage qui se fait de mai à octobre et exige au moins quatre pots, soit huit litres, ou 14 kilog., pour une valeur de 1 fr. 40. Chaque soir, on mange le petit-lait provenant du battage du beurre ou de la fabrication du fromage. On consomme enfin les légumes verts et les pommes de terre produits sur une mesure de terre environ. La boisson ordinaire est un thé fait avec du bois de réglisse ; cela donne lieu à une dépense de 20 centimes par semaine. On consomme en outre soit pendant les travaux de la moisson, soit pour les jours de fête et dans les occasions extraordinaires, de 6 à 7 tonneaux de bière de 62 pots chacun ou 124 litres ; le tonneau coûte 26 fr. Toute la famille et les ouvriers mangent ensemble.

Le coût de l'ensemble de la nourriture doit être évalué : 1,020 fr. pour le blé, 300 fr. pour les porcs, 80 fr. pour la viande de boucherie, 390 fr. pour le beurre, 400 fr.

pour les légumes, 10 fr. 40 pour le bois de réglisse,
186 fr. pour la bière, 19 fr. 60 pour le sel, soit en tout
2,406 fr. Il faut en outre compter 50 fr. pour l'éclairage,
et pour le chauffage 100 fr. de coke et 10 à 12 rasières de
houille, soit en tout une valeur de 136 fr. Le mobilier
doit être estimé 2,000 fr., et représenter, intérêts et réparations compris, une dépense annuelle de 200 fr. ; il faut
mettre en outre 300 fr. pour l'habillement et pour l'achat
de divers petits objets. La dépense ménagère totale pour
la nourriture et l'entretien se monte donc à une somme de
3,092 fr.

Le matériel de l'exploitation se compose de deux charrues, d'une houe à cheval, d'un binot, de quatre herses
en bois, de deux rouleaux, de deux tombereaux, de trois
chariots, de deux barriques pour l'épandage des engrais
liquides, de divers appareils pour les citernes, et enfin de
menus instruments. Le tout peut être inventorié de la
manière suivante :

| | |
|---|---:|
| 2 charrues, à 130 fr. chacune, soit. ................. | 260 fr. |
| 1 houe à cheval................................ | 250 |
| 1 binot....................................... | 70 |
| 4 herses en bois, à 7 fr. l'une..................... | 28 |
| 2 rouleaux, à 100 fr. l'un........................ | 200 |
| 2 tombereaux, à 150 fr. chacun.................... | 300 |
| 3 chariots, dont 2 à 600 fr. et 1 à 700 fr., soit......... | 1,900 |
| Toile blanche pour la couverture de l'un des chariots, avec les cercles pour l'attacher, lors de la conduite aux marchés. | 100 |
| 2 barriques pour l'épandage des engrais liquides......... | 200 |
| Seau, levier à bascule, etc., pour les citernes......... | 60 |
| Instruments à main (fourches, pioches, houes, maillets, etc.). | 50 |
| Total............ .... | 3,418 fr. |

A raison de 15 pour 100 par an, ce cheptel inerte correspond à une dépense annuelle de 512 fr. 70 pour l'intérêt,
l'entretien et l'usure.

Le cheptel vivant se compose de quatre chevaux, de
neuf vaches à lait, de cinq jeunes bêtes de l'espèce bovine
âgées de deux ans et de cinq jeunes bêtes d'un an, d'un
âne, de six porcs et de dix jeunes cochons. Cela correspond à dix-neuf têtes de gros bétail environ en tout, ou à
une demi-tête par hectare, proportion plus faible que
celle que nous avons trouvée dans les fermes du Pays-au-
Bois. La basse-cour se compose, outre les porcs, de vingt-
cinq dindons et de vingt autres volailles diverses. La valeur
de ce cheptel peut être évaluée de la manière suivante :

| | |
|---|---:|
| 4 chevaux à 600 fr. l'un........ ................. | 2,400 fr. |
| 1 âne........................................... | 220 |
| 9 vaches à lait à 450 fr. l'une...................... | 4,050 |
| 5 jeunes bêtes de deux ans à 300 fr. ; 5 jeunes bêtes d'un an à 100 fr. l'une............................... | 2,000 |
| Porcs et gorets................................. | 560 |
| 12 dindons à 6 fr. ; 13 à 9 fr., et les autres volailles à 3 fr. | 249 |
| Total............ . | 9,479 fr. |

Cette valeur du capital vivant, à raison de 5 pour 100
par an, correspond à une dépense de 473 fr. 95.

Afin d'évaluer la nourriture du bétail, il faut compter
2 fr. par jour pour les chevaux et 1 fr. pour l'âne, ce qui fait
3,285 fr. comme dépense annuelle de l'écurie. En échange,
le fermier a le travail et le fumier. Le travail équivaut à
une somme de 3,577 fr. 50 pour 265 journées effectives.
Nous estimerons le produit en fumier à 16 centimes par

tête et par jour pour les chevaux et à 5 centimes pour l'âne ; par conséquent le produit annuel de l'écurie en fumier s'élève à une valeur de 251 fr. 85.

Nous compterons pour la nourriture des bêtes à cornes : 1 fr. 18 par jour et pour toute tête pendant 195 jours de stabulation hivernale, ce qui donne, pour 19 têtes, une dépense de 4,371 fr. 90. Les animaux sont nourris pendant l'été sur les 7 hectares de pâtures environ que contient la ferme ; comme il n'est rien porté pour la dépense d'entretien de celles-ci, il ne faut aussi rien compter pour la dépense de la nourriture du bétail qui s'y trouve entretenu ; on leur donne seulement des engrais qui entrent dans le compte général des fumures ; quant à leur produit, il est chiffré dans les résultats que fournit l'ensemble du bétail en viande, beurre, fromage, etc. Le fumier produit par l'étable doit être compté à raison de 25 centimes par tête et par jour pendant 195 jours, ce qui donne un total de 926 fr. 25.

Nous ne comptons rien pour la dépense de la porcherie ni de la basse-cour. Ces animaux sont nourris avec des débris de la ferme et des menus grains qui ne sauraient être vendus directement et qui ne sont comptés en recettes que pour les produits animaux qu'en tire la fermière.

Chaque année, le fermier compense l'exportation qu'il fait par la vente de ces denrées, en achetant du guano, des tourteaux, des matières des vidanges et des fumiers de ville ; il a compris complétement la nécessité de rendre au sol par les engrais amenés du dehors plus qu'il ne lui enlève par les produits conduits au marché ou vendus directement.

Quoique le tiers environ de la ferme soit en cultures fourragères, il sent bien qu'il ne pourrait pas maintenir la fertilité de l'exploitation par cette seule ressource. Les achats de guano s'élèvent à une somme de 600 fr. par an, ceux de tourteaux à 400 fr. Ces deux engrais sont semés à la volée ; rarement le tourteau est donné au bétail. Les achats de matières des vidanges s'élèvent à 450 fr. par an. Enfin, M. Pouchel achète encore pour 600 fr. de boues de ville soit à Dunkerque, soit à Calais ; dans ces deux villes, toutes les balayures, toutes les boues sont ramassées par des entrepreneurs, mises en tas dans un chantier spécial et ensuite livrées à l'agriculture par *bacoves* ou par grands bateaux ; en 1868, il a acheté au fermier des boues de Calais 2 bateaux de dix-huit bacoves chacun, à raison de 5 fr. 50 le bacove ; le transport par canaux jusqu'à la ferme a en outre coûté 4 fr. par bacove ; le prix du bacove qu'on estime peser 3,000 kilog., a été ainsi de 9 fr. 50. L'achat du bacove de fumier de Dunkerque coûte 11 fr., en y comprenant le transport par eau jusqu'à la ferme. Si l'on ajoute à cette dépense totale de 2,050 fr. en engrais achetés au dehors la valeur du fumier produit dans la ferme tant par les chevaux que par les bêtes à cornes, soit 1,178 fr. 10, on a en tout une dépense d'engrais de 3,228 fr. 10 pour 38 hectares 62, ce qui fait par hectare 83 fr. 58.

Le capital d'exploitation, en y comprenant le bétail, la valeur des engrais, le matériel de la ferme et l'ameublement du ménage, s'élève à 18,125 fr. 10, soit par hectare 469 fr. 32.

Les impositions se montent à 328 fr. 65 pour l'impôt foncier et celui des portes et fenêtres ; il y a en outre 7 fr. 50 pour la contribution personnelle de cinq personnes, et les prestations sont fixées à six journées d'hommes (9 fr.), six journées de chevaux (21 fr.) , deux journées d'âne (2 fr.), deux journées de voitures à quatre roues (4 fr.), quatre journées de tombereau (5 fr.), soit en tout à 41 fr. La cotisation pour les wateringues s'élève annuellement à 147 fr.

D'après tous les détails qui précèdent, le budget total des dépenses annuelles peut s'établir de la manière suivante :

|  | Fr. |
|---|---|
| Fermage annuel, y compris le neuvième du pot-de-vin, en tout.................................................. | 3,800.00 |
| Nourriture des ouvriers, chauffage, éclairage et entretien du ménage...................................... | 3,092.00 |
| Intérêt du capital représentant le cheptel mort, entretien du matériel, frais du maréchal, liens en paille de seigle (120 fr.)............................................... | 782.70 |
| Intérêt du capital représentant le cheptel vivant......... | 473.95 |
| Nourriture de l'écurie........................... | 3,285.00 |
| Nourriture de l'étable pendant l'hiver ................. | 4,371.50 |
| Travail des chevaux et de l'âne : 265 jours pour chaque cheval à 3 fr. par jour, et pour l'âne, à 1 fr. 50...... | 3,577.50 |
| Engrais acheté au dehors et fumier produit dans la ferme. | 3,228.10 |
| Gages des domestiques, salaires des ouvriers, main-d'œuvre pour sarclages et moisson................................ | 2,314.00 |
| Impôts et cotisation des wateringues................. | 524.15 |
| Semences, dont le détail sera donné plus loin........ .. | 1,167.66 |
| Total............... | 26,646.96 |

Soit par hectare ........ ... 689 fr. 96.

L'ensemble de tous les frais donne, comme on le voit 690 fr. par hectare ; il faut encore y joindre, afin d'avoir l'ensemble total du capital annuel qu'exige une pareille exploitation, les 469 fr. 32 par hectare trouvés plus haut pour le capital représentant la valeur du cheptel mort et vivant, le mobilier, etc.; on arrive ainsi à un total de 1,159 fr. 28 pour représenter toutes les avances nécessaires par hectare pour exploiter une ferme telle que celle d'Armbouts-Cappel.

Nous devons maintenant passer à l'établissement du budget des recettes, afin de pouvoir calculer les bénéfices du fermier. Dans le tableau suivant on trouvera les recettes produites par les terres en labour, calculées d'après les rendements moyens de 1862 à 1868 :

| Mesures. | | Fr. |
|---|---|---|
| 21.0 | Blé, soit sur 9 hectares 24, à 31 hectolitres 80 par hectare, ce qui donne en tout 293 hectolitres 83 à 20 fr. 50 l'hectolitre..... ......... | 6,023.50 |
| — | — Paille à 5,700 kilog. par hectare, soit en tout 52,668 kilog. à 36 fr. les 1,000 kilog. ... | 1,896.05 |
| 7.0 | Orge, soit sur 3 hectares 08 à 14 rasières par mesure ou 47 hectolitres 7 par hectare, en tout 147 hectolitres à 9 fr. 20.......... | 1,352.40 |
| — | — Paille à raison de 2,500 kilog. par hectare, soit 7,700 kilog. à 36 fr. les 1,000 kilog. .... | 277.20 |
| 1.0 | Seigle, soit 0 hectare 44 à raison de 5 rasières, on en tout 7 hectolitres 5 à 13 fr. 50 l'hectolitre... | 101.50 |
| — | — Paille, 2,000 kilog. à 60 fr. les 1,000 kilog.. | 120.00 |
| 4.0 | Avoine, soit sur 1 hectare 76 ares, à raison de 61 hectolitres à l'hectare, soit 107 hectolitres 36 à 8 fr. 40 l'hectolitre............ ...... | 901.83 |
| — | — Paille à raison de 2,500 kilog. par mesure, soit 10,000 kilog. à 36 fr. les 1,000 kilog..... | 360.00 |
| 9.5 | Lin, soit sur 4 hectares 18 ares, vendu en moyenne sur pied 1,360 fr. par hectare.......... | 5,684.50 |
| 42.5 | A reporter.......... | 16,716.98 |

| Mesures. | | Fr. |
|---|---|---|
| 42.5 | *Report*......... | 16,716.98 |
| 3.0 | Betteraves, soit sur 1 hectare 32 ares, à raison de 38,600 kilog. par hectare, 50,950 kilog. à 18 fr. les 1,000 kilog. ............ .... | 917.10 |
| 8.0 | Fèves, soit sur 3 hectares 52 ares, 12 hectolitres par mesure, soit en tout 96 hectolitres à 20 fr. l'hectolitre..................... | 1,920.00 |
| — | — Paille, 1,100 kilog. par mesure, en tout 8.800 kilog. à 36 fr. les 1,000 kilog............ | 316.80 |
| 5.5 | Pois, soit sur 2 hectares 42 ares, 27 hectol. à l'hectare soit en tout 65 hectol. 31 à 20 fr. l'hectol... | 1,306.80 |
| — | — Paille, 1,200 kilog. par mesure, en tout 6,600 kilog, à 36 fr. les 1,000 kilog. .......... | 237.60 |
| 3.0 | Trèfle, soit sur 1 hectare 20 ares, 1,250 bottes par hectare pour la 1re coupe et 580 bottes pour la 2e coupe, la botte étant de 4 kilog., en tout 9,784 kilog. à 120 fr. les 1,000 kilog.. | 1,174.08 |
| 4.5 | Sainfoin, soit sur 1 hectare 98 ares, 1,220 bottes par hectare pour la 1re coupe et 500 bottes pour la 2e, en tout 13,620 kilog. à 120 fr. les 1,000 kilog...................... | 1,634.40 |
| 1.5 | Pommes de terre et légumes sur 66 ares........ . | 400.00 |
| 68.0 ou 29 hectares 95 ares. | Total pour les terres en labour. | 24,623.76 |
| | Soit par hectare en culture.......... ..... | 822 fr. 16. |

Ces résultats sont à peu de chose près les mêmes que ceux obtenus sur la ferme de Killem (v. chap. XVII, p. 156).

Nous remarquerons maintenant que la ferme compte 16 mesures en pâtures, soit 7 hectares; et 3 mesures pour la surface occupée par les bâtiments, les cours, les chemins, etc. Il faudra tenir compte de cette étendue dans l'appréciation des résultats définitifs. Mais auparavant nous devons établir la valeur de tous les produits que fournit le bétail.

Les vaches que M. Pouchet entretient dans son étable

appartiennent à la race flamande ; il n'a pas de taureau ; il fait faire les saillies par un taureau flamand d'une ferme voisine. Il obtient neuf veaux par an et il en vend de quatre à cinq pour une somme de 300 fr. Quelques vaches sont engraissées, après qu'elles ont cessé de donner du lait ; les vaches grasses sont vendues de 400 à 500 fr., et de ce chef on peut estimer le produit annuel à 2,300 fr. par an. Pendant les six mois d'été, les vaches produisent en moyenne par jour chacune 4 pots de lait, soit 8 litres ; de ce lait on tire du beurre et du fromage. La quantité ordinaire de fromage s'élève annuellement à 400 kilog. ; en 1868, à cause de la sécheresse, on n'en a fait que 200 kilog. ; la qualité du fromage fait est celle du fromage de Bergues valant 2 fr. 20 le kilog. La quantité de beurre peut être évaluée à 500 kilog. à 3 fr. 75 le kilog. Le produit annuel de la vente tant du beurre que du fromage sur le marché de Dunkerque s'élève par conséquent à 2,755 fr. Le prix du beurre augmente toujours en septembre et dans une partie du mois d'octobre ; le beurre qui est alors produit est ce qu'on appelle le beurre de regain ; il passe pour se conserver parfaitement jusqu'au printemps.

Chaque année, il est vendu six ou sept porcelets à raison de 20 fr., soit en tout 120 fr.

La vente des œufs se monte à 50 œufs par semaine pendant six mois, soit en tout 1,300 œufs à 1 fr. 90 les 26, ce qui donne un produit de 95 fr. De la vente des volailles, on tire environ 150 fr. C'est une des sœurs du fermier qui porte au marché les produits de la basse-cour.

En récapitulant, nous trouvons les chiffres suivants pour

représenter tous les produits animaux de la ferme d'Armbouts-Cappel :

| | |
|---|---:|
| Vente du beurre et du fromage.................... | 2,755 fr. |
|   — des vaches grasses et des veaux................ | 2,600 |
|   — des porcs............................. | 120 |
| Fumier produit par l'écurie et l'étable .............. | 1,178 |
| Travail des chevaux et de l'âne : 265 jours pour chaque cheval, à 3 fr. par jour ; et pour l'âne à 1 fr. 50..... | 3,577 |
| Produit de la basse-cour ....................... | 245 |
| Total.......... | 10,475 fr. |

D'après ces détails, et en laissant dans chaque compte figurer les doubles emplois qui ne peuvent rien changer au résultat définitif, parce qu'ils sont en doit et en avoir, on obtient pour les recettes totales ou le produit brut cultural les chiffres suivants :

| | |
|---|---:|
| Terres en labour........................ .. | 24,624 fr. |
| Etable, écurie et produits animaux.................. | 10,475 |
| Total pour 38 hectares 62 ares.... | 35,099 fr. |
| Soit par hectare.. ......... | 908 fr. 31. |

Si nous comparons maintenant les recettes aux dépenses, nous aurons les bénéfices du fermier, y comprise la rémunération du travail de ses quatre frère et sœurs, ainsi que de son propre travail de direction. De cette manière, nous trouverons :

| | |
|---|---:|
| Recettes.............................. | 35,099 fr. |
| Dépenses............................. | 26,646 |
| Bénéfices du fermier.... | 8,453 fr. |

Mais afin de passer du produit brut cultural au produit

brut social , nous devons retrancher du premier produit les valeurs du fumier et du travail des attelages, les pailles et enfin les semences.

Les valeurs des semences employées doivent être calculées de la manière suivante :

|  | Fr. |
|---|---|
| Blé, semences, 2 hectolitres par hectare, soit sur 21 mesures. | 378.84 |
| Orge, semences, 2 hectolitres par hectare, soit pour 7 mesures. | 56.67 |
| Seigle, semences, 2 hectolitres par hectare, soit pour 1 mesure .. | 11.88 |
| Avoine, semences, 1 hectolitre, 35 par hectare, soit pour 4 mesures | 14.78 |
| Lin, semences, 118 fr. par hectare, soit pour 9 mesures 1/2. | 493.24 |
| Betteraves, graines, 18 fr. par hectare, soit pour 3 mesures | 23.76 |
| Fèves, graines | 62.56 |
| Pois, graines, 1 hectolitre 1/2 par hectare, soit pour 5 mesures 1/2 | 72.60 |
| Trèfle, semences, 17 fr. 90 par hectare, soit pour 3 mesures. | 23 63 |
| Sainfoin, semences, 125 kilog. par hectare, soit pour 4 mesures 1/2 | 29.70 |
| Total du prix des semences.... | 1,167.66 |

L'ensemble de toutes les défalcations à faire au produit brut cultural est par conséquent le suivant :

|  |  |
|---|---|
| Semences | 1,168 fr. |
| Pailles | 3,208 |
| Fumier et travail | 4,755 |
| Total | 9,131 fr. |

Si l'on effectue le retranchement de cette somme dans le produit brut cultural, on trouve pour le produit brut social 25,968 fr. , ce qui donne par hectare 672 fr. 40 ; ces sommes se décomposent ainsi qu'il suit :

FERME D'ARMBOUTS-CAPPEL (NORD) APPARTENANT A M. VANDERCOLME,
avant l'amelioration de la fosse à fumier

|                                    | Totaux.<br>Fr. | Par hectare.<br>Fr. |
|------------------------------------|------|--------|
| Produits végétaux                  | 20,248 | 524.28 |
| Produits animaux                   | 5,720 | 148.12 |
|                                    | 25,968 | 672.40 |

On peut encore décomposer les deux totaux de la manière
suivante qui permet de faire des comparaisons instructives
avec les résultats constatés sur diverses autres fermes de
France et d'Angleterre :

|                                                                      | Frais ou produits<br>totaux.<br>Fr. | Frais ou produits<br>par hectare.<br>Fr. |
|----------------------------------------------------------------------|------|------|
| Rente du sol ou fermage.                                             | 3,800 | 98 |
| Intérêts du capital d'exploitation                                   | 1,269 | 33 |
| Impôts                                                               | 521 | 14 |
| Salaires et nourriture des gens de la ferme.                         | 5,436 | 141 |
| Frais accessoires (labours et transports pour les moissons, engrais importés, etc.) | 6,486 | 167 |
| Bénéfices de l'exploitant, y compris son propre travail et celui de sa famille | 8,453 | 219 |
| Totaux                                                               | 25,968 | 672 |

On remarquera certainement la grande similitude de ces
résultats avec ceux qu'a fournis la monographie de la ferme
de Killem ; dans cette dernière, les frais accessoires sont
plus élevés, principalement en raison de la difficulté
des transports ; à Armbouts-Cappel, les bénéfices de la
famille du fermier sont proportionnellement plus considérables, mais ses membres actifs sont plus nombreux. Quoi
qu'il en soit, le fait le plus frappant est incontestablement
le chiffre élevé des bénéfices du cultivateur qui n'y est
arrivé que par beaucoup de travail, d'ordre et d'intelligence, et grâce aussi au concours empressé du propriétaire
qui n'a rien négligé pour transformer une situation jadis
difficile en une situation prospère.

# CHAPITRE XXII



DISPOSITION DES BATIMENTS DE LA FERME D'ARMBOUTS-CAPPEL

Pour bien se rendre compte de la vie intérieure d'une famille rurale, surtout lorsque son habitation est isolée et située dans une contrée où les hivers sont longs, il faut connaître les dispositions des habitations. Les planches coloriées 10 et 11, ainsi que la planche noire 12 aideront le lecteur à pénétrer davantage dans les habitudes et les occupations de cultivateurs dont il a pu apprécier déjà les durs labeurs récompensés par une prospérité bien méritée. Par les unes on peut juger de l'aspect extérieur, de la physionomie, en quelque sorte, de la ferme ; par la dernière on connaîtra les détails.

Les plus grands soins sont donnés, comme on l'a vu, à l'aménagement du fumier recueilli dans une fosse vide à l'abri de l'invasion des eaux pluviales par un petit parapet, en briques sur deux côtés et en terre sur le troisième. A un angle en A (planche 12) se trouve un réservoir rempli

FERME DE [illegible] (NORD) APPARTENANT A [illegible] VAL-FROLME,
grav[illegible] de la [illegible]

de briques concassées pour recueillir les eaux pluviales des toits des bâtiments d'habitation et de la cour d'où elles sont conduites par des tuyaux de drainage B à la fosse D et de là dans le watergand voisin. Un autre drainage C conduit à la même fosse D les eaux des toits des bâtiments des étables, des écuries et de la grange. Quant aux urines des vaches et des chevaux, elles sont rassemblées, au moyen de rigoles convenablement dirigées, dans une citerne d'une contenance de 800 hectolitres construite sous la grande étable.

Les bâtiments et la cour sont placés dans un enclos formant pâture et entouré d'une haie, dans lequel le bétail est abandonné en liberté, quand le temps est convenable.

La légende suivante fera comprendre tous les détails adoptés pour le logement des habitants et pour les travaux d'intérieur de la ferme :

E, F, Chambres à coucher ;
G, Cave aux fromages ;
H, Salle du fermier ;
I , Cuisine avec four et chaudière ;
J , Poulailler ;
K, Toits à porcs.

Dans la chambre à coucher E existent deux petits escaliers conduisant l'un à la chambre F, l'autre à la laiterie située sous cette chambre. La hauteur des salles de ce corps d'habitation n'est que de 2$^m$.25. Le grenier à grains qui s'étend sur tout ce bâtiment a 3$^m$.20 de hauteur totale sous le faîte ; on y accède par l'escalier qui se trouve dans la salle du fermier et par une échelle mobile placée dans la cuisine. — La hauteur de la laiterie, sous la chambre F, est de 1$^m$.75.

L, Hangar pour trois chariots avec grenier placé au-dessus pour 3,000 bottes de foin ;

M, Chambre pour le teillage du lin ;

O, O, Grange avec aire au milieu ;

P, Hangar pour tombereaux, et en outre pour herses, rouleaux, tonneaux à purin, etc. ;

Q, Étable pour six veaux.

La grange O, O, en y comprenant le grenier placé au-dessus du hangar P et de l'étable à veaux Q, peut contenir environ 17,000 gerbes. — Les bâtiments L, M, O, P, Q, sont construits en briques jusqu'à 0ᵐ.80 au-dessus du sol ; le surplus est en planches. — Les autres bâtiments sont entièrement en briques.

S, S, Grange avec aire, vers le tiers de sa longueur, pouvant contenir environ 10,000 gerbes ;

T, Étable pour 11 vaches ;

U, Écurie pour quatre chevaux ;

V, Étable pour six vaches ;

Z, Silos pour la pulpe de betteraves provenant de la sucrerie ;

X, Petit hangar pour le bois ;

Y, Enclos pour les meules.

Fig. 12. — Coupe des bâtiments, de la fosse à fumier et de la cour de la ferme d'Armbouts-Cappel, suivant la ligne *ab* du plan (planche 12).

La figure 12 dessinée à la même échelle (2 millimètres pour 1 mètre) que le plan (planche 12) et qui représente une coupe faite suivant la ligne *ab*, achève de donner une idée exacte de l'ensemble et des détails de cette ferme, théâtre extrêmement intéressant de la vie de cultivateurs qui tirent d'un hectare de terre à force de travail intel-

L. Guiguet del. et sc.

ligent et d'engrais abondamment répandus, en exploitant
une ferme de moins de 40 hectares, près de 700 francs
de produit brut social, c'est-à-dire autant que les plus
habiles agriculteurs des contrées les plus avancées.

# CHAPITRE XXIII



LES FUMIERS ET LES ENGRAIS D'ARMBOUTS-CAPPEL

Quand on parcourt les fermes de l'arrondissement de Dunkerque, on est frappé de la négligence avec laquelle le fumier est généralement soigné. Ainsi que cela arrive malheureusement dans la plus grande partie de la France, les eaux pluviales des toits des bâtiments et des cours des fermes affluent dans la fosse à fumier et s'écoulent ensuite au dehors, le plus souvent dans des ruisseaux ou des cours d'eau après avoir lavé la masse du fumier, en entraînant les parties solubles, c'est-à-dire les plus fertilisantes, et en ne laissant que des débris pailleux d'une mince valeur. La plupart des cultivateurs perdent ce qui ferait leur fortune, le meilleur des engrais de ferme, et ils luttent dès lors vainement contre la stérilisation croissante de leurs champs par les travaux les plus rudes mais effectués en pure perte, la matière première des récoltes étant entraînée par des cours d'eau vers l'Océan. M. Vandercolme a résolu de réformer de si déplorables coutumes, et pour arriver au succès, il a voulu que les fermiers eux-mêmes donnassent l'exemple de l'amélioration qu'il a fait adopter. Sa méthode est toujours la même ; il sait que les exemples qu'il donne seul ne sont pas suivis, mais que les fermiers imitent volontiers un des leurs qui réussit.

« A Armbouts-Cappel, comme à Killem, comme partout, nous a-t-il dit, pendant tout l'hiver, une grande partie du capital du fermier, sous forme de purin, s'écoulait en pure perte dans les ruisseaux. La force de l'habitude empêchait qu'on y attachât aucune attention. Je crus urgent de porter remède à un tel état de choses et pour cela de m'efforcer d'obtenir qu'on ne perdît plus un riche purin, alors qu'on en achetait au loin à grands frais. Je trouvai un moyen pratique, aussi simple que peu coûteux, de résoudre ce problème. J'en fis la première application en 1862 à Armbouts-Cappel, et j'ai continué depuis à en faire la propagation à Rexpoëde et à Killem, en proposant même aux cultivateurs de faire l'avance de la dépense, sauf à partager l'excédant de produit obtenu par le fait de l'amélioration du fumier, de manière à faire les fonds d'un hospice pour les invalides de l'agriculture [1]. Ce moyen consiste à établir un petit parapet en terre sur trois côtés

[1] La note suivante a été affichée dans tous les cabarets de Rexpoëde : « J'offre d'arranger à mes frais toutes les fosses à fumier, si on veut me donner pour les pauvres, afin de bâtir un hospice, pendant trois ans, la moitié du bénéfice, m'en rapportant aux cultivateurs pour l'estimation de ce bénéfice. »                       « A. VANDERCOLME. »

26

de la fosse à fumier, de manière à empêcher les eaux d'y affluer, et au besoin, sur le quatrième côté, un ruisseau en pavés de briques ou de pierres, ou bien encore un puisard rempli de briques cassées aboutissant à un tuyau de drainage. Selon la disposition des lieux, je varie les petits travaux d'appropriation qui me font atteindre mon but; celui-ci consiste à ne jamais laisser entrer les eaux voisines dans la fosse à fumier, afin de ne pas perdre une goutte de purin. Dans aucun cas la dépense n'a été supérieure à une centaine de francs par fosse à fumier, et elle varie en général de 25 à 80 fr.

Afin de faire connaître son système, que tant de villages de toutes les contrées devraient imiter, M. Vandercolme avait envoyé à l'Exposition universelle de Paris, en 1867, deux grandes aquarelles représentant la ferme d'Armbouts-Cappel avant et après l'aménagement de la fosse à fumier. Nous avons fait reproduire la réduction de ces deux peintures dans des planches coloriées (planches 10 et 11). Voici la légende qui était écrite au-dessous du premier tableau :

« Ce dessin représente la fosse à fumier d'une ferme de près de 40 hectares appartenant à M. Vandercolme et occupée par le sieur Pouchel. Elle est représentée telle qu'elle était avant d'être modifiée. A peu d'exceptions près, toutes les fosses à fumier ont les défauts signalés sur ce tableau.

» A, L'eau qui tombe des toits va dans la fosse se mêler au purin et l'entraîne avec elle.

» B, L'aspect de l'eau qui s'écoule fait comprendre que c'est une partie du capital du fermier qui se perd. Il ne reste pas de purin pour arroser les fumiers.

» *Inconvénients de ce genre de construction.* — Perte matérielle d'engrais que les eaux entraînent. — Perte de sels minéraux que les engrais commerciaux ne remplacent pas toujours. -- Certaines récoltes, sans cause apparente, s'amoindrissent d'année en année. On n'a pas rendu à la terre tout ce qu'on lui avait pris.

» *On peut tromper son voisin ; la terre, jamais.* »

La figure 13, qui représente la fosse à fumier supposée vide, complète l'enseignement à tirer de l'aquarelle ; on voit les eaux des toits des bâtiments tomber directement dans la fosse à fumier, où elles s'accumulent en se mélan-

Fig. 13. — Vue de la fosse à fumier supposée vide et avant l'amélioration apportée par M. Vandercolme.

geant au purin, pour se déverser ensuite dans une mare voisine qu'elles infectent et s'écouler dans le ruisseau des wateringues. Les choses sont bien changées depuis 1862.

La planche 11 montre l'aspect de la ferme assainie et en même temps devenue prospère. Sur le tableau exposé en 1867 était la légende suivante :

« Ce dessin représente la fosse à fumier du plan de la ferme d'Armbouts-Cappel, modifiée d'après les données de M. Vandercolme.

» *Modifications.* — A, L'eau des toits ne descend plus dans le fumier, elle va directement à l'abreuvoir. — B, Réservoir d'un mètre carré où s'écoulent les eaux ; de là elles sont conduites à l'abreuvoir par des tuyaux du drainage. Ce réservoir est rempli de briques cassées, ce qui empêche les tuyaux de s'engorger. — C, Débouché des eaux qui proviennent du réservoir. — D, Maintenant l'eau de l'abreuvoir est limpide. — E, Pompe pour arroser le fumier avec le purin. — F, Le fumier étant encaissé, on a pu planter des pommiers.

» *Dépense et résultats.* — Tout l'arrangement n'a coûté que 80 fr. Le fumier a augmenté en quantité et en qualité, ce qui a permis de fumer un hectare de plus qu'autrefois ; on a ainsi réalisé un bénéfice de 200 fr. par an.

» En comparant les deux tableaux, tout le monde peut se convaincre que les modifications sont aussi simples que faciles. Partout où elles ont été appliquées, elles ont donné des résultats au moins aussi avantageux que ceux obtenus sur cette propriété. »

La figure 14 montre la fosse améliorée supposée vide ; on aperçoit le tuyau de drainage qui, partant du réservoir ou puisard rempli de briques, amène les eaux pluviales qui affluent de ce côté de la fosse à fumier pour être conduits dans la mare où elles arrivent pures. Le purin du fumier étendu des eaux pluviales qui tombent sur la surface de celui-ci et qui sont diminuées par l'évaporation, reste tout entier sans se mélanger aux eaux du dehors arrêtées par des travaux défensifs n'exigeant qu'un très-faible entretien.

Pour tous ceux qui ont parcouru la France et qui savent l'énorme déperdition d'engrais qu'on a à déplorer chaque année, il n'est pas douteux que ce ne soit par centaines de millions de francs que se chiffre la perte annuelle causée par les lavages des fumiers ; ils seraient énormes les bénéfices que donnerait l'imitation des quelques travaux bien simples imaginés par M. Vandercolme, travaux qui ont l'avantage de coûter très-peu par rapport aux grandes dépenses qu'exigent les grandes fosses à fumier construites suivant toutes les règles de l'art.

En même temps qu'il engourageait l'amélioration de la fosse à fumier, M. Vandercolme se prêtait volontiers à aider le fermier qui voulait construire des citernes propres à renfermer les déjections provenant des fosses d'aisances

Fig. 14. — Vue de la fosse à fumier supposée vide après l'amélioration apportée par M. Vandercolme.

des villes voisines. Dans toutes les fermes de l'arrondissement de Dunkerque il existe des citernes sous les étables, mais les citernes des champs sont assez rares.

Sur la ferme d'Armbouts-Cappel, il existe aujourd'hui trois citernes : l'une est au milieu des champs sur une pièce de terre dite des Quatorze-Mesures, près du chemin dit Nordstraet (voir planche 9) ; elle a une contenance de 547 hectolitres. La seconde, cubant 300 hectolitres, est sous

l'étable de l'espèce bovine. Enfin la troisième, de 8 hectolitres seulement, est destinée à recueillir les liquides de la
porcherie. Les cabinets d'aisances pour le personnel de la
ferme sont à part; les produits de leurs vidanges sont
directement portés sur les champs.

La citerne établie au milieu des champs a été construite
en 1862 ; elle est représentée par la figure 15. M. Vandercolme l'a fait construire pour y mettre des vidanges rame-
nées de la ville. On a tout le temps de se procurer et
d'emmagasiner la grande quantité qu'il est nécessaire de
répandre dans un intervalle assez court. La pièce de terre,
d'une contenance de 14 mesures (6 hectares), où la citerne
d'Armbouts-Cappel est placée, ne pourrait pas être fumée
avec de l'engrais liquide, si cette réserve n'y existait pas. La
citerne a une longueur de 15 mètres, une largeur de 4 mètres
et une profondeur de 1 mètre environ ; elle est faite en maçonnerie de briques avec une voûte surbaissée recouverte de
terre gazonnée, de manière à présenter à peu près la forme
d'un tronc de pyramide quadrangulaire. Il y a une ouverture dans chaque bout, fermée par un volet épais portant
un cadenas. La construction a coûté 900 fr. environ.
Lorsque les travaux pressent peu, le fermier envoie à la
ville ses tonneaux pour chercher des vidanges ; mais ce sont
aussi souvent les vidangeurs qui amènent leurs liquides
de Dunkerque et même de Calais jusqu'à la fosse. Ceux-ci
sont payés en raison de 65 centimes l'hectolitre. On laisse
le mélange fermenter lentement pendant plusieurs mois
avant de le répandre sur les terres.

En général l'épandage se fait immédiatement avant ou

Fig. 15. — Citerne à engrais liquide située au milieu des champs de la ferme d'Armbouts-Cappel.

après les semailles. Pour faire l'épandage, il faut remettre l'engrais flamand dans des tonneaux que le fermier place sur ses chariots ordinaires à quatre roues dont on enlève les côtés en conservant seulement des montants en fer ou en bois pour tenir les tonneaux en respect. Pour déverser le liquide dans le tonneau, on se sert d'un seau attaché à l'extrémité du grand bras d'un levier mis en équilibre par une masse en bois plus considérable qui constitue le second bras, ainsi que le montre la figure 15. L'ouvrier qui fait le transvasement est monté sur un petit échafaudage placé à demeure tout près de la face de la citerne dont on enlève le couvercle. Le seau se déverse dans un conduit en planches qui mène au-dessus de la bonde du tonneau qui a une contenance de 18 à 20 hectolitres.

Ce n'est qu'aux environs des grandes villes que peuvent s'établir ces dépôts considérables d'engrais flamands, et qu'on se sert, pour leur enlèvement, de tonneaux d'aussi grande dimension. Dans le reste du pays, on fait usage de tonneaux de six hectolitres seulement, parce qu'on n'a à répandre que le purin qui provient des bestiaux et qu'on recueille dans de petites citernes placées sous le sol ou tout auprès des étables et des écuries. Alors ce tonneau se pose sur le chariot flamand à trois roues dont nous avons donné le dessin (fig. 3, p. 89); on en enlève aussi les côtés, et on pose le tonneau comme sur le grand chariot.

Pour faire l'épandage, les chariots conduisent les tonneaux (fig. 16), jusqu'auprès d'une cuve ou d'un tonneau défoncé ayant une contenance du quart ou de la moitié du mètre cube. C'est dans cette cuve que ensuite un homme

Fig. 16 — Épandage d'engrais liquide sur la ferme d'Armbouts-Cappel.

27

prend le liquide avec une poche ou cuillère en bois adaptée à un manche d'une longueur de deux mètres environ. La poche contient à peu près deux litres. L'ouvrier jette le liquide en l'air ; celui-ci retombe en pluie et se trouve répandu d'une manière assez égale dans un rayon de six à huit mètres autour de la cuve. Lorsque celle-ci est vide, on la transporte à une autre place où le chariot chargé du tonneau vient de nouveau la remplir. L'engrais y est pris de la même manière, et jeté tout autour, de manière que la surface des champs est entièrement couverte. Les fermiers du pays sont très-habiles dans ce genre d'exercice.

L'engrais flamand est répandu sur les cultures immédiatement avant ou après les semailles, sur le terrain d'abord bien hersé et ensuite roulé ; rarement on s'en sert pour les pâtures. Les effets de l'engrais ainsi employé sont toujours remarquables, à la condition qu'on évite pour l'épandage les jours de fortes chaleurs ou de grandes pluies, et qu'on choisisse de préférence les temps couverts ou les temps de brouillard. Pour le lin, l'engrais flamand se répand l'hiver et sur la neige. On en conserve aussi pour le répandre sur les récoltes en terre qui paraissent un peu faibles. Là où il y a des arbres, on évite de mettre du fumier qui leur profite en plus grande partie, tandis que l'engrais flamand en agissant tout de suite, profite à la récolte. L'engrais liquide convient particulièrement aux terres sablonneuses de la ferme d'Armbouts-Cappel au milieu desquelles la citerne a été creusée.

# CHAPITRE XXIV



LES ENGRAIS DE VILLE ET LES ENGRAIS COMMERCIAUX

On a vu que le fermier d'Armbouts-Cappel emploie une
grande quantité d'engrais de ville tirés, soit de Dunkerque,
soit même de Calais. La préparation et la vente de ces engrais méritent d'appeler l'attention. Combien de pays
devraient prendre exemple sur les Flandres pour restituer
à leurs champs les principes exportés pour la consommation des hommes et de l'industrie !

L'enlèvement des boues et immondices de la ville de
Dunkerque est donné par bail de neuf ans à un entrepreneur, pour la somme annuelle, qu'on trouvera considérable, de 14,100 fr. Malgré ce prix élevé, il n'a pas le
privilége de pouvoir exiger qu'on lui livre les engrais de
l'intérieur des maisons ; les immondices de la rue lui
appartiennent seules. Les domestiques vendent librement
les vidanges. L'entrepreneur rencontre près d'eux comme

concurrents les jardiniers des environs de la ville, où les terres sablonneuses sont presque entièrement fertilisées avec des engrais liquides. Trois compagnies en outre se sont organisées pour l'enlèvement des vidanges, de telle sorte qu'il ne lui reste qu'un peu moins de la moitié de la masse des matières fécales et des urines de la ville. Néanmoins, l'entrepreneur a l'avantage d'être protégé par la municipalité et d'attirer à lui la meilleure clientèle, en raison d'ailleurs de son meilleur outillage. Il enlève les vidanges dans des tonneaux d'une contenance de 20 hectolitres qu'il paie de 3 à 4 fr. selon la qualité ; cet enlèvement s'effectue de 11 heures du soir à 5 heures du matin. La vente aux agriculteurs des engrais liquides, marquant de 10 à 12 degrés à l'aréomètre de Beaumé, se fait au prix de 75 centimes l'hectolitre ; les urines faibles sont versées sur le fumier comme nous allons l'indiquer.

L'entrepreneur doit ramasser les ordures des rues et des ruisseaux, au moyen de douze tombereaux qui circulent toute la journée ; en temps de neige il doit en employer dix-huit. Les habitants sont forcés de rassembler en petits tas les produits du balayage des voies de la ville et de placer, à certaines heures, devant les portes des maisons, dans des bacs, les ordures des ménages, s'ils n'aiment mieux payer une légère rétribution pour que les boueurs chargés de l'enlèvement viennent les prendre à domicile. Toutes les boues et immondices sont conduites dans les tombereaux à un chantier spécial situé hors de la ville, sur les bords du canal de Bergues. Là, elles sont stratifiées en couches qui alternent avec des couches de sable de mer, de manière à faire des monts de 7 à 8 mètres de hauteur composés de lits successifs de détritus urbains et de sable marin, sur lesquels on verse les urines faibles. On laisse ces tas fermenter durant trois semaines environ avant de les défaire pour mélanger les diverses couches et livrer le tout à l'agriculture. On va chercher le sable à la mer avec des bateaux et on emploie à peu près autant de ce sable chargé de sel que de détritus de la ville. L'entrepreneur de Dunkerque vend annuellement 11,000 bacoves, soit 33,000 tonneaux de 1,000 kilog., et 47,000 hectolitres d'engrais flamand. Le dépôt peut contenir 5,500 bacoves de 3 tonneaux chacun. Le fumier de ville de Dunkerque est plus estimé que celui de Bergues : il se vend 8 fr. 50 le bacove, soit 2 fr. 83 les 1,000 kilog. On assure qu'en 1865, les betteraves ayant été en général ravagées par des insectes, les champs de ces racines qui avaient reçu des engrais de ville n'ont pas été attaqués. En supposant la vente de tous les produits, les recettes annuelles de l'entrepreneur s'élèvent à 130,000 fr., tant pour le fumier que pour les engrais liquides.

A Bergues, l'entreprise de l'enlèvement des boues et des immondices des rues est également mise en location. Le bail annuel est de 1,510 fr. Les habitants ont conservé le droit de vendre directement toutes les immondices de l'intérieur des maisons. Un marchand de fumier circule tous les jours dans la ville avec un tombereau attelé d'un cheval, et il obtient un produit qui peut s'élever au quart ou au tiers de celui de l'entrepreneur. Dans ces quantités n'est pas compris le fumier fait chez les aubergistes, et que ceux-ci vendent directement à l'agriculture. L'entrepreneur a, pour amasser les boues et immondices et préparer les livraisons d'engrais, deux terrains d'une contenance, l'un de 90 ares 37 centiares, et l'autre de 39 ares 80 centiares ; ce dernier est affecté en outre à un dépôt de marchandises diverses et d'engrais. Du sable de mer, qui est amené de Dunkerque par bateaux au moyen du canal, est mélangé aux boues de ville. Il est fait annuellement environ 150 tas de 20,000 kilog. chacun ; ils sont vendus au prix de 80 fr. le tas, ce qui fait en tout un produit de 12,000 fr. Or, les dépenses annuelles sont les suivantes, d'après les renseignements que M. Vandercolme nous a fournis :

| | |
|---|---|
| Loyer, 1,510 fr. ; frais divers de contributions et patente, 590 fr. ; ensemble. . . . . . . . . . . . . . . . . . . . . . . . . . . . . . . . | 2,100 fr. |
| Salaire des balayeuses et extirpateuses d'herbes dans les rues. | 1,500 |
| Salaire des hommes chargés de ramasser les boues dans les rues. . . . . . . . . . . . . . . . . . . . . . . . . . . . . . . . . . . . . . . . | 1,800 |
| Chevaux et tombereaux. . . . . . . . . . . . . . . . . . . . . . . . . . . . . | 1,800 |
| Sable de mer venant de Dunkerque par bateaux. . . . . . . . | 2,800 |
| Éparpilleurs. . . . . . . . . . . . . . . . . . . . . . . . . . . . . . . . . . . . | 420 |
| Frais imprévus. . . . . . . . . . . . . . . . . . . . . . . . . . . . . . . . . | 100 |
| Total des frais. . . . . . . . | 10,520 fr. |

On voit qu'il y a bien peu de marche pour les bénéfices. Aussi on ne pense pas que le bail qui expire en 1870 soit renouvelé pour un prix aussi élevé, d'autant plus que la vente du fumier de ville devient à Bergues plus difficile d'année en année. En 1868, la moitié environ est restée invendue. On aime mieux dans les fermes employer le guano et surtout les tourteaux. Les engrais de ville sont réservés pour les trèfles et les pâtures, sur lesquels ils produisent beaucoup d'effet. D'ailleurs, dans le pays, les engrais de Dunkerque sont préférés à ceux de Bergues, sans doute parce que Dunkerque offre une agglomération qui donne lieu à la production de matières fertilisantes relativement plus riches sous le même volume.

Dans les nombreuses cités du département du Nord, les engrais des villes sont recueillis avec les mêmes soins qu'à Dunkerque et à Bergues. Ces exemples, ainsi que celui de Bourbourg que nous allons donner, suffisent pour montrer combien on a soin dans ce pays de rendre aux terres cultivées ce que les récoltes leur enlèvent. Cela est également évident, si l'on considère les masses d'engrais commerciaux que fournissent le commerce de Dunkerque et les industries de l'arrondissement.

La quantité de guano qui arrive à Dunkerque est tous les ans plus considérable ; elle s'est élevée, pendant l'année 1868, à 38,300 tonneaux de 1,000 kilog. La majeure partie de cette masse a été employée dans les départements du Pas-de-Calais et du Nord ; ensuite sont venus les départements de l'Aisne et de l'Oise, et, en dernier lieu, celui de la Somme. La vente des tourteaux pour engrais fait chaque jour de grands progrès ; il en est arrivé à Dunkerque environ six millions de kilogrammes du 1er octobre 1868 au 1er février 1869 ; cette quantité est venue par mer pour les trois quarts, et par chemins de fer pour un quart ; elle a servi à l'approvisionnement des arrondissements de Dunkerque et d'Hazebrouck.

En ce qui concerne la ville de Bourbourg, nous avons

reçu de M. Vercoustre la note suivante qui complète les renseignements que nous avons pu recueillir sur l'emploi des engrais de ville dans l'arrondissement de Dunkerque.

« Il y a un grand nombre d'années que la ville de Bourbourg met en location le droit d'enlèvement des boues et immondices de ses rues et places. Il y a longtemps qu'on en tire également parti dans tout le Nord, et c'est de là peut-être que date surtout la propreté proverbiale des villes de l'ancienne Flandre. Au commencement, de ce siècle, pour ne pas remonter plus haut, c'était déjà, pour la caisse municipale, la source d'un revenu de 500 à 600 fr. par an. Pendant 40 à 50 ans, ce prix de location est resté sensiblement le même. L'agriculture faisait peu de progrès ; les fermages et les denrées n'avaient pas encore subi de grandes augmentations, et la recherche des engrais n'était pas faite avec l'activité qu'on y a mise depuis.

» Vers 1853, lorsque, après des années d'avilissement, les produits agricoles reprirent des cours rémunérateurs, et que les fermages s'élevèrent en même temps que la valeur vénale des terres, la nécessité d'accroître les récoltes fit vivement disputer les boues et immondices, et leur prix de location, successivement accru, fut porté, en 1857, à 1,535 fr. Cette somme est la plus forte qu'on ait obtenue. Pour bien en apprécier l'importance, il faut remarquer qu'elle s'applique à une agglomération de population occupant un territoire qui n'a que 28 hectares ; les parties suburbaines et rurales de Bourbourg ne sont pas, en effet, comprises dans l'adjudication, et les boues y sont enlevées par trois ou quatre familles ouvrières qu'elles suffisent à faire vivre. Mais, peu après 1857, le guano a commencé à recevoir un large emploi dans ces contrées, et, dès lors aussi une plus grande masse de tourteaux a pu être livrée à l'agriculture. A partir de cette époque, les boues et immondices ont perdu beaucoup d'amateurs, et le nombre en diminue encore chaque année. Aussi, le prix de location est-il tombé au taux qu'il avait déjà au commencement de ce siècle. On peut même prévoir que très-prochainement la ville perdra tout revenu de ce côté, par suite de la faveur toujours croissante accordée aux tourteaux et au guano. L'achat et l'emploi de ces deux engrais commerciaux sont exempts des embarras inhérents à l'enlèvement et au transport des immondices d'une ville, et ces considérations sont déterminantes pour les cultivateurs. Cette situation n'est pas particulière à Bourbourg ; car l'on peut citer telle localité du Nord, la ville d'Armentières par exemple, dont la population n'excède pas 16,000 habitants, qui, après avoir trouvé dans ses boues un fructueux élément de recette, puis, plus tard, seulement la compensation des frais du balayage de ses rues et places, en est arrivée maintenant à dépenser annuellement 15,000 fr., pour assurer la propreté de l'ensemble de sa voirie.

» En agriculture, du moins en ces contrées, les boues et immondices des villes n'ont qu'un usage limité. Mises en tas et arrosées avec du purin ou de l'engrais humain, on s'en sert, à la fin de l'hiver, pour fertiliser les pâturages et les prairies artificielles, et elles y déterminent une végétation luxuriante ; si on les mettait dans

28

les champs destinés aux cultures sarclées, l'expérience a appris qu'elles y feraient naître une foule de plantes nuisibles, dont on ne pourrait se débarrasser qu'à grands frais. »

# CHAPITRE XXV



De l'étude comparative des trois fermes de Rexpoëde,
Killem et Armbouts-Cappel, doit ressortir une situation
digne de l'attention des agronomes, doivent découler de
conséquences intéressantes pour la science et la pratique.
Sans doute, une généralisation trop grande serait erronée, mais il ne saurait être qu'utile d'établir nettement
ce que produit l'agriculture dans une contrée telle que
le Nordland et le Pays-au-Bois, là où les fermes n'ont
guère plus en général que 30 hectares. Il reste bien entendu que, pour les diverses parties du Nord de la France,
il faut des études spéciales. La vérité ne peut se dégager
que du rapprochement de monographies successives.

*Assolement.* — L'assolement suivi est quadriennal :
1<sup>re</sup> année, blé ; 2<sup>e</sup> année, plantes industrielles ; 3<sup>e</sup> année,
blé ; 4<sup>e</sup> année, fèves, haricots, avoine, trèfle. La moitié
de la terre, dans le système ordinaire du pays, est tou-

jours en blé ; un quart est en plantes fourragères et l'autre quart en plantes industrielles. On ne fait pas de jachères ; sur la moitié de la sole labourée qui n'est pas en blé, on cultive de l'avoine, du lin, des fèves, des betteraves, des haricots, des pois, des pommes de terre, des fourrages artificiels, tels que du trèfle, du sainfoin et de la luzerne. Le lin est beaucoup usité ; la culture de la betterave prend faveur dans le Pays-au-Bois, depuis qu'il existe deux distilleries, l'une à Rexpoëde, l'autre à Wormouth. Les betteraves de la ferme d'Armbouts-Cappel sont vendues à la sucrerie Durin et C\ie maintenant Dantu et Durin, la plus voisine et à laquelle est annexée une distillerie. La sucrerie et la distillerie agricoles tendent à se développer dans cette partie de l'arrondissement de Dunkerque.

Voici la comparaison que permettent de faire les trois fermes étudiées dans cette monographie :

| | Ferme de Rexpoëde. Hectares. | Ferme de Killem. Hectares. | Ferme d'Armbouts-Cappel. Hectares. |
|---|---|---|---|
| Blé | 7.50 | 11.44 | 9.24 |
| Orge | » | » | 3.08 |
| Seigle | » | » | 0.44 |
| Avoine | 0.66 | 0.88 | 1.76 |
| Lin | 0.44 | 2.64 | 4.18 |
| Colza | 0.66 | 1.10 | » |
| Betteraves | 0.88 | 0.66 | 1.32 |
| Féveroles | 1.98 | 2.20 | 3.52 |
| Pois | 0.22 | » | 2.42 |
| Haricots | 0.22 | 1.32 | » |
| Pommes de terre | 0.66 | » | 0.66 |
| Trèfle | 1.10 | 2.20 | 1.32 |
| Sainfoin | » | » | 1.98 |
| Pâtures, jardins et bâtiments. | 3.73 | 8.74 | 7.70 |
| Totaux | 18.05 | 31.18 | 38.62 |

Les terres labourées forment en général les trois quarts ou les quatre cinquièmes des fermes.

*Main-d'œuvre et salaires.* — La main-d'œuvre est encore facile à trouver, et les salaires sont peu élevés. Les manœuvres son payés 1 fr. 75 la journée pendant l'hiver, et 2 francs pendant l'été; ceux qui ont un état comme les maçons et les charpentiers, sont payés 25 centimes en plus. Les femmes auxiliaires reçoivent 1 fr. 25. Quand les fermiers nourrissent leurs ouvriers, ils ne donnent que 1 franc à 1 fr. 50 par jour aux hommes et 60 à 90 centimes aux femmes; les charretiers nourris sont payés 35 francs par mois et les servantes de 12 à 15 francs. Pour les travaux pressés, particulièrement pour ceux de la moisson, les ouvriers du pays ne pourraient pas suffire, mais il vient beaucoup d'ouvriers belges.

*Amendements et engrais employés.* — Le principal engrais est le fumier. Les terres ont besoin de calcaire. On emploie la marne, puis le guano et des tourteaux. Le marnage se fait tous les 8 ou 9 ans. La marne vient de Saint-Omer par les canaux. En outre, à Armbouts-Cappel, où les voies de communication permettent plus particulièrement de le faire, on se sert d'engrais de ville et de matières des vidanges. Les purins provenant du bétail et les engrais liquides des vidanges sont réunis dans des citernes et ensuite transportés dans les champs au moyen de tonneaux; on les répand à l'écope. M. Vandercolme a établi à Rexpoëde une fumière couverte. Il a en outre entrepris

d'améliorer toutes les fosses à fumier du pays en montrant
qu'avec des constructions très-peu coûteuses et consistant
en petits parapets en terre sur trois côtés, et sur le côté
faisant face aux étables en un coulant d'urine pratiqué
dans le pavement en briques ou en pierres, ou si ce n'est
pas assez économique, en gouttières en zinc ou en bois,
on peut empêcher les eaux pluviales des toits et des
cours d'arriver et de laver les fumiers. Il faut quelquefois
établir un puisard rempli de briques cassées où viennent
s'assembler toutes les eaux gênantes et d'où on les conduit
aussi loin qu'il est nécessaire par des tuyaux de drainage.
Il a offert d'arranger à ses frais toutes les fosses à fumier,
si on voulait lui donner pendant trois ans pour les pauvres,
afin de bâtir un hospice, la moitié du bénéfice, en s'en
rapportant, quant à la plus-value du fumier et à l'estimation de la dépense, aux cultivateurs eux-mêmes.

Le total de la valeur des fumiers produits à la ferme de
Rexpoëde tant par les chevaux que par l'espèce bovine est
annuellement de 550 fr. 55; la valeur des engrais importés
est de 610 francs, soit en tout 1,165 fr. 55, ou 64 fr. 75
par hectare. — A la ferme de Killem, la valeur du fumier
produit est de 1,168 fr. 45; on achète annuellement pour
1,090 francs d'engrais commerciaux : ce qui donne un total
de 2,258 fr. 45 d'engrais, soit 98 francs par hectare. —
Sur la ferme d'Armbouts-Cappel, le fumier produit annuellement a une valeur de 1,178 fr. 10; le guano, les tourteaux, les vidanges et les boues achetées par le fermier
s'élèvent à 2,050 francs : ce qui fait une dépense totale en
engrais de 3,228 fr. 10, ou 83 fr. 58 par hectare.

Les dépenses pour les engrais importés s'élèvent respectivement à 610 fr. pour la ferme de Rexpoëde, à 1,090 fr. pour celle de Killem, et à 2,050 fr. pour celle d'Armbouts-Cappel. Il n'a pas été possible de faire l'analyse de ces divers engrais, mais on ne peut pas être très-loin de la vérité en supposant que pour l'argent employé on a dû obtenir les mêmes résultats que dans la ferme de Masny. En admettant cette hypothèse et en se servant des chiffres donnés dans l'étude faite sur cette ferme (t. Ier de l'*Agriculture du Nord*, p. 245 et 291), on trouve les importations suivantes en azote, en acide phosphorique et en potasse :

|  | Rexpoëde. | Killem. | Armbouts-Cappel. |
|---|---|---|---|
|  | kil. | kil. | kil. |
| Azote total importé annuellement | 600 | 1,074 | 2,019 |
| Azote annuellement importé par hectare | 33 | 35 | 52 |
| Acide phosphorique total importé annuellem[t]. | 838 | 1,498 | 2,819 |
| Acide phosphorique annuellement importé par hectare | 46 | 48 | 72 |
| Potasse totale importée annuellement | 195 | 349 | 656 |
| Potasse annuellement importée par hectare. | 11 | 11 | 17 |

Ces chiffres serviront plus loin pour établir la balance chimique des importations et des exportations des principaux éléments fertilisants et par suite la statique chimique des trois fermes.

*Moyens de transport.* — Les chevaux sont exclusivement employés pour les transports : ils sont attelés au collier et généralement les traits sont en corde. On se sert de tombereaux tricycles et de grands chariots. Beaucoup trop de routes dans le Pays-au-Bois sont encore simplement à l'état de sol naturel.

*Labours.* — Les instruments ordinairement employés sont la charrue flamande, le rouleau, le binot, les herses parallélogrammiques. La charrue est à avant-train. Les plus grands modèles de charrues coûtent dans le pays 120 francs, et les ordinaires, de 70 à 80 francs. Ces charrues sont en bois. On commence à en avoir en fer qu'on construit dans la contrée ; elles sont encore peu nombreuses. On se sert aussi de temps à autre de la charrue sous-sol.

*Semailles.* — Les ensemencements pour les céréales, les lins, le colza, les graines fourragères se font à la volée. Pour les betteraves ils se font en lignes. On recouvre la graine par un coup de herse. Les pommes de terre sont plantées à la main.

Les blés se sèment à l'automne, les avoines et les orges au printemps. Les semences de blé sont préservées de la carie par le trempage dans une dissolution de sulfate de cuivre. On emploie 2 hectolitres de blé par hectare, et 1 hectolitre et demi d'avoine.

*Entretien des cultures.* — Pendant la croissance des plantes, surtout des plantes sarclées, on donne un coup de binette à la main. On arrache aussi à la main les mauvaises herbes dans les blés. Les terres des fermes améliorées sont maintenant très-propres.

*Moissons.* — La moisson s'effectue à la sape. La machine à moissonner a été introduite dans la contrée, mais elle reste sans emploi. On a jusqu'à présent suffisamment de bras, et le système de fermes isolées qu'on y rencontre et qui ont chacune leur personnel, promet encore à l'agriculture de cette partie de la Flandre, une grande stabilité à cet égard.

Généralement on vend les récoltes de lin sur pied, l'arrachage étant aux frais de l'acheteur ; quelquefois cependant les fermiers travaillent le lin pour leur propre compte, et vendent la filasse.

*Fenaison, arrachage et récolte des racines.* — Le fauchage des foins et des trèfles s'effectue à la faux. Tous les travaux de la fenaison se font à bras. Ils ne sont pas très-considérables, parce qu'on laisse le bétail dans les pâtures pendant plus de six mois. — L'arrachage des betteraves se fait à la main.

*Préparation et conservation des récoltes.* — Le battage des céréales s'effectue à la machine et à l'entreprise partout où l'état des chemins le permet. Les ouvriers du pays ne pourraient pas suffire, mais il vient beaucoup d'ouvriers belges. On fournit les chevaux pour aller chercher les machines à battre et les machines à vapeur locomobiles. En attendant on met en meules. — La conservation des grains a lieu dans les greniers qui sont en général au-dessus des habitations des fermiers.

*Espèce chevaline.* — On ne fait généralement pas l'élevage des chevaux dans le pays. On achète surtout des chevaux boulonnais. Les chevaux servent à tous les travaux de la ferme. Les ménagères, pour aller au marché, emploient des ânes. Les chevaux sont estimés valoir généralement 600 fr. et les ânes 200 fr.

*Espèce bovine.* — L'espèce bovine forme la plus grande partie du bétail de la contrée. Jusqu'en 1855, on ne trouvait dans les fermes du pays que la race flamande; les croisements avec le sang durham se répandent de plus en plus, depuis que M. Vandercolme fait l'élevage de la race à courtes cornes; on estime qu'aujourd'hui le quart des vaches est composé de flamandes croisées durhams. Le but de la production du bétail est le lait; on fait du beurre et du fromage. On n'emploie que les chevaux pour le travail des champs.

*Espèces ovine et porcine.* — Les moutons ne sont qu'à l'état d'exception dans la contrée. L'espèce porcine du pays est assez bonne; elle ne donne lieu qu'à des spéculations très-restreintes; elle sert surtout à la consommation locale des fermes.

*Basse-cour.* — Les basses-cours se composent d'une cinquantaine ou d'une centaine de poules par ferme moyenne, et de quelques canards, donnant un produit de 300 à 600 fr. pour la vente sur les marchés.

*Pâturages.* — C'est dans les pâturages naturels que les fermiers mettent leurs vaches pendant les six mois d'été.

Quelques-uns de ces pâturages, dits pâtures grasses, ont une très-grande fertilité; mais leur nombre tend à diminuer, parce que, pour jouir plus vite, on rompt parfois les herbages et on tire des champs de très-abondantes récoltes. M. Vandercolme a cherché à augmenter le nombre des pâtures en établissant des pâturages artificiels du genre de ceux qu'il avait vus en Écosse, et consistant dans l'emploi d'un mélange de trèfle et de ray-grass, ce qui peut permettre un assolement triennal très-productif.

*Drainage, irrigations.* — Le drainage, introduit par M. Vandercolme en 1849, se propage de plus en plus; il a amené un excédant de production qu'on estime à un cinquième; il est chaque jour substitué aux fossés ouverts et plantés d'arbres. — Les irrigations sur la surface ne sont pas pratiquées; mais elles ont lieu par infiltration dans toute la partie du pays soumise aux wateringues.

*Capital d'exploitation.* — Le capital d'exploitation, en y comprenant le bétail, la valeur des engrais, le matériel et l'ameublement du ménage, s'élève : pour la ferme de Rexpoëde, à 9,153 fr. 66, soit par hectare 508 fr. 44; pour la ferme de Killem, à 14,078 fr. 45, soit par hectare 454 fr. 14; pour celle d'Armbouts-Cappel, à 18,125 fr. 10, soit par hectare 469 fr. 22. — La moyenne est de 477 fr. par hectare.

*Rendements moyens.* — Les rendements moyens des trois fermes sont de 25 hectolitres à Rexpoëde, 30 à

Killem et 32 environ à Armbouts-Cappel. M. Vandercolme arrive à Rexpoëde sur son faire-valoir à un rendement qui dépasse 36 hectolitres. Les fermiers améliorateurs de Killem et d'Armbouts-Cappel n'obtiennent pas encore, comme on le voit, les mêmes résultats.

Le rendement des betteraves dépasse maintenant 60,000 kilogrammes à l'hectare sur les terres soumises au nouvel assolement triennal de M. Vandercolme fondé sur l'emploi des fourrages artificiels.

Dans un travail fait avec intelligence et soin en 1839 pour la péréquation de l'impôt foncier dans le département du Nord, où tous les intérêts ont été consultés d'abord dans la commune, puis dans le canton, au chef-lieu d'arrondissement et au chef-lieu du département, enfin accepté par le Conseil général après une longue discussion, les revenus des terres des trois communes ont été ainsi évalués :

| | Terres en labour. | Prés. | Pâtures. |
|---|---|---|---|
| | Fr. | Fr. | Fr. |
| Rexpoëde................... | 72.00 | 75.00 | 90.00 |
| Killem ................... | 70.00 | 55.00 | 91.00 |
| Armbouts-Cappel........... | 62.50 | 77.00 | 97.00 |

Il y avait alors 4 hectares de marais à Killem, d'un revenu évalué à 42 fr. 50.

On voit par ces chiffres que le sol de Rexpoëde était estimé plus fertile et valait plus, à culture égale, qu'à Killem et à Armbouts-Cappel ; un fermier habile peut intervertir cette situation. Les pâtures d'Armbouts-Cappel sont plus productives que celles des deux autres villages, elles le doivent à la qualité du sol et à l'humidité, le sol étant plus bas ; en outre elles ne sont pas à usage de verger comme à Killem et à Rexpoëde. Depuis 1839 les terres de ces deux villages se sont beaucoup améliorées et les plantations d'arbres en disparaissent.

*Baux.* — Les baux se concluent pour neuf ans ; un couvre-chef ou pot-de-vin d'une valeur de la moitié d'une année de fermage se paie au propriétaire à chaque renouvellement. M. Vandercolme ne fait payer ce pot-de-vin que par neuvième. Le taux moyen du loyer de la terre dans le pays, est de 50 à 60 fr. la mesure de 44 ares ou de 114 à 136 fr. l'hectare. C'est sur la ferme d'Armbouts-Cappel que le loyer des trois fermes étudiées est le plus faible. M. Vandercolme ne porte pas ses loyers au maximum pour encourager les fermiers à améliorer la culture. En ce qui concerne Armbouts-Cappel notamment il trouverait les meilleurs fermiers, même en leur demandant 4,200 fr. en principal et 2,100 en pot-de-vin, ce qui ferait 4,200 plus 223 (le neuvième de 2,100), ou 4,433 fr. au lieu de 3,745. Pour faire exécuter les améliorations, il maintient les loyers au-dessous de leur valeur.

*Statique chimique.* — Les exportations des fermes consistent principalement en graines céréales, en lin et colza, en betteraves et en produits animaux. Si nous appliquons les mêmes calculs que nous avons faits pour la ferme de Masny, nous trouvons les résultats suivants pour une année :

|  | Azote total exporté. Kilog. | Acide phosphorique total exporté. Kilog. | Potasse totale exportée. Kilog. |
|---|---|---|---|
| *Rexpoede*. Par les produits végétaux....... | 1,251 | 328 | 547 |
| —         —         animaux ....... | 71 | 35 | 49 |
| Totaux... | 1,322 | 363 | 596 |
| *Killem*. Par les produits végétaux........ | 2,601 | 682 | 1,137 |
| —         —         animaux......... | 158 | 77 | 110 |
| Totaux... | 2,759 | 759 | 1,247 |
| *Armbouts-Cappel*. Par les produits végétaux. | 3,357 | 881 | 1,467 |
| —         —         animaux. | 198 | 97 | 138 |
| Totaux... | 3,555 | 978 | 1,605 |

En rapportant maintenant à l'hectare, on obtient pour les valeurs de l'exportation :

|  | Rexpoede. | Killem. | Armbouts-Cappel. |
|---|---|---|---|
| Azote,.................... | 73 kil. | 89 kil. | 91 kil. |
| Acide phosphorique .......... | 20 | 24 | 31 |
| Potasse...... ............. | 33 | 40 | 52 |

En comparant les importations directes avec les exportations, on obtient les résultats suivants :

|  | Rexpoede. | Killem. | Armbouts-Cappel. |
|---|---|---|---|
| Azote exporté par hectare............ | 73 kil. | 89 kil. | 91 kil. |
| Azote importé par hectare ........... | 33 | 35 | 52 |
| Excédant d'exportation..... | 40 | 54 | 39 |
| Acide phosphorique exporté par hectare. | 20 | 24 | 31 |
| Acide phosphorique importé par hectare. | 46 | 48 | 72 |
| Excédant d'importation..... | 26 | 24 | 41 |
| Potasse exportée par hectare ........ | 33 | 40 | 52 |
| Potasse importée par hectare ........ | 11 | 11 | 17 |
| Excédant d'exportation..... | 22 | 29 | 39 |

Ainsi l'importation directe est insuffisante en ce qui concerne les matières azotées et potassiques; elle dépasse au contraire l'exportation en ce qui concerne l'acide phosphorique. Pour expliquer l'accroissement de la fertilité du sol dans les trois fermes malgré ces constatations chimiques, il faut remarquer que l'on a augmenté notablement depuis quelques années, l'épaisseur de la couche cultivée et qu'il y a en outre un apport indirect très-notable par suite des eaux souterraines qui se trouvent en général à une trop petite distance de la surface pour ne pas l'enrichir et fournir aux plantes des aliments en quantité notable; cet apport indirect a lieu principalement à Killem et à Armbouts-Cappel, qui sont deux pays à wateringue, c'est-à-dire où les eaux du fond pourraient envahir les terres si on n'écoulait pas à la mer l'excèdant par des canaux toujours bien entretenus.

*Produit brut.* — Le produit brut, déduction faite des valeurs des semences, pailles et fumiers, que donne chacune des fermes, fournit la comparaison suivante par hectare :

|  | Ferme de Rexpoëde. | Ferme de Killem. | Ferme d'Armbouts-Cappel. |
|---|---|---|---|
| Rente du sol ou fermage | 114 fr. | 121 fr. | 98 fr. |
| Intérêts du capital d'exploitation | 25 » | 25 » | 33 » |
| Impôts | 17 » | 17 » | 14 » |
| Salaires et nourriture des gens de la ferme | 92 » | 147 » | 141 » |
| Frais accessoires (labours, engrais importés, etc.) | 126 » | 207 » | 167 » |
| Bénéfices de l'exploitant (y compris son propre travail) | 158 » | 136 » | 219 » |
| Totaux | 532 fr. | 653 fr. | 672 fr. |

La faiblesse du prix de bail du fermier d'Armbouts-Cappel explique en partie les grands bénéfices qu'il obtient; toutefois, même en portant le fermage à un taux plus élevé, la part des bénéfices serait encore remarquable, comme elle l'est d'ailleurs pour les deux autres fermes. Le propriétaire n'a pas eu intérêt à trop élever les loyers, car il eut empêché les améliorations de s'effectuer ; son principe était d'encourager les fermiers, sûr qu'il retrouverait un jour et au delà par la plus-value des terres l'abandon d'intérêts qu'il a fait volontairement. S'il avait voulu augmenter le fermage dans la même proportion que ses voisins, il n'eut pas trouvé ses fermiers disposés à le seconder ; du moment qu'ils y eussent mis de la mauvaise volonté, aucune amélioration n'était plus possible ; tout le mal qu'il s'était donné, tout l'argent qu'il avait dépensé, étaient perdus ; il eut en outre passé pour n'avoir rien fait de bon. En fait d'améliorations agricoles, il y a économie à ne rien épargner. Les bons résultats que donne le concours du propriétaire s'associant en quelque sorte avec les fermiers, forment la conséquence la plus importante de l'étude comparative des fermes de M. Vandercolme.

Une autre conséquence de notre étude doit être encore de montrer combien sont importants les services rendus au pays par M. Vandercolme, qui a introduit le drainage en 1849 et l'a fait adopter dans tout le département du Nord, de manière à amener une plus-value d'un cinquième dans les terres drainées, labourées profondément et marnées ; qui a supprimé les fossés découverts de manière à rendre à la culture 6,000 hectares au moins, ce qui a certainement enrichi l'arrondissement de Dunkerque de 4 à 5 millions; qui a importé la race Durham, de manière à améliorer la race flamande sans lui faire perdre ses qualités laitières et en augmentant son aptitude à l'engraissement; qui a enfin montré qu'on peut avec des travaux très-simples, très-peu coûteux, empêcher les fumiers de subir une grave déperdition par suite du lavage au moyen des eaux pluviales. Il y aurait encore à citer des expériences sur l'emploi des fumiers couverts, puis l'introduction de diverses variétés de blés étrangers d'une plus grande puissance productive que les blés du pays; enfin le remplacement des saules dont le produit annuel n'est guère que de 20 centimes par des arbres fruitiers de choix tels que des poiriers et des pommiers donnant un produit d'au moins 18 à 20 fr.

M. Vandercolme soutient avec raison qu'on pourra accroître considérablement la production des fourrages par le système des pâturages artificiels composés d'un mélange de ray-grass d'Italie et de trèfle qu'il a soumis à l'expérience. La ferme qu'il va transformer ne compte que 8 vaches; elle en aura bientôt 24 ou 25. Les blés Chidam de sa récolte de 1869 ont fourni un rendement de 50 hectolitres à l'hectare; sur l'ensemble présentant diverses variétés, il a eu 45 hectolitres. En outre ses blés n'ont pas versé, ce qu'il attribue surtout à ce qu'ils ne reçoivent pas directement d'engrais et à ce qu'il ne fume que l'herbe après laquelle viennent les betteraves et ensuite le blé. La culture qu'il propose est tellement simple qu'elle est à la portée de tous les propriétaires

qui voudront habiter les champs pendant quelques mois
de l'année ; en y dépensant une partie de leurs revenus,
ils changeront complétement d'aspect la culture de campagnes où ils trouveront un véritable bonheur. Tout le
monde cherche le moyen d'augmenter la production de
la viande en France. Les essais que M. Vandercolme a
entrepris prouvent qu'on peut au moins doubler économiquement le nombre des bestiaux. Il fait passer les
théories dans une pratique bien entendue.

Peu de réformes agricoles aussi complètes et aussi
utiles ont été entreprises que celles auxquelles s'est voué
le propriétaire des fermes de Rexpoëde, de Killem
et d'Armbouts-Cappel.

# L'AGRICULTURE

### DES ENVIRONS IMMÉDIATS

## DE DUNKERQUE

# CHAPITRE PREMIER



Pour l'étude que nous avons entreprise sur l'agriculture du Nord, il est extrêmement intéressant de connaître les industries agricoles qui apportent leur concours à la prospérité de la culture des champs, soit en transformant les récoltes, soit en fournissant aux exploitations rurales des matières fertilisantes.

Il faut placer au premier rang les huileries. Il en existe deux à Dunkerque, mais une seule était en activité en 1868, c'est celle de MM. Marchand frères, qui ont obtenu une médaille d'argent à l'Exposition universelle de 1867 ; elle est, dans cette industrie, une des fortes maisons du département du Nord. Elle consomme tous les jours de 1,000 à 1,100 hectolitres de graines de diverses espèces, et elle produit, par vingt-quatre heures, 45,000 kilog. de tourteaux, soit environ 15 millions de kilog. par an. La moitié de ces tourteaux est consommée dans les environs, jusqu'à Saint-Omer. Ce n'est que depuis quelques années qu'on emploie les tourteaux dans le pays. Si l'on remonte à 1862, on constate qu'alors les cultivateurs s'en servaient à peine ; presque tous les tourteaux des huileries étaient expédiés en Angleterre. La consommation en augmente maintenant d'année en année.

Trois grandes sucreries jouent un rôle agricole important. C'est d'abord la fabrique de Steene, dont la raison sociale est maintenant Dantu-Dambricourt et Durin. Cette usine travaille 175,000 kilog. de betteraves par vingt-quatre heures. La quantité totale employée dans la campagne 1868-1869 a été de 24 millions de kilog. M. Dantu est propriétaire d'une ferme de 240 hectares attenant à la fabrique, et il la cultive lui-même. A la sucrerie il joint une distillerie montée avec des appareils Savalle, qui travaille les mélasses et des grains à l'occasion ; on y rectifie en outre les flegmes de six distilleries.

Après la sucrerie de Steene, il faut citer celle de MM. Duriez frères, à Coppenaxfort, qui travaille environ 130,000 kilog. de betteraves par vingt-quatre heures, et celle de MM. Henri Mathieu et Candelier, à Cappel, qui en travaille 50,000 kilog. ; M. Henri Mathieu cultive une ferme attenant à la sucrerie.

Parmi les distilleries de betteraves, nous avons déjà signalé celle de M. Bouchet à Rexpoëde ; nous devons citer encore celle de M. Leinhouder, à Wormhoudt, qui comme celle de M. Bouchet est au milieu des terres. La distillerie de M. Hovelt, à Zuydcoote, est située sur le canal de Dunkerque à Furnes.

Avant la guerre civile des deux Amériques, il n'existait
à Dunkerque qu'une seule filature de lin ; elle avait été
créée en 1837 sous la raison sociale Malo, Dickson et Cⁱᵉ,
au capital de 150,000 fr. qui a été successivement augmenté.
En 1856 cette maison s'est reconstituée sous la raison
D. Dickson et Cⁱᵉ, et son capital a été porté à 2,400,000 fr.,
dont 600,000 fr. de fonds de roulement. Elle employait
alors 1,000 ouvriers, et elle travaillait par an, 1,500 tonnes
de 1,000 kilog. de lin et de chanvre, et 500 tonnes de
jute. Elle fabrique par an de 20,000 à 24,000 pièces de
toile à voile. Les événements qui déchirèrent les États-
Unis eurent pour résultat de considérablement élever
le prix des fils en en augmentant la demande. Cela engagea beaucoup de négociants à créer des filatures de lin,
et surtout de jute. C'est ainsi qu'à partir de 1862, dix filatures travaillant les unes au lin mouillé, les autres au
lin sec, s'élevèrent à Dunkerque. Les filatures au sec ne
filent que les gros numéros et consomment plus de lin
que celles au mouillé. Ensemble, et en y comprenant celle
de MM. Dickson et Cⁱᵉ, elles occupaient 5,700 ouvriers,
et elles produisaient par jour 48,000 kilog. de fils de
jute. Mais, depuis le rétablissement de la paix entre les États
du Nord et ceux du Sud, la demande des fils a beaucoup
diminué, les prix se sont avilis et il y a eu un grand encom-
brement de marchandises fabriquées. Dans le courant de
1868, six filatures dunkerquoises ont dû arrêter leurs mé-
tiers, la valeur d'un kilogramme de fil de lin étant tombée
au-dessous de la valeur d'un kilogramme de lin peigné, de
telle sorte qu'il y avait perte totale de la main-d'œuvre et au

delà. Le capital des actionnaires est entièrement perdu, et un grand nombre de familles qui avaient placé toutes leurs économies dans les nouveaux établissements, créés d'une manière un peu aventureuse, se trouvent ruinées. Cette crise déplorable doit être entièrement attribuée à l'exagération d'une production qui s'est trouvée hors de proportion avec les besoins de la consommation.

Il existe aussi à Dunkerque deux filatures de coton: l'une a fermé ses ateliers à la fin de 1868. Une fabrique de filets de pêche, établie depuis quatorze années, continue a être prospère et emploie 300 ouvriers.

# CHAPITRE II



On a vu précédemment que les bouchers et les laitiers de Dunkerque louent les pâtures dites grasses pour y placer leurs animaux. Ces pâtures excellentes sont affermées de 150 à 260 fr. l'hectare, suivant leur qualité et par conséquent suivant qu'elles peuvent plus ou moins bien engraisser les bêtes que l'on y met à paître. On compte à Dunkerque 48 laitiers, dont 17 dans l'intérieur de la ville et 21 dans la banlieue. Ils livrent chaque année à la boucherie 320 vaches grasses; leurs animaux sont en général très-remarquables. Il y a depuis quelques années, tous les mercredis saints, un concours de bêtes grasses entre les laitiers de l'arrondissement, sous les auspices de la Société d'agriculture qui donne des prix en argent, accompagnés de médailles d'argent et de bronze; en outre, une médaille d'argent grand module donnée par la ville de Dunkerque est jointe au premier prix. On trouve dans ces concours de très-beaux animaux qui figureraient avec honneur dans plus d'un concours régional ; on n'y admet que des vaches donnant encore du lait.

Lorsqu'une pâture grasse vient à être mise en vente, elle est généralement achetée par un fermier qui en donne un prix élevé parce que le plus souvent il se propose de la rompre. On a des exemples de champs où l'on a fait des récoltes non interrompues pendant quinze à vingt ans sur des pâtures rompues et sans y mettre d'engrais, avec des rendements de 40 à 45 hectolitres de blé et de 75,000 kilogrammes de betteraves. Ces faits expliquent pourquoi depuis une vingtaine d'années il a disparu déjà plusieurs centaines d'hectares de pâtures grasses et pourquoi il est probable que celles qui n'appartiennent pas à des fermes finiront par disparaître complétement en raison du grand avantage qu'il y a à les transformer en terres à labour. Les meilleures pâtures grasses se trouvent autour de Bergues et de Hondschoote. Celles qui ont été labourées constituaient généralement des propriétés à part, ne tenant pas à des corps de ferme. Toute ferme qui a des pâtures grasses se loue plus cher et les propriétaires tiennent à les conserver, d'autant plus qu'on ne fait pas à volonté une pâture grasse, il faut que la nature du sol s'y prête. Mais pour le cultivateur qui achète une telle pâture, il y a un véritable avantage à la transformer en terre arable, parce qu'il y trouve un énorme fond de réserve, une mine à exploiter sauf à l'épuiser plus ou moins

rapidement. Jusqu'alors on n'avait pris que peu à la
terre; la richesse y est emmagasinée; on l'enlève par des
récoltes épuisantes. C'est ainsi que depuis 1853, sur
la commune d'Hoymille, qui touche aux murs de
Bergues, 75 hectares de pâtures grasses sur 200 qui
s'y trouvaient ont été labourés; il en a de même disparu
50 sur 150 hectares qui restaient à Quaedypier; 50 sur
125 à Condekerque; 25 sur 100 à Socx. A la fin de
janvier 1869, on a vendu aux portes de Bergues 5 hectares
50 ares de pâtures grasses au prix de 55,000 fr., frais
compris; au bout de quelques jours la charrue les
avait déjà labourées. En présence de ces faits, M. Vandercolme estime que son système de pâturages artificiels,
sur lequel nous avons insisté plusieurs fois, finira par
s'étendre et par rendre de grands services, puisqu'il
fournit des animaux presque aussi bien engraissés que les
pâtures grasses, et que, par conséquent, il pourra remplacer
celles-ci. Les pâturages artificiels de M. Vandercolme ont
cela d'avantageux qu'ils nourrissent sur la même étendue
de terrain, un nombre de bêtes double de celui des bêtes
nourries sur les pâtures permanentes ordinaires, soit
4 bêtes sur un hectare au lieu de 2, ce qui permet de
dépasser sur les fermes, une tête de gros bétail par
hectare. Toutefois la propagation ne peut être rapide,
puisque ce système exige le concours des propriétaires
et des fermiers. Il faut agrandir les étables, établir des
clôtures, il faut en outre des baux d'une durée de plus
de neuf ans pour que le fermier puisse rentrer dans les
avances faites à la terre. Là ou M. Vandercolme a

établi son système, il y a eu accroissement de valeur locative de 15 fr. par mesure de 44 ares, et s'il était locataire au lieu d'être propriétaire, il est probable qu'on augmenterait le prix de son fermage dans trois ans, ce qui lui ferait perdre les avantages de son amélioration. C'est là un résultat que l'on trouve presque partout. Les améliorations ne peuvent être faites par les fermiers qu'avec des baux suffisamment longs et alors que les propriétaires ne cherchent pas à abuser des travaux de leurs fermiers en leur imposant à chaque renouvellement de bail des augmentations trop fortes.

# CHAPITRE III

LES DUNES DE DUNKERQUE

On a déjà vu que, au point de vue agricole, l'arrondissement de Dunkerque se compose de quatre régions bien distinctes, savoir : du Pays-au-Bois où se trouvent les fermes de Rexpoëde et de Killem, du Nordland où est située la ferme d'Armbouts-Cappel, des Moëres et enfin des dunes. Tout le Nordland et une petite partie du Pays-au-Bois sont soumis à l'administration des wateringues dont nous décrirons l'organisation en terminant cette étude sur cette région. Auparavant nous allons d'abord nous occuper des dunes.

Les dunes sont situées à l'est et à l'ouest de Dunkerque. Elles avaient dans l'ancien temps une grande largeur, et elles s'étendaient fort loin au sud; on est parvenu et on parvient encore à s'en rendre maître et à conquérir de nouveaux terrains sur les lais de mer, à l'ouest en

construisant des digues capables de résister aux efforts
des vagues lors des marées montantes, à l'est par des
plantations faites d'une manière convenable. Ces deux
sortes de dunes sont séparées par le chenal du port de
Dunkerque, et pour les former la nature suit des procédés tout à fait différents.

Les dunes de l'est (voir les planches 13 et 14) couvrent
une superficie d'environ 1,400 hectares. Elles sont bornées
au nord par la mer, au nord-est par les dunes belges et
au sud par le canal de Dunkerque à Furnes. Elles étaient
restées indivises depuis le seizième siècle, époque où elles
ont été concédées aux communes proportionnellement au
nombre de leurs habitants, jusqu'à ces dernières années
où le partage a eu lieu. 600 hectares appartenaient à la
ville de Dunkerque qui les a vendus il y a quelques années
à M. G. Malo.

Le reste des dunes est encore aux villes et aux villages
environnants qui louent ces propriétés communales soit
pour la chasse soit pour le pâturage. Lorsque la ville
de Dunkerque mit en vente ses terrains, il ne se présenta
que deux acquéreurs, M. Malo et M. Vandercolme; le
premier offrait une somme de 52,000 fr., le second s'engageait à mettre en vingt ans les 600 hectares en culture,
et, ce temps expiré, à rendre à la ville le dixième des
terres cultivées en parfait état. L'offre en argent fut pré-
férée, et M. Malo devint propriétaire des dunes appartenant
à Dunkerque.

A diverses époques, il avait été tenté des essais de culture qui n'avaient pas réussi; aussi avait-on l'opinion

générale que la mise en culture de ces dunes sableuses,
dont la surface était constamment enlevée par le vent,
était impossible ; on supposait d'ailleurs qu'un sol composé
d'un sable blanc pur et mobile, dont le niveau était en
outre plus élevé que celui des terres voisines, ne pourrait
pas rester pénétré de l'humidité nécessaire à la végétation.
Mais en s'arrangeant de manière à conserver et même à
accroître les monticules de sable vers le nord, on fait un
abri remarquable.

Une ligne de monticules allant du nord au sud peut préserver toute l'étendue des dunes des vents d'est, en formant des champs d'une contenance de 25 à 50 hectares,
où on trouve un climat presque méridional et où, grâce à
d'abondantes fumures, on pourrait obtenir des primeurs
pour les expédier sur Paris ; les sables acquièrent très-
vite une très-grande fertilité. M. Vandercolme avait l'intention de former une Société au capital de 1,200,000 fr.
et de n'employer d'abord que l'intérêt de cette somme,
soit 55,000 fr. par an, à essayer son système de culture
basé sur la fixation des dunes et les irrigations. Une fois
que l'expérience aurait donné des résultats satisfaisants,
M. Vandercolme eût agi avec le gros capital, et tout prouve
que si la ville eût accepté son offre, toutes les dunes de
l'est seraient aujourd'hui cultivées.

On fixe facilement le sable des plus hauts monticules au
moyen de plantations d'oyats qui viennent naturellement
dans les sables des dunes. L'oyat (*Ammophila arundinacea*
de Host, ou *Arundo arenaria* de Linnée) se multiplie au
moyen de ses drageons, et il fournit un excellent moyen

de fixer les sables mouvants à l'aide de ses longs rhizomes traçants ; il s'élève à une hauteur de 80 centimètres à 1 mètre. Entre les oyats, on sème de la luzerne dont les racines s'enfoncent profondément dans le sable. Au bout de deux ans, le terrain est couvert d'une belle végétation, et on enlève les oyats dont les tiges forment un obstacle au fauchage. Ce procédé a complétement réussi, même sur les dunes les plus élevées, dont quelques-unes ont une hauteur de plus de 20 mètres. La dépense s'élève à environ 200 fr. par hectare.

Le premier soin de M. Malo a été d'ouvrir dans les dunes de bonnes routes cailloutées, le long desquelles s'élèvent déjà plusieurs élégantes constructions dont le nombre augmente tous les jours. Les terrains pour bâtir se vendent de 2 à 4 fr. le mètre ; les terrains abrités par les monticules plantés ont été nivelés, et déjà quelques hectares ont été loués au prix de 80 à 100 fr. chaque pour y mettre des pommes de terre ; deux hectares ont été plantés en asperges qui y prospèrent et y donnent déjà un produit de qualité supérieure. Tout prouve donc que les craintes que l'on avait conçues au sujet de la culture des dunes étaient chimériques.

Un homme d'énergie et d'initiative, M. Petyt, qui nécessairement a eu à lutter contre les préjugés et le dénigrement, a obtenu la concession d'un chemin de fer de Dunkerque à Furnes qui traverse les dunes dans toute leur longueur et qui doit assurer la prospérité du pays. Ce chemin était construit dès la fin de 1868 ; espérons qu'il ne s'écoulera pas de longues années avant sa mise en exploitation. De la gare de Dunkerque à celle de Furnes, la distance totale est de 21 kilomètres 940 mètres ; on compte 4,570 mètres de la gare de Dunkerque à la station de Rosendael ; 6,280 mètres de Rosendael à Ghyvelde ; 2,990 mètres de Ghyvelde à Adinkerque ; et enfin 5,110 mètres d'Adinkerque à la gare de Furnes, ce qui fait bien en tout 21,950 mètres (voir plus loin la planche 14). Ce chemin de fer deviendra la voie la plus directe pour les voyageurs qui débarqueront à Boulogne ou à Calais pour se rendre en Belgique. La contrée sera florissante, si surtout on a soin d'empêcher le bétail laissé libre de dénuder les surfaces engazonnées.

Les eaux de la rivière de l'Aa et celles sortant du port de Dunkerque, rencontrent, en se jetant dans la mer, les courants de la Manche, précisément dans le passage le plus étroit du bras de mer. Elles ne peuvent vaincre la résistance de ce courant, elles sont rejetées sur la côte ouest. Là elles déposent le limon dont elles sont chargées et forment une plage qui prend une largeur regardée par les ingénieurs comme menaçante pour le port de Dunkerque, de telle sorte que, dans la crainte de voir l'entrée de ce port se combler, ils s'opposent aux concessions qui en approchent de trop près. Les alluvions de l'Aa et les vases du port de Dunkerque mêlées au sable donnent un sol trop compact pour former des monticules mouvants et constituent tout de suite une excellente terre propre à l'agriculture. Aussi les concessions qui ont été obtenues dans ces dernières années sont-elles en complète prospérité ; dès que les terres ont été abritées par des digues, elles ont pu être mises en pleine culture et elles sont d'un bon rapport.

Cette partie de l'arrondissement de Dunkerque est certainement une des plus curieuses à étudier. Des sables qu'on avait crus voués à une stérilité éternelle donnent des fourrages en abondance et se prêtent merveilleusement à toute espèce de culture. Tous ceux qui possèdent des terrains analogues doivent profiter d'un pareil enseignement.

# HISTOIRE & DESCRIPTION

## DU DESSÉCHEMENT

## ET DE LA MISE EN CULTURE

# DES MOËRES

PLANCHE B. — *Saint Omer bénissant les instruments du desséchement des Moëres* (voir p. 26).

# CHAPITRE PREMIER



L'histoire du desséchement et de la mise en culture des Moëres mérite à un haut degré l'attention des agriculteurs et des hommes d'état ; elle donne un exemple et des leçons d'un caractère particulièrement instructif. L'exemple, on est habitué à aller le chercher dans les Pays-Bas ; c'est celui d'un vaste terrain habité et cultivé, quoique situé au-dessous du niveau moyen de la mer, sur laquelle il a été conquis et contre laquelle il est conservé, grâce à l'emploi permanent de machines. Les leçons sont de deux sortes. On voit les travaux de la paix édifier et ceux de la guerre détruire ; tour à tour la prospérité des exploitations rurales est remplacée par la ruine, la misère et la peste, ou réédifiée par le travail fécondant. On voit aussi les cultivateurs tirer d'un sol fertile, qu'ils croient inépuisable, d'abondantes récoltes qui diminuent peu à peu d'importance, là où l'on méconnaît le principe de la restitution au sol des éléments exportés par la vente des denrées produites. L'homme peut triompher des obstacles matériels qui paraissent les plus invincibles ; il succombe en obéissant aux passions ou en suivant des systèmes fondés sur l'ignorance des lois de la nature.

La concession du desséchement des Moëres a été accordée cinq fois par les gouvernements du pays. Cinq fois le desséchement a été entrepris et exécuté. Deux fois les hommes de guerre ont dévasté entièrement ce qu'à force de génie d'abord et de beaucoup de peine ensuite les hommes de paix avaient établi ; deux fois aussi la négligence, l'incurie, de mauvaises lois ont laissé les eaux reprendre possession du sol. Un cinquième et dernier desséchement a enfin triomphé, au bout de deux siècles, des difficultés de la nature et de celles plus grandes encore dues à la faute des hommes de mal opposés aux hommes de bien.

Le territoire de l'arrondissement de Dunkerque était naguère presque complétement couvert par les eaux de la mer. Les vagues de l'Océan venaient battre le pied de la montagne de Cassel. Tout le pays était encore submergé dans des temps peu reculés, ainsi que l'attestent les noms d'un grand nombre de villages. Cette verdoyante plaine, où coule l'Aa, a été enlevée au domaine de la mer qui continuerait à l'envahir périodiquement pendant le reflux pour l'abandonner pendant le flux, si des travaux de main d'homme ne le défendaient contre les flots ; elle est livrée à la culture depuis le douzième siècle, ainsi que le vaste

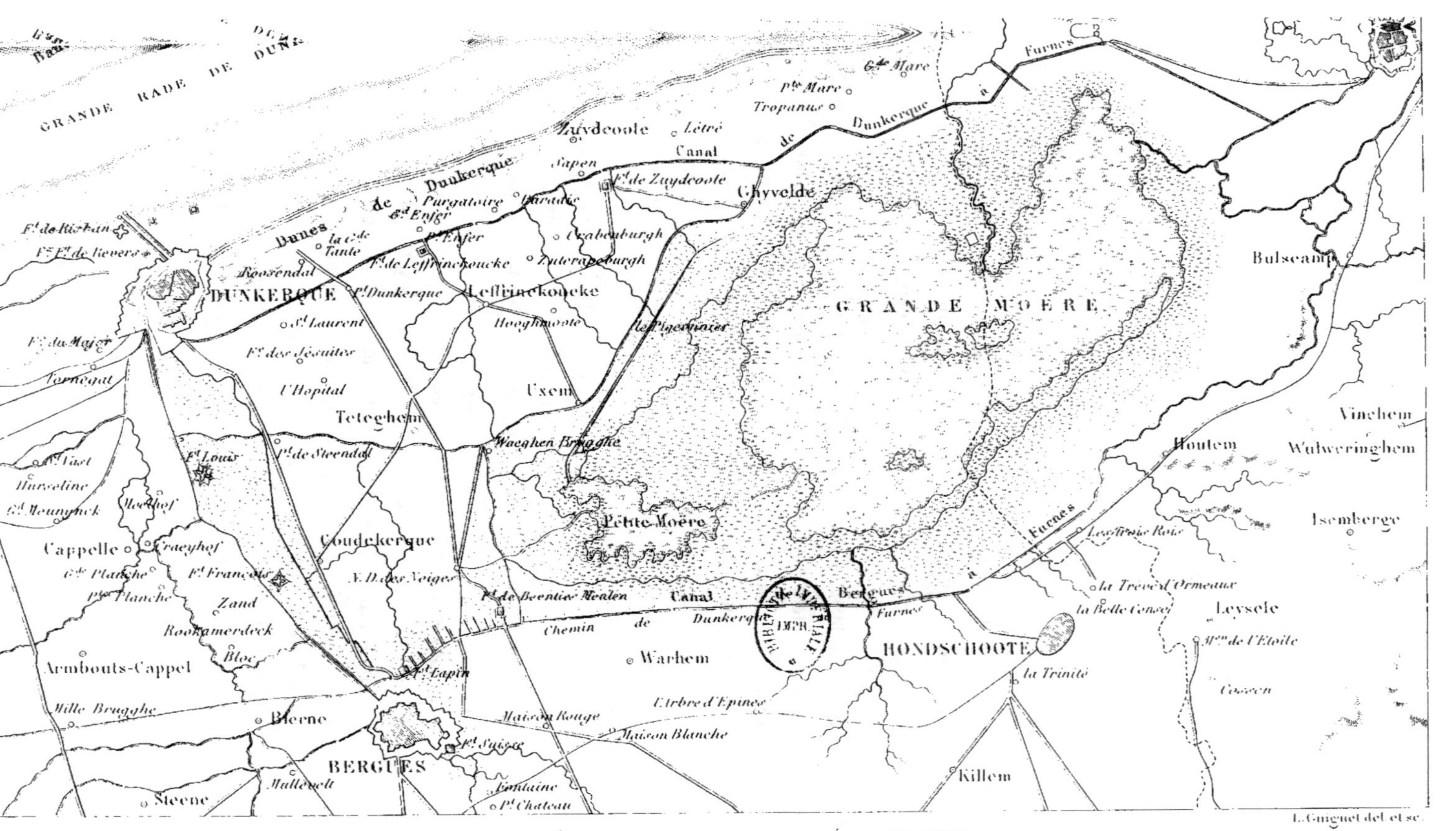


LES MOËRES AVANT LE DESSÉCHEMENT

L. Guiguet del. et sc.

espace dont elle fait partie, espace de quatre-vingt-dix
lieues carrées, limité par les dunes et deux contreforts entre
Calais, Nieuport et Saint-Omer. Nous verrons par quels
moyens on est parvenu à le soustraire à l'action de la haute
mer et comment les administrations, dites des wateringues,
entretiennent l'écoulement des eaux et la fertilité des
campagnes dans un terrain qui, deux fois par jour, pourrait être submergé par les eaux de la Manche. Dans cet
espace (voir pl. 13) entre Dunkerque, Bergues et Furnes, est
un bassin qui occupe environ 22,000 hectares ; il présente
en général une dépression vers la mer ; mais une partie,
ayant une étendue de 3,278 hectares, se trouve à un niveau
inférieur à celui des terres voisines et forme une espèce
de cuvette. Quelques historiens pensent que jadis il y
avait là une sorte d'anse maritime existant encore au douzième siècle et qu'il se trouvait même, entre Furnes et
Nieuport, un petit port qui a été détruit lors de la construction de celui de Nieuport. Quoi qu'il en soit, deux
lacs marécageux, nommés les *Moëres*, demeurèrent longtemps couverts d'eau après l'établissement des wateringues. Ces lacs, de cinq lieues de tour, formaient un
cloaque infect, effroi des populations. Durant les étés
chauds, des maladies épidémiques et la peste dépeuplaient
les contrées environnantes. C'est ainsi que Bergues fut
longtemps réputée un séjour très-malsain et que sa population fut parfois décimée par les fièvres les plus désas-
treuses. Dunkerque et Furnes, étant situées tout près de
la mer, n'en subissaient pas des atteintes aussi fâcheuses.

Par suite des plaintes de plus en plus vives qui s'éle-

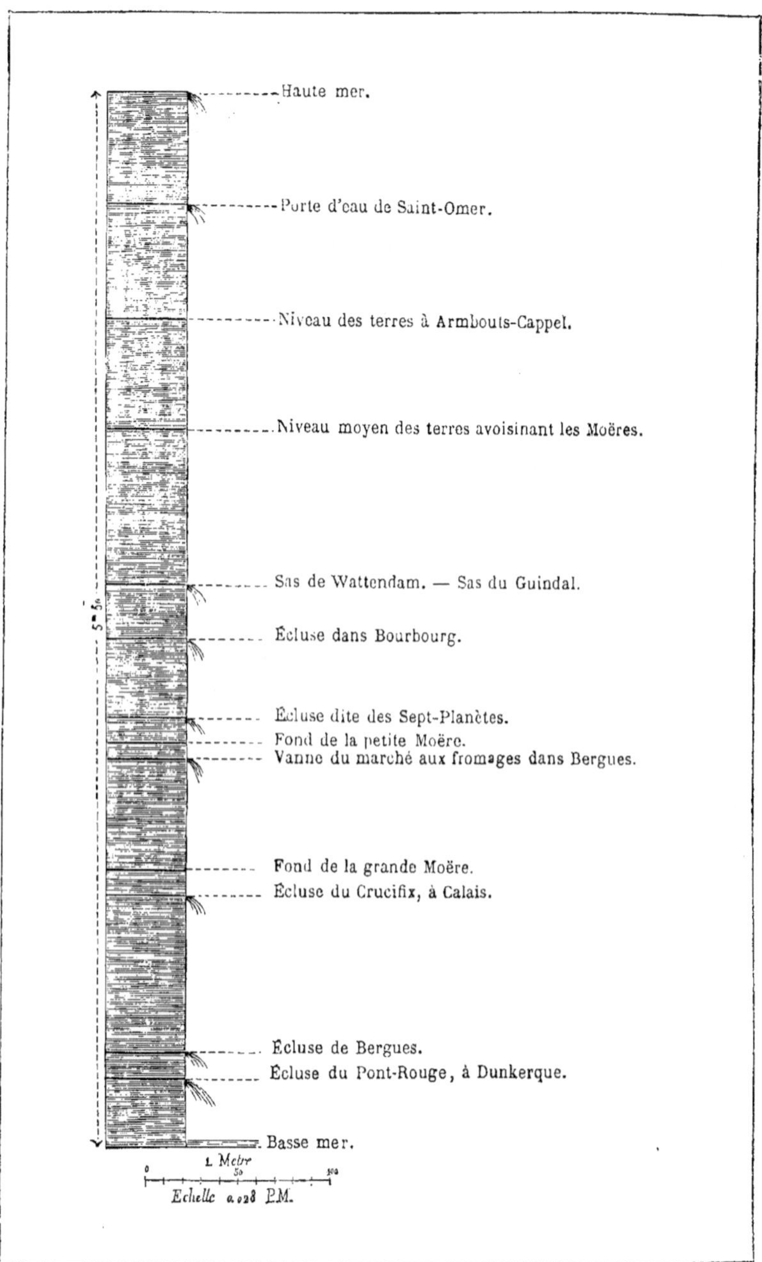


Fig. 17. — Niveaux comparés de la mer, du fond des Moëres, des radiers de quelques écluses et du sol dans les Wateringues des côtes de la Manche.

vaient chaque jour, le gouvernement espagnol, maître
alors de la Flandre, se trouvait disposé, au commencement du dix-septième siècle, à écouter toutes les propositions qui lui seraient faites pour combattre ces fléaux et
rendre à la culture cette grande étendue de terre.

Afin que l'on se fasse une idée exacte des difficultés
que l'homme eut à vaincre pour gagner sur la mer tout
ce pays et contre lesquelles il doit constamment lutter pour
le cultiver, nous donnons l'échelle (fig. 17) des niveaux
comparés de la basse mer et de la haute mer, des radiers
de quelques écluses, du fond des Moëres et de l'altitude
du sol dans les wateringues de Dunkerque à Armbouts-
Cappel. On aperçoit d'un coup d'œil combien il serait facile
à l'Océan de couvrir deux fois par jour tant de terres où
les laboureurs reposent et travaillent en paix à l'abri de
quelques digues.

# CHAPITRE II



On lit dans l'*Histoire de Dunkerque*, par Victor Derode, p. 26 : « Au dix-septième siècle, les Moëres n'étaient qu'un lac pestilentiel, n'ayant d'autres produits que la fièvre, qu'elles répandaient au loin, et la pêche affermée à un prix minime. Dans le conseil des archiducs, il avait été question de dessécher ces mares funestes. On commença par s'en assurer la propriété. Une sentence, ou acte de purge, fut publiée en 1616. Un sieur Nicolas Baert, de Dunkerque, se présenta comme réclamant, mais cela n'eut pas de suite. Un autre habitant de Dunkerque, Roland Gérard, receveur particulier pour le roi de France, dressa le plan du travail à exécuter ; il partagea le futur terrain en portions nommées cavels (cavel est un mot flamand qui signifie lot réparti par le sort), et réclama l'adjudication. Il avait pour cautions les sieurs de Froyennes, Dasniau et leurs associés. Gérard obtint pour sa part les trois cinquièmes du terrain, plus cinquante mesures. On lui concédait l'écluse de Moerevaert, près de la porte de Dunkerque. Il avait haute, moyenne et basse justice, droit de vent, droit d'eau, un marché par semaine, deux francs marchés par an. De plus, tous ceux qui s'emploieraient à cette entreprise étaient, pour tout le temps des travaux et six mois après leur achèvement, exempts d'impôts et de toute dette civile. Les futurs habitants étaient libérés de toute contribution pendant dix-huit années. Une seule réserve était faite en faveur du culte : dix années après la première moisson, on aurait prélevé la cinquantième gerbe pour le curé. Malgré de si favorables conditions, Roland Gérard fit des difficultés à l'occasion de certaines eaux qui se rendaient dans les Moëres. Néanmoins une seconde sentence de purge fut proclamée en 1621. Le canal d'enceinte était tracé. La concession fut transportée à un autre. Wenceslaus Cobergher accepta l'héritage de Roland Gérard. »

Ici entre en scène l'homme qui a attaché éternellement son nom à une œuvre plus glorieuse que tant de conquêtes dont les récits sont incessamment mis sous les yeux de la jeunesse, tandis qu'on laisse dans l'oubli les efforts de ceux dont tous les actes ont été des bienfaits. La mémoire de Cobergher doit être vénérée par tous les amis de l'humanité. Il a entrepris et est parvenu à exécuter en quelques années des travaux gigantesques pour l'époque à laquelle ils ont été exécutés, et qui apportaient un grand soulagement aux populations dont le bien-être était loin alors de préoccuper les puissants de la terre.

Avant la description de ces travaux quelques lignes sur l'homme sont nécessaires. Nous les empruntons à M. Bortier, grand propriétaire à Ghistelles, près d'Ostende, qui, dans deux notices publiées à Bruxelles en 1857 et en 1865, a remis en lumière l'œuvre de celui qui fut à la fois grand peintre, grand architecte et grand ingénieur. M. Bortier parle en ces termes d'un homme dont le nom ne figure même pas dans la plupart des dictionnaires biographiques, tant il est vrai que les services rendus à l'agriculture sont restés généralement méconnus jusqu'à ce jour :

« Voici un de ces types, au front large et élevé, au regard incisif, dont les traits révèlent l'originalité, commandent l'attention et sont dignes d'inspirer le pinceau d'un grand peintre. Van Dyck a admirablement rendu cette physionomie dans un beau portrait. En évoquant une des célébrités du seizième siècle, les arts, le génie civil et l'agriculture veulent acquitter une dette de reconnaissance.

» Cobergher naquit à Anvers en 1560. Son penchant le poussa d'abord vers la peinture, et bientôt il se distingua parmi les nombreux élèves de Martin de Vos, l'un des meilleurs peintres de cette époque. Épris d'amour pour la fille de son maître, la belle Ziska, et désespéré de ne recevoir en retour que fierté et dédain, il quitta Anvers et alla chercher l'oubli en Italie. La passion de l'artiste étouffa peu à peu celle du jeune homme ; Florence et ses musées commencèrent sa guérison. Admirateur enthousiaste de l'école italienne, il alla à Rome pour compléter ses études, et se consacrant tout entier à ses pinceaux, il exécuta pour la confrérie des archers d'Anvers le tableau qui représente le *Martyre de saint Sébastien* ; ensuite il peignit, pour une église de la même ville, le *Christ présenté au peuple*, et adressa à Bruxelles, le *Christ détaché de la croix*. Ce dernier tableau et le *Martyre de saint Sébastien* furent envoyés à Paris en 1794, et y restèrent jusqu'en 1815. Le *Christ présenté au peuple* faisait partie de la collection du duc de Brunswick ; il fut, vers la même époque, envoyé au musée de

Toulouse qui dut, quelques années plus tard, en opérer la restitution.

» Dès ses débuts en peinture, Cobergher était déjà passé maître,
et ses succès lui attirèrent des inimitiés telles, que ses rivaux
allèrent jusqu'à mutiler sa première œuvre, celle qu'il avait faite
pour les archers d'Anvers. Livré tout à la fois à l'étude des chefs-
d'œuvre de la peinture et de l'architecture, il dressa les plans qui
servirent à construire l'église du Béguinage à Bruxelles, puis
envoya à Rome les dessins des Carmélites et des Augustins de
Bruxelles.

» Les succès de Cobergher, comme peintre et comme architecte,
lui valurent la gloire et la fortune ; Albert et Isabelle l'appelèrent
à leur cour. Mais avant de quitter l'Italie, l'éminent artiste voulut
voir Naples, où l'appelaient la nature et l'art, les récits des voyageurs et l'enthousiasme des poëtes. A Naples, Cobergher se lia
d'amitié avec un de ses compatriotes, Louis Franck, dont la fille
lui inspira bientôt une vive passion. Sous l'influence de cet amour,
Cobergher composa son plus beau tableau, *le Christ pleuré par les
saintes femmes*. Sa belle fiancée y fait admirer la nature italienne ;
l'expression attendrie de sa tête y contraste avec l'air dédaigneux
d'une autre femme, la bouche pincée, au regard vague, dans
laquelle on devine la fille de Martin de Vos.

» Il est intéressant de rappeler l'opinion d'un homme véritablement compétent sur le talent de Cobergher, comme peintre, au
moment où nous allons le voir, sous une influence étrangère, briser ses pinceaux pour devenir administrateur habile, puis ensuite
ingénieur éminent. Voici comment s'exprime Josué Reynolds dans
son *Voyage en Flandre et en Hollande* : « *La Sépulture du Christ* par
» Cobergher est un tableau admirable dans le style de l'école ro
» maine. Les figures en sont élégantes, bien dessinées et d'un bon
» coloris. La draperie bleue de la Vierge est la seule partie défec
» tueuse ; les plis en sont mal disposés, et sa couleur n'est pas
» d'accord avec le reste. Ce tableau peut être comparé aux plus
» beaux ouvrages du Dominicain ; je fus fort étonné de voir tant de
» beautés dans l'œuvre de ce maître dont je ne connaissais, pour
» ainsi dire, que le portrait peint par Van Dyck. J'ai trouvé depuis
» d'autres morceaux de ce maître, mais aucun qui puisse être com
» paré à celui-ci, que je crois pouvoir placer au premier rang

» des tableaux qui sont à Bruxelles. Le charme séduisant du pin-
» ceau de Rubens a empêché ce tableau de Cobergher de jouir
» de la réputation qu'il mérite certainement. Sa simplicité ne peut
» rivaliser avec la splendeur de Rubens, du moins à la première
» vue, et il y a peu de personnes qui restent longtemps devant un
» tableau. Les meilleures productions des maîtres italiens, si elles
» se trouvaient placées dans les églises d'Anvers, seraient éclipsées
» par l'éclat de Rubens, quoique certainement elles ne devraient
» pas l'être ; le style brillant de ce maître ressemble à l'éloquence
» qui subjugue tout, et qui triomphe souvent du savoir et de la
» sagesse même. »

» Ce tableau eut le sort des deux autres que nous citions plus
haut ; il alla rejoindre pendant plusieurs années, au Louvre, les
plus belles toiles que la France *empruntait* alors, plus ou moins
volontairement, au reste de l'Europe. Aujourd'hui ces richesses
artistiques sont rentrées en notre possession.....

» Mais revenons à la belle jeune fille qui inspira l'œuvre la plus
remarquable de Cobergher. Devenue sa femme, Julia ne se contente plus des succès de l'artiste, elle veut monter plus haut ; sa
jeunesse et sa beauté légitiment, à ses yeux, ses rêves d'ambition,
il lui faut la cour d'Albert et d'Isabelle ; elle veut, pour son mari,
un titre de noblesse ; Cobergher est fait baron et Julia devient
baronne. Ce n'est pas souvent à la cour que s'éveille l'imagination
des artistes, ils n'y rencontrent pas toujours une Eléonore pour
soutenir leurs élans et élever leurs inspirations. Cobergher voulut
se soustraire à une influence dont il sentait déjà la redoutable
atteinte ; il jeta ses pinceaux, son équerre, et alla demander une
vie nouvelle aux méditations philosophiques, aux études sérieuses.

» Les misères qu'engendre la guerre, et les crises alimentaires
qui, trop souvent, en sont la conséquence, furent l'objet de ses
premiers travaux ; il fixa bientôt l'attention par la publication d'un
Mémoire sur l'organisation des Monts-de-Piété. Son projet fut
adopté ; le gouvernement lui confia l'administration de ces établissements et le nomma intendant général de toutes les fondations de
ce genre en Flandre. Il alla lui-même former le premier de ces
établissements à Bruxelles au commencement du dix-septième
siècle, et en érigea successivement d'autres à Anvers, Malines,
Tournay, Bergues, Valenciennes, Cambrai, Bruges, Lille, Douai,

Fig. 18 — Cobergher, auteur du premier desséchement des Moëres,
d'après un portrait de Van Dyck.

Namur et Courtrai. Sur la façade du Mont-de-Piété de Gand, on lit encore : Mons Pietatis. — *Hier leent men dern aermen oock zonder interest.* (Ici on prête aux pauvres, même sans intérêt.)

» Mais il nous tarde de parler de la plus grande entreprise de Cobergher, d'un des plus beaux projets qu'ait conçus le génie créateur de l'homme. Jeune encore, allant de Rome à Naples, il avait traversé des marais immenses connus sous le nom de marais Pontins, lieux insalubres où le sommeil est funeste et donne la fièvre ; son génie bienfaisant avait immédiatement reporté sa pensée vers la mère-patrie. Un marais moins étendu, mais non moins redouté par les populations voisines, existait alors entre Furnes, Bergues et Dunkerque ; l'air pestilentiel qui s'en exhalait enveloppait une grande étendue du pays, des fièvres intermittentes y décimaient périodiquement les habitants à deux ou trois lieues à la ronde. Ce marais était désigné sous le nom de *Moëres*.

» A son retour, il se livra à de longues et consciencieuses études, ayant pour but le desséchement de ce marais, et publia un Mémoire à ce sujet. Ce projet, comme toutes les choses utiles, rencontra des obstacles. Plusieurs années s'écoulèrent avant que Cobergher obtint la permission de commencer les travaux ; l'autorisation fut enfin donnée en 1619 et les travaux commencèrent en 1620. »

La figure 18 représente Cobergher. C'est la reproduction du portrait fait par Van Dyck. Nous devons cette belle gravure à l'amitié de M. Charton, le savant directeur du *Magasin pittoresque,* le plus précieux des recueils illustrés, le meilleur livre d'éducation à placer dans les bibliothèques communales.

Cobergher avait préludé à l'entreprise du desséchement des Moëres par d'autres travaux du même genre, d'après ce que rapportent deux auteurs belges, MM. Bortier et Coomans. Dès 1610 et avec le concours des propriétaires, il avait desséché de vastes flaques d'eau qui rendaient presque inhabitable une grande partie du territoire de Terre-

monde, de Lokeren et de Saint-Nicolas. Il avait conçu,
dit M. Bortier, « un projet plus important encore, ce fut
de mettre en culture les landes du pays de Waes,
aujourd'hui le jardin de la belgique, et qui étaient alors
non-seulement incultes, mais peuplées plutôt par les loups
et les renards que par les hommes. Cobergher eut beau
prouver dans un remarquable Mémoire que le sol du pays
de Waes, quoique couvert de bruyères, pouvait être uti-
lisé pour la culture des plantes fourragères et des céréales,
son travail fut renvoyé par les archiducs aux académiciens
de l'époque, qui traitèrent, dans leur haute sagesse, le
projet de chimérique et retardèrent ainsi de plus d'un
siècle les progrès de l'agriculture flamande. »

# CHAPITRE III



Cobergher commença par entourer les Moëres d'une digue
plus élevée non-seulement que l'intérieur du marais, mais
encore que les terres environnantes, ainsi que d'un canal
extérieur de ceinture qu'on appelle le *Rincksloot* (*Sloot* en
flamand signifie fossé, et quand il est joint à *Rinck* il veut
dire canal ou fossé qui entoure). Ce canal ayant cinq
lieues de développement et étant plus élevé que le fond du
marais facilita d'autant mieux l'écoulement vers la mer des
eaux qui y furent rejetées par des machines élévatoires,
qu'une pente naturelle existe vers Dunkerque. Dans l'intérieur du marais, Cobergher ouvrit des canaux adossés à de
larges chemins servant de voies de transport. Puis la surface fut découpée par des canaux secondaires en rectangles
désignés sous le nom de cavels, ayant 240 mètres de longueur sur 120 mètres de largeur (voir les planches 14
et 15). Il fit aboutir les différents canaux intérieurs aux

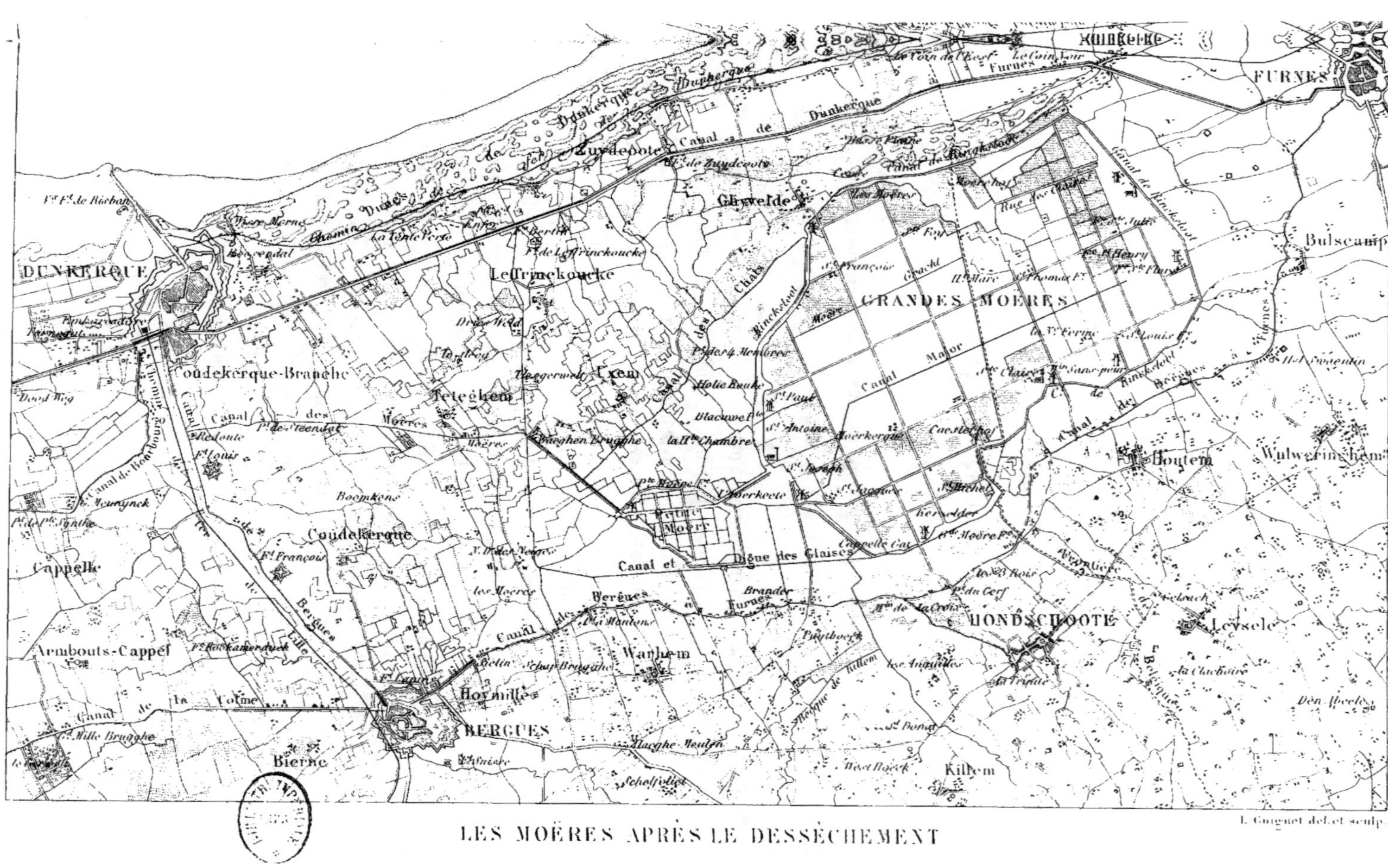

DUNKERQUE
FURNES
GRANDES MOÈRES
HONDSCHOOTE
BERGUES
Coudekerque-Branche
Coudekerque
Teteghem
Leffrinckoucke
Uxem
Ghyvelde
Bulscamp
Houtem
Wulveringhem
Leysele
Cappelle
Armbouts-Cappel
Hoymille
Bierne
Warhem
Killem
Canal de Dunkerque
LES MOÈRES APRÈS LE DESSÈCHEMENT
L. Guignet del. et sculp.

points les plus bas de l'enceinte, et là il établit sur la digue 20 moulins à vent faisant mouvoir des vis d'Archimède qui déversèrent les eaux en les élevant de l'intérieur dans le canal de ceinture. Ces travaux faits, les machines desséchèrent en peu de temps tout le polder. Mais les propriétaires des terres adjacentes se plaignirent d'être inondés par les eaux des Moëres, et Cobergher dut creuser un canal aboutissant en droite ligne des Moëres à la mer et conduisant les eaux jusqu'à l'arrière-port de Dunkerque, où il plaça une écluse portant son nom. C'est ainsi que deux fois par jour les eaux purent s'écouler à marée basse dans la mer. Les Moëres ayant dès lors un débouché qui leur appartenait, le desséchement était complet.

Ces magnifiques travaux, pour l'exécution desquels Cobergher fut secondé par Bruno Vankuik, habile ingénieur, ne prient que cinq années, de 1619 à 1624; cet intervalle avait suffi ponr faire surgir une immense plaine qui bientôt se couvrit de fermes comme par enchantement, car les récoltes obtenues étaient abondantes, et le colza notamment venait admirablement. Dès 1632, une jolie église fut bâtie sous le nom de Moërekerque; avec les 140 fermes alors établies elle formait le nouveau village des Moëres. L'entreprise était achevée, et Cobergher n'eût plus dû avoir qu'à jouir des fruits de son génie et de son activité. Mais il fallait qu'il pût régler les dépenses de son œuvre gigantesque. Il y eut là pour lui des difficultés de plus d'une sorte, comme le prouvent les lettres patentes et actes divers que M. Emile Vandercolme, archiviste du comité flamand de France, nous a communiqués.

Si nous avons pu écrire avec quelques détails nouveaux, et selon nous instructifs, ce chapitre sur une œuvre vraiment grandiose, nous le devons entièrement à la famille Vandercolme, et aux nombreuses amitiés qu'elle s'est faites dans cette contrée. Gendre de M. de Buyser, qui a achevé, après deux siècles, l'œuvre de Cobergher et a su trouver le moyen de la défendre désormais contre le retour des désastres dont elle a souffert si longtemps, M. Alexandre Vandercolme a voulu que nous puissions, pièces en mains, payer un juste hommage à l'un des hommes les plus méritants de ce pays ; son fils, M. Emile Vandercolme, très-versé dans l'histoire des Flandres, nous a fortement aidé, et nous devons lui en exprimer ici notre reconnaissance. M. de Laroière, président actuel de la commission des Moëres françaises ; M. Moissenet, agriculteur dans les Moëres belges ; M. Bortier, propriétaire dans l'arrondissement de Furnes, nous ont également fourni des notes d'un très-grand intérêt, sans lesquelles nous n'eussions pu présenter un tableau complet d'une situation agricole qui mérite à un si haut degré de fixer l'attention.

Voici, par ordre des dates, les titres des documents relatifs à l'origine du desséchement des Moëres :

I. — Sentence ou acte de purge, décrétée au Conseil de Flandres, le 12 Mars 1616, à la requête du procureur général dudit Conseil, demandeur et impétrant de lettres-patentes en matière de purge, contre tous ceux qui voudraient prétendre quelque droit de propriété ou de servitude aux terres de la grande et petite Moëres, aux eaux et terres adjacentes ou en dépendantes.

II. — Traité et octroi des archiducs, concernant le desséchement des Moëres, 22 avril 1619.

III. — Lettres-patentes des archiducs, du 28 janvier 1620, con-

tenant explication de l'article 23 du traité et octroi du 22 avril
1619, touchant l'exemption et franchise, accordée aux terres et
habitants des Moëres.

IV. — Sentence ou acte de purge, décrétée au Conseil de Flandres, le 26 juin 1621, à la requête du procureur général dudit
Conseil, demandeur et impétrant de lettres-patentes en matière de
purge, contre tous ceux qui voudraient prétendre des droits de
propriété ou autres aux terres adjacentes aux Moëres.

V. — Lettres-patentes de Philippe IV, roi d'Espagne, au sujet
du desséchement des Moëres, 8 août 1622.

VI. - Lettres-patentes de Philippe IV, roi d'Espagne, du 17
décembre 1627, par lesquelles il érige en faveur des entrepreneurs
du desséchement des Moëres, la partie occidentale de la Grande-
Moëre, et la Petite-Moëre entière, en deux seigneuries, avec haute,
moyenne et basse justice, et autres droits.

VII. — Lettres-patentes de Philippe IV, roi d'Espagne, du 12
avril 1628, par lesquelles il désigne dans la partie orientale de la
Grande-Moëre 350 mesures de terres au profit des entrepreneurs
du desséchement des Moëres, et les érige en seigneurie, avec
haute, moyenne et basse justice, et autres droits.

VIII. — Lettres exécutoriales accordées au sieur Wenceslaus
Cobergher, entrepreneur du desséchement des Moëres, par Philippe
IV, roi d'Espagne, le 30 mars 1629, contre les opposants à l'exécution des priviléges et exemptions, portés par les articles 17, 20 et
23 du traité et octroi du 22 avril 1619.

IX. — Requête présentée par le sieur Wenceslaus Cobergher,
entrepreneur du desséchement des Moëres, aux magistrats de la
ville de Bruxelles, touchant la jouissance de l'exemption de tous
droits, tonlieux et licentes, pour les fruits du crû des Moëres avec
l'apostille donnée sur cette requête, le 22 janvier 1634.

X. — Lettres exécutoriales accordées aux habitants des Moëres,
par Philippe IV, roi d'Espagne, le 20 février 1634, contre les
opposants à l'exécution des priviléges et exemptions portés par
le traité et octroi du 22 avril 1619, et notamment de l'exemption
des droits des quatre membres de Flandres.

XI. — Acte d'approbation du Conseil des finances de Bruxelles,
de la délibération des habitants des Moëres, touchant les dixmes,
18 janvier 1642.

Il est intéressant d'avoir sous les yeux le texte même
du Traité et octroi des archiducs, en date du 22 avril 1619;
ce document constitue la base de tous les droits qu'eut
d'abord Cobergher, substitué à Roland Gérard, et qui
furent ensuite reconnus aux habitants des Moëres; il explique d'ailleurs la situation de tout le pays et son organisation rurale; il est ainsi conçu :

Albert et Isabelle-Clara-Eugénia, infante d'Espagne, par la grâce de Dieu
archiducs d'Autriche, ducs de Bourgogne, de Lothier, de Brabant, de
Limbourg, de Luxembourg et de Gueldre; comtes d'Hasbourg, de Flandres,
d'Artois, de Bourgogne, de Tyrol, Palatins et de Hainaut, de Hollande, de
Zeelande, de Namur et de Zutphen; marquis du Saint-Empire de Rome;
seigneur et dame de Frise, de Salins, de Malines, des cités, villes et pays
d'Utrecht, Over-Yssel et de Groeningue; à tous ceux qui ces présentes verront,
salut. Comme à la poursuite de nos chers et féaux les officiers fiscaux de notre
conseil provincial de Flandres, les Moëres de West-Flandre ont, par sentence
de notre conseil, été déclarées purgées contre tous ceux qui y pourraient prétendre droit et qui étaient demeurés défaillants, d'exhiber leurs titres, et ce
après trois ajournements et défauts; et que depuis avons ordonné que tous ceux
qui prétendaient droit entre les confins désignés par nos chers et féaux, les
chefs, trésorier général et commis de nos domaines et finances, auraient à
exhiber leurs titres entre les mains des greffiers de nos villes de Bergues-Saint-
Winoc et de Furnes, et que passé deux ans avons fait dresser diverses conditions, sur lesquelles nous entendions donner à essuier lesdites Moëres et terres
adjacentes, et fait publier lesdites conditions, tant audit pays de Flandres qu'ès
comtés de Hollande et de Zeelande, afin que tous ceux ayant envie d'entreprendre l'essuiement desdites Moëres et des terres adjacentes eussent à se trouver en notre ville de Bruxelles pour entendre plus particulièrement desdits de
nos finances les conditions sur lesquelles nous étions d'intention de les donner
à essuyer; mais comme personne ne s'était alors présenté, nous avons, passé
quelque temps, trouvé convenir de réitérer encore la dernière publication, par
autre affiction de billets, joignant lesdites conditions et carte figurative desdites
Moëres, et pris jour de la criée sur le neuf du mois d'avril courant, au Collége
de nos domaines et finances; de manière qu'ayant, lesdits de nos domaines et
finances ce en suivant, été en communication à diverses fois avec plusieurs
personnes, et ouï leurs offres, ils auraient procédé si avant, qu'étant pour ce

assemblés en la chambre de nosdites finances, le vingt-deuxième dudit mois,
pour la laissée et délivrance au plus offrant dudit essuiement, en présence de
tous ceux qui prétendaient l'entreprendre, icelle laissée et délivrance serait
demeurée à la chandelle ardente, à Roland Gérard, marchand, demeurant à
Dunkerque, ayant procure de M. Louis de Beauclercq, conseiller du roy
très-chrétien président et juge général de Calais et pays reconquis, soi faisant et portant fort pour les sieurs de Froyennes, Dosneau et leurs associés,
passée par devant MM<sup>es</sup> Jacques et Pierre Colin, notaires royaux, établis audit
Calais et pays susdit, le vingt-deuxième du mois d'avril dernier ; et ce pour
trois cinquièmes et cinquante mesures desdites Moëres et terres adjacentes à
notre profit, et sur les articles et conditions ensuivans.

I. — Premièrement, que nous entendons comprendre dessous
lesdites terres, les grande et petite Moëres, et les terres adjacentes
auxdites Moëres, suivant la carte en dressée par ledit Roland
Gérard, dont sera délivré un double auxdits entrepreneurs.

II. — Les entrepreneurs desdits essuiements seront tenus d'entreprendre à leur charge et, pour y parvenir, faire toutes les digues,
fossés, rinck-sloten, canaux, et en somme les mettre en tel état
qu'on s'en puisse servir pour terres labourables ou pâturages, sans
être tenu de suivre autre trace que celle qu'eux-mêmes trouveront
convenable, comme aussi ils se pourront servir de toutes et telles
machines qu'ils trouveront convenir, nonobstant quelconque privilége particulier au contraire, le tout à leurs frais et dépens; et
ce en dedans le terme de deux ans, à compter dès le jour de
saint Jacques prochain.

III. — Bien entendu que s'ils rencontrent quelques eaux vives
ou sablon bouillant qu'il ne serait pas faisable de les sécher, ou
bien avec certain et inévitable dommage, lesdits entrepreneurs
passeront en séchant le reste.

IV. — En récompense desquels frais, leur avons octroyé, cédé
et transporté, octroyons, cédons et transportons par cettes, les
restantes mesures desdites Moëres et terres adjacentes à nous
appartenantes, outre et par-dessus lesdits trois cinquièmes et cinquante mesures.

V. — Lesquelles terres, après que le dicage sera fait, seront
mises en portions dites cavels, formés par les entrepreneurs, si
égaux en valeur qu'il sera possible, dont le choix demeurera à nous.

VI. — Les autres propriétaires des terres adjacentes, comprises

audit dicage, seront tenus d'entrer au même accord et pied de nous,
si ce n'est qu'ils aiment mieux contribuer audit dicage, dont l'option
leur demeurera ; auquel cas ils devront contribuer aux frais dudit
dicage avec lesdits entrepreneurs , selon que de gré à gré, ou par
intervention de commissaires ou arbitres neutraux, leurs dites
terres seront taxées y devoir contribuer.

VII. — S'il faut acheter d'aucuns particuliers quelques terres en
dehors desdites limites pour faire le rinck-gracht ou fossés, ou
pour boucher autrement les avenues des eaux , les propriétaires
seront tenus de les laisser à tel prix qu'icelles seront estimées par
commissaires ou arbitres neutraux ; et tout ce que lesdits commissaires auront apointé, jugé et estimé, soit de gré à gré ou ordonné
par avis des experts, tiendra et sera exécuté par provision ,
nonobstant opposition ou appellation, faite ou à faire, sans que le
refus d'accepter le prix taxé desdits héritages ou d'acquiescer aux
ordonnances puisse empêcher ou retarder l'ouvrage en commencé,
moyennant prompt jugement du prix ou consignation des deniers
taxés, au refus desdits propriétaires, selon et ainsi qu'il aura été et
pourra être ordonné par iceux commissaires.

VIII. — Lesdits fossés et marges d'icelles terres achetées,
demeureront pleinement au profit des acheteurs , tant au regard
des pêcheries que des pâturages et autrement, en propriété, sans
pouvoir faire passer icelles ou les approprier à autre usage que de
les faire faucher, afin qu'elles puissent être de durée et l'entretien
moindre.

IX. — Que les terres voisines et aboutissantes, tant hautes que
basses, qui seront améliorées par ce desséchement et dicage,
nomément celles du *Moër-Hof*, tant au regard de la décharge de
leurs eaux que de la commodité des pâturages et autres bénéfices
qu'icelles en recevront, seront aussi tenues et obligées de contribuer aux dépens de cet ouvrage *gemets* et *gemets-gelycke*, par forme
de *Dyck-vellingue, wateringue*, etc., prorata de leur amélioration
et bénéfices, et ce de gré à gré ou selon la taxe, qu'en se fera par
gens neutraux en ce entendus, à députer par lesdits commissaires.

X. — Les entrepreneurs ne seront tenus de laisser ou dresser
aucun canal par lesdites Moëres , ni aux terres comprises en ce
traité, pour servir à la navigation, ni admettre ou suer aucunes
eaux étrangères, si eux même ne le trouvent convenable.

XI. — Advenant que lesdits entrepreneurs, associés, héritiers ou ayant cause fassent élargir ou approfondir aucuns canaux, qui ci-devant ayent servi au public, iceux pourront prétendre des provinces ou villes en tirant profits, émoluments et commodités, le payement des ouvrages extraordinaires par eux faits, à mesure qu'ils pourront se ressentir desdits profits; et ne se pouvant accorder de gré à gré, iceux profits seront taxés par les commissaires qui seront à ce commis.

XII. — Lesdits entrepreneurs pourront se servir de la *Moëre-Vaert* et la faire approfondir et élargir pour faire essuyer une partie des eaux desdites Moëres si bon leur semble, nonobstant oppositions quelconques; et les villes et villages circonvoisins qui en recevront du profit et commodité seront tenus d'y contribuer, soit de gré à gré ou par intervention de commissaires.

XIII. — Il sera aussi permis auxdits entrepreneurs de se servir de l'écluse de la Moëre-Vaert, près de la porte de Dunkerque, la faisant mettre si bas qu'il conviendra, ou bien en faire bâtir une ou deux autres suffisantes, pour les mettre entre celles de Bergues et de la Moëre-Vaert, en tel autre lieu qu'ils trouveront plus commode, pour par icelle décharger leurs eaux tout droit au havre de Dunkerque, par dehors la ville, pour n'endommager les édifices en dedans; auquel cas ils se pourront servir de tous les matériaux de ladite écluse pour s'en servir à la nouvelle.

XIV. — Qu'après lesdits dessèchement et dicage faits, tous les ouvrages intérieurs, comme chemins, ponts, fossés ou conduits d'eau particulier, *Scheyde-Grachten* et autres petits canaux, pour conduire les eaux de pluies jusque dedans le grand *Rack-Gracht*, et autres ouvrages nécessaires pour la culture, soit labour ou paturage, se feront pour la première fois aux dépens communs de nous et desdits entrepreneurs, à raison de la part que chacun de nous aura auxdites terres partagées, et, après la première année, lesdits ouvrages étant une fois achevés, chaque propriétaire sera tenu d'entretenir lesdits chemins et fossés du long de ses terres.

XV. — Après que le partage susdit sera fait, la réparation et entretien nécessaire des ponts, écluses, conduits d'eau, *ecgo Earm-Sloten*, digues et tous autres ouvrages généraux et extérieurs, demeureront aux dépens et à la charge des entrepreneurs, pour le terme de trois ans, et après seront à la charge commune et à pro-

portion des terres qui seront contribuables ; si les propriétaires
demeurent en faute de payer leurs parts des contributions ou
*geschotes* desdits ouvrages, tant généraux que particuliers, seront,
après les termes de proclamation ci-après à désigner, exécutables
et vendables pour le défaut.

XVI. — Lesdits entrepreneurs, après le dicage achevé, pourront
vendre les terres à eux partagées à qui bon leur semblera, sans
pour ce devoir obtenir nouveau octroi particulier, ni payer aucun
droit de lots et ventes, encore que comme étrangers ils y fussent
soumis, et ce durant le terme de six ans.

XVII. — Seront aussi lesdites terres, à eux partagées, franches
et exemptes de tous droits de confiscation de la propriété, fruits
et jouissance, pour le terme de vingt ans.

XVIII. — Ensemble avons accordé et accordons par cettes, la
seigneurie haute, moyenne et basse de la part qui tombera auxdits
entrepreneurs.

XIX. — Aussi le vent pour les moulins et l'eau sur ladite part
des entrepreneurs ; un jour de marché toutes les semaines, tel
qui se trouvera pouvoir faire sans intéresser les voisins ; et deux
foires franches en l'année.

XX. — Ceux qui viendront travailler audit dicage seront francs
et exempts de toutes dettes civiles six mois après la perfection du
dicage, et seront exempts et francs du payement des impôts et
accises durant ledit dicage.

XXI. — En outre, qu'il leur sera donné passage pour avoir accès
auxdites Moëres, et pour poser et dresser leurs engeins, en payant
le dommage, au dire des commissaires pour ce à députer.

XXII. — Que, pendant ledit essuiement, personne ne pourra faire
brasserie ou tenir taverne sans le consentement des entrepreneurs.

XXIII. — Aussi leur accordons exemptions de tous impôts
durant ledit dicage, et après le dicage aux inhabitants pour autres
dix-huit ans, sauf les hôtelains et vendans vin ou bière à débit,
lesquels seront tenus de payer les impositions qui se mettront sus
pour les aydes ; aussi exemption des tonlieux et licentes de ce qui
sera du crû desdits poldres.

XXIV. — Pour l'entretien du curé et de l'église, les terres desdits
entrepreneurs, dix années après la première moisson, devront
contribuer, en lieu de dixme, la cinquantième gerbe.

Savoir faisons que nous, le tout considéré avons ratifié, approuvé, agréé, homologué; ratifions, approuvons, agréons, homologuons, par ces présentes, le traité et accord susdit, aux réservations et conditions y reprises, pour en jouir par ledit Roland Gerard, au nom, selon qu'il est porté et déclaré ci-dessus; et pour faire valoir et sortir celui présent traité, accord, cession et transport, son plein et entier effet, avons promis et promettons par cettes, en parole de prince, de l'entretenir et faire valoir aux conditions y reprises, sans y contrevenir directement ou indirectement en aucune manière, et de garantir ledit Roland Gerard, au nom que dessus, leurs hoirs, successeurs ou ayant cause, envers et contre tous, de tous troubles ou empêchements au contraire; et à cet effet, avons renoncé et renonçons, par cesdites présentes, pour nous, nos hoirs et successeurs, comtes et comtesses de Flandres, à tous droits impériaux, royaux et autres, que princes pourraient prétendre pour invalider celui présent traité, accord, cession et transport; même au droit disant générale renonciation non valoir si l'espéciale ne précède, le tout sans fraude et malengien; à charge qu'il sera tenu, auparavant pouvoir jouir de l'effet desdites présentes, de faire vérifier icelles au conseil de nosdites finances et enregistrer en notre Chambre des comptes, à Lille, à la conservation de nos droits et hauteurs : si donnons en mandement à nos très-chers et féaux les chef-président et gens de nos privé et grand conseils, président et gens de notre conseil en Flandres, auxdits de nos finances, président et gens de notre Chambre des comptes à Lille, et à tous nos autres justiciers et officiers quelconques, que de cette notre présente agréation dudit traité et accord, selon et en la forme et manière que dit est, ils fassent, souffrent et laissent ledit Roland Gerard, au nom que dessus, pleinement et paisiblement jouir et user, cessant tous contredits et empêchements au contraire; car ainsi nous plaît-il, nonobstant que par les ordonnances ci-devant faites sur la conduite de nosdits domaines et finances, soit entre autres défendu d'accorder et faire telles et semblables cessions et transports, les peines et restrictions contenues èsdites ordonnances, et les serments faits sur l'observation d'icelles, ce que ne voulons au cas présent aucunement préjudicier audit Roland Gerard, au nom que dessus, ni à leurs successeurs, ains les avons relevé et relevons, par cesdites présentes et par icelles déchargé lesdits de nos finances et de nos comptes à Lille, et tous autres nos justiciers et officiers auxquels ce regardera, des serments par eux respectivement faits sur l'entretenement et observations des ordonnances susdites, icelles demeurant en toutes autres choses en leur force et vigueur, nonobstant quelconques ordonnances, restrictions, mandements ou défenses, faites ou à faire, à ce contraires; et afin que ce soit chose ferme et stable à toujours, nous avons fait mettre notre scel à ces présentes, sauf en autres choses notre droit, et l'autrui en toutes. Donné en notre ville de Bruxelles, le vingt-deuxième jour du mois d'avril, l'an de grâce mil six cent dix-neuf, paraphé, *Ma. vidit.* En bas était écrit : Par les archiducs, le sieur de Marles, chef; Balthazard de Robiano, trésorier général; Jean Deunetières, Paul de Groonendaele, messire Christophe van Etten, chevalier; François de Kinschot, commis des finances, et autres présens; *signé :* Verreyeken Et scellé avec le grand sceau de leurs Altesses, en cire vermeille, y pendant en double queue de parchemin Sur le dos était écrit : les chefs trésorier général, et commis des domaines et finances des archiducs consentent et accordent, en tant qu'en eux est, que le contenu en ces présentes lettres soit fourni et accompli tout ainsi et en la même forme et manière que Leurs Altesses le veulent et mandent être fait par icelles Fait à Bruxelles, au bureau desdites finances, sous les seeings manuels desdits chefs, trésorier général et commis, le dixième jour de juin mil six cent dix-neuf. *Signé :* de Noyelle, Marles, B. de Robiano, J. Deunetières, et P. Groonendaele. En bas était encore écrit : Ces lettres, du consentement des président et gens des comptes des archiducs, à Lille, sont enregistrées au livre des Chartres, commençant en mars mil six cent dix-neuf, folio LXXV, verso, le 27 juillet 1619, par moi. *Signé :* Guilleman.

Dans cet acte de concession primordial, le nom de Cobergher n'est pas prononcé ; on ne le trouve pas non plus dans les lettres patentes du 28 janvier 1620 et qui n'ont pour but que d'expliquer les exemptions d'impôt et les franchises accordées par l'article XXIII de l'octroi du 22 avril 1619 qu'on vient de lire ; mais il est important de noter que c'est en vertu des lettres de janvier 1620, que les Moëres desséchées ont été affranchies des contributions des wateringues payées par les terres voisines. Cet acte est intéressant puisqu'il explique en partie la constitution actuelle des Moëres ; en voici les dispositions essentielles :

« Leurs Altesses.... déclarent que leur intention a été et est que l'exemption des impôts y mentionnés, s'étend non-seulement aux impositions générales des Quatre-Membres de Flandres, mais aussi aux *Pointinghen, Zettinghen, Lands-Kosten, Wateringhen* et autres charges particulières, et ce au regard des Moëres de West-Flandre

et terres effectuellement inondées seulement ; mais non au regard
des terres adjacentes auxdites Moëres et comprises au *Rinck-Gracht*
appartenant à des personnes particulières, et où les chatellenies de
Furnes et de Bergues-Saint-Vinoc sont en possession de lever
annuellement telles particulières charges, lesquelles demeureront
chargées comme ci-devant, et jouiront seulement de l'exemption
desdits moyens généraux levés par lesdits ecclésiastiques et quatre
membres de Flandres. Fait à Bruxelles, etc. »

C'est seulement dans les lettres patentes du 8 août 1622
que Cobergher est nominativement désigné ; la division de
la propriété des Moëres desséchées s'y trouve indiquée
et on y lève les difficultés survenues en ce qui concerne
l'écoulement des eaux. Ces nouvelles lettres patentes com-
plètent celles de 1619 et sont le fondement même de la
constitution des Moëres, que les événements politiques, les
guerres et les révolutions ont dû respecter.

Philippe par la grâce de Dieu etc., salut. Comme pour assoupir
les difficultés, qui de la part des entrepreneurs du desséchement
des Moëres aux quartiers de nos villes de Bergues-Saint-Vinoc et
de Furnes ont été mues, à cause que par leur contract sur ce fait,
en date du vingt-deuxième jour d'avril mil-six-cent-dix-neuf, leur
avait été promis qu'ils ne seraient tenus de recevoir aucunes eaux
étrangères, ce qui néanmoins ne leur pouvait être entretenu, ni
accompli, parce que nécessairement les eaux d'aucuns villages de
nos chatellenies, tant de Bergues, que de Furnes, y devaient
prendre leur essuyement et cours naturel, par où le desséchement
desdites Moëres ne se pouvait faire, si non par des moulins, en
fouissant un canal d'une lieue ou environ, et approfondissant et
élargissant celui dit Molen-Vaert, aussi de longueur d'environ une
lieue, jusqu'à vingt pieds de largeur au fond et le dessus à l'ave-
nant, qui causerait de très-grands frais, qui n'eussent été nécessaires, si suivant leur contract, lesdites eaux étrangères n'eussent
dû passer par les limites et compréhension desdites Moëres ; après
plusieurs communications sur ces eues et tenues, mêmes les
dernières en la présence de notre cher et féal cousin, le marquis

de Balbases, chevalier de notre ordre, de nos conseils d'État et
de guerre, notre capitaine général au Palatinat, etc. Lesdits
entrepreneurs comparant par notre bien-amé Wenceslaus COBER-
GHER, architecte général de notre très-chère et très-amée bonne
tante, madame Isabelle-Clara-Eugénia, par la grâce de Dieu, Infante
d'Espagne, etc., et surintendant des Monts-de-Piété de nos Pays
d'en bas, qui s'est fait, et fait fort pour ses associés et a promis de
le faire agréer et avouer, d'une part; et nos très-chers et féaux,
les chefs, trésorier général et commis de nos domaines et finances,
du gré et aveu de notre dite dame et tante, d'autre part; se sont
par le moyen et interposition de notre dit cousin, le marquis de
Balbases, accordés et appointés, en la forme et manière suivante;
à savoir qu'au lieu que par ledit contract avait été conditionné, que
lesdites Moëres grande et petite. nous aurions cinquante mesures
en préciput et en tout le surplus les trois parts, dont les cinq font
le tout, et lesdits entrepreneurs les deux parts, iceux entrepreneurs,
en considération des choses ci-devant représentées, auront esdites
Moëres les parts et portions ci-après déclarées ; à scavoir : premièrement en préciput et avant-part, ladite petite Moëre entière,
contenant trois cent une mesures, cent quarante-huit verges, tant
pour y recevoir les eaux qui par moulins sont tirées et enlevées de
ladite grande Moëre, qu'autrement, et avec déclaration, que quand
ores l'on trouverait ci-après, qu'audit effet il n'était besoin de si
grand nombre de mesures icelles néanmoins demeureront au profit
seul et unique desdits entrepreneurs, sans que nous y aurons aucune part; bien entendu que, si ladite petite Moëre était ci-après
trouvée excéder ladite quantité de trois cent une mesures, cent
quarante-huit verges, le surplus appartiendra à nous et auxdits
entrepreneurs, moitié par moitié; et si elle n'arrivait à ladite quantité, nous suppléerons d'ailleurs auxdits entrepreneurs ce qui en
défaudra ; et en ladite grande Moëre, et en celle de Wael, et terres
adjacentes, que l'on sait dès maintenant, ou que l'on saura ci-après
être appartenantes à nous, lesdits entrepreneurs auront la moitié
contre nous, et encore en notre dite moitié trois cent cinquante
mesures, pour de tout être respectivement fait, selon et ainsi qu'est
dit par ledit premier contract ; et moyennant ce, lesdits entrepreneurs prendront à leur seule charge, frais et dépens, l'essuiement
et écoulement de toutes les eaux étrangères qui des chatellenies

de Bergues et de Furnes devront prendre leur cours naturel par
lesdits Moëres et limites d'icelles, contenues au Rinck-Slot, y fait
par lesdits entrepreneurs, sans que pour et à raison de ce, ils
puissent plus rien prétendre ni demander à notre charge, sauf
néanmoins, que lesdits de Furnes et de Bergues, et autres particuliers, à qui ce pourra toucher, seront tenus de nettoyer leurs
canaux et ruisseaux, abordants auxdites Moëres, sur le pied ancien,
et particulièrement lesdits de Bergues, celui dit Molen-Vaert, jusqu'à son ancien fond et largeur, et ce durant l'été prochain, et
celui dit Bernaerts-Ledeken, le plustôt que faire se pourra, et si
en ce ils étaient défaillants, l'on ordonnnera à nos fiscaux de
Flandres, de les y faire contraindre par toutes voies dues et rai-
sonnables ; davantage lesdits de nos finances auront à tenir la
main, qu'en notre conseil privé soit au plutôt dépêché ordonnance,
par laquelle soit interdit à toutes personnes, de quelque qualité
quelles soient de troubler ou empêcher par voies de fait lesdits
entrepreneurs au parachévement de leurs ouvrages, auxquels ils
sont tenus et obligés, à peine de refondre tous dépens, dommages
et intérêt en résultants, et en outre de punition arbritaire, selon
l'exigence du cas, avec commandement à nos officiers fiscaux de
Flandres, de faire à ces fins tous devoirs nécessaires et diligence
possibles, et de se joindre à cet effet en cause avec iceux entrepreneurs, laquelle adjonction lesdits de nos finances entendent se
devoir faire à nos frais et dépens, et non desdits entrepreneurs,
et en conformité de ce, écriront auxdits fiscaux ; et comme lesdits
entrepreneurs n'ont pu achever leurs ouvrages en dedans le temps,
pour ce limité, par l'article deux de leur dit contract, de notre
part leur a été accordé prolongation dudit temps, jusqu'à la fin de
l'an mil-six-cent-vingt-quatre, et au lieu que par l'article quinze
du même contract, tous les ouvrages y mentionnés, doivent
demeurer à leur charge, frais et dépens, pour le terme de trois
ans, après que le partage, dont il est parlé, aurait été fait. Nous
avons consenti, que tous lesdits ouvrages ja faits, et aussi ceux à
faire, même les moulins et autres ci-dessus mentionnés, et généralement tous ouvrages que lesdits entrepreneurs devront faire
pour l'essuiement desdites Moëres, ne demeureront à leur charge,
frais et dépens, que le temps de deux hyvers, immédiatement
suivant ledit partage, prenant chacun hyver, depuis le commence-

ment de novembre, jusqu'au dernier avril ensuivant, ambe deux
inclus ; et étant lesdits deux hivers passés, lesdits ouvrages seront
à la charge commune, à proportion des terres, qui seront à ce
contribuables ; et au regard desdites Moëres et terres adjacentes à
icelles, à nous appartenantes, sera suivi ledit premier contract avec
ce qui a été accordé ci-dessus ; et si avant, qu'aux terres desdites
Moëres, couvertes d'eau ou inondées, quelqu'un voulut prétendre
quelque droit, nous garantirons lesdits entrepreneurs, et par nos
fiscaux ferons entreprendre leurs causes et procès à notre charge
et dépens, qui pourraient pour ce être contre eux intentés ; quant
aux terres adjacentes auxdites Moëres, qui ne nous appartiennent,
ains aux autres propriétaires, notre intention et volonté est, que l'on
se règle selon le contenu de l'article six dudit contract premier ; et
si lesdits entrepreneurs prétendent insister en ce qu'ils ont ci-devant
soutenu qu'en la taxation faite desdits terres adjacentes, n'aurait
été observé le pied dudit article six, ils se pourront adresser au
président et gens de notre conseil en Flandres, pour ouïs nosdits
fiscaux et lesdits propriétaires, y être ordonné, selon et ainsi qu'en
bonne justice ce devra faire ; et s'ils veulent persister en ladite taxation, ou absolument, ou par provision, sera écrit auxdits fiscaux
du conseil en Flandres, qu'ils se joignent en cause avec eux, pour
en procurer l'exécution avec toute brièveté possible ; et pour
assoupir promptement les difficultés, qui pourraient fondre entre
lesdits entrepreneurs et lesdits de Bergues et de Furnes, ou autres,
touchant l'ouverture et fermeture de leurs écluses respectivement,
lesquelles lesdits entrepreneurs maintiennent se devoir tenir ouvertes pour y couler les eaux, trois jours auparavant qu'ils seront
obligés de secourir lesdits de Bergues et de Furnes, lesdits de
nos finances procureront, que de notre part soit commis et autorisé un personnage neutral, résident en notre ville de Dunkerque,
lequel donnera ordre, que toutes fois et quantes, que besoin sera,
les écluses, tant desdits de Bergues, de Furnes, et autres, que
desdits entrepreneurs, seront ouvertes, et fermées respectivement,
si à temps que l'une ni l'autre des parties n'en reçoive dommage
ni intérêt, même point lesdits entrepreneurs, qui ont leurs héritages en lieux beaucoup plus bas : et ce qui sera pour lui quand à
ce ordonné, sortira son plein et entier effet, nonobstant opposition,
ou appellation quelconque, et sans préjudice d'icelles ; et quand

au surplus du contenu audit contract du vingt-deux avril mil six
cent dix-neuf, l'on se règlera selon les conditions y reprises, sans
y faire aucun changement; et en particulier sera observé ce qu'en
l'article huit d'icelui est dit des fossés et marges des terres, que
lesdits entrepreneurs ont acheté, et pourraient encore acheter,
pour faire les ouvrages, auxquels ils se sont soumis, tant par ledit
premier contract, que par le présent; sera aussi ledit contract suivi
en ce qui touche la navigation, qui se prenait ci-devant au travers
desdites Moëres, laquelle lesdits entrepreneurs ne seront tenus de
souffrir ni permettre contre leur volonté, ains aura icelle son
cours par un canal appelé le Hout-Gracht, suivant ce qui a été
avisé es résolutions, prises au mois de may dernier, par les commissaires à ce député de Bergues et de Furnes ; lesquelles choses
ont, ainsi que dit est cy-dessus, été traitées et accordées entre les
parties ; et pour corroboration de ce présent traité et accord, ont
lesdits de nos finances et lesdits entrepreneurs signé icelui en notre
ville de Bruxelles, le huitième jour d'août mil six cent vingt-deux,
à intention que lettres patentes de confirmation en fussent dépê-
chées, en tel cas pertinentes : Scavoir faisons, que nous, le tout
considéré, avons par la délibération de notre dite dame et tante,
ratifié, approuvé, agréé et homologué ; ratifions, agréons, approuvons et homologuons, par ces présentes, le traité et accord susdit,
aux réservations et conditions y reprises, pour en jouir par lesdits
entrepreneurs, selon qu'il est porté et déclaré ci-dessus ; et pour
faire valoir et sortir celui présent traité, accord, cession et transport, son plein et entier effet, avons promis et promettons par
cettes, en parole de roy, de l'entretenir et faire valoir aux conditions y reprises, sans y contrevenir directement ou indirectement
en aucune manière et de garantir lesdits entrepreneurs, leurs hoirs
successeurs, ou ayant cause, envers et contre tous, de tous troubles
et empêchement au contraire, et à cet effet, avons renoncé, et
renonçons par ces dites présentes, pour nous, nos hoirs et successeurs, comtes et comtesses de Flandres, à tous droits impériaux,
royaux, ou autres, que princes ou rois pourraient prétendre, pour
invalider celui présent traité, accord, cession et transport ; même
au droit, disant générale renonciation non valoir, si l'espéciale ne
précède, le tout sans fraude ou malengien ; à charge que lesdits
entrepreneurs, auparavant pouvoir jouir de l'effet de ces dites

présentes, seront tenus de présenter icelles, tant au conseil de nos
dites finances, qu'en notre chambre des comptes à Lille, pour y
être respectivement enregistrées et entérimées à la conservation de
nos droits et hauteurs. Si donnons en mandement, etc.

Cobergher ne jouit pas longtemps des concessions qui
lui avaient été faites et dont il avait dû céder une portion
pour payer les frais de l'entreprise. D'après les termes de
l'acte d'octroi, il était stipulé qu'une partie des terres
desséchées resterait sa propriété et que l'autre partie re-
viendrait à la couronne d'Espagne. Il résulte du partage
fait en 1625 que c'est la partie actuellement française qui
fut attribuée à l'illustre ingénieur et peintre : Isabelle reçut
pour sa part 3,400 mesures et Cobergher 3,698, mais
celles-ci étaient les moins bonnes. Une grande partie de
ces terres furent cédées à divers propriétaires; les Char-
treux d'Anvers notamment y acquirent plusieurs domaines;
320 mesures (141 hectares) furent acquises par M. de
Castro qui les revendit, par acte du 24 mars 1645, au
vicomte Declerque-Wissocq, etc.

Les habitants des Moëres obtinrent le maintien de tous
les priviléges qui avaient été accordés, et la prospérité eût
continué pour ces terres conquises sur les eaux sans les
déplorables événements politiques qui boulversèrent la
contrée.

# CHAPITRE IV



La guerre avait éclaté entre Philippe IV, roi d'Espagne,
héritier d'Isabelle en sa qualité de comte de Flandres, et
Louis XIII. En 1639, le général comte de Lamboy établit
son camp dans les Moëres avec 18,000 hommes. Pendant
trois années, les gens d'armes s'y succédèrent et les travaux
agricoles furent suspendus pour ne reprendre qu'en 1642.
Une deuxième fois Lamboy rentra dans les Moëres où il pres-
sura les colons et d'où il fut chassé par les Français qui,
à leur tour, y établirent leurs quartiers. Après la prise de
Courtrai, de Bergues et de Furnes par les Français, le
général espagnol marquis de Leyde se trouvant menacé
dans Dunkerque par le duc d'Enghien, depuis prince de
Condé, ordonna, le 4 septembre 1646, d'ouvrir les écluses.
Les eaux de la mer du Nord se précipitèrent dans les Moëres.
En une seule nuit tout le pays fut submergé : une grande

partie des habitants n'eurent pas le temps de fuir et
périrent. Dunkerque n'en tomba pas moins le 11 octobre
au pouvoir de la France.

En peu d'heures, Cobergher avait perdu le fruit de tous
ses travaux ; il fut complétement ruiné et mourut de cha-
grin dans la même année. Ainsi finit un homme de génie et
de cœur. Et cependant au moment où un tel désastre des
Moëres s'accomplissait, on chantait un *Te Deum* dans les
églises de Dunkerque. Au lieu de se livrer à des réjouis-
sances, n'eût-il pas fallu ressentir de l'indignation? De pareils
actes méritent d'être flétris, ainsi que le fit de Jouy dans son
*Hermite en province :* « Les droits de la guerre, dit-il, ont-
ils jamais autorisé un aussi horrible oubli du droit des
gens? Si, comme je n'en doute pas, les philanthropes qui
ont entrepris le nouveau desséchement voient leur projet
réussir, leur premier acte, avant que la charrue ouvre le
sein de la terre, doit être d'élever un poteau infamant et
d'y inscrire le nom de l'abominable marquis de Leyde,
pour que sa mémoire reste à jamais vouée à l'exécration
des siècles. » Hélas! le même fait se reproduisit plus tard
avec des circonstances presques aussi tristes, et ce ne fut
qu'au bout de deux cents ans que la culture des Moëres fut
rétablie dans les mêmes conditions où Cobergher avait
réussi à la placer. Qui oserait affirmer que la dévastation
et les inondations ne viendront pas encore un jour ruiner
des campagnes que leurs propriétaires s'attachent aujour-
d'hui à rendre de plus en plus prospères?

Après la reddition de Dunkerque, l'écluse de Cobergher
fut détruite; les Moëres restèrent inondées. Toutes les

maisons et les moulins s'écroulèrent. L'église seule domi-
nait encore une plaine rendue à la domination des eaux.
On raconte qu'en 1647, le clocher de cette église servait
de refuge à trois bandits qui ne vivaient que de rapines ; le
soir ils s'en allaient dans une barque rançonner quelques
habitations d'alentour, et, dès l'aube, la même barque les
ramenait dans le clocher où ils rapportaient les produits de
leurs vols de la nuit précédente. En 1648, la petite troupe
était renforcée de cinq associés nouveaux ; la bande s'enhar-
dissait à mesure qu'elle devenait plus nombreuse, et elle
poussait ses excursions jusqu'à Killem et Hondschoote. Le
lieu de leur refuge restait ignoré, quoiqu'un pauvre pêcheur
le connût, mais il avait trop peur de leur vengeance pour
les dénoncer. Un jour, ils surprirent un détachement de
soldats français, les égorgèrent tous et prirent leurs armes.
Mais, en 1650, il advint qu'un coup de vent brisa leur
chaloupe, alors qu'ils étaient dans leur repaire. Les vivres
leur manquèrent bientôt ; c'est en vain qu'ils appelèrent à
leur secours ; personne ne répondit à leurs cris de détresse.
Le même pêcheur, nommé Joseph Lew, qui les avait aperçus
en 1649, et qui n'avait cessé de suivre leurs mouvements,
soupçonnant qu'un malheur leur était arrivé, aborda le
clocher avec plusieurs camarades, quelques jours après la
tempête ; on les trouva tous morts de faim. Le gouverneur
de la province fit alors raser le clocher à fleur d'eau, et
pendant des années les Moëres ne furent plus visitées que
par les oiseaux de proie.

# CHAPITRE V



Cependant le souvenir de l'œuvre de Cobergher n'était pas éteint. D'ailleurs des maladies pestilentielles vinrent de nouveau, en décimant les habitants de la contrée, rappeler que les marais infects qui s'étaient reformés avaient été précédemment bien assainis et mis en culture. Puis les propriétaires auxquels Cobergher avait cédé une partie de sa concession eussent été bien aises de rendre à leurs titres quelque valeur. En 1664, Jean Stryne, riche commerçant d'Anvers, s'entendit avec eux pour faire un nouveau desséchement et rendre à la culture les terres délivrées des eaux. La guerre empêcha la réalisation de ce projet. Il en fut de même pour des concessions faites en 1669 à Colbert et à Louvois, puis en 1716 à la marquise de Maisons et au marquis de Canillac. Quelques travaux exécutés n'eurent aucun effet sérieux, jusqu'à ce que le général comte d'Hérouville obtint de nouvelles lettres de concession révoquant celles données antérieurement. A la tête d'une compagnie qu'il avait pu constituer, le comte d'Hérouville parvint à amener presque à terme en 1756 le second desséchement des Moëres. A cette époque les eaux des Moëres s'écoulèrent pour la seconde fois à la mer, en passant sous le lit du canal de Furnes. Un arrêt du conseil du 12 octobre 1758 et des lettres patentes du roi en date du 12 novembre de la même année firent don au comte d'Hérouville des Moëres françaises pour 25 ans, et ces terres eurent le titre nobiliaire de *seigneurie du château des Moëres*. L'Impératrice d'Allemagne ne tarda pas non plus (16 juillet 1760, dit l'auteur de l'histoire de Dunkerque) à lui accorder aussi la portion de la grande Moëre qui était sous sa domination, sous le titre de *Moerlandt*, à la redevance de 50 livres de 40 gros. Les actes suivants, que M. Emile Vandercolme nous a communiqués, sont les témoins des efforts successifs qui durent être faits pour arriver à un résultat d'une durée d'ailleurs éphémère. La plupart de ces pièces se trouvent dans l'ouvrage intitulé : *Recueil des édits, déclarations, lettres-patentes, etc., enregistrés au Parlement de Flandres.*

I. — Lettres patentes du roi Louis XIV, portant permission de faire dessécher les terres inondées du Lac de la grande et petite Moëres aux environs des villes de Dunkerque, Bergues et Furnes, en faveur des sieurs Colbert et de Louvois ; données à Saint-Germain-en-Laye, au mois de juin 1669.

II. — Lettres patentes du Roi portant don des Moëres en faveur de la dame marquise de Maisons et du sieur marquis de Canillac ; données à Paris le 23 février 1716.

III. — Arrêt du Conseil d'État du Roi, par lequel Sa Majeté, en déclarant les lettres de concession des grande et petite Moëres, précédemment accordées aux sieurs Colbert et de Louvois, ensemble celles accordées à la dame marquise de Maisons et au sieur marquis de Canillac, caduques et de nul effet, a fait don des Moëres en faveur du comte d'Hérouville de Claye, maréchal des camps et armées du Roi ; 1er février 1746.

IV. — Requête présentée par M. le comte d'Hérouville de Claye, maréchal des camps et armées du Roi, à M. de Séchelles, intendant de Flandres, avec son ordonnance du 9 juin 1746, ensemble l'acte de prestation de serment du sieur Gabriel Cocquart, du 8 juillet 1746.

V. — Arrêt du Conseil d'État du Roi, par lequel Sa Majesté a subrogé le sieur comte d'Hérouville de Claye, lieutenant général de ses armées et inspecteur général de son infanterie, en tous les droits généralement quelconques, résultant de la concession faite à la dame marquise de Maisons et au sieur marquis de Canillac, par les lettres-patentes du 23 février 1716, des deux lacs appelés grande et petite Moëres, du 16 mars 1751.

VI. — Requête présentée par M. le comte d'Hérouville de Claye, lieutenant général des armées du Roi et inspecteur général d'Infanterie, à M. de Beaumont, intendant de Flandres et d'Artois, avec son ordonnance du 19 octobre 1754.

VII. — Requête présentée par M. le comte d'Hérouville de Claye, lieutenant général des armées du Roi et inspecteur général d'Infanterie, à M. de Caumartin, intendant de Flandres et d'Artois, avec son ordonnance du 15 juillet 1757.

VIII. — Arrêt du Conseil d'État du Roi, portant don des Moëres en faveur du sieur de Ricouart, comte d'Hérouville, maréchal des camps et armées de Sa Majesté, du 10 octobre 1758.

IX. — Lettres-patentes du Roi, portant don des Moëres, en faveur du sieur comte d'Hérouville de Claye, lieutenant général des armées de Sa Majesté et inspecteur général de son infanterie ; données à Versailles le 12 novembre 1758.

X. — Lettres-patentes accordées par Sa Majesté l'Impératrice, reine d'Allemagne, de Hongrie, de Bohême, etc., à M. le comte d'Hérouville de Claye, pour la partie du lac de la Grande-Moëre, qui est sous sa domination ; données à Bruxelles le 14 juillet 1760.

XI. — Arrêt du Conseil d'État du Roi, qui confirme, en tant que

de besoin, la concession faite au sieur comte d'Hérouville, de deux
lacs, appelés Grande et Petite Moëres, par arrêts et lettres-patentes,
des 1er février 1746, 11 octobre et 22 novembre 1758, du 17 mars
1767, registré au parlement de Flandres, avec les lettres-patentes
du 31 mars, le 22 mai suivant.

La conclusion de la paix faite en 1713 par le traité
d'Utrecht entre la France, l'Espagne, l'Angleterre et la
Hollande, en mettant fin à la guerre de la succession
d'Espagne, avait amené une délimitation de la frontière
entre la France et l'Autriche. Alors 1,232 hectares furent
cédés aux Pays-Bas autrichiens ; c'est pourquoi le comte
d'Hérouville dut demander des lettres patentes à l'impératrice Marie-Thérèse, sans qu'il pût se contenter de celles
données par Louis XV. Depuis cette époque, les Moëres
ont été connues sous la dénomination de Moëres françaises et de Moëres belges ou autrichiennes. Il était indispensable que le concessionnaire eût en main les deux
octrois, parce qu'il y avait impossibilité de dessécher une
des parties sans l'autre. En effet les canaux, les fossés, les
moulins, les machines travaillent sur une masse unique ;
quoique provenant de lieux placés sous deux dominations
différentes, les eaux se jettent et se déchargent toutes dans
un canal de ceinture qui enferme le lac entier des Moëres
pour s'échapper jusqu'à la mer par un seul et même canal.
L'acte de concession accordé par l'impératrice Marie-Thérèse (14 juillet 1760) prévoyait les difficultés qui pourraient
surgir un jour entre les propriétaires des Moëres et les propriétaires riverains ; aussi est-il stipulé au paragraphe 5 :
« que s'il arrive que l'excavation qu'il (le comte d'Hé-

rouville) se propose de donner au fossé ne soit pas proportionnée à la facilité qu'exige l'écoulement des eaux, le comte sera responsable des dommages-intérêts qui en résulteront et devra l'approfondir convenablement à ses frais. » Le paragraphe 6 porte encore : « que l'entretien de ces fossés sera toujours à la charge du comte d'Hérouville. » Le gouvernement autrichien voulait ainsi sauvegarder les intérêts des propriétaires limitrophes et rendre toute contestation impossible. Quant au gouvernement français, il avait aidé fortement le concessionnaire par divers travaux, notamment en faisant exécuter à ses frais l'écluse dite de la Cunette où aboutissait le canal des Moëres ; les machines à vent purent ainsi fonctionner pour enlever les eaux des marais sans soulever les plaintes des propriétaires voisins. « A cette époque, Bergues ayant obtenu, dit M. Derode, le privilége de la navigation directe avec la mer (1761 et 1762), fit approfondir le canal, et cette circonstance favorisa le desséchement entrepris. En 1762, la petite Moëre était à sec et la grande en partie cultivée ; le colza y étalait sa dorure printanière. »

# CHAPITRE VI



Les funestes effets du traité de Versailles en 1763
détruisirent de nouveau ces heureux résultats : on sait
que par ce traité la France fut condamnée à combler le
port de Dunkerque et à démolir l'écluse de la Cunette ;
c'était boucher le canal des Moëres. En vain on essaya de
remplacer l'écluse par des lacises, des clapets et des
batardeaux : les Moëres n'étaient plus à l'abri des inondations. Les dépenses d'entretien devinrent tellement
onéreuses que le comte d'Hérouville dut contracter des
emprunts envers le duc de Chaulnes et vingt autres capitalistes. Les lettres patentes lui avaient d'ailleurs imposé
l'obligation d'opérer le complet desséchement dans un
nombre d'années déterminé ; les circonstances faisaient
que son œuvre était en quelque sorte toujours à recom-
mencer et qu'il avait ainsi outrepassé la limite fixée ;

c'est pourquoi il avait besoin d'un arrêt du Conseil qui
en 1767 le releva de la déchéance causée par le retard et
qui déclara que le desséchement était effectué. Pour payer
les dépenses considérables que l'entreprise lui avait coû-
tées, il fit dans la même année un partage des Moëres
avec ses bailleurs de fonds jusqu'à concurrence des
sommes dues. Mais l'entretien des travaux demandant de
nouveaux capitaux, surtout en présence de l'inondation
de la partie la plus basse du marais par suite de la rupture d'une des digues de circonvallation, les bailleurs de
fonds de M. d'Hérouville devenus ses co-propriétaires, formant une compagnie dite Courtois, convinrent avec lui de
remettre toutes les terres en une seule propriété indivise.
En 1771, une délibération homologuée par arrêt du Conseil autorisa de conclure un emprunt avec des capitalistes
hollandais moyennant hypothèques sur les Moëres. Ces
emprunts, contractés en 1771 et en 1773, s'élevèrent à

400,000 une première fois, puis à 200,000 une seconde
fois, en tout à 600,000 florins de Hollande. Ici commencèrent de nouvelles difficultés, en raison sans doute de la
mauvaise direction donnée aux affaires de l'association.
En 1775, poursuite des prêteurs hollandais en payement
des intérêts de l'emprunt ; en 1777, commencement de
saisie et expropriation ; en 1779, transaction de la part
des syndics des co-propriétaires avec une compagnie
représentée par M. Vandermey, d'Anvers. Cette compagnie
obtint du roi la concession des Moëres françaises par
arrêt du Conseil d'État du 4 octobre 1779, à la charge de
payer la dette contractée avec les capitalistes hollandais,

plus 2 millions à la compagnie d'Hérouville, de dessécher la totalité des Moëres dans un délai de six années et de les mettre en culture, de rendre après vingt ans, c'est-à-dire en 1801, tous les terrains « qui n'appartenaient pas au roi. » L'impératrice-reine donna également des lettres patentes à la compagnie Vandermey. Dans l'arrêt du Conseil portant concession à M. Vandermey, arrêt approuvé par M. de Necker, on lit que « les vapeurs malsaines qu'exhalaient pendant l'été les eaux basses croupissantes des bords des deux lacs, causaient en Flandre des maladies épidémiques et même la peste ; que ce fléau dépeuplait une partie de la Flandre et détruisait les garnisons qui y étaient entretenues. »

Il est très-intéressant de noter qu'à cette époque une machine à feu fonctionnait pour le desséchement des Moëres. Nous n'avons pu retrouver la date de sa construction. Mais dans un procès-verbal de visite des 24, 27, 28 et 29 octobre 1767, que M. de Laroière a entre les mains, on trouve constaté qu'elle existait alors et que les fondations ébranlées réclamaient des réparations assez importantes. Dans les observations présentées à l'assemblée du 27 décembre 1771, on approuve le chapitre des dépenses concernant l'entretien de la machine à feu qui a été supprimée plus tard en raison de la grande dépense de charbon. Cette machine à vapeur faisait mouvoir des pompes ; d'après une carte de 1773, elle était placée à l'occident de la petite Moëre (voir planche 14).

# CHAPITRE VII



La nouvelle compagnie entreprit avec énergie les travaux nécessaires pour réparer et curer les anciens canaux ;
elle en ouvrit de nouveaux ; elle fit venir de la Hollande
d'habiles constructeurs qui établirent douze machines à
vent pour élever les eaux et les jeter dans le canal extérieur de ceinture. Le succès fut bientôt presque complet
pour les Moëres, mais les propriétaires riverains ne tardèrent pas à se plaindre vivement d'être inondés par les
eaux déversées en trop grande abondance dans les canaux
extérieurs. Il en résulta qu'une ordonnance rendue le 28
mai 1783 par l'intendant de Flandres fixa la jauge des
eaux dans le Rincksloot et le moment où les moulins
devaient cesser de tourner. Cette décision ramena l'inondation d'une partie des terres, et M. Vandermey tomba
dans une espèce de découragement qui laissa les exploita-

tions agricoles à la merci des fortes crues d'eau. 2,000 mesures seulement étaient en exploitation, lorsque la funeste époque de 1793 vint encore ajouter aux difficultés qu'éprouvait la compagnie. Les terres en culture avaient été affermées à M. le vicomte de la Personne qui avait pris le titre de directeur ou gérant des Moëres, mais le revenu suffisait à peine à l'entretien des machines, des écluses et des digues. Pendant les troubles révolutionnaires, M. de la Personne fut arrêté et guillotiné avec son fils, et l'administration des Moëres fut abandonnée. D'ailleurs, la défense du territoire contre les armées envahissantes dut ramener une inondation presque complète. Le 20 avril 1793, une flotte anglaise vint bloquer Dunkerque ; le 22 août, l'armée du duc d'York fit un mouvement direct sur la ville. On dut tendre l'inondation. Dans la nuit du 23 au 24 août, en moins de deux heures les eaux montèrent de 2 mètres dans le canal de Bergues. Une digue du canal de ceinture se rompit. Une autre rupture eut lieu du côté de Furnes par les eaux lâchées de Nieuport. En 24 heures, les Moëres furent submergées ; elles ne présentèrent bientôt plus qu'un vaste bassin, comme après l'inondation de 1646. L'eau salée détruisit et ébranla les machines et les bâtiments. La plupart des habitants s'éloignèrent. Pendant trois ans on ne vit plus que quelques pêcheurs et marchands de roseaux sur cette malheureuse terre qui avait déjà coûté tant de labeurs. On ne peut toutefois s'exprimer aussi durement sur les auteurs de l'inondation de 1793 que sur ceux qui causèrent le désastre de 1646. Au siècle dernier, la France se défendait contre les envahisseurs. Au dix-septième, au contraire, ce sont des étrangers au pays qui, pour continuer à l'asservir, eurent recours sans hésitation à la ruine des campagnes qu'ils voulaient dominer. Mais dans les deux cas, et comme toujours, les populations rurales ont été les victimes les plus éprouvées des guerres que décident les potentats sans songer assez aux malédictions de l'agriculture. En 1793, les commandants militaires de Bergues et de Dunkerque ont ruiné la contrée pour quelques années en faisant ouvrir les écluses de mer. Or, les inondations n'étaient pas nécessaires ni peut-être même utiles, nous a dit M. de Laroière : « Si les habitants avaient été consultés, l'inondation n'aurait pas eu lieu ; ce n'est pas l'inondation qui a sauvé Lille, c'est le courage de ses habitants. »

Les eaux avaient repris leur empire, mais les agriculteurs se hâtèrent avec une ardeur et une persévérance qu'on ne saurait trop admirer, de le leur disputer de nouveau. Déjà, en 1795, on put, en faisant marcher quatre moulins, dessécher environ 2,000 mesures dans la partie française. La gestion des Moëres fut confiée par M. Vandermey à deux fermiers qui en prirent à titre de bail la meilleure partie et se substituèrent à lui pour l'administration du reste. La partie belge, dite des 1,700 mesures, fut administrée dès 1795 par les frères Herwyn ; elle devint rapidement florissante en presque totalité. Couverte en l'an III par 1 mètre de hauteur d'eau de mer, six moulins avaient suffi pour la dessécher et la rendre entièrement productive en l'an V.

Nous trouvons dans un rapport de l'ingénieur des ponts

et chaussées Martin, daté du 10 thermidor an V (29 juillet 1797), les renseignements suivants sur la situation des
Moëres en ce moment et sur les dépenses jugées indispensables pour arriver alors au complet desséchement.
L'étendue totale des Moëres était estimée être de 7,538
mesures locales de 44 ares 4 centiares ; on évaluait à
4,260 mesures la surface alors desséchée, et il restait à
dessécher 2,792 mesures des Moëres françaises, 486 des
Moëres belges, soit en tout 3,278 mesures. L'ingénieur
Martin estimait que pour achever l'opération du desséchement, il faudrait dépenser 140,000 fr. pour la construction
de six moulins, 20,000 fr. pour les réparations et l'ouverture des digues dans l'intérieur des Moëres et 50,000 fr.
pour l'exploitation, la construction, les réparations et les
améliorations des fermes, soit en tout 210,000 fr. Mais trouver ce capital était tout-à-fait au-dessus des forces du concessionnaire qui arrivait au terme de sa jouissance. En effet,
en 1801, expiraient les lettres patentes de 1779. Aux termes
de l'article 5 de ces lettres, les anciens propriétaires étaient
fondés à reprendre leurs biens en payant à M. Vandermey la
valeur des bâtiments et une partie des moulins et des machines. Un projet de transaction fut dressé, et M. Vandermey
traita avec la plupart des propriétaires, à l'exception spécialement du vicomte Declerque-Wissocq. Celui-ci, après avoir
visité ses possessions, trouva le marais dans un état trop déplorable pour vouloir y consacrer les capitaux nécessaires
à la mise de ses terres en culture, et il s'abstint d'en réclamer la propriété, de telle sorte que M. Vandermey continua à en jouir jusqu'en 1804. Il est mort en 1809.

38

# CHAPITRE VIII



QUATRIÈME DESSÉCHEMENT (1802-1813) ET QUATRIÈME INONDATION
DES MOËRES (1814)


Les Moëres comptaient, en 1802, 150 habitants seulement. Les propriétaires qui avaient repris leurs terres des
mains de M. Vandermey confièrent à M. de Buyser, qu'ils
nommèrent directeur le 12 avril 1802, l'administration
du desséchement. Les Moëres étaient dans un état déplorable ; les moulins d'épuisement ne rendaient que peu
de services ; beaucoup de fermes étaient abandonnées, et
le petit nombre d'habitants dont on vient de voir le chiffre
étaient minés par les maladies ou plongés dans la misère.
L'hectare se vendait à peine 300 fr., et rapportait 9 fr.
Cependant, de 1619 à 1802, on avait dépensé plus de
3 millions de francs. Mais le nouveau directeur était jeune,
intelligent et doué d'une grande activité. Il parvint à
vaincre tous les obstacles de l'entreprise, quoiqu'il eût
à lutter contre toutes sortes de difficultés financières,

matérielles, judiciaires. Représentant du syndicat des propriétaires des Moëres, il dut s'entendre avec les dissidents.
Mais on conçoit que tant d'intérêts divers, après un si
grand nombre de concessions successives, devaient donner
lieu à des prétentions susceptibles d'interprétations dont le
règlement n'appartenait en fin de compte qu'aux tribunaux.
Aussi il fallut bien des années pour que la propriété fût
enfin assise dans les Moëres sur des titres incontestables.
Bien des luttes judiciaires mirent en danger l'œuvre du
desséchement.

En 1803, les propriétaires des Moëres et des autres
terres basses de l'arrondissement de Dunkerque adres-
sèrent au premier Consul une requête pour obtenir la
concession de l'écluse de Cobergher ou en d'autres termes
la réouverture de l'ancienne Cunette. M. Crétet, alors
directeur général des ponts et chaussées, vint sur les
lieux, visita les Moëres et fit un rapport favorable. En 1804,
le premier Consul s'étant rendu à Dunkerque, reçut en
audience M. de Buyser, examina le plan qui lui fut présenté et l'approuva. Le 8 ventôse an XII (29 février 1804)
parut la loi ordonnant la reconstruction de l'écluse de
Cobergher, à la condition que toutes les terres susceptibles
de profiter des travaux effectués contribueraient pour
moitié à la dépense, l'autre moitié devant être payée par
le gouvernement. L'entreprise des travaux fut adjugée à
des constructeurs moyennant la somme de 1,800,000 fr.
La contribution du pays était payée dès 1808 et l'œuvre
à peu près achevée en 1811. Le directeur des Moëres
avait donc surmonté tous les obstacles, lorsque les événe-

ments de 1813, 1814 et 1815 firent de nouveau courir à cette malheureuse contrée les plus grands dangers.

Le sol de la France était envahi ; le génie militaire mit toutes les villes de Flandres en état de défense. L'inondation par l'eau de mer fut résolue. C'était une question d'existence pour les cultivateurs des Moëres. M. de Buyser proposa un moyen d'inonder le pays avec de l'eau douce. Ce moyen consiste à barrer le canal des Moëres au pont de Steendal et la Colme au pont de Benties-Meulen (voir planches 13 et 14), de manière à laisser les Moëres et les terres basses de la quatrième section des wateringues privées d'écoulement, ce qui devait former une inondation suffisante pour empêcher la circulation d'une armée ennemie. D'ailleurs les eaux de la mer et celles du pays venant par Furnes devaient être également arrêtées à un quart de lieue de cette ville. Cette nouvelle défense du pays fut adoptée et essayée avec succès en 1814 : « En six jours, dit M. le commandant Roguet, dans une notice insérée en 1833 dans les Mémoires de la Société centrale d'agriculture sur le dessèchement du bassin de l'Aa, cette inondation fut tendue ; elle rendit impossible le passage de la Colme jusqu'à Watten, sur un quart de lieue à une demi-lieue de largeur, ainsi que celui du canal de Bergues, dont les bords furent également submergés ; on barra les canaux des Moëres et ceux qui viennent d'Hondschoote. Les mêmes précautions furent prises par M. Herwyn pour arrêter les inondations de l'Yprelé ou Yser, tendues à Nieuport. Les Moëres, ainsi préservées d'une perte totale, souffrirent néanmoins beaucoup à cause de la filtration et du défaut

d'écoulement ; elles furent couvertes par l'eau douce. Elles
échappèrent donc à la ruine.

Cependant les propriétaires des terres riveraines rom-
pirent les digues en plusieurs endroits, afin de se débarrasser des eaux sur les terres les plus basses. M. de Buyser
parvint, grâce à sa vigilance et par son crédit personnel
sur les autorités, à réparer les brèches, à préserver les digues
et à faire rejeter les eaux par les moulins dans le canal de
ceinture. Pour sa conduite en 1814, M. de Buyser reçut la
croix de chevalier de la Légion d'honneur par un décret
du roi Louis XVIII, rendu sur la proposition du comte
Siméon, préfet du département du Nord du 2 mai 1814
au 22 mars 1815. La veille de la bataille de Waterloo,
en juin 1815, M. Bosquillon de Genlis, alors ingénieur à
Dunkerque et qui avait des intérêts dans les Moëres, reçut
l'ordre d'ouvrir tout de suite les écluses de mer et
d'inonder le pays ; en ne le faisant pas il a exposé sa
tête, mais il a sauvé la contrée, et l'acte qu'il n'a pas
exécuté n'eût pu sauver l'Empire. Les Moëres lui doivent
de la reconnaissance.

Afin que, dans ce travail que nous cherchons à faire
aussi complet que possible, l'on se rende bien compte de
la situation comparative des Moëres à cette époque et
aujourd'hui, nous donnons ici un tableau représentant
les résultats d'une expertise des Moëres françaises faite
en janvier 1811, un peu avant l'achèvement de l'écluse
de la Cunette, dans le but d'obtenir un allégement des
contributions :

|  | hect. a. c. |
| --- | --- |
| Terres susceptibles d'être labourées............... | 616.78.86 |
| Pâtures..... ................................ | 218.43.19 |
| Prairies.................................... | 62.31.47 |
| Roseaux productifs............................ | 152.73.84 |
| Roseaux formant le polder, non loués............. | 457.13.52 |
| Très-mauvais roseaux sans production, non loués..... | 213.15.36 |
| Très-mauvais riez (friches ou landes), non loués..... | 52.84.80 |
| Terres de la petite Moëre...................... | 132.41.84 |
| Total.............. | 1,905.82.88 |

Les experts ajoutaient que « en ce qui concerne les 132
hectares 31 ares 84 centiares que contient la petite Moëre,
ils sont entièrement sous l'eau et aucune partie ne peut
être labourée. Le seul produit qu'ils donnent consiste à
mettre en été quelques bêtes à l'herbe le long du Rincksloot, le reste pouvant être considéré comme un étang où
il se trouve peu de roseaux en état d'être coupés. Quant
aux 616 hectares 78 ares 86 centiares de terres labourables, ils ne peuvent être considérés comme étant en
pleine culture, parce que les eaux les submergent fréquemment, empêchent les ensemencements ou les re-
tardent. A l'automne de 1810, on comptait 411 hectares
qui n'avaient pu être ni labourés ni semés, et sur les 205
qui avaient été ou labourés ou ensemencés, 102 seulement
n'avaient pas été inondés. Il faudra un printemps sec et
un vent passable pour dessécher les terres et de la chaleur
pour les fertiliser. Enfin, quant aux pâtures et aux prairies, il sera de toute impossibilité de les améliorer tant que
les eaux les submergeront, puisque les engrais qu'on y
mettrait seraient sans effet et perdus. » Les mêmes experts

résumaient dans les termes suivants, que nous croyons devoir reproduire, les travaux à faire et la marche à suivre pour que les Moëres pussent devenir de véritables terres susceptibles d'être cultivées par les fermiers ordinaires :

« Il faut : 1º que les ouvrages de l'ouverture du canal dit de la Cunette et l'écluse à la mer soient terminées ; 2º que le canal des Moëres soit recreusé, élargi et dévasé jusqu'à l'ancien emplacement de la machine à feu ; sans cela point de dessèchement des Moëres, non plus que pour toutes les terres adjacentes ainsi que celles qui doivent profiter de cet écoulement. Indépendamment de ces ouvrages, il est indispensable que tous les embranchements audit canal soient également recreusés et dévasés. Alors ces travaux faits (les terres extérieures des Moëres étant desséchées, il en résultera moins de filtration par les digues et plus de facilité à dessécher les Moëres puisque tous les hivers les eaux sont toujours à la hauteur des digues), les terres adjacentes pourront être cultivées et améliorées, ainsi que la petite Moëre qui pourra en grande partie être labourée, de sorte que l'on pourra espérer de rendre, si ce n'est la totalité de la grande Moëre, au moins la majeure partie à la culture, mais toujours avec des machines à élever les eaux au-dessus des digues par le moyen du vent, qui seront dans tous les cas coûteuses et subordonnées à beaucoup d'inconvénients que l'on ne peut éviter, tels que le calme, la gelée et les coups de vent ou ouragans assez fréquents qui empêchent les moulins de travailler, parce que, pendant la gelée, les moulins ne pouvant se mouvoir, les coups de vent ou ouragans les brisent ; il faut du temps pour les remettre en état et c'est toujours à grands frais qu'on y arrive. D'après cet exposé, nous estimons que les terres des Moëres ne peuvent être considérées que comme marais desséchés et n'être passibles que de la contribution d'un décime par 44 ares 4 centiares en conformité de la loi, jusqu'à ce que les travaux de l'ouverture du canal de la Cunette et l'écluse à la mer soient achevés, que l'on ait dévasé, élargi et recreusé le canal des Moëres depuis le sas à quatre écluses jusqu'à l'emplacement de la machine à feu et dévasé tous les embranchements dudit canal des Moëres, puisqu'elles sont assujetties à la contribution extraordinaire et qu'elles ne peuvent espérer être desséchées avant que ces travaux soient entièrement finis ; qu'il n'y a d'ailleurs qu'environ 1,060 hectares susceptibles de quelque production qui doivent supporter toutes les charges et dépenses tant d'entretien que de desséchement, et la contribution extraordinaire que nous évaluons s'élever annuellement au moins à la somme de 31,000 fr., à cause des travaux urgents et indispensables à y faire. »

La demande de diminution d'impôt s'expliquait par suite d'une aggravation qui tout d'un coup avait été établie pour l'année 1811. Voici en effet les contingents en principal de la contribution foncière assignés à la commune des Moëres depuis l'an VIII, jusqu'en 1811 :

| | fr. | | fr. |
|---|---|---|---|
| An VIII (1799-1800) | 401.10 | 1806 (100 derniers jours) | 11.00 |
| An IX (1800-1801) | 401.00 | 1807 | 298.00 |
| An X (1801-1802) | 401.00 | 1808 | 298.00 |
| An XI (1802-1803) | 410.00 | 1809 | 298.00 |
| An XII (1803-1804) | 400.00 | 1810 | 298.00 |
| An XIII (1804-1805) | 400.00 | 1811 | 2,693.88 |
| An XIV (1805-1806) | 400.00 | | |

L'époque de la prospérité n'était pas encore venue pour la commune des Moëres, et déjà les communes voisines voulaient néanmoins leur faire payer une lourde partie des impôts. Mais cette tentative n'eut pas de suite. D'ailleurs une nouvelle crise se préparait avec les désastres de 1814. On a vu comment M. de Buyser parvint à empêcher les eaux salées d'envahir les Moëres. « La nouvelle manière de défendre le pays qu'il a proposée, dit M. le commandant Roguet, dans le Mémoire que nous avons cité plus haut, déjà essayée avec succès en 1814, est aujourd'hui adoptée en principe par le génie militaire, à qui

elle donne 4 pieds (1ᵐ.20) de hauteur d'eau de plus que
ne ferait l'inondation de la mer ; elle a le grand avantage
d'épargner non-seulement aux Moëres, mais encore à une
grande partie de l'arrondissement de Dunkerque, les
ravages qui suivent les irruptions d'eau salée, et dont les
effets sont encore sensibles quatorze ans après sur les produits du sol. » Il y a lieu de remarquer que si les Moëres
ont été en partie couvertes d'eau en 1814, cela tient
davantage aux jalousies des riverains qu'aux exigences
mêmes de la guerre. Désormais nous allons voir les Moëres
devenir et rester prospères.

# CHAPITRE IX



Les moulins à vent et les machines élévatoires n'ayant pas été abattus en 1814-1815, le desséchement se fit rapidement, et, grâce à la vigilance de M. de Buyser, les digues furent promptement réparées. La mise en culture d'une partie des Moëres fut également rapide parce que les eaux salées n'avaient pas envahi les terres et apporté avec elles la stérilité accoutumée. D'ailleurs, on entra dans une longue période de paix qui permit à tous les droits de s'affermir, à toutes les contestations de propriété de se faire juger.

La délimitation des frontières entre la France et la Belgique a dès lors établi une différence marquée entre les systèmes d'exploitation des deux parties voisines. Les Moëres belges ne sont séparées des Moëres françaises que par une petite digue peu élevée, mais les administrations sont complétement différentes.

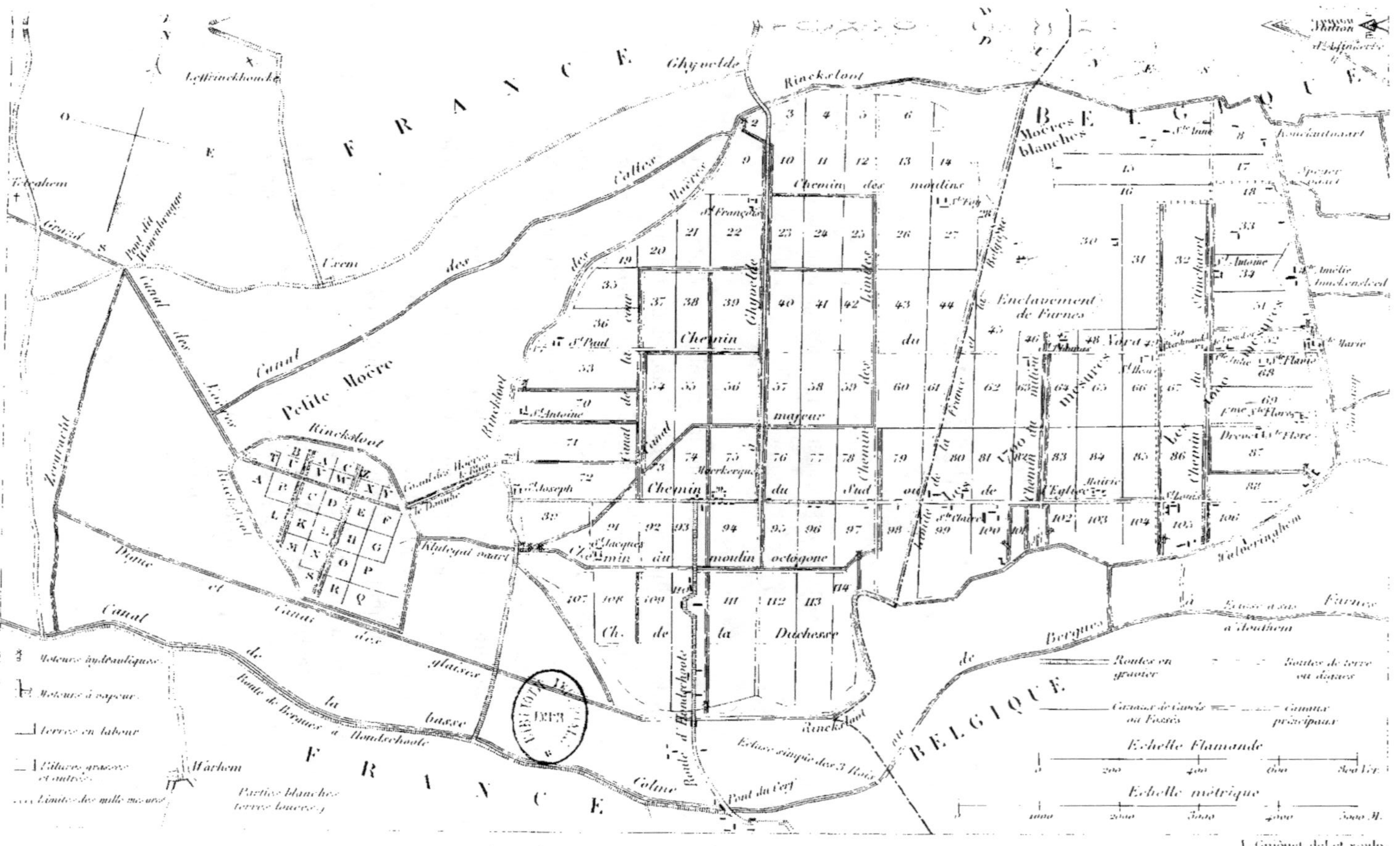
CARTE DÉTAILLÉE DES MOÈRES EN 1869.

Nous avons déjà dit (voir chap. I, p. 255) que les deux lacs connus sous le nom de grande et petite Moëres sont la partie la plus basse du bassin triangulaire renfermé dans l'arrondissement de Dunkerque du département du Nord en France, et dans le district de Furnes de la province de la Flandre orientale en Belgique, bassin borné par les canaux de Bergues à Dunkerque, à Furnes et à Hondschoote. La planche 13 présente l'état du pays avant le desséchement, et il est curieux de faire la comparaison avec l'aspect de la contrée aujourd'hui, alors que le desséchement est complet, ainsi que le montre la planche 14 (voir p. 267) établie au cent millième d'après la carte du dépôt de la guerre, dite de l'état-major.

Les Moëres belges se composent principalement de deux domaines dits l'un les 1,000, l'autre les 1,700 mesures (voir aussi la planche 15) ; elles renferment 1,192 hectares. Les grandes Moëres françaises, comptées généralement pour 4,400 mesures du pays, ont une étendue exacte de 1,910 hectares, et forment la commune des Moëres. La petite Moëre, d'une contenance de 400 mesures ou 176 hectares, fait partie de la commune de Warhem.

Le Rincksloot entoure toutes les Moëres ; il reçoit les eaux provenant des infiltrations des terres extérieures et celles extraites de l'intérieur par des machines. Toutes ces eaux s'écoulent, après chaque marée, vers la mer. L'écoulement se fait : 1° par le canal des Cattes [1] qui entraîne

---

[1] Nom d'un peuple qui a laissé des traces dans le pays. — Par corruption de langage, on dit vulgairement *canal des Chats*

les eaux du Rincksloot, de l'est à l'ouest, dans un canal beaucoup plus large et plus profond, appelé canal des Moëres, parce qu'il a été primitivement créé par les Moëres et depuis entretenu par les Moëres et la quatrième section des wateringues françaises, lequel vide ses eaux par l'écluse dite de Cobergher, du nom de son constructeur, le canal de la Cunette, et enfin dans le port de Dunkerque, puis à la mer par l'écluse Magloire ; 2° par un autre canal, situé au sud des Moëres françaises, dit canal des Glaises, lequel se jette aussi dans le grand canal des Moëres. Comme le montrent les planches 14 et 15, les terres sont divisées en compartiments rectangulaires par des fossés d'écoulement auxquels sont adossés des routes ou des chemins. Ces compartiments ou cavels sont exploités par des fermiers dont les habitations sont généralement bien construites et bien aménagées.

« En 1816, dit M. Derode dans son *Histoire de Dunkerque,* les Moëres belges avaient 977 hectares en culture, les Moëres françaises 1,059. La petite Moëre restait abandonnée et ne produisait que des roseaux et un peu de poisson. » En 1820, M. Cordier, dans son instructif ouvrage sur *la Navigation intérieure du département du Nord, et particulièrement sur les travaux du port de Dunkerque,* ouvrage où il fut aidé par M. Bosquillon, ingénieur des ponts et chaussées, dont la famille a continué à avoir de grands intérêts dans les Moëres, dépeignait en ces termes la situation des Moëres (t. Ier, p. 93) :

« Depuis quelques années, l'état des Moëres s'améliore sensiblement ; des récoltes superbes de blé, de colza, remplacent les joncs

qui croissaient seuls sur ces marais. On est étonné, en parcourant
ce pays marqué comme un lac sur toutes les cartes, de trouver de
jolies habitations, des fermiers riches et des champs fertiles sur
un sol qu'on croit stérile et marécageux, à peu de distance de là.
Ces résultats sont dus à l'activité et à l'expérience consommée de
M. de Buyser ; ce directeur administre en vertu d'un règlement
arrêté par les propriétaires et approuvé par l'autorité. Chaque
année le préfet vise les états et projets des travaux et les rôles
de recouvrement, qui deviennent ensuite exécutoires. C'est encore
au système d'association qu'il faut attribuer le desséchement des
Moëres et la prospérité qu'on y remarque. Il serait à souhaiter que
le gouvernement, pour encourager le desséchement de la partie
qui est encore sous l'eau, prolongeât de vingt années l'exemption
des impôts. — Le directeur des Moëres françaises a sous ses ordres
un maître constructeur, un piqueur et des gardes, et chaque
année il fait entretenir les anciens fossés et en ouvre de nouveaux.
— Les Moëres belges qui font partie du même bassin ont été
administrées longtemps et avec beaucoup de sagacité par MM. les
frères Herwyn, qui sont parvenus à mettre dans un très-bon état
de culture 2,700 mesures, dont ils ont obtenu la jouissance pendant un certain nombre d'années, à la condition d'en opérer l'entier
desséchement. »

A l'époque où les lignes précédentes ont été écrites, la
moitié des Moëres était encore couverte par les eaux. Mais
la réparation des moulins hydrauliques, et la création d'un
nouveau moulin en 1825, par M. de Buyser, en portant le
nombre total à 8 pour la grande Moëre et 1 pour la petite,
achevèrent le desséchement des Moëres françaises. Le 14
septembre 1826, M. de Buyser put faire poser la première
pierre de la nouvelle église destinée à remplacer au bout
de deux siècles celle qui avait été détruite par l'inondation
de 1646. Cette église fut consacrée le 8 juillet 1829. Il a
eu le bonheur de voir son œuvre entièrement achevée, et,
de plus, les agriculteurs lui rendre complétement jus-

tice. En 1834, la Société centrale d'agriculture le nomma
correspondant, et, en outre, dans sa séance publique du
3 avril 1842, elle lui décerna sa grande médaille d'or.
Dans les rapports faits à la Société par MM. le vicomte
Héricart de Thury et le baron de Ladoucette, on lit les
remarques suivantes :

« Une des plus belles opérations d'assainissement et de mise en
culture des marais est indubitablement celle de M. de Buyser, qui
est parvenu à opérer l'entier desséchement du marais des Moëres
dans le bassin de l'Aa, desséchement commencé depuis des
siècles.... M. de Buyser obtint, en 1814, du génie militaire, que la
mise en état de défense de Dunkerque serait faite en retenant l'Aa
au pont de Steendal sur le canal des Moëres ; il obtint également
que les eaux de la mer ou du pays, qui pourraient venir par
Furnes, seraient arrêtées à un kilomètre de cette ville, contre les
fausses dunes, sur le petit canal de Bulscamp, et, à Benties-Meulen, sur la Colme. Cette nouvelle manière de défendre le pays,
proposée par M. de Buyser, est aujourd'hui adoptée en principe par
le génie militaire, à qui elle donne 1ᵐ.35 de plus que ne le ferait
l'inondation de mer, et elle a, en outre, le grand avantage d'épargner, non-seulement aux Moëres, mais encore à une partie notable
de l'arrondissement de Dunkerque, les ravages qui suivent les
irruptions d'eau salée, et dont les effets sont encore sensibles
longtemps après pour les produits du sol. Ces irruptions, qui ont
désolé le pays des Moëres trois fois en deux siècles, ne sont donc
plus à craindre pour l'avenir....

» M. de Buyser, que l'on désigne à si juste titre comme le bien-
faiteur de la contrée, a consolidé les digues, augmenté le nombre
des canaux intérieurs, et s'est activement occupé des moyens de
diminuer la somme des dangers qui inquiètent constamment non-
seulement les Moëres, mais les propriétés adjacentes, lesquelles
sont inondées lorsque le jeu des moulins projette plus d'eau que
les canaux n'en peuvent comporter. Après des négociations qui
ont duré un quart de siècle, et où l'intervention de M. de Buyser
a été infatigable, on s'est décidé à élargir et à approfondir le canal

qui débouche dans la mer. Les wateringues et les Moëres contribuent, à proportion de leur contenance, à la dépense de ces travaux. »

L'église des Moëres renferme l'inscription commémorative suivante, gravée sur une plaque de marbre :

« A la mémoire de M. Jean-Louis de Buyser, chevalier de l'ordre de la Légion d'honneur, décédé le 15 mai 1847, à l'âge de 72 ans, ayant administré pendant quarante ans le dessèchement et la commune des Moëres françaises, comme directeur, président et maire. Il a obtenu l'érection de cette église, la construction du presbytère, et a fait bâtir la première maison, pour rétablir le village détruit par des mesures militaires lors du siége de Dunkerque en 1646. »

Heureux les hommes qui ont pour monuments, rappelant éternellement leur nom, des campagnes créées par leurs travaux et leurs soins, campagnes qui continuent de siècle en siècle à faire vivre les populations qu'elles portent, sans qu'il y ait jamais à demander à chaque habitant plus que le strict nécessaire pour se défendre contre les flots de l'Océan.

Dans son Mémoire sur le dessèchement de l'Aa, M. le commandant Roguet expose dans les termes suivants la statistique des Moëres. Ce mémoire est inséré dans le volume des Mémoires de la Société centrale d'agriculture de 1833 :

« Les Moëres sont traversées par les canaux principaux que longent des chaussées élevées, aussi belles que nos meilleures routes. Entre ces canaux principaux, d'autres plus petits, tous parallèles ou perpendiculaires, découpent le sol en rectangles égaux appelés cavels, lesquels sont traversés par des rigoles encore plus petites. Les eaux s'écoulent de ces rigoles dans les canaux secondaires, de ceux-ci dans les grands canaux, et de ces

dern'ers sont élevées dans le Rincksloot, d'où elles se rendent à
Dunkerque et à la mer par le canal des Moëres et les Quatre-
Écluses. Le Cavel, de soixante-cinq mesures de terre (28 hectares
60 ares), vaut environ 20,000 fr., et rapporte, nonobstant les mauvaises chances d'inondation, 1,000 fr. environ par an ; on y récolte
tous les produits du sol de la Flandre : blé, avoine, orge, colza,
prairies artificielles, pommes de terre. Les exploitations sont divisées par fermes ; les plus grandes contiennent 200 à 250 arpents
(de 68 hectares 38 ares à 85 hectares 50 ares), les plus petites
sont de 5 à 10 arpents (de 1 hectare 70 ares à 3 hectares 40 ares).

» On compte dans ce marais 81 ménages et 608 habitants. La
population augmente sensiblement d'une année à l'autre ; les tem-
péraments robustes résistent davantage au climat qui est fiévreux.
Sur les 8,000 fr. de contributions payés par ce pays, il y avait en
1830 : 7,465 fr. de contributions foncières, 107 fr. de portes et
fenêtres, 511 fr. de contributions mobilières ou personnelles, 20 fr.
de patentes.

» Pour tenir à sec ce fond, il faut au plus un moulin par 400
mesures de terres (175 hectares) ; 9 moulins à vis, 2 à aubes suffisent pour l'assainissement des Moëres belges et françaises, savoir :
3 moulins à vis pour la Moëre belge qui a 1,200 hectares de superficie ; 5 à vis et 2 à aubes, pour la Moëre française dont l'étendue
est de 1,950 hectares ; un à vis pour la petite Moëre française qui
a 176 hectares. Les frais annuels pour réparations de digues et
de machines s'élèvent à 3 fr. 10 par chaque mesure de terre
(44 ares). »

Le Rincksloot et sa digue ne sont pas dans le territoire
des Moëres; ils ont été établis là seulement où ils pouvaient
être construits, c'est-à-dire hors du lac, objet des diverses
concessions, sur les terres adjacentes. Lorsque, en vertu
de l'acte de purge du 16 juin 1621, des lettres patentes du
14 mai 1627 et des instructions particulières sous la même
date, les prétendants à des droits sur les terres adjacentes
se sont présentés devant les membres du Conseil du roi,
délégués à cet effet, pour y débattre la validité de leurs

titres, des jugements sont intervenus dans chaque affaire.
A ceux dont les droits ont été constatés, et c'était la presque
unanimité, on a fait remise de leur propriété, sous la déduction de la partie de terre comprise par le Rincksloot
et sa digue à mesurer par arpenteur juré, et dont la
valeur, à déterminer par experts, devait leur être payée
après l'expertise. Les membres du Conseil délégués ont
siégé à Dunkerque, Bergues, Hondschoote et Furnes, depuis le 12 juin 1627 jusqu'au 11 novembre 1638. Grand
nombre de procès-verbaux, copiés dans un registre contenant tous les actes et titres des Moëres depuis 1616
jusqu'à 1644, mentionnent chaque jugement rendu ou
chaque convention volontaire. Ce sont là les titres qui
établissent au profit de l'association la propriété du
Rincksloot et de sa digue, quoique situés en dehors des
Moëres dont le territoire est limité par le contre-fossé, ligne
qui sur le plan (voir planche 15) accompagne le Rincksloot
à distance très-irrégulière. Cette zone dépend de plusieurs
communes voisines, leur paie l'impôt, acquitte la contribution de la quatrième section des wateringues et ne paie pas
de frais de desséchement aux Moëres. Un arrêté préfectoral du 16 juin 1843, pour couper court aux difficultés qui
surgissaient parfois entre les riverains, a fixé la largeur du
Rincksloot et de sa digue à 27$^m$.34 qui était la largeur
traditionnelle. Aucun des canaux des Moëres ne sert à la
navigation, mais l'administration emprunte quelquefois une
partie du Rincksloot pour décharger du gravier sur les chemins et du charbon pour la machine à vapeur qui, comme
nous le dirons plus loin, a été reconstruite en 1863.

# CHAPITRE X



L'ADMINISTRATION ACTUELLE DES MOËRES FRANÇAISES

Une Commission composée de cinq membres est, à
l'exemple de ce qui se passe dans les diverses sections des
wateringues, chargée de l'administration de la grande
Moëre française. Cette Commission, nommée par les propriétaires, se renouvelle chaque année par cinquième ; les
membres sortants sont rééligibles. Tous les ans, l'assemblée générale nomme elle-même le président, qui doit
être pris dans la Commission. M. de Buyser a donné sa
démission de président en 1843 ; il a été remplacé par
M. Taverne qui, à son départ pour l'Espagne en 1853, a
eu pour successeur M. Dupouy, décédé en 1855 ; M. Regodt
a pris la place de ce dernier. En 1856, l'assemblée générale
des propriétaires a nommé M. de Laroière, ancien maire
de Bergues, qui a été constamment réélu depuis. La petite
Moëre n'a rien de commun avec la grande Moëre ; un

seul fermier l'exploite. Les fonctions d'administrateur et de président sont gratuites. Il y a en outre un conducteur des travaux, un percepteur, un secrétatre et un garde qui reçoivent des émoluments, sans compter les préposés aux machines hydrauliques.

C'est en vertu de la loi du 4 pluviôse an VI (23 janvier 1798) que la Commission administrative est élue par tous les propriétaires ; cette loi a décrété (voir le t. III de notre *Traité de drainage et d'irrigation,* p. 618) que « tous les propriétaires de marais desséchés sont autorisés 1° à se réunir pour pourvoir à l'entretien de ces marais et pour délibérer sur leurs intérêts communs ; 2° à nommer des agents, syndics ou directeurs autorisés, après l'homologation de l'administration départementale, à poursuivre l'exécution des délibérations devant tous juges et tribunaux compétents, à faire faire des commandements aux intéressés pour le recouvrement des frais. »

Le desséchement est maintenant complet. Dans les hivers très-pluvieux, les Moëres peuvent encore être inondées quand les eaux extérieures sont très-élevées, ou bien qu'une fonte de neige accompagnée de pluie arrive subitement ; les eaux montent alors avec tant de rapidité qu'il est impossible d'éviter la submersion. Seulement la durée de l'inondation est considérablement diminuée par l'effet de la machine à vapeur. Ainsi l'inondation occasionnée par la fonte des neiges dans l'hiver 1866-1867 a été terminée dans l'espace de quatre jours avec le secours de la machine à vapeur et des cinq moulins (voir planche 15) de la grande Moëre française ; hors des Moëres, elle a duré plus de quinze jours. Il était vraiment curieux de voir les Moëres se sécher tout à coup au milieu d'une plaine liquide qui les entourait. Alors M. de Laroière dut requérir les habitants de se porter sur les digues, d'y relever les endroits trop bas et d'y monter la garde pour se rendre immédiatement partout où il y aurait du danger ; ils devaient s'opposer par la force, s'il l'avait fallu, à toute tentative de pratiquer des coupures dans la digue. La nécessité de consolider et d'élever cette digue fut ainsi démontrée.

Le canal dit des Moëres qui est commun à l'administration des Moëres et à la quatrième section des wateringues, ayant été élargi et approfondi, suffit en général à l'écoulement des eaux ; aussi les procès entre ces deux administrations ont-ils cessé. Il y a quelques années, pendant les hivers, on voyait souvent se renouveler le spectacle étrange de l'hiver 1866-67 qui ne se reproduit plus qu'exceptionnellement : du haut des digues, on apercevait tout autour de soi les terres couvertes d'eau, et à ses pieds le lac complétement sec. Il én résultait des dissentiments et des procès entre les propriétaires de la quatrième section des wateringues et ceux des Moëres. Les premiers disaient : « Les terres basses ne peuvent pas inonder les terres hautes. » A quoi les propriétaires des Moëres répondaient : « Vous n'éprouvez aucun préjudice de notre desséchement. Si nous étions inondés, vous n'en auriez pas une goutte d'eau de moins : aux premières pluies, l'eau monterait dans les Moëres au niveau de vos terres ; au delà, toute celle qui tomberait chez nous s'écoulerait chez vous ; vous seriez donc aussi bien sujets aux inondations que maintenant.

Nous serions ruinés, et vous seriez un peu moins riches. Vous supporteriez seuls en effet les frais d'entretien du canal dit des Moëres ; l'été, vos populations seraient décimées par les fièvres engendrées par les miasmes s'exhalant de nos marais. » Le nouveau système était juste, il a prévalu. L'administration du canal des Moëres est confiée à la commission de la quatrième section des wateringues. Par tolérance, elle y laissait naviguer toute l'année, ce qui pendant l'hiver entravait l'écoulement des eaux. Elle a pris en 1867 un arrêté qui interdit toute navigation, du 1er novembre de chaque année au 1er avril suivant.

Autrefois il existait pour épuiser les eaux des Moëres, comme on l'a vu, un grand nombre de moulins qui étaient les uns à aubes ou à palettes, les autres à vis d'Archimède ; tous ils étaient mus par le vent. Les moulins à palettes ont été abandonnés, et ils sont remplacés aujourd'hui par des moulins à vis et une machine à vapeur.

Chaque moulin à palettes se composait d'une roue à palettes, remplissant exactement un coursier incliné ; elle prenait les eaux dans le bief inférieur et les faisait passer dans le bief supérieur ; lorsque le moulin était arrêté, une porte en bois que le courant tenait ouverte, se refermait par la pression de l'eau. Chaque moulin élevait l'eau de 1$^m$.30 environ ; on les employait par couples ; les deux roues étaient distantes entre elles de 2$^m$.30 dans le sens horizontal ; à elles deux elles élevaient l'eau à 2$^m$.60. Chaque roue avait 4$^m$.60 de diamètre sur 0$^m$.40 d'épaisseur ; les tourillons étaient en bois et avaient 0$^m$.30 de diamètre. On employait ces proportions pour que les palettes joignissent exactement le coursier ; si le tourillon avait été plus petit, le moindre changement de forme aurait occasionné le contact des palettes et aurait pu les briser, ou bien il aurait fallu laisser un certain jeu entre les palettes et le coursier, ce qui aurait diminué de beaucoup le volume du liquide élevé. Chaque roue à palettes faisait dix tours contre dix-neuf tours des ailes du moulin à vent.

Dans les moulins à vis, la partie supérieure est construite exactement de la même manière que dans les anciens moulins à palettes. La roue est remplacée par une vis d'Archimède qui remplit le même but. On sait que la vis d'Archimède est ainsi construite : sur la surface d'un cylindre en bois on trace une hélice à plusieurs circonvolutions ou *spires ;* dans une rainure entaillée suivant cette courbe on implante de petites planches jointives de même hauteur, et en général on revêt le tout d'une même enveloppe cylindrique en douves ; l'enveloppe est dite *canon,* les planches formant le filet de vis sont les *marches,* et le cylindre creux est le *noyau ;* l'espace compris entre le canon, les marches et le noyau forme un canal héliçoïde. Dans les Moëres, la vis a 6 mètres de longueur sur 1$^m$.70 de diamètre ; son inclinaison est de 60° : elle est formée par trois plans héliçoïdes enroulés autour du noyau. L'axe et les écluses de la vis sont mobiles, l'enveloppe ou canon est seulement demi-cylindrique et fixe ; par cette disposition ingénieuse, le poids et la résistance sont diminués, le produit est augmenté, les réparations sont rendues plus faciles. Un moulin à vis remplace deux moulins à palettes ;

il élève à peu près le même volume d'eau à la même hauteur dans un temps égal ; il a même un avantage sur ceux-
ci, c'est son isolement ; les autres, en effet, présentent
l'inconvénient de chômer lorsque l'un des deux est en réparation. On a constaté par diverses expériences rapportées
par M. Cordier que, les ailes des moulins faisant dix-neuf
tours par minute, la quantité d'eau élevée dans le même
temps à la même hauteur de $2^m.60$ est de 36,840 litres
pour un couple de moulins à palettes, est de 34,220 litres
pour un seul moulin à vis, soit pour les premiers 2,210
mètres cubes à l'heure, et pour le second 2,053 mètres
cubes ; ces chiffres sont dans le rapport de 1 à 0.928. Mais,
en réalité, il est impossible de déterminer exactement la
quantité d'eau élevée dans l'année par un moulin à vis ;
les eaux extérieures ne sont pas toujours à la même hauteur ; le vent n'a pas toujours la même force et fait nécessairement varier la vitesse imprimée aux ailes des moulins ;
la moyenne du nombre de tours effectués est difficile à
établir. Avec les vis actuelles, un moulin à vis produit
autant d'effet que deux moulins à palettes. On peut compter
sur 2,200 à 2,300 mètres cubes à l'heure lorsque la vis
exécute 20 tours par minute. M. Cordier a fait observer
que quelques modifications permettraient de rendre le
débit encore plus considérable. En effet, les canaux qui
dans les Moëres aboutissent aux coursiers sont étroits ; il
en est de même de ceux du bief supérieur ; en quelques
tours le niveau inférieur baisse sensiblement, le niveau
supérieur croît très-vite ; par suite, la hauteur à élever
augmente et le volume élevé diminue. On éviterait ces

inconvénients en donnant une plus grande largeur aux canaux et en établissant en aval et en amont des réservoirs où le niveau de l'eau serait plus uniforme.

Les eaux montent, sans pluie, d'un centimètre par jour dans les fossés, mais durant les six mois d'hiver seulement ; elles baissent au contraire d'un centimètre, même avec une pluie ordinaire, durant les six mois, d'été ; si la sécheresse est très-grande et très-longue, l'abaissement du niveau est de 2 centimètres par jour. On peut fixer les deux périodes de la manière suivante : la période hivernale commence le 15 octobre et va jusqu'au 15 avril ; la période estivale dure du 16 avril au 14 octobre. Ces dates ne varient pas de dix jours d'une année à l'autre ; c'est un fait constaté par les rapports sur les hauteurs des eaux qui sont faits chaque jour à M. de Laroière depuis 1856.

Il y a aujourd'hui dans la grande Moëre française cinq moulins à vent à vis et une machine à vapeur ; en outre, la petite Moëre a un moulin à vis. La figure ci-jointe (fig. 19) représente un des moulins à vent à vis, tels qu'ils existent aujourd'hui ; le moulin est disposé de manière que douze tours de la vis correspondent à sept tours de l'arbre portant les ailes. On a vu (p. 309) qu'en 1825 M. de Buyser a fait construire un moulin à vis ; il a pris comme modèle les moulins qui existaient avant lui. Depuis lors, les autres moulins à vis ont été réparés, et des moulins à palettes qui étaient accouplés, l'un a été supprimé et l'autre transformé en moulin à vis. Une modification importante a d'ailleurs été faite dans la vis ; elle était primitivement close en planches ; l'eau qu'elle prenait ne pouvait se perdre en

Fig. 19. — Moulin à vent faisant mouvoir une vis d'Archimède pour le desséchement des Moëres.

tournant dans un encuvement complet aussi en bois ; il en résultait un mouvement plus difficile, plus chargé et nécessitant un vent plus fort pour la mise en marche. Maintenant les plans héliçoïdes sont à découvert et touchent presque à l'encuvement demi-cylindrique seulement ; la rotation est ainsi plus facile et il y a peu de déperdition quand la vis donne vingt tours à la minute. On a placé depuis 1851 un cric qui, lorsque le vent n'est pas trop fort, soulève l'extrémité inférieure de l'arbre de la vis, lui donne une position plus horizontale et permet de profiter des vents faibles pour rejeter de l'eau dans le bief supérieur, en moindre quantité cependant que dans la position ordinaire ; mais il vaut mieux peu que rien. S'il arrive que le vent s'élève, on abaisse l'arbre et l'on obtient le débit normal. Dans les Moëres belges, on a adopté ce système de cric après en avoir constaté les bons résultats dans les Moëres françaises. L'Administration présidée par M. de Laroière, a mis à l'étude un nouveau perfectionnement à introduire. L'arbre sur lequel la vis s'appuie est en bois et a un équarrissage en rapport avec le poids qu'il supporte ; il fait par conséquent obstacle au passage d'une partie de l'eau contenue dans la vis et diminue la quantité rejetée ; on se propose de remplacer le bois par du fer ; la surface occupée sera diminuée de moitié, et l'eau évacuée sera augmentée en proportion ; la dépense du fer ne sera pas plus grande que celle du bois et la durée sera plus longue.

L'établissement de la machine à vapeur rend désormais l'écoulement des eaux assuré et met le desséchement complétement à l'abri des caprices du vent. La machine à

vapeur a été placée vers l'extrémité du chemin qui part
de l'église, un peu sur la droite, au pied de la digue du
Rincksloot, sur le canal qui sépare le cavel 71 du cavel 72
(voir les planches 14 et 15). Les moulins à vis sont placés :
le premier, entre les cavels 70 et 53 ; le second, entre les
cavels 2 et 9 ; le troisième vers le milieu et au sud du
cavel 97 ; le quatrième, au sud du chemin de la Duchesse,
près du Keyslaert ; le cinquième, enfin, à l'extrémité sud
du cavel 89, sur le canal majeur. Nous parlerons dans un
autre chapitre des appareils de desséchement des Moëres
belges.

La machine à vapeur actuelle a été élevée en 1863 ; elle
sort des ateliers de MM. Le Gavrian et fils, de Lille ; elle est
horizontale et de la force de 50 chevaux. La chaudière est
à deux bouilleurs ; la cheminée a 26 mètres de hauteur. La
machine fait mouvoir une vis d'Archimède au moyen d'un
engrenage d'angle ; la vis a $1^m.80$ de diamètre et 6 mètres
de longueur. On ne fait marcher la machine que lorsque
les eaux arrivent dans le canal intérieur à une hauteur de
$0^m.50$ au-dessus du zéro de l'échelle à Dunkerque, buse
de l'écluse de la Cunette. En général elle ne fonctionne
que durant quinze jours par an ; elle consomme un hectolitre de houille par heure. Le mécanicien chargé de la
conduite et de la garde de la machine à vapeur reçoit
60 francs d'appointements par mois ; il a en outre une
petite maison et un jardin. Les conducteurs et gardes des
moulins à vent reçoivent 37 francs par mois. Sans la
machine à vapeur, les Moëres seraient bien souvent encore
inondées. Ainsi à la fin de mai 1869 la pluie a été très-

abondante, et le vent nul ; c'est à la vapeur seule qu'on a
dû de faire écouler les eaux météoriques.

Les frais d'entretien des Moëres pour le desséchement,
le curage des canaux et l'entretien des routes s'élevaient
autrefois, par an, à 11 fr. par hectare, quelle que fût la
valeur des terres. Actuellement ils suivent le classement
cadastral à raison de 0 fr. 27.967 par franc de revenu supposé. Les terres sont subdivisées en cinq classes, ainsi qu'on
le verra dans le chapitre suivant. Le produit annuel de
la contribution du desséchement est de 20,500 fr. Voici
le compte des dépenses pour l'année 1867, tel que nous
l'a communiqué M. de Laroière :

|  |  | Fr. |
|---|---|---|
| 1. | Entretien des moulins. | 2,224.25 |
| 2. | Sciage de vieux bois | 50.00 |
| 3. | Approvisionnement du magasin | 373.78 |
| 4. | Maçonneries | 199.50 |
| 5. | Réparations diverses | 389.75 |
| 6. | Terrassements | 670 00 |
| 7. | Recreusement d'une partie du canal majeur | 150.00 |
| 8. | Faucardement | 1,526.00 |
| 9. | Fourniture et entretien des voiles | 480.65 |
| 10. | Empierrement d'une partie du chemin du Sud | 4,232.00 |
| 11. | Travaux au Rincksloot | 3,065.15 |
| 12. | Réparation des chemins | 255.25 |
| 13. | Charbon pour la machine à vapeur | 756.44 |
| 14. | Fournitures diverses pour la machine | 268.04 |
| 15. | Contribution et main-morte | 233.35 |
| 16. | Gratification aux ouvriers requis pour surveiller et fortifier les digues lors de la fonte des neiges et de l'inondation des terres entourant les Moëres.. | 320.00 |
| 17. | Traitements et gages : conducteurs, garde, meuniers, machiniste et secrétaire | 3,360.00 |
|  | *A reporter*...... | 18,554.06 |

|                                                              | Report......     | 18,551.06 |
| ------------------------------------------------------------ | ------ | ------ |
| 18. Remises du percepteur...................... | 643 90 |
| 19. Loyer du magasin........................ | 100.00 |
| 20. Dépenses imprévues imputées sur le crédit voté.. | 1,101.76 |
| 21. Dépenses imprévues mandatées sur les fonds libres. | 1,727 52 |
|                                                              | Total des dépenses........     | 22,127.34 |

Il y a à remarquer sur la dépense du loyer du magasin
(19) que l'administration des Moëres en a construit un en
1868 avec ses fonds, et en outre, que le chapitre des
dépenses imprévues est toujours prévu pour 1,000 à
2,000 fr. Les dépenses payées, il reste un encaisse de
12,536 fr. 86. Il est nécessaire d'avoir environ cette
avance pour commencer l'année ; en effet le budget ne revient avec l'approbation préfectorale qu'en avril ou en mai
de l'année même de l'exercice pour faire les recouvrements,
or aux termes du règlement il n'est arrêté qu'à la fin de
décembre. Lorsque M. de Laroière a pris la présidence,
en 1856, le reliquat en caisse était de 14,640 fr. L'administration a depuis lors économisé les 40,000 fr. que la
machine à vapeur a coûté ; elle a construit un magasin de
4,000 fr., mis en gravier 4,000 mètres de chemins, dépensé
plus de 20,000 fr. à relever et fortifier les digues ; elle a mis
tous les moulins à vent en bon état. Voilà l'exemple de ce
qu'on peut obtenir avec un budget administré par des élus
directs du suffrage de tous les propriétaires payant une
contribution au prorata de la valeur de leurs propriétés.

La dépense annuelle depuis le 30 avril 1802 jusqu'en
1825 avait été de 17,000 à 18,000 francs. En 1825, il
restait à défricher les cavels 40, 41, 42, 43, 44, 57, 58,

59, 60, 61, 76, 78, 79 (voir planche 15). M. de Buyser a alors fait construire le moulin dont il a déjà été question ; la dépense de cette année s'est élevée à 14,321 fr. 61. Voici le tableau des rôles et des dépenses depuis 1826 ; les chiffres qu'il contient font bien comprendre l'administration des Moëres :

| Années. | Rôles.<br>Fr. | Dépenses.<br>Fr. | Observations. |
|---|---|---|---|
| 1826.... | 20,118.64 | 20,114.79 | |
| 1827.... | Id. | 21,240.65 | |
| 1828.... | Id. | 24,184.70 | |
| 1829.... | Id. | 28,698.83 | On fait un emprunt de 8,000 fr. |
| 1830.... | Id. | 28,395.32 | Id.          de 7,500 fr. |
| 1831.... | Id. | 30,227.33 | |
| 1832.... | Id. | 17,171.14 | |
| 1833.... | Id. | 21,669.68 | |
| 1834.... | 24,048.59 | 24,187.98 | |
| 1835.... | 25.590.00 | 19.539.45 | |
| 1836.... | Id. | 19.435.62 | |
| 1837.... | Id. | 20,515.62 | |
| 1838.... | Id. | 30,487.63 | |
| 1839.... | Id. | 42,782.46 | |
| 1840.... | Id. | 25,247.45 | |
| 1841.... | Id. | 24,562.19 | |
| 1842.... | Id. | 23,440.03 | |
| 1843.... | Id· | 26,883.50 | |
| 1844.... | Id. | 24,722.44 | |
| 1845... | Id. | 27,852.15 | |
| 1846.... | Id. | 23,582.23 | |
| 1847.... | Id. | 23,744.16 | |
| 1848.... | Id. | 23,685.50 | |
| 1849.... | Id. | 24,529.62 | |
| 1850.... | Id. | 26,106.93 | |
| 1851.... | 20,500.00 | 20,904.97 | |
| 1852.... | Id. | 20,307.63 | |
| 1853.... | Id. | 19,620.84 | |
| *A reporter*. | 655,937.71 | 673,830.84 | |

| | | |
|---|---|---|
| *Report*. | 655,937.71 | 673,830.84 |
| 1854.... | 20,500.00 | 22,807.08 |
| 1855.... | Id | 20,412.23 |
| 1856 ... | Id. | 18,954.59 |
| 1857.... | Id. | 18,367.47 |
| 1858.... | Id. | 18,310.26 |
| 1859.... | Id. | 15,807.09 |
| 1860.... | Id. | 19,812.35 |
| 1861.... | Id. | 18,320.00 |
| 1862.... | Id. | 15,038.78 |
| 1863.... | Id. | 20,629.96 |
| 1864.... | Id. | 57,462.12 dont 39,457.46 pour la machine |
| 1865.... | Id. | 18,519.05   à vapeur. |
| 1866.... | Id. | 21,596.06 |
| 1867.... | Id. | 22,127.34 |
| Totaux. | 942,937.71 | 981,995.22 |

Le déficit qui ressort de la comparaison des deux colonnes n'est qu'apparent. Les recettes de l'administration
des Moëres ne consistent pas seulement, en effet, dans les
impositions. Ainsi on loue au profit de l'association,
moyennant un bail annuel d'abord de 300 fr. qui s'élève à
350 fr. depuis 1860, une carcasse d'ancien moulin hydrau-
lique qui a été convertie en moulin à farine. La pêche est
aussi louée 170 fr. par an. Il a été vendu quelques débris
des anciens moulins remplacés par la machine à vapeur.
En outre lorsqu'il y a plus de 3,000 fr. en caisse, les
fonds sont placés au Comptoir d'escompte, ce qui rapporte
à l'association de 150 à 200 fr. par an. Enfin les excédants
accumulés ont été placés depuis 1854 en bons du trésor
ou en obligations de chemins de fer, lorsque l'intérêt des
bons du trésor est descendu à 3 pour 100 ; l'association
possédait 36,040 fr. en bons et en obligations au mois de

mai 1863. Administrée avec prudence, l'association syndicale a donné l'exemple de l'ordre et du bon emploi des ressources.

Les Moëres doivent servir de leçon à beaucoup d'autres contrées qui pourraient être, par des moyens semblables à ceux qui y sont employés, desséchées ou irriguées, et qui par négligence et inertie continuent à rester des plaines stériles ou des marais pestilentiels. C'est donc avec raison que le jury de la classe 74 du groupe VIII de l'Exposition universelle de Paris en 1867, ayant à signaler les plus beaux travaux de desséchement exécutés dans le monde durant ce siècle, a décerné *motu proprio* une médaille d'argent à M. de Laroière, président de l'association des Moëres françaises, quoique celui-ci n'eût pas songé à présenter au jugement des nations réunies les travaux faits sous son administration et celle de ses prédécesseurs; la récompense eût été plus élevée si des éléments complets d'appréciation eussent été soumis à l'étude des hommes éminents qui composaient le jury international.

L'étendue des canaux des Moëres françaises, y compris le Rincksloot qui a un développement de 12,598 mètres sur la partie française, est de 46,425 mètres d'une largeur de plafond qui varie de 4 mètres à 1 mètre; il y a en outre 342 mètres de petits canaux. Les six septièmes du fossé de la digue de séparation ont une largeur qui dépasse 2 mètres, et sur ces six septièmes il y en a cinq qui mesurent de 3 à 4 mètres. Les 46,425 mètres sont faucardés, entretenus et creusés aux frais de l'administration. On entend par faucarder, couper à ras du fond, avec

un instrument qui ressemble un peu à une faux, les roseaux, les herbes et toutes les productions de l'eau ; ce
travail se fait deux fois par an ; il est publiquement adjugé
et coûte annuellement de 1,500 à 1,600 fr. Tous les canaux sont de $0^m.60$ à $0^m.75$ au-dessous du zéro de l'échelle
des Moëres, tandis que les eaux extérieures sont au minimum à $1^m.20$, et au maximum à $2^m.20$ au-dessus de ce
zéro, du moins depuis que la présidence a été confiée à
M. de Laroière. Chaque cavel est entouré d'un fossé de la
largeur de quatre mètres entre crêtes, l'entretien et le
faucardement de ces fossés particuliers sont à la charge
des occupants ; tous se déversent dans l'un ou l'autre
des canaux principaux.

L'étendue des routes est de 54,686 mètres, ayant une
largeur moyenne de 7 à 8 mètres, non comprise la largeur
des fossés des cavels. Cette étendue se compose de 12,598
mètres de digues du Rincksloot, élevées de $3^m.50$ au-dessus du zéro de l'échelle des Moëres ; 4,664 mètres de la
digue de séparation intérieure avec la Belgique (voir
planche 15), élevée seulement de $1^m.50$ au-dessus du
zéro ; d'un chemin classé chemin de grande communication, en gravier et de la longueur de 6,736 mètres, traversant les Moëres du sud au Nord. Le surplus est formé
de chemins non classés ; quelques-uns l'avaient été par
arrêté préfectoral ; mais, après beaucoup de démarches,
l'association, qui a intérêt à être maîtresse absolue des
chemins, a obtenu le déclassement ; elle a déjà mis en
gravier près de 4,000 mètres, et elle en mettra encore
2,000 en 1869. Chaque mètre courant, sur une largeur

de 3 mètres et une épaisseur de 0ᵐ.26, revient à 5 fr.
environ ; c'est moins cher que si les chemins étaient faits
par les agents-voyers et avec les subventions du département, qu'on n'alloue pas à l'association, cela va sans dire.
Dans les 4,000 mètres effectués se trouve le chemin passant devant l'église (cavel 75) et qui traverse les Moëres
de l'est à l'ouest. Il y a peu d'exploitations agricoles qui
aient autant de bons chemins que celles des Moëres
françaises.

# CHAPITRE XI



En même temps qu'il posait en 1822 la première
pierre de la nouvelle église des Moëres (Moërkerque, voir
planche 14), M. de Buyser faisait aussi bâtir à ses frais
la première maison sur la friche qui devait devenir la
grande place de la commune des Moëres françaises. En
novembre 1868, nous y avons compté 28 maisons, dont
la maison commune, une école et le presbytère. La première maison était une auberge ; aujourd'hui le nombre
des cabarets s'élève à onze, ce qui ne doit pas trop éton-
ner, puisque le dimanche toute la population qui vit dans
60 fermes disséminées dans l'ancien marais se réunit au
centre de la commune. On compte 12 fermes à un cheval,
19 fermes à deux chevaux, 10 à trois chevaux, 10 à quatre
chevaux, 9 à cinq, six, sept ou huit chevaux. La population, qui n'était en 1822 que de 300 habitants, s'est élevée

successivement à 670 en 1832, à 767 en 1837, à 884 en 1842, à 912 en 1847, à 927 en 1852, pour tomber à 894 en 1857, à 873 en 1862, et à 851 en 1867. Les habitants de ce dernier recensement sont ainsi répartis suivant les sexes et les âges :

| | Sexe masculin. | Sexe féminin. |
|---|---|---|
| Au-dessous d'un an.... | 11 } 58 | 12 } 68 |
| De 1 an à 5 ans.... | 47 } | 56 } |
| De 5 ans à 10 ans.... | 34 | 51 |
| De 10 — 15 — .... | 34 | 43 |
| De 15 — 20 — .... | 48 | 29 |
| De 20 — 25 — .... | 40 | 40 |
| De 25 — 30 — .... | 51 | 29 |
| De 30 — 35 — .... | 36 | 36 |
| De 35 — 40 — .... | 28 | 22 |
| De 40 — 45 — .... | 28 | 23 |
| De 45 — 50 — .... | 25 | 11 |
| De 50 — 55 — .... | 15 | 18 |
| De 55 — 60 — .... | 9 | 17 |
| De 60 — 65 — .... | 15 | 10 |
| De 65 — 70 — .... | 10 | 14 |
| De 70 — 75 — . .. | 4 | 5 |
| Totaux.... | 435 | 416 |

851

On devra remarquer le petit nombre de personnes âgées ; cette faiblesse ressortira davantage si on rapproche le résultat du recensement des Moëres de celui du recensement des trois autres communes dont nous avons fait la monographie. En effet, en rapportant au même nombre, 100, on trouve pour les quatre communes les proportions suivantes pour la division de la population suivant les âges :

| Population. | Rexpoëde. | Killem. | Armbouts-Cappel. | Les Moëres. |
|---|---|---|---|---|
| Au-dessous de 15 ans. | 29.80 | 28.50 | 33.80 | 33.80 |
| De 15 ans à 30 ans. | 21.90 | 23.20 | 21.60 | 27.80 |
| De 30 — 60.... | 33.70 | 35.70 | 37.30 | 31.60 |
| Au-desssus de 60 ans. | 16.30 | 12.60 | 7.30 | 6.80 |
| Totaux..... | 100.00 | 100.00 | 100.00 | 100.00 |

L'étendue de la commune étant de 1,945 hectares 87 ares et 47 centiares, le nombre d'habitants par 100 hectares ou kilomètre carré est de 44 ; il est de 96 à Killem, 103 à Armbouts-Cappel, 135 à Rexpoëde. C'est un des villages les moins peuplés de l'arrondissement de Dunkerque, mais il est encore très-habité si on le compare à tant d'autres villages de la France.

On compte dans les écoles 64 garçons et 63 filles ; quatre garçons et cinq filles seulement ne les fréquentent pas. Le bureau de bienfaisance n'a d'autre revenu que des dons particuliers. Il n'y avait officiellement que 9 pauvres en 1835 ; maintenant on compte 26 ménages de pauvres, comprenant 50 enfants et 30 parents, ensemble 80. Ainsi le nombre des pauvres s'accroît, tandis que la population diminue ! On compte sur la place du village un boulanger et un boucher. Ce dernier vend 150 kilog. de viande en moyenne par semaine. Ce chiffre est très-faible, mais il est juste de dire que beaucoup de fermiers s'approvisionnent dans les villages voisins.

Il règne dans les Moëres une fièvre intermittente endémique s'attaquant principalement aux gens non acclimatés ; elle a perdu beaucoup de sa gravité depuis 20 à 30 ans. Aucun médecin n'habite dans les Moëres ; mais

il y a des médecins à Hondschoote, Warhem, Uxem et
Ghyvelde.

Comme on l'a déjà vu, l'impôt annuel pour le desséchement est de 20,500 fr. ; quant à l'impôt personnel,
mobilier, etc., revenant à l'État, aux communes et au
département, il s'élève à 16,008 fr. 95 ; il n'était que de
10,019 fr. 74 en 1835.

# CHAPITRE XII



L'AGRICULTURE DANS LA GRANDE MOËRE FRANÇAISE

Les premiers fermiers qui s'établirent dans les Moëres
firent fortune. Pendant bien des années, ils obtinrent de
riches moissons sans achat d'engrais. N'ayant pas de pâturages, ils avaient peu de bestiaux et peu de fumier ; pendant longtemps ils ont vendu toutes leurs pailles. Ils
commencent à changer ce système qui les conduisait
infailliblement à la ruine.

La nature de la couche végétale dans les Moëres est très-
variable ; elle est composée tantôt de sable volant entremêlé
d'écailles de mer, tantôt de sable coulant, baveux, com-
pacte ; quelquefois c'est du sable noir ou une terre argilo-
sablonneuse, ou enfin une terre argilo-tourbeuse. Le sous-
sol direct présente aussi les différences les plus considérables ; il est sablonneux sans consistance, ou sablonneux
glaiseux, ou imperméable, ou argilo-sablonneux, ou

tourbeux et perméable. Il est évident que, à une certaine profondeur, l'imperméabilité est générale, puisque les Moëres étaient jadis un lac et qu'elles seraient rapidement couvertes d'eau de nouveau, si les machines n'enlevaient pas les eaux pluviales qui tombent annuellement et que l'évaporation naturelle ne suffit pas à faire disparaître.

Voici comment au cadastre se trouve faite la répartition des terres de la commune des Moëres :

| | 1re classe. Hect<sup>es</sup>. | 2e classe. Hect<sup>es</sup>. | 3e classe. Hect<sup>es</sup>. | 4e classe. Hect<sup>es</sup>. | 5e classe. Hect<sup>es</sup>. | Surface totale. Hect<sup>es</sup>. | Revenu cadastral. Fr. |
|---|---|---|---|---|---|---|---|
| Terres labourab. et dignes imposées | 258.5819 | 630.0875 | 416.5637 | 194.8785 | 74.1987 | 1,574.3101 | 62,312.8228 |
| Jardins......... | 2.5122 | 8.2350 | 1.9833 | » | » | 12.7405 | 896.4224 |
| Pâtures et vergers. | 31.8961 | 82.1311 | 66.7435 | 29.1496 | 71.3385 | 281.2588 | 59,251.2412 |
| Prés........ ... | » | » | » | » | » | 1.1204 | 13.4534 |
| Bois.......... | » | » | » | » | » | 5.6658 | 67.9920 |
| Oseraies....... | » | » | » | » | » | 0.1442 | 5.7777 |
| Canaux de dessé- chement..... | » | » | » | » | » | 15.8775 | 63.5116 |
| Fossés, viviers, mares....... | » | » | » | » | » | 30.3947 | 121.5716 |
| Sols......... | » | » | » | » | » | 16.3374 | 980.0000 |
| *Parties non imposables.* | | | | | | | |
| Cimetières...... | | | » | » | » | 0.3465 | » |
| Chemins, places publiques .... | » | » | » | » | » | 7.1429 | » |
| Presbytère ..... | » | » | » | » | » | 0.0196 | » |
| Ecole & son jardin | » | » | » | » | » | 0.5259 | » |
| Totaux...... | 292.9902 | 720.4534 | 485.2905 | 224.0271 | 145.5372 | 1,945.8747 | 93,712.72 |

M. de Laroière, à qui nous devons ces détails, nous a encore fourni les renseignements suivants : « Les terres de la 1<sup>re</sup> classe sont évaluées au cadastre donner un

revenu de 60 fr. l'hectare, celles de 2e sont portées à
45 fr.; celles de 3e, à 33 fr.; celles de 4e, à 20 fr.; celles
de 5e, à 12 fr. — Les jardins de 1re classe sont portés
à 80 fr.; ceux de 2e, à 70 fr., et ceux de 3e, à 60 fr.
— Les revenus des pâtures et vergers sont estimés les
mêmes que ceux des terres labourables. La durée des
pâtures n'est que de 4 à 5 ans; après ce temps on les
reconvertit en labours. — Les prés et les bois sont portés
à 12 fr. l'hectare; les oseraies, à 40 fr.; les canaux de
desséchement, les fossés, viviers, mares, à 4 fr.; les cols,
à 60 fr. — Il serait difficile de bien déterminer les prix de
location; je crois qu'on peut considérer l'évaluation ca-
dastrale comme représentant les trois cinquièmes de la
valeur réelle; on achetait autrefois à raison de vingt fois
le fermage; maintenant on paye les propriétés de 25 à
30 fois les fermages. »

La rotation généralement adoptée dans l'assolement est
la suivante : 1re *année*, blé, orge ou seigle avec fumier
d'étable; 2e *année*, fèves, pois, pommes de terre, betteraves; 3e *année*, blé semé avec fumier d'étable dans lequel
on sème du trèfle; 4e *année*, trèfle; 5e *année*, blé ou
orge avec fumier d'étable; 6e *année*, lin avec guano ou
purin; 7e *année*, orge, blé ou seigle; 8e *année*, avoine.
A la neuvième année on revient à du blé semé comme la
première année; à la dixième, à l'une des récoltes de la
deuxième, et ainsi de suite. Le plus ordinairement les
terres labourables des fermes qui doivent porter des céréales se divisent pour les ensemencements en deux parties :
la moitié est mise en blé, orge ou seigle d'hiver; l'autre

moitié en céréales de printemps. Le tableau suivant, que nous devons à M. Vandercolme, rend compte de l'état de fertilité des terres :

| Années. | Surface cultivée en blé. Hectares. | Rendement à l'hectare. Hectolitres. | |
|---|---|---|---|
| 1855. . . | 410 | 23.00 | |
| 1856. . . | 400 | 20.25 | |
| 1857. . . | 400 | 27.30 | Rendement moyen |
| 1858. . . | 401 | 23.10 | des 7 premières |
| 1859. . . | 451 | 18.90 | années... 21.37 |
| 1860. . . | 400 | 20.00 | |
| 1861. . . | 415 | 17.00 | |
| 1862. . . | 412 | 18.00 | |
| 1863. . . | 462 | 24.00 | |
| 1864. . . | 379 | 17.00 | Rendement moyen |
| 1865. . . | 390 | 18.00 | des 7 dernières |
| 1866. . . | 390 | 18.00 | années... 18.57 |
| 1867. . . | 406 | 16.00 | |
| 1868. . . | 420 | 20.00 | |

La fertilité, on le voit, a diminué. Les cultivateurs sont obligés maintenant de s'imposer de grands sacrifices en achat d'engrais pour continuer à avoir de bonnes récoltes. Mais, malgré l'intelligence et le travail des fermiers, il arrive bien souvent qu'ils ne rentrent pas dans leurs déboursés. En 1830, on n'achetait pas d'engrais. Les Moëres françaises sont un exemple frappant de la vérité de la doctrine que nous défendons relativement à la nécessité de restituer à la terre l'équivalent de ce qu'on lui enlève par les récoltes.

Dans les Moëres françaises on n'entretient qu'un bétail relativement peu nombreux, car on y compte seulement 220 chevaux, 55 ânes, 661 bêtes à cornes et 305 moutons.

Il ne s'y trouve que peu de pâtures, et elles sont très-peu productives ; c'est que pendant de longues années on a beaucoup pris à la terre en ne lui rendant presque rien. On nous a dit que beaucoup de fermiers vendent encore une partie de leurs pailles. Quant aux fumiers de la généralité des exploitations, nous avons malheureusement constaté dans nos visites qu'ils doivent bien peu fertiliser les champs où on les répand ; ils sont très-mal faits et presque partout lavés par les eaux ; on dirait vraiment que quelques-uns ont pris à tâche de rendre leurs fumiers aussi pauvres que possible. En maints endroits nous avons vu des tranchées conduisant le purin dans les canaux de desséchement. C'est là une conséquence forcée de la mauvaise construction des fosses à fumier dans lesquelles aboutissent de toûtes parts les eaux pluviales. Dans ces conditions, les fosses à fumier ne sont plus qu'un filtre au travers duquel s'échappe la fécondité qui pourrait être rendue aux champs épuisés.

Dans le cours de cet ouvrage nous avons à plusieurs reprises insisté sur l'urgence d'adopter pour les fosses à fumier les modifications que nous avons décrites d'après les exemples donnés par M. Vandercolme. Partout où nous les avons vues appliquées, elles ont donné des résultats dépassant ce qu'on en avait espéré ; il en serait de même dans les Moëres.

La peinture que nous faisons ici ne donne pas un tableau exagéré d'une situation qui nous serait apparue à travers le prisme trompeur de nos doctrines sur la nécessité de la restitution au sol des éléments enlevés par les récoltes.

Les bons cultivateurs du pays sont de notre avis, comme
le prouve la note suivante remise à M. Vandercolme, par
M. Regodt, vice-président de la Société d'agriculture de
Dunkerque pour le canton d'Hondschoote qui a longtemps
cultivé dans les Moëres :

« Les pâturages sont généralement mauvais ; on n'a pu parvenir
jusqu'à ce jour à en changer la nature, malgré l'essai des fumiers
connus. Ils donnent une herbe qui monte vite en graine, et qui,
une fois broutée, ne repousse presque plus. Cette herbe nourrit
mal les vaches et donne aux veaux et aux jeunes bêtes la cachexie
aqueuse. Dans les Moëres, on attribue généralement cette maladie
à un petit trèfle blanc bâtard qui pousse dans les pâturages. Je
crois qu'elle est occasionnée par des sels de chaux qui doivent se
trouver en excès dans les terres des Moëres, puisque l'eau n'y est
pas potable et ne dissout pas le savon ; les pois qu'on y récolte ne
cuisent pas. Dans cet état de choses, beaucoup de cultivateurs, désireux de restreindre l'étendue de leurs pâturages, achètent des bestiaux en nombre suffisant pour compléter leurs étables au moment
de la rentrée des animaux, afin de faire consommer les fourrages.

» Au commencement du desséchement, les Moëres donnaient des
récoltes de lin magnifiques, sans préparations ni frais ; maintenant
cette plante vient difficilement. A peine le jeune lin a-t-il 4 à 5
centimètres de hauteur qu'il se trouve attaqué par la brûlure,
maladie qui détruit des pièces entières. Le rendement de l'orge a
également diminué au moins d'un tiers ; cette culture est presque
abandonnée ; elle est remplacée depuis longtemps par le blé, qui
primitivement poussait trop en paille. On n'est pas plus heureux
dans la culture du trèfle qui, presque chaque année, ne produit
qu'une demi-récolte. Nos cultivateurs, en général, dépourvus de
la moindre notion de chimie, n'ont pu découvrir jusqu'à ce jour
ce qui manque à leurs différents fonds de terre pour arriver à
remédier à ce malheureux état de choses. Aussi serait-ce rendre
un immense service à la culture de cette commune que d'indiquer
à ses habitants les moyens d'arriver à de meilleurs résultats. »

Les premiers fermiers ont fait de grandes fortunes dans

les Moëres françaises ; ils ont appauvri les terres par des exportations considérables. Si l'on continuait longtemps encore, la ruine serait complète. Il faudrait commencer un système de restitution bien entendue, apporter des engrais, convenablement disposer les fosses à fumier pour ne rien perdre des sucs fécondants, enfin établir un réservoir qui serait alimenté par les moulins et où l'on conserverait des eaux qui serviraient à des irrigations. Dans le système actuel du desséchement on enlève avec raison les eaux surabondantes à certaines époques de l'année , mais à d'autres moments, il faudrait pouvoir rendre de l'humidité aux herbages. Les eaux de pluie que pompent les moulins ont lavé la couche arable, leur enlèvement continuel est également une cause d'épuisement à laquelle les irrigations pourraient seules obvier d'une manière certaine. Les fermiers des Moëres françaises auraient des exemples à imiter dans les Moëres belges, dont nous nous occuperons plus loin.

En résumé, à l'époque où M. de Buyser a pris la direction des Moëres (1804), la valeur de l'hectare était de 300 fr. en moyenne, et un hectare était loué 9 fr. Actuellement la valeur moyenne de l'hectare est de 1,600 à 1,800 fr. Le taux du fermage est en moyenne de 62 à 65 fr. par hectare ; il varie de 10 à 50 fr. la mesure ou de 22 à 114 fr. l'hectare, selon la classe. Pour arriver à ce résultat il n'a pas fallu, depuis 1779 jusqu'à ce jour, dépenser moins de 4,295,000 fr., soit de 1,400 à 1,500 fr. par hectare. Mais on a vu quels événements ont souvent bouleversé et ruiné l'œuvre opiniâtre des entrepreneurs et directeurs du desséchement.

# CHAPITRE XIII



C'est sur des notes données par M. Regodt que nous établissons le bilan d'une ferme d'une étenduede65 mesures ou 28 hectares 60 ares, prise dans les Moëres françaises, afin de fournir les éléments d'une comparaison avec les fermes de Rexpoëde, de Killem et d'Armbouts-Cappel, situées dans le pays environnant.

La répartition des terres selon la nature des récoltes et les rendements sont établis dans le tableau suivant :

12 mesures ou 5 hect. 28 ares de pâtures nourrissant pendant six mois quatre vaches à lait et quatre jeunes bêtes.

20 — ou 8 — 80 — en blé, produisant en moyenne 11 hectolitres de grains à la mesure ou 25 hectolitres à l'hectare ; plus 1,600 kilog. de paille à la mesure ou 3,636 kilog. l'hectare.

32 mesures ou 14 hect. 08 ares.

32 mesures ou 14 hect. 08 ares.

  4   —  ou 1 — 76 — de lin dont la vente sur pied a lieu à raison de 150 à 500 fr. la mesure ou 340 à 1,140 fr. l'hectare.

  4   —  ou 1 — 76 — en fèves produisant 6 hectolitres de grains à la mesure ou 13 hectolitres 6 à l'hectare ; — plus 1,200 kilog. de paille à la mesure ou 2,820 kilog. à l'hectare.

  6   —  ou 2 — 64 — en avoine produisant 24 hectolitres à la mesure ou 55 hectolitres à l'hectare ; — plus 1,200 kilog. de paille à la mesure ou 2,820 kilog. à l'hectare.

  4   —  ou 1 — 76 — en trèfle produisant 1,600 kilog. de foin sec à la mesure ou 3,636 kilog. à l'hectare.

  3   —  ou 1 — 32 — en orge produisant 18 hectolitres à la mesure ou 41 hectolitres à l'hectare ; — plus 900 kilog. de paille à la mesure ou 2,045 kilog. à l'hectare.

  3   —  ou 1 — 32 — en pommes de terre produisant 75 hectolitres à la mesure ou 170 hectolitres à l'hectare.

  6   —  ou 2 — 64 — en pois produisant 9 hectolitres à la mesure ou 20 hectolitres 5 à l'hectare ; — plus 900 kilog. de paille à la mesure ou 2,065 kilog. à l'hectare.

  2   —  ou 0 — 88 — en seigle produisant 9 hectolitres de grain à la mesure ou 20 hectolitres 5 à l'hectare ; — plus 1,000 kilog. de paille à la mesure ou 2,272 kilog. à l'hectare.

  1   —  ou 0 — 44 — en betteraves donnant un rendement de 15,000 kilog. à la mesure ou 34,000 kilog. à l'hectare.

—————

65 mesures ou 28 hect. 60 ares formant l'étendue totale de la ferme.

D'après ces résultats, on peut évaluer ainsi qu'il suit les produits annuels de la ferme en récoltes végétales sur les terres en labour :

| Hectares. | | Fr. |
|---|---|---|
| 8.80 | en blé à 25 hectolitres par hectare, soit 220 hectolitres à 20 fr. 50 l'hectolitre............. | 4,510.00 |
| — | en paille à 3,636 kilog. par hectare, soit en tout 31,997 kilog. à 36 fr. les 1,000 kilog....... | 1,151.89 |
| 1.76 | en lin à 740 fr. en moyenne par hectare, soit en tout | 1,302.60 |
| 1.76 | en fèves à 13 hectolitres 6 par hectare, soit 23 hectolitres 94 à 20 fr. l'hectolitre.......... | 478.80 |
| — | en paille à 2,820 kilog. par hectare, soit 4,963 kilog. à 36 fr. les 1,000 kilog........ ..... | 178.67 |
| 2.64 | en avoine à 55 hectolitres par hectare, soit 145 hectolitres 2 à 8 fr. 40 l'hectol............. | 1,219.68 |
| — | en paille à 2,820 kilog. par hectare, soit 7,445 kilog. à 36 fr. les 1,000 kilog............. | 268.00 |
| 1.76 | de trèfle à 3,636 kilog. par hectare, soit 6,400 kilog. à 120 fr. les 1,000 kilog............ | 768.00 |
| 1.32 | d'orge à 41 hectolitres de grain par hectare, soit 57 hectolitres 12 à 9 fr. 20 l'hectolitre...... | 515.50 |
| — | en paille à 2,045 kilog. par hectare, soit 2,699 kilog. à 36 fr. les 1,000 kilog............. | 97.16 |
| 1.32 | de pommes de terre à 170 hectolitres par hectare, soit 224 hectolitres 4 à 3 fr. l'hectolitre..... | 673.20 |
| 2.64 | de pois à 20 hectolitres 5 de grain par hectare, soit 54 hectolitres 12 à 20 fr. l'hectolitre..... | 1,082.40 |
| — | en paille à 2,045 kilog. par hectare, soit 5,399 kilog. à 36 fr. les 1,000 kilog............. | 194.36 |
| 0.88 | de seigle à 20 hectolitres 5 par hectare, soit 18 hectolitres à 13 fr. 50 l'hectolitre.......... | 243.00 |
| — | en paille à 2,272 kilog. par hectare, soit 1,999 kilog. à 60 fr. les 1,000 kilog............. | 119.94 |
| 0.44 | de betteraves à 34,000 kilog. par hectare, soit 14,960 kilog. à 18 fr. les 1,000 kilog....... | 269.28 |
| 23.32 | Produit brut total des terres en labour... | 13,082.48 |

soit par hectare 561 fr.

Le résultat est, comme on peut le voir, notablement inférieur à celui obtenu sur les fermes de Rexpoëde, Killem et Armbouts-Cappel où l'on a trouvé, en effectuant les calculs de la même manière : Rexpoëde, 703 fr. 98 ; Killem, 821 fr. 37 ; Armbouts-Cappel, 835 fr. 05.

Pour avoir le produit brut cultural total, il faut ajouter les produits animaux qui consistent en produits vendus, en fumier et en travail ; mais alors on doit tenir compte des 5 hectares 28 ares de pâtures et répartir le total sur 28 hectares 60 ares.

Sur les 12 mesures de pâtures, le fermier nourrit, durant six mois, quatre vaches à lait et quatre jeunes bêtes. Trois chevaux font tous les travaux de la ferme. Étant à l'herbe, chaque vache produit 23 kilogrammes de beurre pour toute la saison. On vend deux veaux par an , et trois vaches grasses en deux ans. Le fumier est produit par l'étable pendant 195 jours. Le travail des chevaux doit être compté donné pendant 265 jours effectifs. Les produits animaux sont donc en totalité ainsi qu'il suit :

| | |
|---|---|
| Beurre, 23 kilog. $\times$ 4 $\times$ 3 fr. 75 . . . . . . . . . . | 345 fr. |
| 2 veaux à 75 fr. l'un . . . . . . . . . . . . . . . . . | 150 |
| Vaches grasses. . . . . . . . . . . . . . . . . . . . | 800 |
| Basse-cour et porcs . . . . . . . . . . . . . . . . . | 150 |
| Fumier de l'étable, 195 jours $\times$ 8 $\times$ 0 fr. 25. | 390 |
| Travail des chevaux, 265 journées $\times$ 3 $\times$ 3 fr. | 2,385 |
| Fumier de l'écurie, 365 journées $\times$ 3 $\times$ 0 fr. 18. | 175 |
| Produits animaux . . . . . . | 4,345 fr. |

On aurait ainsi pour produit brut cultural total :

| | Fr. |
|---|---|
| Produits végétaux. . . . . . . . . . . . . . . . . . . | 13,082.48 |
| Produits animaux . . . . . . . . . . . . . . . . . . | 4,345.00 |
| Total . . . . . . . | 17,427.48 |

Pour passer au produit brut social, il faut retrancher de cette somme les semences qui reviennent à la terre, les pailles qui sont consacrées au fumier, le fumier qui rentre dans le sol, le travail des chevaux qui est employé à produire ; on a donc à ôter de ce total successivement :

|  |  | Fr. |  |
|---|---|---|---|
| *Semences :* Blé, 2 hectol. $\times$ 8 hectar. 8 $\times$ 20 fr. 50. | 360.80 | | |
| Lin, 118 fr. par hectare $\times$ 1.76 . . . . . . . . . . | 207.68 | | |
| Fèves, 1 demi-hectol. par hectare $\times$ 1.76 $\times$ 10 fr. | 8.75 | | |
| Avoine, 1 hectol. 35 par hectare $\times$ 2.64 $\times$ 8 fr. 40. | 29.94 | | |
| Trèfle, 17 fr. 90 par hectare $\times$ 1.76 . . . . . . . | 31.50 | Fr. |
| Orge, 2 hectolitres par hectare $\times$ 1.32 $\times$ 9 fr. 20. | 24.29 | 872.84 |
| Pommes de terre, 25 hectol. par hectare $\times$ 1.32 | | |
| $\times$ 3 fr. . . . . . . . . . . . . . . . . . | 99.20 | |
| Pois, 1 hectol. 50 par hectare $\times$ 2.64 $\times$ 20 fr. | 79.30 | |
| Seigle, 2 hectol. par hectare $\times$ 0.88 $\times$ 13 fr. 50. | 23.76 | |
| Betteraves, 18 fr. par hectare $\times$ 0.44 . . . . . . | 7.92 | |
| Pailles. . . . . . . . . . . . . . . . . . . . . . . . . . . . . . . . | 2,010.02 | |
| Fumier. . . . . . . . . . . . . . . . . . . . . . . . . . . . . . . | 565.00 | |
| Travail des chevaux . . . . . . . . . . . . . . . . . . . . . . | 2,385.00 | |
| Total à déduire du produit brut cultural . . . . | 5,832.86 | |
| Reste pour le produit brut social . . . . . . . . . | 11,594.62 | |

Ce produit brut social qui doit faire face à toutes les dépenses, au loyer et aux bénéfices de la ferme, se décompose ainsi en totalité et par hectare :

|  | Pour 28 hectares 60 ares. | Par hectare. |
|---|---|---|
|  | Fr. | Fr. |
| Produits végétaux . . . . . . | 10,199.62 | 356.62 |
| Produits animaux . . . . . . | 1,395.00 | 48.79 |
| Totaux . . . . | 11,594.62 | 405.41 |

Dans les trois fermes de Rexpoëde, Killem et Armbouts-Cappel , avec lesquelles nous devons faire nos comparaisons, nous avons trouvé par hectare :

|  | Rexpoede.<br>Fr. | Killem.<br>Fr. | Armbouts-Cappel.<br>Fr. |
|---|---|---|---|
| Produits végétaux . . . . . | 419.00 | 506.06 | 531.28 |
| Produits animaux. . . . . . | 113.00 | 146.29 | 148.12 |
| Totaux . . . . | 532.00 | 652.35 | 682.40 |

Il est évident d'après ces chiffres que les Moëres françaises ne sont plus dans cet état de prospérité qui enrichis-
sait leurs fermiers, alors que ceux-ci faisaient de fortes
récoltes, ne rapportaient jamais aucun engrais du dehors,
vendaient leurs pailles et souvent même leurs fumiers.
Aujourd'hui la restitution commence, mais elle est encore
bien faible dans la plupart des fermes. Dans celle dont
nous établissons le bilan, on achète par an pour 120 fr.
de guano. Quant aux autres frais, ils s'élèvent à 2,500 fr.
pour les gages et la nourriture des ouvriers ; à 3 fr. par
mesure pour l'impôt foncier, ce qui fait pour toute la ferme
195 fr., plus 4 fr. 50 par mesure pour le desséchement, ou
en tout 292 fr. 50 ; l'ensemble des impôts est donc de
487 fr. 50. Le loyer de la terre est de 36 fr. la mesure, ou
en tout 2,340 fr. Il faut compter 460 fr. pour l'entretien des
instruments, frais de maréchal et de charron. Quant au capital d'exploitation, on doit l'estimer de la manière suivante :

| | |
|---|---|
| 2 charrues à 130 fr. chacune . . . . . . . . . . . . . . | 260 fr. |
| 5 herses à 7 fr. . . . . . . . . . . . . . . . . . . | 35 |
| 2 rouleaux à 50 fr. . . . . . . . . . . . . . . . . | 100 |
| 3 chariots à 600 fr. . . . . . . . . . . . . . . . . | 1,800 |
| 2 tombereaux à 150 fr. . . . . . . . . . . . . . . | 300 |
| 1 baratte. . . . . . . . . . . . . . . . . . . . | 40 |
| 1 tarare . . . . . . . . . . . . . . . . . . . . | 75 |
| 4 cribles à 5 fr. . . . . . . . . . . . . . . . . . | 20 |
| Petits instruments divers, harnachements, etc. . . . . | 150 |
| Total . . . . . | 2,780 fr. |

Le mobilier doit être estimé 1,500 fr. La valeur du cheptel vivant est de 2,600 fr. pour l'étable et de 1,800 fr. pour l'écurie, soit en tout 4,400 fr. On arrive ainsi à un total de 8,680 fr., ou 303 fr. 50 par hectare pour représenter le cheptel mort et vivant.

Les dépenses brutes totales peuvent s'établir ainsi qu'il suit :

|  | Fr. |
|---|---|
| Fermage annuel............................... | 2,340.00 |
| Nourriture et gage des ouvriers................. | 2,500.00 |
| Intérêts du capital représentant le cheptel mort et le mobilier, entretien du matériel, frais du maréchal. | 685.00 |
| Intérêts du cheptel vivant..................... | 220.00 |
| Nourriture de l'écurie........................ | 1,990.00 |
| Nourriture de l'étable pendant l'hiver............. | 1,838.80 |
| Travail des chevaux.......................... | 2,385.00 |
| Fumier et engrais achetés en dehors............. | 685.00 |
| Impôts et cotisation pour le desséchement........ | 487.50 |
| Semences dont le détail a été donné plus haut.... | 872.84 |
| Total............. | 14,004.14 |

Soit par hectare....... 489 fr. 65.

L'ensemble de tous les frais donne, comme on le voit, 490 fr. par hectare ; si l'on y ajoute les 303 fr. de la valeur des cheptels, on arrive à un total de 793 fr. pour représenter toutes les avances nécessaires par hectare afin d'exploiter une ferme dans les Moëres françaises.

Les bénéfices du fermier se déduisent de la balance des produits et des frais, ainsi qu'il suit :

|  | Fr. |  | Fr. |
|---|---|---|---|
| Produits bruts culturaux. | 17,427.48 | soit par hectare | 609.50 |
| Frais ................. | 14,004.14 | — | 489.65 |
| Bénéfices du fermier. | 3,423.34 | — | 119.95 |

Ce chiffre obtenu, dans lequel, il faut le remarquer, se trouve comprise la rémunération du travail de l'exploitant et de sa famille, nous pouvons décomposer de la manière suivante les nombres trouvés plus haut pour représenter le produit brut social :

|  | Pour 28 hectares 60 ares. | Par hectare. |
|---|---|---|
|  | Fr. | Fr. |
| Rente du sol ou fermage....... | 2,310 | 82 |
| Intérêt du capital d'exploitation. | 905 | 32 |
| Impôts.......... ........... | 487 | 17 |
| Salaires et nourriture des gens de la ferme.................... | 2,500 | 87 |
| Frais accessoires (labours et engrais)......... ........... | 1,810 | 67 |
| Bénéfices du fermier.......... | 3,423 | 120 |
| Totaux...... | 11,595 | 405 |

La comparaison de ces résultats avec ceux des fermes de Rexpoëde, Killem et Armbouts-Cappel, situées dans les terres qui entourent les Moëres françaises, démontre que dans celles-ci la position des fermiers est bien moins bonne. S'ils ont moins de frais, ils paient des impôts et des loyers qui ne sont guère moins considérables, et ils font en somme moins de bénéfices. On verra par l'exemple de l'un des domaines des Moëres belges que les fermiers des Moëres françaises pourraient néanmoins arriver à une grande prospérité basée sur un système de restitution bien entendu.

# CHAPITRE XIV



La petite Moëre est exploitée par un seul fermier. On voit dans la planche 15 comment elle est divisée en cavels séparés par des canaux. Un moulin à vent situé à l'extrémité ouest, à l'origine de la portion du canal qui se rend au Waegen-Brugghe, est chargé de son desséchement. Elle a été mise en culture le 11 novembre 1823, à des conditions d'abord très-avantageuses, mais constamment croissantes. La première année, le fermier n'eut rien à payer; mais le bail, de 1824 à 1829, fut fixé à 7,000 fr. par an; il s'éleva à 8,000 fr. pour les six années de 1830 à 1835, à 9,000 fr. pour la période sexennale de 1836 à 1841. Il a ainsi successivement monté, et il est fixé à 16,000 fr. pour les neuf années de 1861 à 1870. La ferme comprend 400 mesures, soit 176 hectares. Le taux du fermage est par conséquent maintenant de 91 fr. par hectare. Le premier fermier,

M. Vandenbavière, a fait de bonnes affaires, et il a laissé
de la fortune à ses enfants. Les circonstances sont aujour-
d'hui plus difficiles. Là, comme dans la grande Moëre française, on a fait de la culture épuisante, sans s'occuper suffisamment de la restitution nécessaire à tout sol d'où l'on
exporte principalement des grains ; aussi la terre est loin
de donner d'aussi brillantes récoltes qu'autrefois. Le
desséchement est loin aussi d'être toujours suffisant.

Il est probable qu'on tirerait meilleur parti de la petite
Moëre si on la divisait en deux ou trois fermes ; un seul
fermier a beaucoup de peine à trouver tous les ouvriers
nécessaires à une culture intensive. Un seul moulin suffirait bien pour l'assèchement, si le vent venait toujours à
souffler, quand il en est besoin pour enfler les voiles ;
mais il n'en est pas ainsi. En acquérant une machine
à battre à vapeur, le fermier nous semble avoir commis
la faute de ne pas l'avoir installée de manière à faire
tourner aussi la machine d'épuisement, lorsqu'il y aurait
absence de vent.

# CHAPITRE XV



## LES MOËRES BELGES

Les Moëres belges sont composées de deux domaines
appelés les Mille et les Mille-sept-cents-Mesures, qui appar-
tinrent longtemps à deux propriétaires seulement. Ces
propriétaires ayant refusé, lorsque les Moëres françaises
furent érigées, à partir de 1779, en administration spé-
ciale se gouvernant elle-même, de contribuer aux travaux
d'amélioration entrepris sur le territoire voisin, il en est
résulté un défaut d'ensemble dans le curage et le bon
entretien du canal de ceinture commun. Les deux parties
de l'ancien lac ne sont séparées que par une digue d'une
longueur de 4,664 mètres, d'une hauteur de 1$^m$.50 seulement avec un fossé d'un mètre de largeur. Mais le
Rincksloot, qui reçoit les eaux provenant du suintement
des terres extérieures et celles extraites de l'intérieur par
des machines, doit tout écouler, après chaque marée, vers

la France par les canaux des Cattes et des Moëres et, en
dernier lieu, par l'écluse dite des Quatre-Écluses dans le
canal de la Cunette, dont le trop plein se déverse dans le port
de Dunkerque à chaque marée basse. Cet état de choses
n'existe régulièrement que depuis le 4 octobre 1779,
lorsque la compagnie d'Hérouville eût cédé les Moëres
belges à la Compagnie Courtois. L'exploitation eut lieu
par les soins de MM. Herwyn, de Furnes. Mais l'ouverture des écluses de Newport, en 1815, inonda le pays, et
le desséchement resta dès lors très-incomplet. Longtemps
le Rincksloot, envasé au nord et au sud sur le territoire
français, à proximité de la frontière belge, portait un
obstacle invincible à l'écoulement des eaux affluant de la
Belgique. Les principales difficultés ont disparu en 1853 ;
depuis lors il y a eu parfait accord entre les deux pays
voisins pour bien entretenir le canal de ceinture.

Les Moëres belges sont desséchées par cinq moulins à
vis et deux machines à vapeur (l'une faisant mouvoir une
vis d'Archimède, l'autre une roue à tympan) qui sup-
pléent le vent lorsqu'il est insuffisant pour faire marcher
les moulins à vis chargés de déverser les eaux de l'intérieur
dans le Rincksloot. Deux des moulins à vis et une des
machines à vapeur sont situés entre les cavels 101 et 102
(voir la planche 15, p. 307) ; le troisième moulin est entre les
cavels 104 et 105, le quatrième entre les cavels 87 et 88 ;
enfin la seconde machine à vapeur et le cinquième moulin
à vis sont dans les Mille-Mesures entre les cavels 51 et 52.
Les machines à vapeur sont de la force de 14 et de 25
chevaux. Les eaux rejetées par les machines ou par les

moulins, s'écoulent dans le Rincksloot, puis dans le canal des Cattes au nord, dans celui des Glaises au sud, et enfin dans le grand canal des Moëres.

Les trois machines à vapeur qui existent maintenant dans les Moëres, l'une en France, les deux autres en Belgique et qui sont de construction assez récente, avaient été précédées dans le siècle dernier par une autre machine dont nous avons indiqué la mention (chap. VI, p. 293 et chap. VIII, p. 303) dans divers documents anciens.

Les Moëres belges, formant originairement deux propriétés distinctes et indépendantes l'une de l'autre, ont continué à être administrées par leurs propriétaires. Ce sont eux qui perçoivent de leurs fermiers les sommes nécessaires pour couvrir les frais de desséchement. C'est donc par leurs soins que les moulins et les machines à vapeur sont alimentés et mis en activité ; ils agissent aux lieu et place de l'administration qui, dans les Moëres françaises, remplace les wateringues, dont elle suit les statuts. Ce mode d'opérer présente de graves inconvénients qui cesseront probablement maintenant que le propriétaire des Mille-Mesures a fait divers achats dans les Mille-sept-cents-Mesures, ce qui rendra sa tâche plus facile en amenant de l'unité dans les améliorations de toutes les Moëres belges.

Les Moëres belges des Mille-Mesures sont composées des cavels 18, 32, 33, 34, 50, 51, 52, 67, 68, 69, 86, 87, 88, 105, 106 (voir planche 15) ; les autres cavels marqués sur la carte en dehors des Moëres françaises forment le domaine des Mille-sept-cents-Mesures.

C'est par suite des efforts persévérants de M. Moissenet,
qui cultive les Mille-Mesures, que les Moëres belges ont été
transformées depuis 1853. Ayant amené un accord avec les
Moëres françaises, il a pu faire faire, à frais communs,
l'élargissement et l'approfondissement du canal de ceinture. Les Moëres belges, ainsi que les terres qui les avoisinent dans le district de Furnes, ont été mises de cette
manière à l'abri des inondations qui les couvraient périodiquement. Les terres voisines d'une superficie de 1,500
hectares constituent la wateringue du nord de Furnes,
maintenant placée sous la direction d'un collége adminis-
tratif composé de cinq membres. L'écoulement des eaux
vers la mer avait besoin d'être facilité et assuré pour toujours. Par suite des améliorations faites dans le cours du
Rincksloot et de diverses autres exécutées dans l'intérieur
des Moëres, le pays entier a été sensiblement assaini ; les
fièvres qui atteignaient indistinctement les habitants de
toute la contrée, surtout à l'époque de la moisson, alors
que les bras sont si utiles, diminuent de jour en jour ;
on s'en débarrasse plus facilement lorsqu'on en est atteint
et on peut même s'en préserver par une bonne hygiène.

Dans les Moëres belges comme dans les Moëres françaises, il y a des dissentiments avec les wateringues voisines. La wateringue du nord de Furnes devrait, dit-on,
endiguer certains canaux, laisser écouler régulièrement les
eaux de ses terres dans le Rincksloot, afin qu'il ne fût
pas engorgé au moment des grandes pluies. Elle devrait
enfin contribuer dans les travaux d'écoulement qui servent
à l'intérêt général et au sien en particulier, attendu que

les terrains qu'elle possède dans le bassin, doivent par
suite de la configuration du terrain, écouler leurs eaux à
la mer ; or, au lieu de cela, elle ne fait que des efforts très-
superficiels pour obtenir l'endiguement du canal de Furnes
à Bergues ; elle a créé des écluses qui avoisinent le
Rincksloot et qui retiennent les eaux et ne les déversent
ensuite dans le Rincksloot que lorsque les petits canaux ou
les fossés débordent. Enfin, elle refuse de voter une somme
annuelle pour, concurremment avec toute la contrée,
créer des travaux d'écoulement plus larges et plus utiles
encore que ceux existants et qui sont entretenus à grands
frais par les Moëres et les wateringues françaises.

La commune des Moëres belges est d'une étendue de
1,234 hectares 46 ares. D'après le recensement d'octobre
1846, on y comptait 245 habitants répartis dans 37 maisons ; trois enfants seulement recevaient de l'instruction.
Les exploitations étaient au nombre de 33 et portaient sur
970 hectares 41 ares. Les membres des familles agricoles
âgés de plus de 12 ans qui s'adonnaient à la culture étaient
25 hommes et 15 femmes avec 48 domestiques à gages,
dont 32 hommes et 16 femmes. Tous étaient des locataires.

Le prix moyen des baux par hectare étaient de 64 fr. On
comptait 111 chevaux, 19 ânes, 350 têtes de l'espèce bovine, 7 de l'espèce ovine, 88 de l'espèce porcine, 3 de l'espèce caprine.

Voici quelle était la répartition des cultures avec le rendement moyen :

| | Étendue des cultures. Hectares. | Rendement moyen par hectare. |
| --- | --- | --- |
| Froment, grain..... ........ | 161.23 | 16 hectol. |
| — paille ........... | » | 2,000 kilog. |
| Seigle, grain............... | 34.71 | 17 hectol. |
| — paille ............. | » | 2,000 kilog. |
| Orge et escourgeon, grain.... | 105.32 | 36 hectol. |
| — paille ... | » | 1,100 kilog. |
| Avoine, grain............. | 78.08 | 25 hectol. |
| — paille............. | » | 1,100 kilog. |
| Pois et vesces, grain........ | 8.93 | 14 hectol. |
| — paille... .... | » | 600 kilog. |
| Fèves et féveroles.......... | 82.05 | 15 hectol. |
| Sarrasin, grain............. | 0.15 | 22 hectol. |
| — paille .... ....... | » | 900 kilog. |
| Colza ......... ... .... | 3.50 | 17 hectol. |
| Lin, grain................ | 83.72 | 5 hectol. |
| — brut teillé......... ... | » | 600 kilog. |
| Betteraves .............. | 0.44 | 25,000 — |
| Navets et choux raves....... | 0.10 | 17,000 — |
| Pommes de terre. . ....... | 18.12 | 220 hectol. |
| Trèfle.................. | 53.75 | 19,000 kilog. |
| Jachères. .............. | 45.17 | » |
| Prairies fauchées, foin...... | 23.63 | 3,600 kilog. |
| Pâturages ............. | 262.00 | » |
| Vergers...... ......... | 3.06 | » |
| Jardins.... ........ .. ... | 3.79 | » |
| Bois, taillis, oseraies. . .. | 2.65 | » |
| Total.......... | 970.41 | |

L'assolement suivi était : orge ou escourgeon ; féveroles ;
froment ; fèves et féveroles ou avoine ; froment ; avoine ;
jachère. Le poids moyen des grains et graines par hectolitre était : froment, 70 kilog. ; seigle, 70 kilog. ; orge,
60 kilog. ; avoine, 60 kilog. ; sarrasin, 65 kilog ; colza,
60 kilog. La valeur vénale des terres était depuis 1830

de 2,000 fr. l'hectare, et depuis la même époque, le salaire des journaliers n'avait pas varié ; il était de 1 fr. pour les hommes et de 0 fr. 60 pour les femmes, outre la nourriture.

Au 1er janvier 1865 on comptait 830 parcelles appartenant à 15 propriétaires, et la population s'élevait à 334 habitants.

Comme dans les Moëres françaises, la population des Moëres belges est essentiellement agricole. Le centre de la commune est composé de deux habitations seulement. Les 284 habitants qui la composent en 1869 sont répartis dans les diverses fermes ou habitations qui y ont été assises par les propriétaires des deux domaines les Mille-sept-cents et les Mille-Mesures. Ce chiffre de 284 habitants se divise en 74 hommes, 67 femmes et 143 enfants, dont 79 garçons et 64 filles. Ce personnel est réparti sur 42 fermes qui, plus ou moins grandes, cultivent toutes les terres autrefois sous l'eau.

Pour déterminer les causes de l'amélioration survenue durant ces derniers temps dans les Moëres belges, il importe d'étudier en particulier l'une des grandes exploitations de la commune; c'est ce qui fera l'objet des chapitres suivants.

# CHAPITRE XVI



C'est en 1853 que M. Moissenet a pris en location, pour vingt-quatre années, le domaine dit des Mille-Mesures; il l'a acheté en 1868. Ce domaine contient huit corps de ferme; il est situé à l'extrémité est des Moëres françaises et belges, à 5 kilomètres environ de la ville de Furnes, à proximité des villages de Adinkerque, Bulscamp, le Zwaene, Wulveringhem, Vinckem et Houthem, qui lui procurent les ouvriers nécessaires pour la culture. Il est composé des cavels placés à la droite et à la gauche du chemin du Stinckaert, le long du Rincksloot (voir planche 15), depuis les cavels 18 et 32 jusqu'aux cavels 105 et 106. Lors de l'entrée en jouissance de M. Moissenet, comme preneur à bail, cette grande propriété se trouvait dans un état pitoyable. Les fermiers qui y étaient installés avaient peine à y vivre, et, à plus forte raison, à payer leurs fermages. Plusieurs furent réduits, soit pour donner satisfaction aux réclamations pécuniaires du bailleur de M. Moissenet, soit par suite d'incapacité, à quitter les terres qu'ils occupaient. C'est ainsi que successivement il fut conduit à cultiver lui-même les cinq sixièmes du domaine, pour les louer de nouveau, après en avoir remis les terres en parfait état de nivellement, de labour et de propreté, à des cultivateurs capables de les maintenir dans les meilleures conditions. Il a cultivé pendant plusieurs années 780 mesures ou 341 hectares 46 ares (la mesure étant dans cette partie de la Belgique de 43 ares 77 centiares $^{72}/_{100}$) ; il a restreint sa culture parce que son fils était encore trop jeune pour l'aider ; il ne cultive maintenant que 533 mesures 201 verges (235 hectares 81 ares 46 centiares), réparties sur trois corps de ferme distincts. Il commença ses travaux en se mettant d'accord avec l'administration des Moëres françaises pour le curage, l'élargissement et l'entretien du Rincksloot. Nous laisserons la parole à cet intelligent et habile agriculteur qui a bien voulu nous envoyer la description de l'œuvre qu'il a accomplie :

« L'année même où je fis la location du domaine dit des Mille-Mesures, contenant huit corps de ferme qui étaient alors loués à divers fermiers, la propriété avait été inondée dans le courant de juin, c'est-à-dire alors que les récoltes étaient en pleine croissance. Pareil fait s'était produit les cinq années précédentes et il était résulté de ces désastres successifs une misère profonde, des fièvres paludéennes souvent mortelles. Enfin les fermiers qui avaient dû vendre, dès les premières années d'inondation,

la majeure partie de leurs bestiaux pour se créer quelques
ressources, se trouvaient réduits, en 1853, à demander
l'aide des meuniers des environs, qui leur fournissaient les
farines nécessaires à leurs besoins.

« Il y avait donc quelque audace à prendre à bail, à
un prix relativement fort élevé, une propriété aussi éprou-
vée et occupée par des fermiers ruinés et découragés. Je
n'hésitai cependant pas, ayant constaté que les terres
arables possédaient un sol profond, et que les pâturages
existants n'étaient pas trop défectueux. Mais il importait
aussi que la propriété fût mise à l'abri de nouvelles inondations, et, à cet effet, je résolus de prendre les mesures
suivantes qui furent sanctionnées par mon bailleur :

« 1° Une machine à vapeur mettant en mouvement une roue à
tympan en tôle et prenant les eaux dans les Moëres, pour les
élever à 2<sup>m</sup>.50 et les déverser dans le fossé de ceinture, serait
érigée afin de suppléer les moulins en cas d'insuffisance de vent ;

« 2° Les têtards de saules ou peupliers qui, plantés par milliers
le long de chaque fossé, arrêtaient le vent et empêchaient ainsi
l'action des moulins, seraient abattus ;

« 3° Enfin, je ferais approfondir, élargir ou créer les fossés qui,
recevant les eaux de chaque parcelle de terre, se déversent dans
des canaux qui, plus profonds, aboutissent aux deux moulins et
à la machine qui opèrent leur extraction.

« Mais pour opérer ces innovations coûteuses et importantes, il fallait se hâter et agir cependant dans un
pays dépourvu de routes, éloigné de tout atelier de construction, animé d'un esprit de routine opposé à tout progrès, enclin lui-même à entraver les mesures les plus
utiles à l'intérêt général comme à l'intérêt privé. Mais

ayant eu la bonne fortune de rencontrer un jeune ingénieur actif et intelligent, M. Hector Collette, je pus le
charger de la construction de la machine à vapeur et
de son installation. Pendant qu'il opérait de son côté,
en disposant de tous les moyens mis à sa disposition, je
faisais abattre les arbres par milliers, et enfin, je faisais construire, à l'imitation de ce qui se pratiquait
dans les Moëres françaises, pour être appliqué à la vis
de chaque moulin, un cric très-puissant qui permît à mes
meuniers, comme cela a encore lieu aujourd'hui, en cas
d'insuffisance de vent, de hausser et de baisser à volonté la
vis d'extraction. Par suite de cette mesure, lorsque le vent
est fort et continu, la vis du moulin, qui repose à quelques
centimètres d'un pétrin en bois qui l'entoure, enlève des
quantités d'eau considérables; mais lorsqu'il est faible ou
interrompu, la vis étant soulevée par le cric, elle présente
moins de résistance, prend moins d'eau, il est vrai, mais
fait cependant un effet utile. Grâce aux moulins ainsi orga-
nisés, et aussi à la machine à vapeur parfaitement achevée,
j'ai promptement opéré le desséchement de la partie des
Moëres que je cultive, et je les ai maintenues depuis à
l'abri des inondations pluviales.

« Dès que les fermiers, occupeurs du domaine, purent
apprécier l'efficacité des mesures adoptées par moi, ils
reprirent courage, et j'avais espéré qu'ils surmonteraient
aussi toutes les difficultés résultant de leur situation, mais
l'un d'eux, mal conseillé, ayant abandonné sa ferme, je
pris la résolution (quoique n'ayant jamais envisagé l'art de
bien cultiver, qu'à travers un prisme fort désagréable, et

mes loisirs étant absorbés par les soins à donner à une
maison de commerce très-importante, établie à cinq lieues
des Moëres), de prêcher désormais par l'exemple, et j'entrepris résolument l'exploitation d'une ferme de 80 hectares
environ, devenue vacante par le départ de l'occupeur.

« Mais les terres étaient tellement sales et infestées par
des plantes et graines parasites de toute sorte, suite d'une
détestable culture qu'il était difficile, sinon impossible
d'obtenir avant quelques années des récoltes rémunéra-
trices. Heureux enfin était le fermier qui, à cette époque,
obtenait sur les terres des Moëres au delà de 14 à 17
hectolitres de froment par hectare. Pour me rendre bien
compte des résultats que j'obtiendrais, j'ouvris immédiatement les livres d'ordre et de comptabilité nécessaires
dans une grande culture, et j'eus soins de m'entourer, au
fur et à mesure que l'occasion se présentait, de renseignements et conseils recueillis auprès des hommes éclairés et
pratiques. Je considère comme un devoir et je me fais un
honneur de nommer ici deux éminents agronomes, MM. de
Grave, de Stuyvekenskerke, et Lebecque-Gomel, de Teteghem, dont les conseils m'ont permis de surmonter toutes
les difficultés de mon entreprise. Certain, par ce moyen, de
ne pas être exposé à faire longtemps fausse route, sans être
à même d'appliquer le remède au mal, je pris la seule
marche possible alors : je mis successivement en jachère,
et le plus rapidement possible, la majeure partie des terres
reprises par moi pour être exploitées. Opérer autrement, c'eût été faire des dépenses de nettoyage considérables et infructueuses ; c'est d'ailleurs ce que je constatai

promptement sur des terres d'essai. Pour les terres pouvant franchir la jachère, j'entrepris de les rendre parfaitement propres à toute culture, et, pour cela, je fis appel aux habitants du pays sans ouvrage, et ils étaient nombreux, car, dans les Moëres, comme au dehors, les travaux de braquage et de sarclage étaient considérés, à cette époque, comme trop dispendieux et inutiles.

« En deux années, je réussis à rendre propres, non-seulement les 80 hectares primitivement repris, mais encore d'autres parties qui, à la fin du bail, furent réunies à mon exploitation. En agissant ainsi j'encourageai les fermiers des Moëres, et je donnai l'exemple à ceux des environs, qui, déplorant d'abord la marche que j'avais adoptée, finirent par reconnaître que j'avais pris la bonne et seule voie praticable. Quant à moi, j'y trouvai mon compte, et j'acquis la douce satisfaction d'avoir amené le bien-être dans la contrée, et soulagé bien des misères, tout en régénérant le pays.

« Mais pour conserver en parfait état des terres généralement faciles à travailler avec deux chevaux, et ayant un sous-sol argileux et sablonneux, c'est-à-dire difficile à maintenir propre, je me suis procuré divers semoirs primitivement défectueux ou insuffisants ; des scarificateurs et des extirpateurs solides et énergiques ; enfin les instruments perfectionnés les plus usités.

« Le mauvais vouloir des uns et l'ignorance des autres, eurent bien vite réduit ces tentatives de progrès à néant ; mais, étant décidé à surmonter tous les obstacles, quels qu'ils fussent, pour atteindre le but que je m'étais pro-

posé, je fis construire un atelier de charronnage, où mes
deux meuniers, charpentiers par état, réparèrent les charrues, les semoirs, les herses, etc. , etc., et une forge où
les chevaux furent ferrés et où les instruments de toutes
sortes trouvèrent les soins journaliers d'un homme entendu.

« J'obtins ainsi, et sous ma surveillance constante (car
j'avais, en 1854, laissé ma maison de commerce à l'un
de mes beaux-frères pour me consacrer entièrement à la
culture), le moyen de surmonter le mauvais vouloir et
l'ignorance, et je finis par convaincre les plus rebelles
d'entre mes ouvriers et par conserver, en en améliorant
bon nombre, tous mes instruments d'agriculture. Ce fut
alors aussi que, satisfait de mes premiers pas, j'introduisis
dans le pays la première batteuse qui y ait fonctionné et
qui, mue par des chevaux, puis par des bœufs, est maintenant mise en action par une excellente machine locomobile à vapeur de 6 chevaux. Pour faire subir à ma
batteuse ces transformations successives, il m'a fallu la
modifier complétement, et c'est à ce point que son constructeur aurait bien de la peine à en reconnaître une seule
partie. Cependant elle marche admirablement bien et bat
facilement 7,000 à 8,000 gerbes par journée de travail
de 10 heures. Cette machine est fixe et j'en ai fait construire une seconde, locomobile, sur le même modèle, afin
de battre les récoltes, lorsqu'il fait beau temps, en plein
champ ou dans mes parcs à meules.

« C'est aussi à l'aide de mes ouvriers que j'ai réussi à
monter un hangar où sont placés un lavoir pour racines,

un coupe-racines et un hache-paille et deux cuves en tôle
de 20 hectolitres chacune pour cuire les aliments destinés
au bétail à l'engrais. La locomobile à vapeur, qui est
remisée à proximité, met en mouvement un arbre de
couche qui fait fonctionner ma machine à battre fixe,
installée dans une grange, pouvant contenir 60,000 gerbes,
ainsi que les instruments précités. Quant aux deux cuves
à cuisson, elles opèrent au moyen d'un tube qui, placé
sur la locomobile à vapeur, pénètre dans un serpentin
qui tient le fond de chaque chaudière, de telle sorte que,
les chaudières étant remplies d'aliments crus, il suffit d'y
introduire, à l'aide d'un robinet, la vapeur de la locomobile. L'eau qui s'échappe alors des aliments, au fur et
à mesure que la cuisson avance, s'écoule dans un tonneau
placé en terre où l'on puise à volonté pour arroser les
mélanges qui sont préparés dans des cuves installées à
proximité du lavoir ainsi que du coupe-racines et du
hache-paille. »

Le sol des Moëres belges et françaises, et notamment
celui du domaine des Mille-Mesures, est argileux; le
sous-sol est généralement sablonneux, et par conséquent
perméable. Les terres, anciennement couvertes d'eau et de
détritus d'animaux et de végétaux, peuvent être classées
au nombre des terres franches ou d'alluvion. Aussi dans le
principe et peu après leur desséchement, c'est-à-dire de
1760 à 1780, elles étaient d'une fécondité qui eût été
presque inépuisable, si elles eussent été convenablement
aménagées et fumées. Comme malheureusement il n'en
a pas été ainsi, elles exigent maintenant, surtout en raison

de la perméabilité du sous-sol, des sacrifices considérables d'engrais. C'est en présence de cette nécessité que
M. Moissenet avait fait construire, en 1857, une distillerie
agricole, à l'effet de produire le plus de fumier possible
pour l'engraissement de 200 à 300 bêtes à cornes; il
a dû y renoncer, après trois années de travail, bien que
la distillerie fût très-bien montée et qu'elle produisit des
genièvres et des trois-six très-goûtés et d'un écoulement
facile. La législation belge, en ce qui concerne l'impôt des
alcools, présente des inconvénients graves surtout pour
les établissements agricoles. Elle a des exigences ridicules,
et elle impose des délais qui ne permettent pas d'obtenir
toujours une fermentation complète. Chose déplorable en
outre, la fraude à laquelle se livrent de grandes usines
qui, par suite, vendent à vil prix, fait pis encore. Le
caractère et la position de M. Moissenet lui firent un devoir
de reculer devant ces deux difficultés, quelque fâcheuse
que fût la décision qu'il était nécessaire de prendre. Il a,
du reste, depuis lors, suppléé à cette source de fécondité
pour ses terres par différents moyens, par l'élève du
bétail, par l'entretien de 20 vaches à lait, par l'achat de
bêtes à cornes mises à l'engrais, par un troupeau de 200
à 250 moutons. Il utilise en outre avec le plus grand
succès, de manière à fumer chaque année la moitié de
son exploitation qui s'élève en 1869 à environ 235 hectares, les vases extraites des fossés où elles se sont accu-
mulées, et les pailles de toutes sortes provenant de ses
récoltes avec du guano du Pérou, dans la proportion de
110 kilog. par mesure de 44 ares, ou de 250 kilog. par

hectare. Les résultats qu'il obtient ainsi deviennent plus avantageux chaque année ; là où, en 1853 et 1854, il avait récolté de 14 à 17 hectolitres de froment par hectare, il a obtenu de 1864 à 1868 une moyenne de 35 à 40 hectolitres, chiffre qu'il compte bien accroître encore. Il résulte de ces faits que les récoltes dans les Moëres, qui étaient autrefois très-médiocres, rivalisent aujourd'hui avec les plus remarquables de la région du Nord, et que les champs de M. Moissenet sont cités comme étant d'une tenue irréprochable. Les fermiers du domaine qu'il a acheté en 1868 font aussi des efforts très-notables. Ils sont encouragés par l'exemple de M. Moissenet et par tous les moyens qui sont en son pouvoir. Enfin, un fait que l'on n'aurait jamais cru possible, c'est qu'ils lui demandent de temps à autre de faire venir de chez les constructeurs les instruments qu'ils voient fonctionner sur ses terres.

Ces résultats montrent ce qu'on pourrait obtenir dans les Moëres françaises, si des agriculteurs ayant des capitaux et de l'énergie voulaient venir y établir un système de culture basé sur une large restitution de tous les principes annuellement enlevés par les récoltes.

# CHAPITRE XVII



En étudiant l'état actuel des Moëres françaises, nous avons entendu avec quelque étonnement les fermiers qui les cultivent prétendre qu'ils ne peuvent pas obtenir de bons pâturages. Après avoir soumis à un examen attentif les Moëres belges, nous ne pouvons nous empêcher de dire : donnez-vous la peine d'aller à quelques centaines de mètres de vos exploitations, et vous reconnaîtrez que si vos champs sont devenus impropres à porter des pâtures, la cause en est uniquement dans le mode de culture que vous avez adopté, dans l'absence de restitutions convenables à un sol appauvri. Nous avons fait plusieurs fois la visite des Moëres en compagnie de **M.** Vandercolme ; toujours nous avons constaté le même fait. Parmi nos visites, il en est deux que nous voulons citer ; la première a été accomplie le 24 avril 1869, alors cependant qu'une lutte

47

électorale très-vive nous occupait depuis deux semaines dans la Moselle , avec l'accaparement complet du corps et de l'esprit que la politique exige ; il nous était particulièrement salutaire d'aller nous retremper dans l'observation des faits, loin des agitations publiques. La végétation commençait à prendre son essor et à promettre de belles récoltes. Plus tard , à la fin de juillet , nous avons revu les mêmes champs couverts de moissons qui n'attendaient que d'être abattues. Nous avons vérifié nos premiers aperçus. M. Moissenet, l'habile propriétaire et cultivateur du domaine des Mille-Mesures dont on a lu, dans le chapitre précédent, les intelligents efforts pour changer la face de ce pays, nous a constamment accompagnés , nous et notre ami commun M. Vandercolme, et nous a fourni soit sur place , soit par correspondance tous les renseignements que nous avons demandés. En outre , M. Guiguet, dont le crayon est si estimé des amis de l'agriculture , était venu avec nous et a pris des croquis des choses les plus intéressantes à représenter par des figures. Nous pensons donc pouvoir faire une description utile. Pour nous suivre dans ce que nous pourrions appeler une œuvre d'inspection , le lecteur qui aime les descriptions agricoles devra s'aider de la planche 15 (voir p. 307) qui représente les Moëres dans tous leurs détails.

Après avoir parcouru la route en gravier, large et bien entretenue , qui , venant de Dunkerque, passe par les villages de Zuydcoote et de Ghyvelde, et traverse en entier les Moëres françaises, du nord au sud, pour bifurquer ensuite , au pont du Cerf, sur le canal de la Colme, vers

Hondschoote et vers Bergues, nous sommes arrivés dans
le centre des Moëres françaises. Là nous nous sommes engagés dans le chemin dit du Nord qui, de l'ouest à l'est,
coupe en deux parties presque égales les Moëres françaises
et belges. Mais dès lors a commencé pour nous, et surtout pour notre voiture de louage, trop lourde et mal
attelée, une circulation lente et souvent fort cahotante,
car la rue du Nord, comme une grande partie des routes
des Moëres françaises et toutes celles des Moëres belges,
n'est ni pavée ni chargée de gravier ; elle est encore à
l'état de terre ; les roues des voitures s'y enfoncent profondément, et les chevaux ne peuvent marcher qu'au pas.
Enfin, après un parcours de 1,700 mètres environ, nous
avons atteint la frontière belge où commence le domaine
dit des Mille-sept-cents-Mesures. C'est une ancienne acquisition de M. le comte de Chastenet de Puységur, devenue propriété de ses héritiers, qui, étant au nombre de
six, l'ont divisée en six lots parfaitement distincts. Une
digue assez large, exhaussée au moyen des terres extraites
de deux fossés latéraux, sert en même temps de délimitation aux deux pays et de séparation entre les Moëres
françaises et belges. Les corps de ferme avoisinant le chemin que nous parcourons sont tous parfaitement construits en briques et couverts en tuiles. Les terres dès le
premier coup d'œil paraissent mieux cultivées que dans
les Moëres françaises.

Après avoir franchi environ 1,800 mètres, nous arrivons
à la digue qui sépare les Mille-sept-cents-Mesures du domaine dit les Mille-Mesures où demeure M. Moissenet.

Il était venu au-devant de nous avec son fils ; en nous souhaitant la bienvenue, il nous a demandé d'être notre cicerone pendant tout le temps que nous resterions sur sa propriété. Pour nous conduire immédiatement à Sainte-Flore, ferme qu'il habite, la voiture a dû parcourir le chemin du Nord pendant 400 mètres, puis tourner à droite et prendre le chemin dit du Stynckaert, sur une étendue d'environ 700 mètres, enfin entrer dans l'avenue ou drève de Sainte-Flore, longue d'environ 1,200 mètres. Les chemins, presque tous ensablés par M. Moissenet, sont en bon état d'entretien. Il est à cet égard, nous a-t-il dit, secondé avec empressement par ses fermiers qui doivent, d'après leur baux, entretenir tous les chemins qui longent les terres qu'ils cultivent. Sur tout le parcours que nous avons suivi à partir du domaine des Mille-sept-cents-Mesures dont l'étendue est délimitée sur la planche 15, jusqu'à la ferme principale cultivée directement par M. Moissenet, les terres, à droite et à gauche des chemins, sont exploitées par ses soins et sous sa direction, mais avec l'aide de son chef des labours, Henri Bergh, qui, de simple ouvrier, est devenu par son intelligence un chef faisant très-bien exécuter les ordres du propriétaire et parfaitement capable de le suppléer en cas d'absence.

Avant d'aller plus loin, nous devons nous faire une idée plus complète du domaine que nous nous disposons de visiter dans tous ses détails. Il nous faut nous rendre compte par un coup d'œil sur la carte des Moëres (planche 15) de la disposition et de l'étendue relative des fermes exploitées par M. Moissenet ou louées à divers cultivateurs. Les terres louées dans le domaine des Mille-Mesures (domaine qui se compose des cavels 18, 32, 33, 34, 50, 51, 52, 67, 68, 69, 86, 87, 88, 105, 106) sont sur la carte restées sans hachures ; celles qui sont couvertes de hachures sont cultivées par lui-même ; on distingue facilement en consultant la légende explicative, celles qui sont labourées et celles qui sont en pâtures grasses ou autres et en jardins de la ferme de Sainte-Flore. Voici les noms, les étendues et le nombre des chevaux des principales fermes du domaine des Mille-Mesures, qui s'est accru, depuis que M. Moissenet le possède, de 117 mesures, et en renferme maintenant 1,177 :

| Noms des fermes. | Contenance. Hect. a. c. | Chevaux. | |
|---|---|---|---|
| Sainte-Flore et Sainte-Flavie, exploitées par M. Moissenet............... | 186.12.16 | 22 | |
| Ste-Amélie, exploitée par M. Moissenet. | 29.30.01 | 4 | |
| St-Ferdinand,      —               — | 20.39.29 | 2 | |
| Totaux..... | 235.81.46 | 28 | dont 2 pour l'usage particulier de M. Moissenet. |
| Ste-Marie, exploitée par M. Ch. Combiez. | 44.71.10 | 5 | |
| St-Louis,      —    par M. H. Coudeville. | 63.61.22 | 6 | |
| Ste-Julie,     —    par M. P. Vanheule. | 43.91.67 | 5 | |
| St-Antoine,    —    par M. Ch. Vienne.. | 8.87.10 | 1 | |
| —              —    par M. L. Lahaye .. | 23.12.66 | 2 | |
| —              —    par M. H. Delonghe. | 11.23.07 | 1 | |
| La Faisanderie —   par Mme veuve Devoghel.  2.49.24 | 57.68.52 | 6 | |
| Sept autres petites fermes occupées par divers auxquels elles appartiennent  55.19.28 | | | |
| Totaux du domaine entier... | 489.05.80 | 54 | |

Les cultivateurs qui louent les diverses petites fermes occupent en outre chacun par bail emphytéotique une parcelle de terre sur laquelle ils ont élevé un corps d'habitation et d'exploitation en rapport avec l'étendue de leur culture. On compte dans le pays qu'il faut 2 chevaux pour 17 hectares 51 ares ou 40 mesures, 3 chevaux pour 26 hectares 25 ares ou 60 mesures, 4 chevaux pour 35 hectares 2 ares ou 80 mesures, et enfin 5 chevaux pour 43 hectares 78 ares ou 100 mesures. C'est ainsi que l'on dit communément une ferme de 4 ou de 5 chevaux, selon que sa contenance est de 80 ou de 100 mesures. Le domaine est donc parfaitement monté en attelages. L'excédant que le tableau présente provient de ce que l'exploitation de Sainte-Flore exige des attelages supplémentaires pour que M. Moissenet soit toujours en mesure, sans nuire à sa culture, d'effectuer les charrois qu'exigent les améliorations qu'il a entreprises.

On remarquera sans doute, comme cela nous a frappé dès notre entrée sur la propriété, que les fondateurs des Moëres, pour attirer sur leurs travaux les faveurs d'en haut, ont donné à toutes leurs fermes des noms tirés du calendrier catholique. C'est ainsi que la première ferme qui s'offrit à notre vue porte le nom de Saint-Ferdinand. C'est ainsi encore que les deux moulins qui servent avec la machine à feu à l'assainissement des Mille-Mesures, portent les noms de Saint-Charles et de Saint-Gustave.

Tandis que nous avancions vers la ferme de Sainte-Flore, M. Moissenet nous fit constater qu'une pièce de terre jachérée l'année précédente afin d'être ensemencée en blés à

l'automne et en mars, avec des graines d'herbes pour pâtures, offrait à la vue une différence notoire avec les blés
succédant aux pois ou aux féveroles; cependant elle avait

<sup></sup>Fig. 20. — Façade nord de l'habitation de M. Moissenet dans les Moëres, donnant sur le jardin.

Fig. 21. — Façade sud de l'habitation de M. Moissenet dans les Moëres, donnant
sur la cour de la ferme.

été parfaitement fumée ; mais tel était le sort, en cette année
1869, des terres ainsi traitées et que les vers avaient atta-
quées pendant un hiver trop peu rigoureux. M. Moissenet

ne doutait cependant pas que la qualité des blés qu'il y récolterait lui fournirait une récolte parfaitement rémunératrice. Nous nous plaisons à reconnaître qu'il y avait sans contestation possible une différence très-grande et toute à l'avantage de M. Moissenet entre les récoltes portées par ses terres et celles qui recouvraient les terres des fermiers ses voisins.

*Habitation du propriétaire et bâtiments de la ferme.* — Mais en parcourant la venue ou drève de Sainte-Flore, nous n'avons pas tardé à atteindre la ferme où se trouve l'habitation de M. Moissenet. Une grande cour se présente à notre gauche. Nous passons devant des bâtiments assez vastes où travaillent de nombreux ouvriers, maçons, charpentiers et terrassiers. C'est que M. Moissenet élève d'un étage sa maison d'habitation, refait la plupart des bâtiments d'exploitation, établit son jardin. La planche 16 donne un aspect complet de la ferme de Sainte-Flore telle qu'elle va être, telle qu'elle est au moment où le lecteur a ces lignes sous les yeux.

Une cour est au delà d'une pelouse ; elle est entourée d'un treillage en fer ; elle donne accès à la maison d'habitation dont les figures 20 et 21 montrent les deux façades exposées l'une au midi, c'est celle que l'on aperçoit en arrivant, et l'autre au nord, c'est celle qui regarde le jardin représenté lui-même par la figure 22. Nous ne nous arrêtons pas dans cette demeure, quoiqu'elle renferme tout ce qui peut rendre aimable une hospitalité offerte avec une grâce parfaite. Il faut faire le tour des bâtiments en commençant par la gauche en sortant de la maison d'habita-

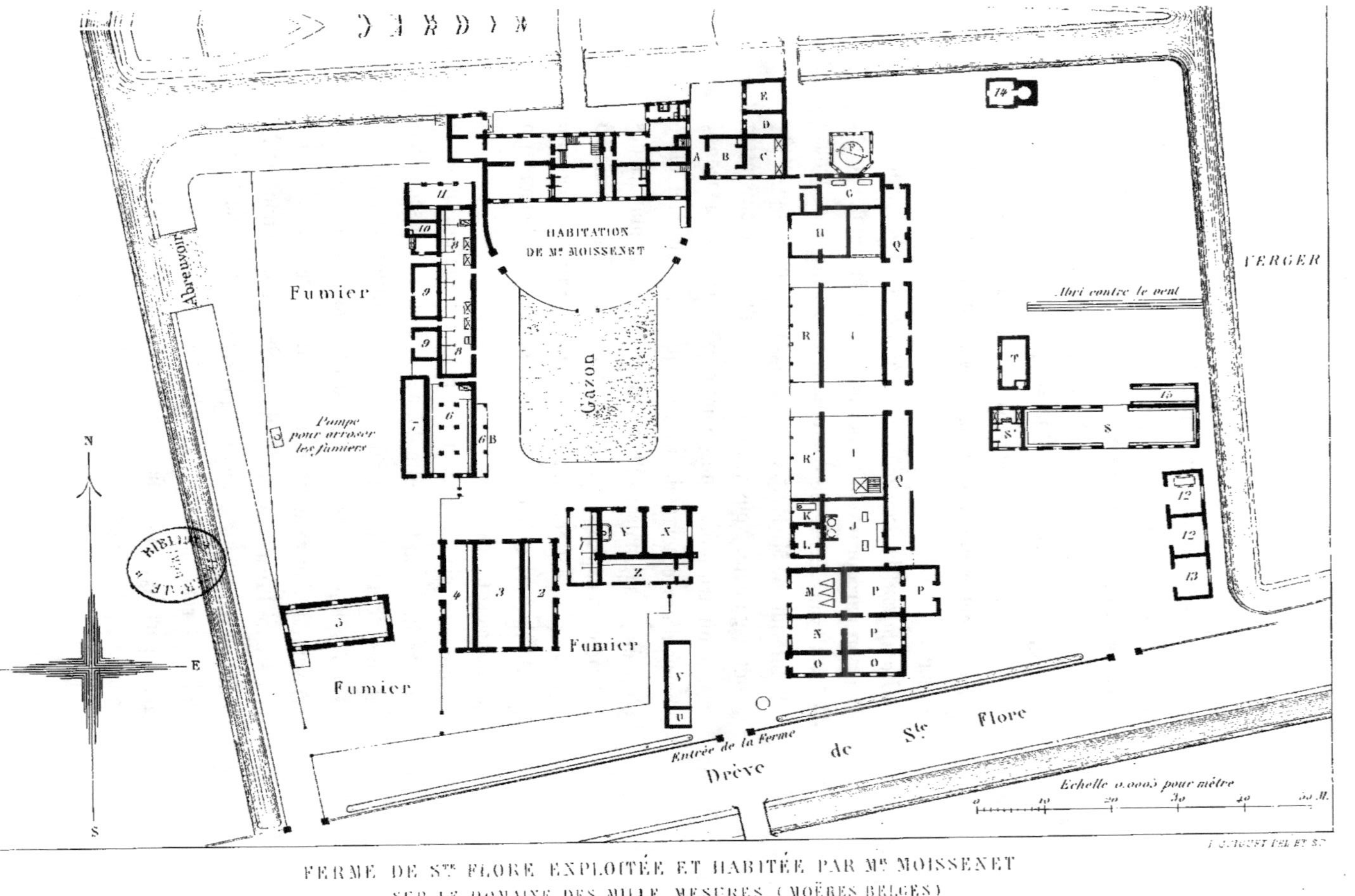


FERME DE Ste FLORE EXPLOITÉE ET HABITÉE PAR Mr MOISSENET
SUR LE DOMAINE DES MILLE MESURES (MOËRES BELGES)

tion. La légende suivante indique sommairement les appropriations de chaque construction :

A, B, C, D, E, ferme proprement dite, présentant toutes les dépendances nécessaires pour loger le directeur des travaux et servir au personnel.

A, Vestibule.

B, Salle à manger.

C, Chambre à coucher.

D, Cuisine pour préparer la nourriture des porcs et laver les ustensiles de la laiterie.

E, Magasin.

F, Manége pour un baudet et destiné à faire marcher les barattes.

G, Laiterie et barattes.

H, Dépôt d'instruments aratoires, extirpateurs, semoirs, instruments à main, etc., qui ne sont pas d'un usage journalier.

I , I, Granges et machine à battre fixe.

J , Appareils pour la cuisson des aliments du bétail, et instruments divers en mouvement.

K, Locomobile à vapeur donnant de la vapeur aux appareils à cuisson de la chambre J et faisant marcher au besoin la batteuse fixe de la grange voisine I.

L, Magasin.

M, Remise pour les voitures de maître.

N, Chambre pour le chaulage des grains.

O, O, Dépôts pour le charbon de terre.

P, P, Magasins pour les grains.

Q, Q, Hangars pour les pailles.

R, Hangar pour les chariots.

R', Hangar pour les charrues.

S , Bergerie.

S', Logement du berger.

T, Poulailler.

U, Chenil.

V , Autre hangar pour les rouleaux et les tombereaux.

X , Atelier pour le charron.

Y , Forge.

Z , Étable pour les veaux d'un an.

1 , Écurie de maître.

2 , Étable pour génisses.

3 , Étable pour animaux gras.

4 , Vacherie.

5 , Écurie pour les chevaux étrangers et abri pour les pailles.

6 , Étable du taureau et des baudets, et préparation des composts pour la nourriture non cuite des bêtes à cornes.

6 B, Hangar pour les herses.

7 , Étable pour les jeunes veaux.

8 , Écurie pour 18 chevaux avec lits pour les charretiers et coffres à avoine.

9 , 9, Hangars pour les pailles destinées aux écuries.

10, Porcherie.

11, Bûcher.

12, Magasin et machine à battre mobile.

13, Magasin à engrais.

14, Fournil.

15, Bergerie pour les brebis mères.

Les dispositions des bâtiments sont un peu commandées par l'existence antérieure de constructions qui n'avaient pas été établies d'après un plan d'ensemble. Néanmoins il y a de l'espace : les communications sont commodes et la surveillance n'est pas trop difficile. La ferme étant isolée, il n'y a pas à redouter les inconvénients de voisinage qui exigent une sollicitude constante pour la surveillance des rapports existants entre le personnel de plusieurs habitations agglomérées.

Derrière l'habitation de M. Moissenet, du côté de la face septentrionale, se trouve le jardin (fig. 22); il était complétement bouleversé lors de notre première visite au printemps de 1869. Le propriétaire le créait en lui donnant, comme on peut le voir par le dessin, l'aspect des

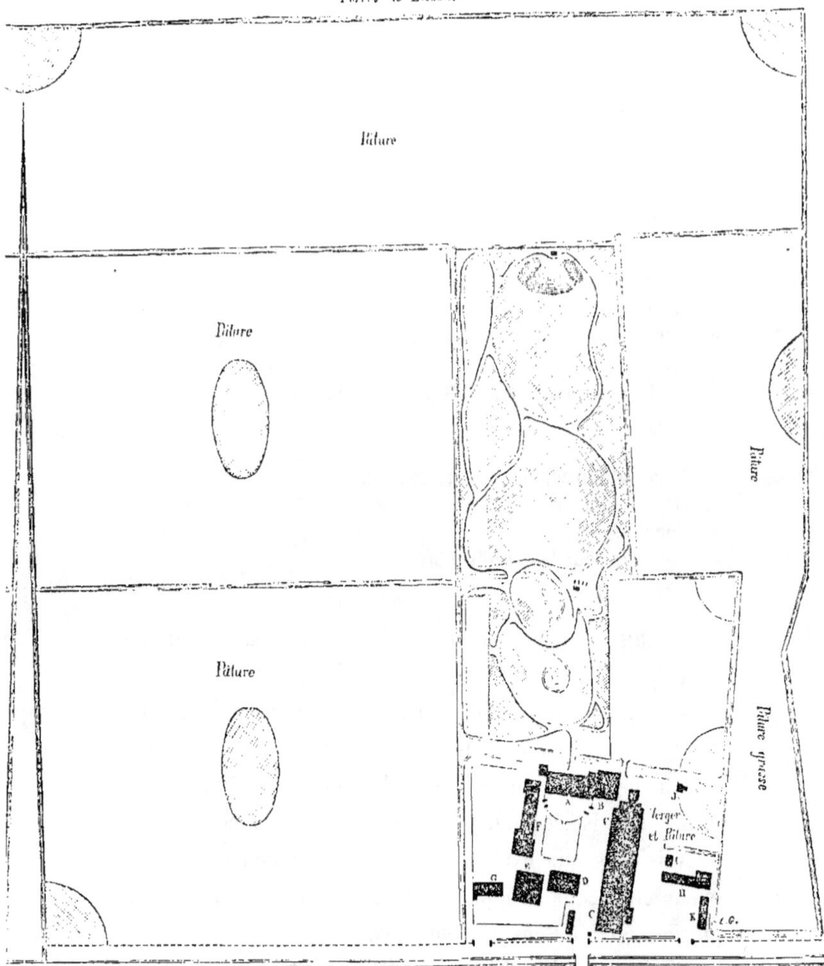


Fig. 22. — Plan du jardin de la ferme de Sainte-Flore dans les Moëres belges. — A, habitation du propriétaire. — B, habitation du chef de culture. — C, granges, hangars, machines en repos et en mouvement, laiterie. — D, étables et ateliers de charronnage et de serrurerie. — E, étables pour vaches, veaux et génisses. — F, écuries et étables. — G, écurie pour les chevaux étrangers. — H, bergerie — I, poulailler. — J, fournil. — K, pièce pour la machine à battre mobile et magasins. — A la droite du jardin est le verger.

bons jardins paysagistes. Nous avons vu des arbres fruitiers récemment déplantés, déjà parfaitement repris et en pleine vigueur. Un jardin était presque complet là où peu de temps auparavant il n'existait que des champs labourés ou des pâturages très-ordinaires. Une haie haute de 1m.50 environ avait été transplantée par bouts de 10 à 12 mètres de longueur, et néanmoins s'était maintenue forte, verte et bien vivace. Le succès de cette création de jardin a été complet. Les pâtures qui l'entourent et les massifs en bois de diverses essences créés au milieu de celles-ci ajoutent à la beauté de l'ensemble et font l'effet d'un véritable parc.

Nous allons, une première vue de la disposition des divers bâtiments étant prise sur le plan général (planche 16), pénétrer dans chacune des parties principales de la ferme.

*Étables.* — Les étables sont au nombre de six (Z, 2, 3, 4, 6 et 7 du plan, planche 16); elles peuvent renfermer 140 têtes de gros bétail; elles sont très-bien disposées pour l'aération et le service. La principale (6) pouvant contenir 34 bêtes bovines, est voûtée sur poutrelles en fer. Nous avons compté 20 vaches laitières, 12 bœufs gras, bon nombre de bœufs et de génisses de 2 à 3 ans, et enfin de jeunes veaux de l'année. Une partie des animaux engraissés avaient été récemment livrés à la boucherie. Presque toutes les bêtes étaient de race durham pure ou de race flamande croisée durham. Parmi les bêtes laitières, quelques-unes sont médiocrement laitières, mais admirablement conformées pour l'engraissement; quelques-unes, quoique de race durham pure, peuvent lutter pour le rendement en lait et en beurre avec les meilleurs spécimens de la race fla-

mande. Un excellent taureau durham pur sang, âgé de 5
ans, fait les saillies. Il serait difficile d'en trouver un mieux
conformé. M. Moissenet nous a dit qu'il ne le nourrissait pas
fortement; qu'il suffisait de pailles et d'un peu de mouture
de féverole pour le maintenir bien portant, et que ce régi-
me lui permettait de le conserver plus longtemps dans des
conditions convenables pour la reproduction. Il saillit
environ 60 vaches chaque année, tant des étables de
M. Moissenet que de celles de ses fermiers. Dès la fin d'avril
et pendant tout le temps de la monte, il reçoit un picotin
d'avoine chaque jour. Tour ses produits nous ont paru
très-beaux ; les jeunes veaux qui formaient sa dernière
descendance étaient placés par ordre de naissance sous
un hangar couvert attenant à son étable.

*Laiterie.* — La laiterie placée à proximité de l'habitation du chef de culture est appropriée (G de la planche 16)
pour les produits de 20 vaches à lait. A coté en F a été
installé par les ouvriers de la ferme un manége établi sur
pilastres en bois et recouvert d'une toiture en chaume.
Ce manége, mis en mouvement par un baudet, fait tourner
deux barattes enfermées dans la cave G contiguë, vaste et
bien aérée, où sont en outre déposés, sur des gradins et
dans des cuves séparées par une cloison en planches à
claire-voie, les pains et diverses provisions de la ferme.
L'installation est peu dispendieuse et très-avantageuse. Le
vacher qui est chargé de conduire le baudet n'a qu'à entrer
de temps à autre dans l'emplacement parfaitement séparé
du reste de la cave, où se trouvent les deux barattes, pour
surveiller l'opération du battage du lait. Une servante de

ferme, très-expérimentée dans cette manutention, s'assure si ses recommandations sont bien exécutées. Dans la même cave, le beurre une fois extrait des barattes est bien lavé et mis en pièces pour la vente.

*Écuries.* — Les deux écuries (1 et 8 du plan, planche 16) sont très-bien disposées. La première contenait 4 chevaux de voiture, dont 2 servant à l'usage personnel de M. Moissenet, et dont les 2 autres étaient des élèves de 3 à 4 ans. Dans l'autre écurie (8, 8) se trouvaient classés deux par deux, c'est-à-dire par attelages, 18 chevaux de labour. Ces chevaux de race boulonaise croisée percheronne sont de taille moyenne, quoique de bonne qualité. Ils sont plutôt maigres que gras, mais bien entretenus. Ils travaillent l'hiver comme l'été ; ils ne peuvent donc ressembler aux gros chevaux flamands que l'on voit ailleurs et qui, au repos durant quatre ou cinq mois d'hiver et ensuite envoyés à la pâture après les semailles de mars, sont habituellement couverts de 2 à 3 centimètres de graisse. Derrière chaque stalle de 2 chevaux se trouve placé le lit du charretier ou *carton* chargé de conduire l'attelage. Toujours en présence de leurs animaux, les hommes ont intérêt à les maintenir en bon état de propreté, et la surveillance se fait d'autant plus facilement que chacun est responsable et est témoin des faits placés sous ses yeux.

*Bergerie.* — Dans la bergerie (S du plan) se trouvaient 98 brebis de race flamande pure avec leurs 98 agneaux. Ce troupeau encore peu considérable était en bon état et de bonne conformation. Il succède à un autre troupeau beaucoup plus nombreux, de race dishley croisée, livré à

la boucherie dans le mois d'octobre 1868. La race dishley
donne des animaux précieux pour la précocité, mais déli-
cats et sujets à une vieillesse prématurée. Cette considération a engagé M. Moissenet à s'en défaire, et à créer un
nouveau troupeau flamand composé d'animaux mieux
appropriés au climat et à la culture du sol des Moëres.

*Porcherie.* — La porcherie placée de l'autre côté de
l'écurie (10) n'est destinée qu'à élever des animaux pour
les besoins de la ferme de Sainte-Flore qui consomme
environ 12 porcs par an. Nous n'avons vu que trois porcs,
l'un complétement engraissé et prêt à être tué pour la
nourriture des ouvriers, et les deux autres en bonne voie
d'engraissement. Jusqu'à présent M. Moissenet achète sur
les marchés les porcs qui lui paraissent les plus propres
à l'engraissement; il se propose de faire l'élevage d'une
race porcine anglaise d'une précocité avantageuse mais
ayant des qualités exigées par son nombreux personnel.

*Fumiers.* — M. Moissenet donne des soins tout particuliers à ses fumiers, et il en fait une grande quantité
artificiellement. Il n'a pas encore pris soin d'empêcher les
eaux pluviales qui tombent des écuries et des étables, de
se déverser sur les fumiers voisins et d'y séjourner. Il ne
regarde pas cette mesure comme indispensable; l'essentiel,
selon lui, est qu'il n'y ait jamais excès d'eau, et surtout
que l'eau qui a lavé les fumiers ne puisse jamais s'écouler
au dehors. Nous le laissons lui-même exposer ses idées.
« Sans doute, nous a-t-il dit, il y a un entraînement des
produits fertilisants, par suite d'un écoulement trop
abondant des eaux provenant des toitures ; mais comme

j'ai l'habitude, et je m'en trouve bien, de mettre mes
fumiers en terre dès qu'ils sont assez décomposés pour
que les pailles soient à moitié pourries, l'eau qui les
mouille me vient avantageusement en aide. Lorsque, par
suite de pluies abondantes, j'ai un peu plus d'eau que
d'habitude, je fais charrier dans cette eau, fortement
chargée du jus des fumiers, toutes les pailles non consommées pendant l'hiver; puis, lorsque j'ai amassé dans ces
bas-fonds, le volume nécessaire pour fumer environ 44
ares de terre, soit une mesure de 300 verges de ce pays,
j'y fais répandre 110 kilog. environ de guano, qui me
coûtent 35 fr. 20 à peu près, le guano du Pérou me
revenant, rendu aux Moëres, à 32 fr. les 100 kilog. Je fais
(aussitôt le guano répandu sur cette première couche de
paille) placer immédiatement une seconde couche, puis la
même quantité de guano, et ainsi successivement, jusqu'à
ce que la hauteur voulue ait été atteinte. J'ajoute que
partout où j'ai des fumiers, ils sont dans un bas-fond,
entouré de terres entassées et revêtues de barrières qui
y maintiennent, soit les bêtes à cornes, soit les moutons
qui y parquent, tantôt sur l'un, tantôt sur l'autre, durant
toute la belle saison. Lorsque toutes mes pailles disponi-
bles et tout le produit de mes citernes à purin et à eaux
de lessive et de relavage ont été répandus (car de toutes
parts ces produits sont assemblés au moyen de conduits
souterrains), je fais ouvrir des trouées dans les fumiers,
et fréquemment les ouvriers de la ferme en extraient, avec
des pelles en bois, les jus qu'ils répandent sur la partie
supérieure. Dès que cette opération a humecté suffisam-

ment les pailles, je les fais recouvrir légèrement d'une couche de sable, ce qui empêche l'évaporation et amène une fermentation plus hâtive.

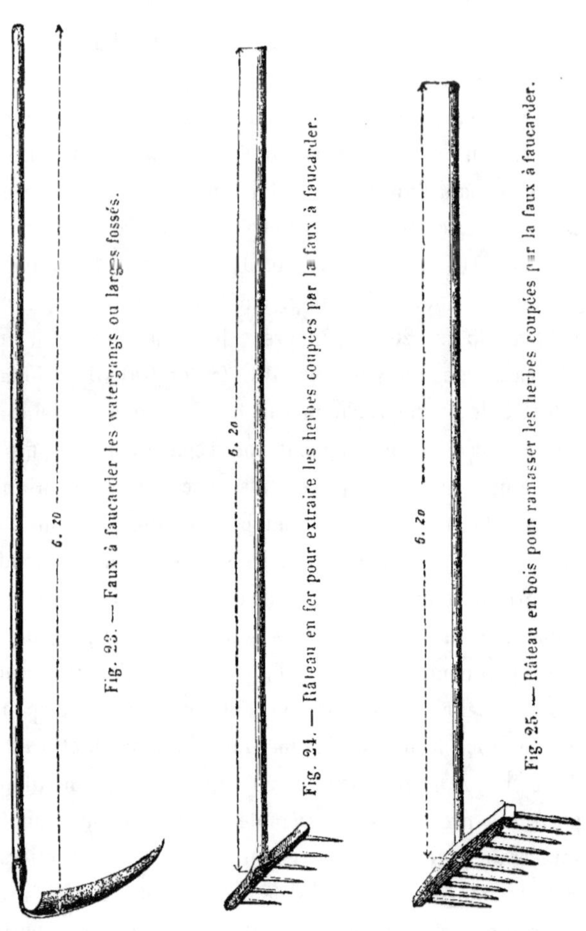

Fig. 23. — Faux à faucarder les watergangs ou larges fossés.

Fig. 24. — Râteau en fer pour extraire les herbes coupées par la faux à faucarder.

Fig. 25. — Râteau en bois pour ramasser les herbes coupées par la faux à faucarder.

« Au mois de juin, je fais faucarder, c'est-à-dire couper avec des faux appliquées au bout de longues perches en sapin (fig. 23), les herbes qui poussent dans mes nombreux fossés et surtout dans mon canal de ceinture, dit Rincksloot ; elles sont ensuite amassées au moyen de râteaux en fer (fig. 24) ou en bois (fig. 25) attachés à des manches suffisamment longs. Pendant que ces herbes sont encore humides, je les fais charrier sur mes fumiers déjà couverts de sable ou de vases extraites de mes fossés curés et que je traite en quelque sorte en coupe réglée, afin de les consacrer à cet usage, puis je recouvre encore ces herbes de sable que j'arrose de nouveau avec les jus de fumiers et les purins non totalement employés. Ces travaux effectués, je fais rouler, ou, pour me servir de l'expression usitée dans ce pays, rondeler ces amas de fumier, de paille, d'herbes, de guano, de sable et de vases, et dès lors je bouche les trouées pratiquées dans ces mêmes fumiers, qui, pour l'époque des fumures, sont extrêmement onctueux et fertilisants.

« J'ai expérimenté sur une large échelle ce mode d'opérer, et même sur la ferme de Saint-Ferdinand que j'ai mise en culture moi-même après qu'elle avait été épuisée par un fermier incapable à tous égards, j'ai obtenu les plus riches récoltes dès la première année, avec des pailles et des guanos préparés d'après le procédé que je viens d'indiquer. Je me fais fort d'obtenir sur n'importe quelle ferme ayant des terres végétales suffisantes, mais sans pâturages ni bestiaux, des récoltes chaque année plus luxuriantes, seulement avec des pailles, des guanos et des vases; de fumer par ce procédé toute la ferme tous les deux ans; de produire ainsi l'engrais à meilleur marché qu'avec les bestiaux; d'avoir beaucoup moins d'embarras et surtout de gagner davantage que par le procédé ordinairement employé. Tant que les gisements de guano existeront, ce mode d'opérer pourra être employé. Si je ne m'en sers pas exclusivement, c'est-à-dire si je crée cette année encore des pâturages assez abondants, c'est que j'ai des motifs particuliers de propriétaire pour agir ainsi. En effet, ayant entrepris de remanier mon jardin et ses dépendances, ainsi que ma demeure actuelle et quelques bâtiments de la ferme dite de Sainte-Flore, j'ai cru devoir entourer cette installation d'un surplus de pâturages afin d'y agglomérer, dans des parcelles de terre séparées, les animaux les plus nécessaires à la ferme ou qui exigent des soins de chaque jour, c'est-à-dire les vaches à lait, les veaux de l'année et les chevaux. »

*Magasin pour les instruments de culture.* — A côté de la laiterie se trouve un premier magasin où sont enfermés les instruments de culture qui ne sont pas d'un usage journalier. Tout d'abord on remarque plusieurs semoirs sortis des ateliers de M. Jacquet-Robillard (fig. 26), d'Arras, ils sont très-estimés et généralement répandus dans la contrée; d'une disposition simple, et parfaitement facile à régler et à diriger, ces instruments ne sauraient être trop recommandés, d'après M. Moissenet.

Le semoir Jacquet-Robillard est à 5, 7 ou 9 socs et coûte, selon ses dimensions, 275, 295 et 315 fr.; il est propre à répandre toutes les espèces de graines; l'émis-

sion de celles-ci est déterminée par un régulateur en
cuivre, qui consiste en deux petites plaques superposées
glissant en coulisses l'une sur l'autre, percées chacune
d'un trou de même forme et constituant une ouverture
qui s'agrandit plus ou moins, à l'aide d'un mouvement
de rappel, suivant la nature et la quantité des semences.
Les socs sont placés en quinconce afin qu'ils ne puissent

Fig. 26. — Semoir de M. Jacquet-Robillard, constructeur à Arras.

s'embarrasser les uns les autres; ils sont mobiles et se
prêtent au besoin à l'ensemencement en billon par leur
rehaussement. L'instrument sème régulièrement, même
sur des terrains accidentés. La roue de devant sert de
roue motrice. On embraye et désembraye avec facilité;
par un mouvement de levier, on empêche la graine de se
répandre, lorsque l'on tourne dans les foirières. La roue

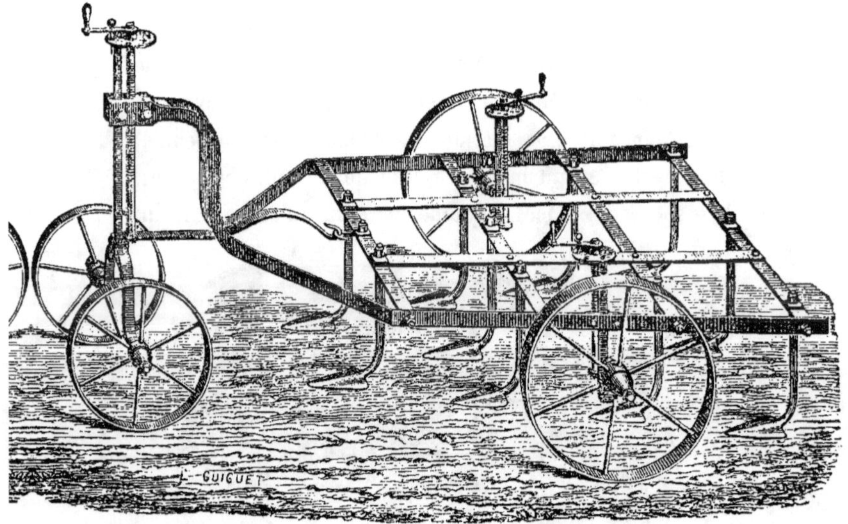

Fig 27. — Scarificateur employé à Ste-Flore, dans les Moëres, chez M. Moissenet.

Fig. 28. — Pied de rechange pour transformer le scarificateur en extirpateur.

de devant sert de roue motrice ; elle communique, quand l'appareil est embrayé, le mouvement de rotation aux distributeurs de semence par deux bielles. Le semeur qui commande les mancherons a toujours sous les yeux l'écoulement de la graine dans les tubes, et il peut empêcher des lacunes de se produire. La simplicité de ce semoir a beaucoup favorisé sa propagation. Le 18 septembre 1869, la fabrique d'Arras avait déjà livré 2,124 instruments à l'agriculture française et belge.

A côté se trouvent des herses à dix socs, servant à volonté d'extirpateurs et de scarificateurs (fig. 27 et 28). Par leur emploi, déjà fort ancien chez M. Moissenet, on a opéré des merveilles de nettoyage et de rapidité. C'est ainsi que, après l'enlèvement de la récolte, on peut

Fig. 29. — Binot flamand servant de buttoir à la ferme de Sainte-Flore exploitée par M. Moissenet.

se contenter d'*esquiveler*, c'est-à-dire de retourner légèrement les terres avec la charrue, afin de couvrir les graines et les plantes parasites d'un peu de terre, pour les retourner ensuite et successivement avec le scarificateur, à diverses profondeurs, jusqu'au dernier labourage qui s'opère pour les semailles d'hiver ou pour celles de mars. Comme chaque instrument de cette espèce est muni de dix socs, il s'ensuit qu'il fait autant de travail que cinq charrues au moins, et c'est d'une haute importance à cette époque de l'année où les attelages ne sont jamais

assez nombreux. Dans le même magasin se rencontraient des
binots ou buttoirs usités dans le pays (fig. 29) et particulièrement disposés pour des sillons profonds indispensables
au nettoyage des terres ; — des nettoyeurs pour betteraves,
munis d'un couteau horizontalement disposé avec un
râteau (fig. 30), au moyen desquels s'effectue, à raison

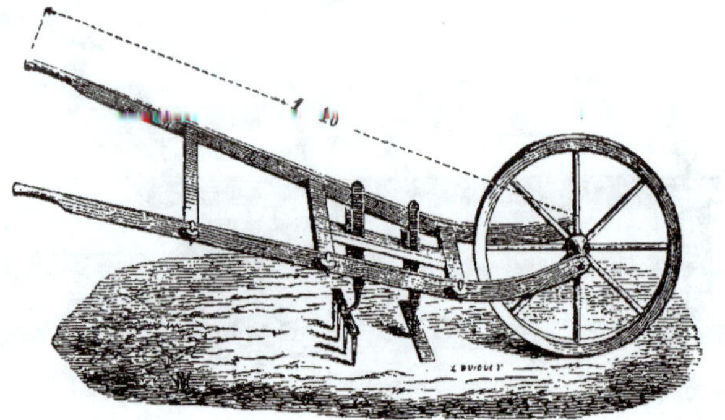

Fig. 30. — Braquette à brouette pour premier nettoyage
entre les lignes de betteraves.

Fig. 31. — Houe ou braquette à main pour les betteraves.

de 3 fr. les 44 ares, un premier et indispensable braquage
dans les betteraves. Enfin, au milieu de divers autres
instruments plus ou moins usités, on trouve une petite
braquette à main (fig. 31) pour le nettoyage des betteraves
qu'un enfant de dix ans peut faire fonctionner et avec
laquelle M. Moissenet a pu lutter de rapidité contre les
meilleurs ouvriers se servant de houes et d'autres outils

généralement employés dans la contrée. Le binot, qui pèse
46 kilogrammes et vaut 45 fr., permet de tracer des sillons
de 50 à 60 centimètres de profondeur. C'est un instrument
indispensable pour détruire promptement les mauvaises
herbes et faire des jachères. Les champs qui sont sillonnés
avec le binot et qui passent l'hiver ainsi travaillés, acquièrent promptement une épaisseur de couche végétale considérable et une fertilité remarquable. Enfin, on utilise
très-avantageusement le binot pour l'arrachage des pommes
de terre ; le fer étant introduit sous les lignes des tuber-
cules les soulève, et, le corps du binot passant au milieu
des plants, met les pommes de terre à découvert, de telle
sorte que les ouvriers peuvent facilement les ramasser ;
c'est un mode d'opérer très-expéditif.

M. Moissenet attribue en partie la beauté et la propreté
de ses blés à l'emploi du semoir Jacquet Robillard. Nous
avons reconnu, en effet, dans les champs, que les blés en
lignes offraient à l'œil une régularité beaucoup plus
grande que ceux semés à la volée ; ils étaient aussi beaucoup moins infestés d'une graminée, l'*agrostis infestans*,
extrêmement répandue dans les blés des Moëres. Il y a
quelques années, alors qu'il ensemençait les terres suivant
l'usage de la contrée, il employait 110 litres de froment
environ par mesure de 44 ares, soit 2 hectolitres et demi
à l'hectare ; depuis qu'il fait usage du semoir, il a diminué
successivement cette quantité ; nous avons vu des parcelles qui avaient été ensemencées avec 76 litres à la
mesure (172 litres à l'hectare). M. Moissenet augmente de
quelques litres pour les semailles faites en novembre

et décembre, c'est-à-dire lorsque les terres sont plus
humides, et, par conséquent, moins propices à la ger-
mination. La moyenne ne dépasse pas 80 litres, et il en
résulte qu'il réalise ainsi une économie de 30 litres, soit en
argent, lorsque les blés sont à très-bon marché, par
exemple à 30 fr. les 150 litres, 6 fr. par mesure (14 fr.
environ par hectare). Mais l'économie résultant de l'emploi
du semoir devient plus sensible encore, lorsqu'il s'agit de
binage ou de braquage; car ses ouvriers braquent dans

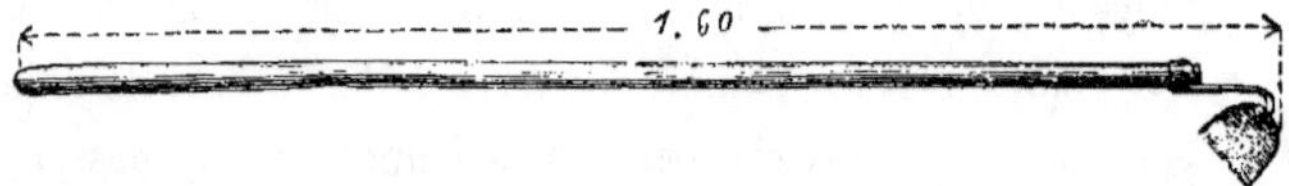

Fig. 32. — Braquette à main pour travailler, étant debout, les grains
plantés avec le semoir.

Fig. 33. — Braquette à main pour travailler, étant accroupi ou courbé,
les grains semés à la volée.

les blés en lignes en travaillant debout avec l'instrument
convenable (fig. 32), six mesures de 44 ares dans le même
temps qui leur est nécessaire, dans des champs de blé
ensemencés à la volée, pour braquer trois mesures avec la
petite braquette à main (fig. 33) qui seule peut alors être
employée et dont on se sert en étant accroupi ou courbé.
Aussi acceptent-ils de braquer 44 ares à raison de 6 fr.,
lorsque les braquages des autres terres coûtent 15 fr. au minimum. Cela constitue encore un bénéfice net de 9 fr. en

faveur du semoir. La différence est moins sensible pour le sarclage, mais M. Moissenet l'évalue au minimum, en faveur des terres ensemencées avec le semoir, à 3 fr. Ainsi l'emploi du semoir constitue un premier bénéfice net de 18 fr. par mesure de 44 ares environ (ou 41 fr. par hectare). Cette différence est bien autrement considérable lorsque les blés sont à 40 fr. ou à 50 fr. le sac de 150 litres. L'usage de cet instrument permet en outre au fermier qui s'en sert,

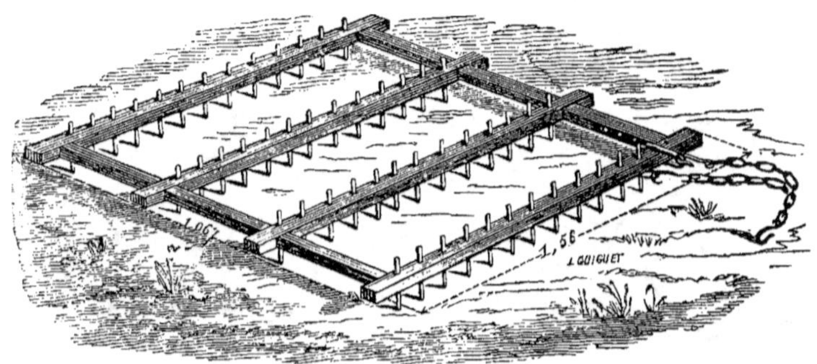

Fig. 34. — Herse en fer à 52 dents employée chez M. Moissenet
dans les Moëres.

d'avoir toujours ses terres propres ; car il peut poursuivre le nettoyage autant que cela lui semble utile, et ensemencer avec un cheval et un ouvrier cinq mesures en un jour, sans devoir ensuite recourir au hersage qui nécessite l'emploi d'un attelage à deux chevaux ; l'économie est considérable et précieuse à une époque de l'année où les bras et les attelages sont tellement occupés que les fermes les mieux outillées en emploieraient le double si elles pouvaient se les procurer.

M. Moissenet fait de continuels efforts pour introduire
sur tout son domaine les instruments aratoires les plus
utiles et les plus perfectionnés. Chose assez rare, il réussit
à entraîner chaque année quelques paysans à suivre son
exemple. C'est ainsi que l'usage des herses en fer ayant
52 dents (fig. 34) et pesant 23 kilogrammes, poids minime
quand on calcule qu'il est réparti, lorsque la herse est
en mouvement, sur 52 pointes qui agissent simultanément

Fig. 35. — Tombereau tricycle employé dans les Moëres.

sur les terres ensemencées, trouve de nombreux partisans.
Cet instrument, avec l'aide d'un cheval, permet de bien
herser les récoltes en terre ; il remplace très-avantageusement les râteaux à main qui exigeaient un grand nombre
de bras et qui, généralement, fonctionnaient mal ou très-
imparfaitement. Nous avons pu constater l'effet de ces
herses que l'on a fait fonctionner devant nous sur des
blés déjà poussés et hors de terre d'environ 10 centimètres ;
nous avons reconnu qu'elles agissent très-uniformément et

avec toute l'énergie nécessaire sans dépasser la mesure.

*Hangars pour les chariots, les tombereaux, les herses, etc.*
— En sortant du magasin H, nous sommes passé devant
les hangars R et R' où étaient rangés les tombereaux,
chariots, tonneaux à purin, ravales, charrues, etc. Nous
avons retrouvé les tombereaux tricycles (fig. 35) que déjà
nous avions rencontrés dans les fermes de M. Vandercolme,

Fig. 36. — Avant-train de tombereau tricycle dessiné à la ferme de Steene
exploitée, près de Dunkerque, par M. Dantu-Dambricourt.

avec quelques modifications seulement dans l'avant-train
auquel on reproche de n'avoir pas assez de mobilité ; aussi
avons-nons rencontré dans une autre ferme des environs
de Dunkerque, celle de MM. Dantu-Dambricourt, un avant-
train (fig. 36) adapté aux mêmes tombereaux qui permet
à la roue de devant de tourner avec une complète facilité.

Nous avons revu aussi les mêmes grands chariots à quatre
roues (fig. 37) qui servent aux gros transports, soit sur les

Fig. 37. — Grand chariot flamand dessiné à la Ferme de Sainte-Flore.

terres des fermes, soit pour conduire aux marchés, et qui présentent un timon placé de telle sorte qus le charretier peut toujours se tenir derrière ses chevaux en marchant entre eux et le chariot, et en dirigeant l'attelage par un seul cordeau.

En enlevant les joues du chariot on peut y placer de

Fig. 38. — Chariot surmonté du tonneau pour l'arrosage avec le purin chez M. Moissenet.

grands tonneaux à purin contenant **18** hectolitres pour l'arrosage dans les champs. M. Moissenet fait disposer **à** cet effet sur l'arrière (fig. 38), au-dessous d'un gros robinet, un plan incliné en planches garni de chevilles, sur lesquelles le purin s'éparpille pour former une vaste gerbe en arrivant sur le sol.

Sous les mêmes hangars se trouvaient les rouleaux
(fig. 39) et les ravales (fig. 40) que M. Moissenet emploie
dans ses cultures. Le rouleau est en fer; il est conduit

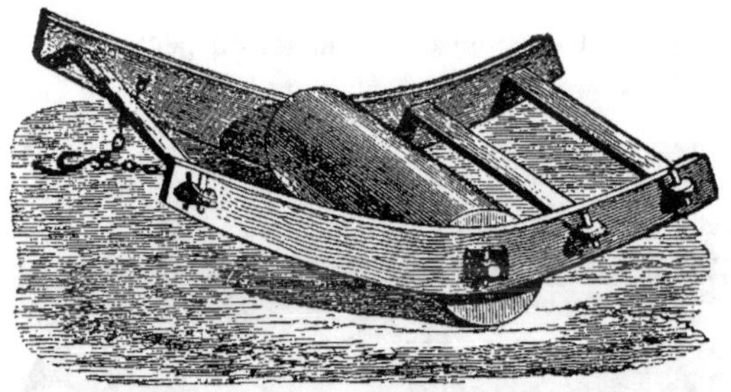

Fig. 39. — Rouleau employé dans les Moëres.

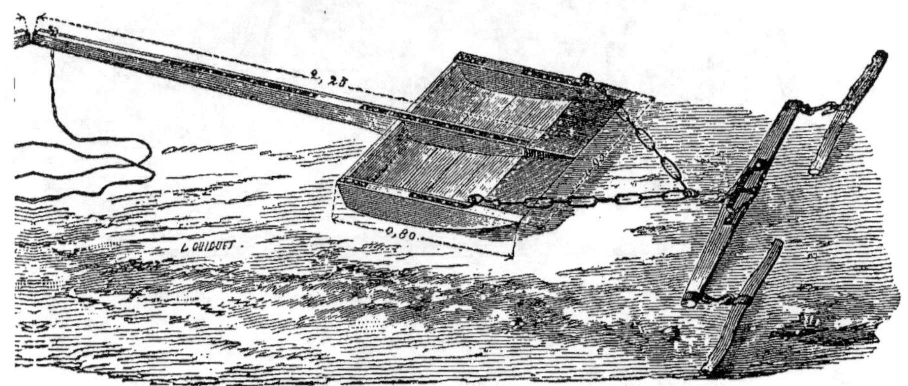


Fig. 40. — Ravale culbuteuse employée chez M. Moissenet dans les Moëres.

au moyen d'un bâti en bois dont les deux côtés sont
courbés en forme d'arcs et sont réunis par des madriers
transversaux sur lesquels on peut placer de l'avant en
arrière des planches qu'on chargerait de mottes de terre

s'il fallait rouler, ou *rondeler*, comme on dit dans le pays, avec plus de pesanteur. Le rouleau présente sur toute sa circonférence des facettes qui, quoique peu profondes, le rendent plus énergique. Les ravales culbuteuses sont employées par M. Moissenet pour le transport de terres à petites distances soit lors du creusement des fossés, soit

Fig. 41. — Charrue à avant-train en usage sur la ferme de Sainte-Flore dans les Moëres.

pour niveler des pièces présentant des inégalités. Cet instrument, du poids de 68 kilogrammes seulement, étant tiré par un attelage, se remplit de terre lorsqu'on maintient à la main le long levier qui est au bout d'une sorte de pelle. Celle-ci culbute lorsqu'on lâche le levier; on ramène ensuite celui-ci par la corde attachée à son extrémité, ainsi que le montre la figure 40.

Les charrues (fig. 41 et 42) que nous avons vues rangées
sous le hangar R′, étaient des charrues flamandes à avant-
train et sans avant-train, fabriquées sur la ferme elle-
même où se font tous les outils de culture.

La charrue à avant-train (fig. 41) a fonctionné devant
nous ; elle précédait la défonceuse Demesmay (fig. 43) ; elle

Fig 42. — Charrue flamande ou ploeg employée sur la ferme
de Sainte-Flore.

peut atteindre une profondeur de 40 à 45 centimètres, mais
il est rare qu'elle soit ainsi utilisée. Les derniers labours
d'hiver, c'est-à-dire ceux qui se font avant l'ensemencement des blés, n'atteignent guère au delà de 20 à 25
centimètres. Cette charrue, du poids de 135 kilogrammes
et d'une valeur de 120 fr., se règle au moyen de l'âge,
dans lequel se trouvent divers trous servant à placer la
cheville qui retient la chaîne de l'avant-train de telle
sorte qu'on peut ainsi abaisser ou élever l'âge et faire

varier la profondeur du labour. A Sainte-Flore, cette charrue marche avec deux chevaux, mais elle exige trois chevaux dans les terres fortes.

Quant à la charrue représentée par la figure 42, elle n'est pas faite pour fonctionner avec deux chevaux; cependant elle est quelquefois employée ainsi, quoiqu'elle pénètre moins profondément que la précédente. C'est la

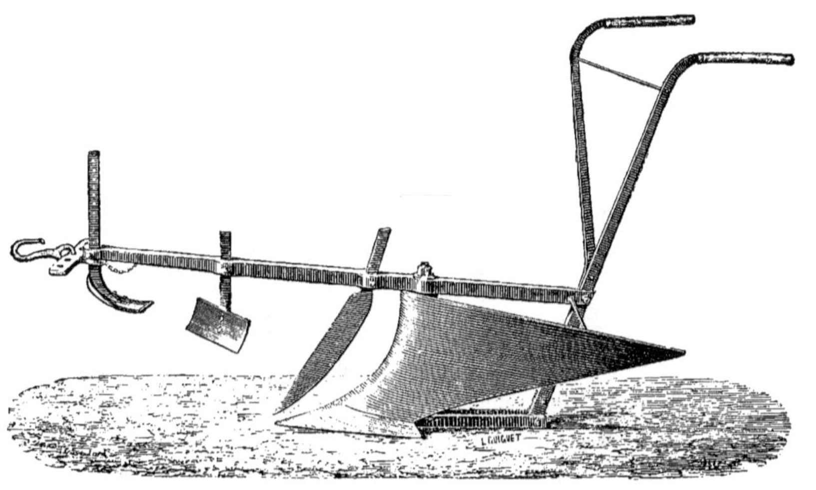

Fig. 43. — Charrue Demesmay pour les labours profonds.

charrue, ou *ploeg*, adoptée par les cultivateurs n'ayant qu'un cheval; elle ne pèse que 80 kilogrammes et ne vaut que 65 fr. On s'en sert avec avantage pour déchaumer avec un seul cheval, ce qui permet de doubler les attelages, à une époque de l'année où les travaux sont si nombreux. M. Moissenet ne s'en sert que rarement; il lui préfère le scarificateur.

La charrue défonceuse de feu Demesmay (fig. 43), habile cultivateur à Templeuve, près de Lille, est une imitation de la charrue du Brabant. Demesmay a décrit lui-même en ces termes cet excellent instrument : « Le patin, le tranche-gazon, le coutre sont ce qu'ils sont dans toutes les charrues. La profondeur du labour est déterminée par la position du patin. La pièce d'attelage est adaptée au patin au moyen d'une clavette ; sa position doit être telle que le patin n'appuie que légèrement contre le sol ; on l'abaisse, quand il appuie trop fort, on la relève, quand le patin ne touche pas le sol. La volée d'attelage est fixée à la pièce d'attelage ; on la recule vers la droite pour donner plus d'embrassement à la charrue, et vers la gauche pour en donner moins. Le tranche-gazon n'est employé que lorsqu'on laboure une terre où les mauvaises herbes ont beaucoup poussé, et que l'on tient à avoir parfaitement propre ; on le descend de manière à lui faire couper une couche de terre de $0^m.02$ à $0^m.03$ d'épaisseur, qui tombe au fond du sillon avec l'herbe. Le versoir et le sep sont en fonte coulée d'une seule pièce ; l'âge y est fixé au moyen d'un boulon central. Le soc en fer aciéré y est aussi fixé au moyen d'un seul boulon à tête fraisée ; on l'enlève facilement chaque fois que la pointe émoussée a besoin d'être passée au feu. Le versoir qui forme la continuation du soc est une surface gauche engendrée par une droite horizontale s'appuyant sur un arc de cercle formant la gorge de la charrue, et sur la droite oblique qui termine le versoir à droite : cette droite oblique est placée de manière que dans le mouvement de la charrue elle engendre un plan incliné à l'horizon de 45°; c'est le plan suivant lequel se range la bande de terre retournée par la charrue. Un tel versoir retourne la terre contre le sillon précédent sans la comprimer. Les mancherons sont placés sur la gauche de la charrue, le premier dans le même plan vertical que l'âge, le second avec un écart de $0^m.50$. Le laboureur marche toujours sur le vieux guéret qui forme un terrain solide, et dirige son outil sans aucune fatigue; les mancherons sont à la hauteur de $1^m$ quand on laboure à $0^m.20$ ou $0^m.25$ de profondeur; si la charrue doit faire un second labour, marcher derrière une autre et pénétrer à $0^m.35$, il faut relever les mancherons de $0^m.15$, ce que le mode de construction de l'instrument rend praticable. » On peut transformer cette charrue défonceuse en charrue fouilleuse, en la prenant de grandes dimensions et en coupant le versoir.

*Ateliers de menuiserie, de charronnage et de serrurerie.* — En X est l'atelier où deux ouvriers, charrons et charpentiers de leur état, mais chargés en même temps de surveiller les machines d'épuisement que nous décrivons plus loin, font tous les instruments, tous les ouvrages nécessaires pour la culture et pour les constructions et les réparations des bâtiments du domaine. Attenant à cet emplacement, s'en trouve un autre Y servant de forge, qui est disposé de telle sorte que les chevaux, toujours à couvert et à l'abri des vents et de la pluie, peuvent être ferrés en toute saison, et lors même qu'ils reviennent du travail, fatigués et trempés de sueur.

*Atelier des machines d'intérieur de ferme.* — Dans les
chambres K et J se trouvent toujours prêts à fonctionner :
1° une locomobile tubulaire de 6 chevaux, brûlant
2 kilog. 1/4 au plus de charbon par heure, construite
par Bosson, de Verviers, et ayant coûté 6,000 fr.; 2° deux

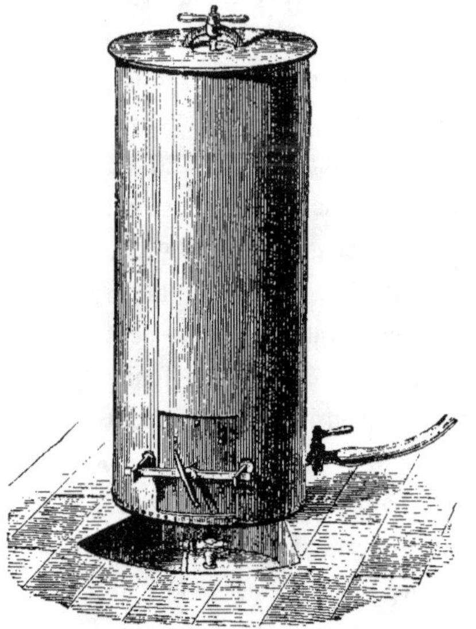

Fig. 44. — Vue d'une cuve à cuisson pour
les aliments du bétail à la ferme de
Sainte-Flore.

Fig. 45. — Coupe d'une cuve à cuisson pour
les aliments du bétail à la ferme de
Sainte-Flore.

cuves à cuisson, en tôle, de 20 hectolitres chacune,
qui, réunies à volonté à la locomobile à vapeur au moyen
d'un tube en cuivre, servent à cuire les aliments pour
le bétail (fig. 44 et 45); à proximité sont placées des
cuves dans lesquelles se font les mélanges de racines cuites,

avec des pailles provenant du battage des blés ou hachées , et les jus extraits des racines pendant leur cuisson , à l'aide du robinet placé sous le double fond comme le montrent les deux figures ; 3º un lavoir de racines ; 4º un hache-paille ; 5º un coupe-racines à rubans , pour les moutons. Tous ces instruments sont mis en mouvement par la locomobile qui commande un arbre de couche , lequel étant introduit à travers le mur dans la grange qui avoisine , fait marcher encore une machine à battre du système Garrett. Cette machine à battre avait été primitivement achetée à Haine-Saint-Pierre ; elle était mue par un manége conduit par des chevaux, puis par des bœufs ; elle a été complétement transformée par M. Moissenet à l'aide des ouvriers de sa forge ; elle est maintenant mue par la vapeur et elle fait un travail excellent. Avec cette machine, il bat journellement 5,000 à 6,000 gerbes de grain ; il pourrait atteindre un maximum de 10,000 gerbes en dix heures. Il emploie d'ailleurs encore pour les battages en plein champ une batteuse locomobile construite sur la ferme de Sainte-Flore même, en prenant pour modèle la précédente qui est fixe et une batteuse de Cumming.

Le matériel de la ferme de Sainte-Flore est considérable, puisqu'on y compte 15 chariots, 15 charrues, 24 herses, 3 scarificateurs-extirpateurs, 4 semoirs, 8 rouleaux, 8 tombereaux, 3 binots, 3 ploegs, 1 défonceuse Demesmay, 2 tonneaux à purin de 20 hectolitres chacun , 3 machines à battre dont 2 de Garrett et une de Cumming, une locomobile à vapeur de 6 chevaux, etc.

*Parc à meules.* — En sortant de la ferme après la visite

de toutes les parties intéressantes de l'aménagement intérieur que M. Moissenet s'efforce d'améliorer avec beaucoup
d'intelligence, nous avons traversé l'avenue ou drève de
Sainte-Flore, et nous sommes entrés dans le parc à meules
situé vis-à-vis. C'est un rectangle dans lequel les meules,
au nombre de 48 (fig. 46), sont disposées sur quatre rangs
pouvant contenir : 13 meules chacun pour les rangs extérieurs, et 11 meules chacun pour les rangs intérieurs. Le
nombre des gerbes qui peuvent être ainsi emmagasinées
est de 260,000 à 280,000. Chaque meule est numérotée
de 1 à 48 en partant de la droite à l'entrée dans le parc.
Le pied des meules mesure 7$^m$.80 sur 4$^m$.60. Chaque
place est entourée d'un petit fossé de 0$^m$.50 de largeur
sur 0$^m$.45 de profondeur; l'ensemble des petits fossés peut
écouler ses eaux dans le fossé de la drève de Sainte-Flore
par des tuyaux de drainage que le dessin indique en lignes
pointillées. Les meules sont séparées les unes des autres
par un intervalle de 2$^m$.80. Le milieu de l'espace donné
à chaque meule est bombé de telle sorte qu'il suffit d'un
peu de paille pour préserver les gerbes de l'humidité.
Le numéro des places et l'importance des gerbes mises
dans chaque tas sont inscrits sur un livret de récoltes,
dans lequel sont ouverts les différents comptes de la comptabilité de la ferme.

Trois passages longitudinaux de 10$^m$.50 de largeur
permettent d'avancer une locomobile à vapeur et la machine à battre mobile. Une prime d'assurance d'un quart
pour cent a permis de se garantir contre les risques
d'incendie. Les meules numéros 36 à 48 sont battues tout

d'abord et les pailles qui proviennent de ces premiers battages sont portées dans la ferme près des fumiers, dans des compartiments destinés à emmagasiner les pailles que

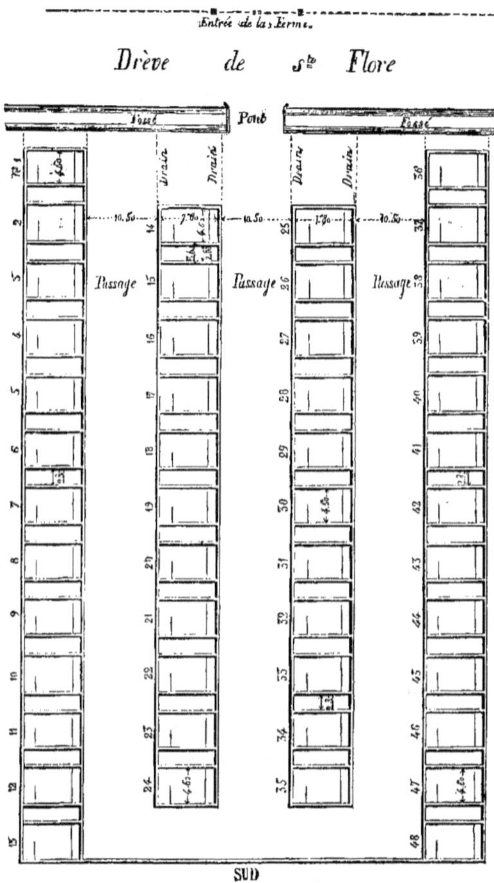

Fig. 46. — Parc à meules de la ferme de Sainte-Flore.

les vachers doivent toujours avoir à la main pour la nourriture et pour la litière du bétail. Le battage continue ensuite méthodiquement par les numéros 25, 26, 27 et ainsi de suite, les pailles étant alors mises en meules en face dans les places 37, 38, 39, etc. Chaque meule de paille est couverte avec soin par les couvreurs du pays de telle sorte que les nourritures des bestiaux et des chevaux sont toujours très-sèches. En prenant ces précautions, M. Moissenet ne redoute pas de battre sans interruption toutes ses récoltes de céréales avant la fin de l'automne, de conserver ses pailles battues dans des meules bien garanties contre l'humidité, et de rentrer ses grains dans ses greniers pour les vendre en temps propice.

*A travers champs.* — *Pâtures.* — *Luzernes.* — Toute cette étude de l'intérieur de la ferme entièrement terminée, tous nos renseignements pris sur le mode d'exploiter adopté par M. Moissenet, sur les déterminations qu'il prend à l'effet de résoudre les questions si complexes que présente la pratique agricole pour tirer le meilleur parti possible d'un aussi vaste domaine, nous avons voulu parcourir tous les champs, voir par deux fois à la fin d'avril et à la fin de juillet les récoltes en terre. Nous allons noter ici quelques observations, en réservant pour les chapitres suivants l'exposition méthodique du système de culture et la discussion des prix de revient et des résultats obtenus. Le parcours entier de la propriété se fait d'autant plus facilement, comme le prouve la planche 15 (p. 307), qu'elle est coupée en plusieurs compartiments, bien définis par des chemins droits et larges. M. Moissenet fait de grands efforts pour obtenir que par le moyen du pavage ou de l'emploi de cailloutis, les routes soient dans les Moëres belges amenées à un état de viabilité toujours excellent ; ce sera un immense service qu'il aura rendu à cette conquête de l'homme sur l'Océan.

En sortant de Sainte-Flore, M. Moissenet nous a montré une pâture de 1 hectare environ touchant à la ferme ; sur cette pâture se trouvaient à la fin d'avril trois bêtes à cornes de trois ans, de race durham pure, destinées à l'engraissement. Il nous a rapporté que chaque année il y engraissait pareil nombre de produits de la race bovine auxquels il joint fréquemment un poulain.

Nous avons rencontré une autre pâture grasse également remarquable, près de la ferme de Sainte-Amélie. Elle présentait une étendue d'environ 2 hectares ; elle nous a paru de très-bonne qualité ; nous y avons trouvé trois bêtes à cornes de quatre ans et, en outre, les quatre chevaux de la ferme dans un excellent état d'entretien. M. Moissenet avait commencé les travaux nécessaires pour créer tout auprès une seconde pâture de pareille importance, destinée au jeune bétail ; elle devait, après avoir été mise en parfait état de propreté et avoir été fumée, recevoir une partie du bétail destiné à garnir l'étable pendant l'hiver suivant. Déjà ce projet était réalisé en entier à la fin de juillet.

Après avoir quitté la ferme de Sainte-Amélie, en marchant le long de la digue du Stynckaert et avant d'atteindre la ferme de St-Ferdinand, nous avons encore passé devant une pâture grasse sur laquelle, bien qu'elle ne mesure que

12 mesures, soit environ 7 hectares 45 ares, se trouvaient
13 bêtes à cornes de trois ans, 16 de deux ans et 2 chevaux.

Les résultats que M. Vandercolme et moi avons ainsi
constatés, nous ont complétement démontré combien
étaient dans l'erreur ceux qui soutenaient que dans les
Moëres on ne pouvait entretenir ni pâtures grasses ni
même pâtures assez fortes pour nourrir convenablement
une bête de 3 à 5 ans par mesure de 44 ares. Ici, comme
partout ailleurs, avec des soins et de l'engrais, on peut
arriver à des résultats inconnus des anciens cultivateurs
n'ayant pas recours suffisamment au travail et à la fumure
intensive.

Sur la ferme de Sainte-Flore et sur celle de Sainte-
Amélie, nous avons vu aussi des luzernes d'une très-belle
venue. Pour en assurer la durée, M. Moissenet les traite
vigoureusement à chaque printemps après qu'elles ont été
ensemencées depuis une ou deux années : en février ou
au commencement de mars, il les herse si énergiquement
avec des herses en bois et en fer qu'elles paraissent presque
détruites ou du moins saccagées. Depuis qu'il agit ainsi,
il fait dans ses luzernières trois coupes abondantes par an.
Il faut ajouter qu'il a soin, dès qu'il a effectué ses hersages
sur leur tête et que les herbes qui y poussent en grand
nombre ont été arrachées, de les fumer fortement soit
avec du purin, soit avec du guano, et d'y semer quelques
pincées de graines de luzerne qui, l'année suivante, fournissent du jeune plant assez vigoureux pour résister aux
hersages les plus énergiques. Il attribue à ce mode de culture la bonne et longue conservation de ses luzernières.

*Les machines hydrauliques.* — Arrivés, en poursuivant notre visite des terres de M. Moissenet, à l'extrémité de la route dite Drève-Sainte-Flore, nous nous sommes trouvés arrêtés par le canal de ceinture ou Rincksloot, qui, entourant le domaine à l'est sur toute son étendue, comme le montre la planche 16 (p. 377), s'écoule au sud, en bordant le domaine belge des 1,700 Mesures et les Moëres françaises, et au nord en longeant la partie des Moëres dites Moëres blanches, qui touchent aux 1,700 Mesures, et enfin les Moëres françaises; ces deux parties du Rincksloot se dirigent alors l'une vers l'autre, et enclavent ainsi les Moëres en général et les Moëres françaises en particulier à l'ouest. Le domaine est préservé de toute inondation par une machine à vapeur horizontale de 14 chevaux faisant marcher une roue à tympan, et par deux moulins à vent faisant mouvoir des vis d'Archimède. La machine est située vers la droite, et l'on aperçoit sa cheminée lorsque monté sur la digue du Rincksloot on regarde l'ensemble des Moëres; elle est à côté du moulin Saint-Charles; sur la gauche se trouve l'autre moulin dit Saint-Gustave. Les moulins, dirigés par deux meuniers qui sont en même temps charpentiers, suffisent amplement lorsque le vent est assez fort pour servir de moteur à l'élévation des eaux; la machine ne fonctionne que quand le vent fait défaut. A elle seule aussi, la machine à vapeur suffit pour tenir le domaine à l'abri des inondations pluviales. Les deux moulins, solidement construits en briques, sont parfaitement entretenus et outillés. M. Moissenet estime que, lorsqu'ils agissent sous une forte pression du vent, ils

produisent l'effet de 35 chevaux-vapeur. Tout naturellement cette puissance décroît en raison de la diminution
du vent.

M. Moissenet avait fait chauffer la machine à vapeur qui
a marché pendant notre visite, bien qu'il n'y eût pas
d'eau nuisible à extraire dans les Moëres ; nous avons pu
constater le volume d'eau considérable qu'elle déverse, à
chaque tour de roue à tympan, dans le Rincksloot.
Quoique à condensation, cette machine, parfaitement
montée d'ailleurs, brûle environ 25 hectolitres de charbon par journée de travail ; la dépense que sa marche
entraîne, par vingt-quatre heures, est évaluée à 50 francs
environ. Il n'y a donc que les cas de force majeure qui
puissent en nécessiter l'emploi, et jamais elle n'est mise
en mouvement en même temps que les moulins. La
machine à vapeur et la roue à tympan qu'elle fait mouvoir
sortent des ateliers de Haine-Saint-Pierre ; elles ont été
établies (fig. 47 et 48), en 1852, par M. Hector Collette,
ingénieur civil. L'eau qui est puisée dans le bief inférieur
par les trois bouches de la circonférence du tympan
s'échappe par le centre de cette roue dans le bief supérieur et est ainsi envoyée dans le Rincksloot.

Une échelle placée contre la vanne d'amenée de la roue
à tympan indique les différentes hauteurs des eaux dans
les Moëres. La cote 1<sup>m</sup>.10 est le niveau que les eaux ne
doivent jamais dépasser sous peine d'inondations partielles.
Avant l'établissement de la machine en 1852, les eaux
atteignirent 1<sup>m</sup>.63 à l'échelle ; alors toutes les terres basses
des Moëres furent sous l'eau.

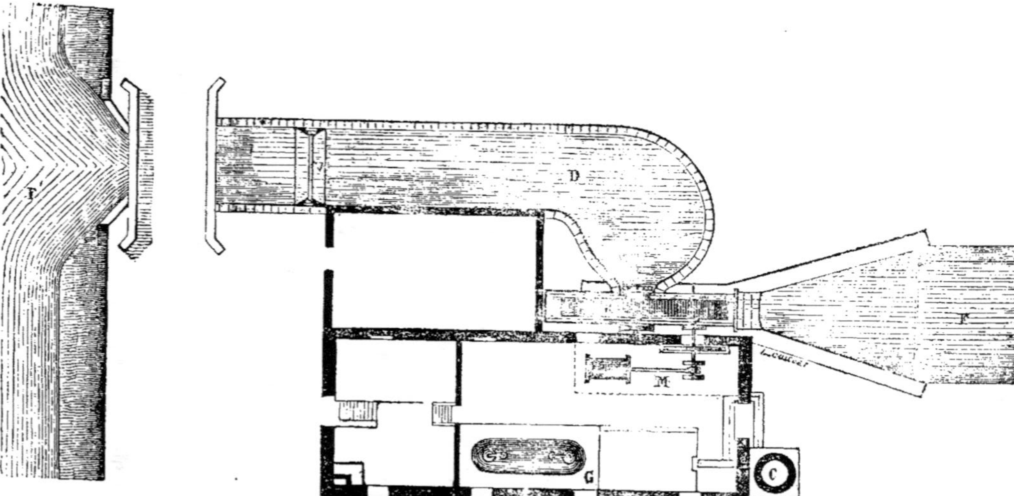

Fig. 47. — Plan de l'installation de la roue à tympan mue par la vapeur pour l'épuisement du domaine des Mille-Mesures dans les Moëres. — C, cheminée ; G, chaudière ; M, machine à vapeur ; R, roue à tympan ; F, canal de l'intérieur des Moëres ; D, bief d'écoulement vers le Rincksloot ; V, vanne de sortie ; F', le Rincksloot. — Échelle de $0^m.0036$ pour 1 mètre.

Le volant de la machine à vapeur doit régulièrement faire 60 révolutions par minute, ce qui fournit pendant le même temps 7 tours de la roue. Le tableau suivant indique le volume d'eau que la machine dans son état actuel élève pendant un tour de la roue à tympan selon la hauteur de l'eau :

| Degré de l'échelle. | Eau évacuée. |
| --- | --- |
| $1^m.30$ | 7,323 litres. |
| $1^m.20$ | 5,760 — |
| $1^m.10$ | 4,872 — |
| $1^m.00$ | 3,888 — |
| $0^m.90$ | 2,976 — |
| $0^m.80$ | 2,160 — |
| $0^m.70$ | 1,416 — |

Fig. 48. — Vue extérieure de la roue à tympan établie dans les Moëres sur le domaine des Mille-Mesures. — Échelle de $0^m.01$ pour 1 mètre

Par conséquent, lorsque la roue marche, si l'eau est à la cote de $1^m.10$, elle déverse dans le Rincksloot $4.872 \times 7 \times 60 = 2,046.240$, soit environ 2,000 mètres cubes par heure, ou 48,000 mètres cubes par 24 heures.

Le cavel 52, le plus profond des Mille-Mesures,
se trouve à 2ᵐ.92 au-dessous du fond du Rincksloot,
et le cavel 44, le plus profond de toutes les Moëres, est à
la cote de 3ᵐ.06.

A chaque moulin à vent aboutit un canal ayant 8 mètres
environ de largeur et dans lequel viennent se déverser les
eaux de la propriété, au moyen de canaux de cavels et
de fossés qui entourent les parcelles de terre désignées
au cadastre. Ces canaux et fossés sont plus ou moins
grands, suivant l'étendue des terres qu'ils entourent, mais
ils mesurent généralement 3 mètres de profondeur et 1ᵐ.50
de largeur. En différents points du domaine sont placées
des échelles établissant la hauteur des eaux dans les fossés.
Lorsque les eaux atteignent un point déterminé, l'homme
de confiance de M. Moissenet a ordre de faire fonctionner
la machine à vapeur. Quant aux moulins, ils doivent être
toujours voilés, c'est-à-dire prêts à être mis en marche,
du 1ᵉʳ novembre au 1ᵉʳ avril de chaque année. Les deux
meuniers habitent la maison attenante et doivent cependant aller à leurs moulins chaque fois que le vent est assez
fort pour les mettre en mouvement. Une surveillance très-
sévère est exercée à cet égard, soit par M. Moissenet lui-
même, soit, en son absence, par son suppléant. Le salut
des récoltes dépend de la vigilance des meuniers; mais ils
encourent peu de reproches, sachant surtout qu'ils sont
surveillés par les fermiers eux-mêmes qui ne manquent
pas de se rendre aux moulins lorsque les pluies sont
abondantes. A partir du mois d'avril jusqu'au mois de
novembre, ces mêmes meuniers deviennent charpentiers

et ils exécutent dans le domaine toutes les constructions ou réparations nécessaires.

Les moulins à vent sont établis du reste comme dans les Moëres françaises et ils présentent les dispositions qui ont été indiquées précédemment (voir p. 322 et 362). Pour rendre le travail des vis d'Archimède plus régulier, un cric (fig. 49) a été disposé de manière à permettre de relever ou d'abaisser l'inclinaison de la vis afin qu'elle baigne

Fig. 49. — Cric pour le relèvement des vis d'Archimède dans les Moëres.

toujours convenablement dans le bief inférieur. Une vanne automobile (fig. 50) qui s'ouvre d'elle-même vers le Rincksloot, lorsque la vis fournit de l'eau, empêche les eaux extérieures de pouvoir revenir dans les Moëres. Tout est bien disposé et bien entretenu dans les moulins que M. Moissenet regarde comme faisant toute la sécurité de son exploitation si importante.

Grâce à l'impulsion qu'il s'efforce de donner, aussi bien

à la culture des terres en prêchant par l'exemple, qu'à
la bonne tenue de tout ce qui constitue les besoins du
domaine, M. Moissenet voit s'accroître chaque année,
non-seulement ses bénéfices personnels, mais encore la

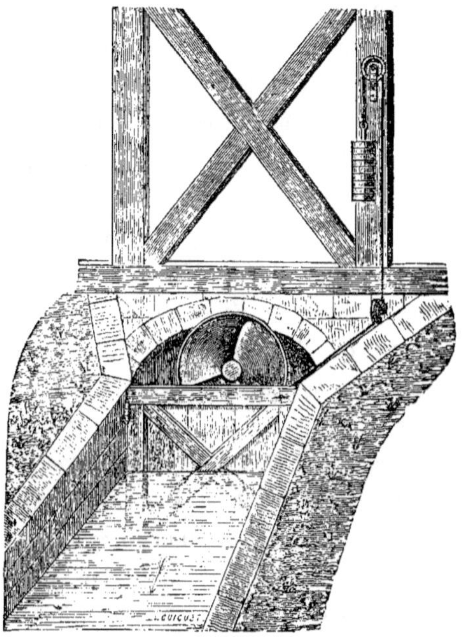

Fig. 50. — Vanne automobile fermant le canal d'écoulement des eaux
de l'intérieur des Moëres.

prospérité de ses fermiers qui, en 1852 et en 1853, lors
de son arrivée dans le pays, étaient littéralement sans
ressources. Maintenant ses terres et les leurs sont à l'abri
des inondations, ce qui est chose très-facile et peu dispendieuse ; et, d'un autre côté, tandis que lors de son arrivée,

il était dû près de 50,000 fr. à M. le comte de Maisniel,
le propriétaire précédent, qui n'était payé de ses locations
que très-difficilement, c'est à qui de ses fermiers actuels
viendra payer le premier ses fermages. Il est rare que les
baux qui expirent le 1er octobre de chaque année, ne soient
pas tous soldés avant le milieu de novembre. Cette circonstance prouve, sans conteste, que les terres sont d'excellente qualité comme sont celles d'alluvion, et qu'elles
couvrent largement les occupeurs des dépenses qu'ils font
pour les fumer et les nettoyer convenablement.

*Ferme de Sainte-Amélie.* — En suivant la digue du
Rincksloot, au delà de la machine à feu et du moulin
Saint-Charles, nous ne tardâmes pas à arriver à la ferme
de Sainte-Amélie que M. Moissenet cultive avec le concours
d'un ouvrier qu'il y a placé à demeure. Cet ouvrier, qui
s'appelle Storme, est marié ; il demeure dans les bâtiments de la ferme avec sa femme et ses enfants ; il a la
jouissance d'un jardin, et il reçoit mensuellement 60 fr.
La ferme, d'une contenance de 70 mesures ou 31 hectares
environ, entretient quatre chevaux. Storme ; qui a beaucoup d'intelligence et de zèle, doit travailler journellement
avec deux chevaux et diriger un charretier ou carton qui
conduit aussi deux chevaux. Ce dernier ouvrier est nourri
sur la ferme ; M. Moissenet tient compte à Storme de la
dépense qui en résulte.

Quoique cette exploitation soit éloignée d'un kilomètre
environ de la ferme de Sainte-Flore, l'ouvrier qui la
conduit ne reçoit ses instructions que de M. Moissenet
ou de son fils. Chaque jour, les travaux exécutés, les

dépenses faites, et enfin tout ce qui constitue le fait d'une exploitation agricole, est inscrit sur le livre dit journalier tenu à Sainte-Flore. Le chef de labour de Sainte-Amélie a soin de tenir aussi sur son carnet toutes les notes nécessaires pour que rien ne soit oublié à la fin de chaque journée. La locomobile à vapeur et la machine à battre locomobile effectuent le battage des récoltes. Ces travaux, commençant en septembre, continuent sans interruption jusqu'à leur entier achèvement. Les pailles, enfermées avec soin, sont employées sur la ferme où elles font les fumiers nécessaires à l'aide d'un troupeau de bêtes à cornes suffisant.

C'est ainsi que deux étables contenant ensemble 18 bêtes à cornes sont remplies au 1er octobre au plus tard. Ce bétail, né sur le domaine des Mille-Mesures ou acheté sur les marchés environnants, est convenablement nourri et sert à alimenter, au mois d'avril de chaque année, soit les pâtures grasses, soit la boucherie. Les pailles qui n'ont pas été utilisées, et M. Moissenet fait en sorte qu'il en soit toujours ainsi, servent à faire pendant l'été, au-dessus du fumier qui est entouré de palissades convenables, des litières abondantes sur lesquelles se reposent les moutons à la rentrée du pacage. De plus, ces mêmes fumiers, entourés d'un talus en terre assez élevé, reçoivent les produits du faucardage des fossés de la ferme, et de temps à autre ils sont couverts d'une légère couche de sable ou de vase. Comme pour ce qui s'exécute sur la ferme Sainte-Flore, le jus de ces mêmes fumiers, extraits fréquemment, est répandu à sa superficie, et, le moment des charrois venu, il se trouve abondant et de première qualité. Il arrive néanmoins que chaque année 2,000 à 3,000 kilog. de guano sont aussi utilisés sur les cultures qui paraissent en réclamer. Grâce à cette abondance d'engrais de ferme et de guano, les terres deviennent de jour en jour plus productives, de telle sorte qu'une exploitation où son prédécesseur s'était ruiné et avait pris la fuite en laissant des dettes, est devenue entre ses mains une des plus remarquables de la contrée.

*Ferme de Saint-Ferdinand.* — En quittant la ferme de Sainte-Amélie et suivant la route du Stynckaert, nous avons bientôt gagné la troisième ferme encore exploitée par M. Moissenet ; c'est celle de Saint-Ferdinand devant laquelle déjà nous avions passé en entrant sur le domaine des Mille-Mesures. Cette ferme était jadis louée à un fermier des environs de Bruges, qui l'occupait encore il y a deux ans. Mais soit incapacité, soit dégoût du pays, cet homme ayant exprimé à diverses reprises le désir de résilier son bail, il y fut consenti. Avant qu'il partit, vente publique fut tenue, et c'est à peine si, sur les 22 hectares dont l'exploitation se composait, le notaire put réaliser 3,800 fr. Trouver un locataire convenable était difficile, car les terres étaient dans le plus déplorable état. M. Moissenet entreprit donc de faire pour cette ferme ce qu'il avait déjà fait antérieurement pour la majeure partie de celles qui composent le domaine et qui sont toutes parfaitement occupées maintenant. Il choisit le meilleur d'entre ses ouvriers, le nommé Callicoen, et il l'installa dans les bâtiments de la ferme, aux mêmes conditions que celui de Sainte-Amélie, ne lui laissant toutefois que deux chevaux, mais se réservant de distraire de la ferme de Sainte-Flore, les attelages nécessaires pour lui venir en aide. C'est ainsi que, au fur et à mesure de l'enlèvement des récoltes, dont il avait bien eu soin de n'acheter aucune partie, il fit rapidement esquiveler (c'est-à-dire retourner légèrement) les terres, et poursuivre, par des hersages et des rondelages (roulages) fréquents, la destruction des graines et plantes parasites dont elles étaient infestées. La couche supérieure étant nettoyée, on utilisa les scarificateurs qui, pénétrant peu à peu et chaque jour plus profondément, permirent aux terres de devenir complétement propres, et, si l'on peut employer cette expression, de se régénérer. M. Moissenet fut particulièrement servi par le temps qui fut alternativement beau et chaud et pluvieux. Dès 1868, le produit de la récolte a surpassé toutes les prévisions, puisque la vente des blés et des pois a rendu 12,000 fr. environ. Cependant, faute de fumier, on dut faire presque exclusivement usage de guano du Pérou. Maintenant, cette ferme, qui a exigé quelques travaux de terrassement, est une des meilleures du domaine, et les féveroles, pois, blés et avoines que nous y avons vus, promettent de riches récoltes. Le propriétaire a continué à être très-satisfait de Callicoen qui était encore sur la ferme lors de notre visite. Nous ne saurions passer sous silence la constatation de cet accord entre le propriétaire-cultivateur et ses agents. Dans de pareils faits se trouve le secret de bien des succès agricoles, comme dans les faits contraires est celui de bien des revers.

*Les ouvriers.* — Pour accomplir dans le pays l'œuvre tentée par M. Moissenet, il fallait, outre beaucoup d'activité et d'énergie, trouver avant tout des bras habitués au travail, et qui ne fussent pas trop exigeants sur le salaire ; il lui a été plus facile de s'en procurer à l'origine que cela ne serait aujourd'hui même. En effet, chaque fermier des environs, suivant de plus ou moins loin l'impulsion qu'il a donnée, a compris qu'il devait faire nettoyer les terres, non-seulement en vue d'un résultat immédiat, mais encore pour assurer les récoltes successives. Quoi qu'il en soit, M. Moissenet a dû faire de grands efforts pour introduire les améliorations qu'il a crues les plus utiles. Dans ce but, il a appelé à lui les ouvriers qui étaient sans ouvrage alors dans toute la contrée. Par suite de cette mesure, dont l'exemple avait été bien rarement et exceptionnellement donné, les villages de Houthem, de Vinchem, de Vulveringhem, de Zwaene, de Bulscamp et d'Adinkerque qui sont à proximité du domaine et dont nous apercevions les clochers lorsque nous nous trouvions sur la digue du Rincksloot, ont vu disparaître la misère qui atteignait grand nombre de familles au point d'en faire des mendiantes. Depuis lors, ces mêmes ouvriers ont, en grande partie, obtenu chez eux un bien-être relatif qui leur permet de se nourrir convenablement et de se préserver des maladies qui les atteignaient chaque année et en décimaient un grand nombre. Il vient du reste souvent sur la ferme, surtout aux époques des moissons et des ouvrages les plus pressés, des groupes de femmes et de jeunes filles, aux membrures vigoureuses et aux mœurs rudes, qui entreprennent les travaux à la tâche et rendent de grands services. Ces femmes qui arrivent des environs de Dixmude (Flandre occidentale, à 13 kilomètres au sud-est de Furnes), couchent sur la paille dans des granges. Trait de mœurs singulier, elles se livrent entre elles le soir à des danses presque fantastiques et prolongées, malgré les fatigues de la journée ; elles excluent rigoureusement tout homme de leurs jeux, et malheur au jeune garçon qui ose, ne sachant pas le sort qui l'attend, venir surprendre leurs rondes échevelées ; il n'est rendu à la liberté qu'après avoir reçu une énergique correction, ordinairement redoutée des enfants. Elles préparent elles-mêmes leur nourriture et donnent une aide efficace par leurs habitudes laborieuses aux cultivateurs du pays. Nous insistons sur ce point que les ouvriers des Mille-Mesures sont attachés au propriétaire ; c'est un signe certain de sa bonne administration.

Il nous reste à donner quelques détails sur les salaires des ouvriers. Les hommes qui travaillent à la journée reçoivent 2 fr. pour dix heures, et les femmes 1 fr. 20 lorsqu'il s'agit de binages (braquages), de sarclages, etc. Le prix payé aux femmes s'élève à 1 fr. 50 lorsqu'elles travaillent dans les lins. Un certain nombre de travaux sont donnés à la tâche ou à l'entreprise ; ils se paient 6 fr. les 44 ares (13 fr. 64 l'hectare) pour le braquage des blés et des féveroles, et 5 fr. (11 fr. 36 l'hectare) pour le braquage des avoines ; on se souvient que toutes ces plantes sont semées en lignes. Pour faire couper les blés à la sape, instrument qu'on appelle piquet dans les Moëres et une grande partie de la Belgique, M. Moissenet paie 6 fr. par mesure de 44 ares ; le sapeur prend 5 fr. pour les féveroles et les avoines. Le fauchage des foins, trèfles et luzernes, qui se fait à la faux, coûte 3 fr. 50 pour chaque coupe, toujours par mesure du pays.

M. Moissenet fait une retenue de 50 centimes par 44 ares aux ouvriers à l'entreprise, et par semaine aux ouvriers à la journée ; il leur restitue cette sorte de masse, lorsque les travaux de la moisson sont terminés. En agissant ainsi, il a eu pour but d'empêcher les tentatives d'embauchage ; il a imposé la règle que tout ouvrier qui le quitte perd tout droit au montant des retenues qui lui ont été faites ; la somme est partagée entre ses camarades. Cet usage a été établi et est maintenu sans difficulté ; il a été souvent très-utile.

Aux prix précédents payés pour le piquage des blés, des escourgeons (orges d'automne) et des avoines, M. Moissenet ajoute 75 centimes par mesure de 44 ares ; cette somme est payée aux piqueurs eux-mêmes, afin que deux fois par jour ils arrêtent leur travail et se mettent à encapuchonner les dizeaux ou moyettes que les femmes chargées de lier et de mettre les gerbes debout ont préparées. Cet encapuchonnage consiste à prendre deux gerbes sur les dix, à mettre le pied de ces deux gerbes en haut et à les lier fortement avec les huit gerbes dont la tête restée debout est ainsi recouverte. Chaque dizeau ainsi construit et bien placé sur sa base peut résister aux plus grands vents et à des pluies de longue durée ; les pieds des deux gerbes retournées abritent parfaitement la tête des huit gerbes restées debout; la pluie glisse sur les épis des gerbes qui ont la tête en bas et qui forment une sorte de parapluie. Au moyen d'une dépense de 75 centimes par mesure du pays, 1 fr. 70 par hectare, les récoltes sont chaque année garanties contre les intempéries. Cependant l'habitude des moyettes se répand très-peu encore dans les Moëres, malgré les pertes considérables souvent éprouvées. Pour tout et partout la routine est longue à vaincre.

Les femmes qui lient les blés, les avoines, les féveroles, les escourgeons, sont payées à raison de 2 fr. 50 les 1,000 gerbes.

Afin que la mise en grange ou en meules s'effectue rapidement dès que le moment est venu, M. Moissenet paie 1 fr. 25 par 1,000 gerbes aux hommes qui se chargent de monter avec la fourche chaque gerbe sur les chariots, sur les meules ou dans les granges; il est entendu en outre que le charretier ou *carton* arrange les gerbes sur son chariot, et que des ouvriers placés soit sur les meules, soit sur les tas ou dans les granges les distribuent avec la fourche aux hommes chargés de les ranger. Les deux ouvriers fourcheurs qui se partagent la somme de 1 fr. 25 pour 1,000 gerbes afin de charger dans les champs ou décharger sur les meules ou en grange, travaillent à l'envi l'un de l'autre pour activer la besogne; ils paient à boire aux cartons afin que ceux-ci ne perdent pas de temps. De cette manière les attelages ne chôment pas. Les deux ouvriers fourcheurs se font souvent des journées de 12 fr. Mais s'ils sont satisfaits de ce salaire, le cultivateur ne l'est pas moins de la rapidité du travail effectué. Le bon fermier ne doit être tranquille que lorsque sa récolte est engrangée ou emmeulée. Le travail à la tâche est celui qui est le plus avantageux à la fois pour l'ouvrier et pour le fermier.

*Les Dix-sept-cents-Mesures.* — En quittant M. Moissenet sur la limite du domaine des Mille-Mesures, nous ne pouvions que le féliciter vivement des succès considérables qu'il avait obtenus à travers des difficultés de tous genres ; il a réellement créé la prospérité agricole des Moëres belges qui devront désormais être citées en exemple, même parmi les pays les mieux et les plus fructueusement cultivés. Suivant le chemin du Sud ou de l'Église pour rejoindre la route chargée de gravier qui devait nous permettre de rentrer à Dunkerque pour la nuit, nous avons passé devant l'habitation du maire de la commune des Moëres belges, M. Cortier, qui est en même temps le régisseur du domaine des Dix-sept-cents-Mesures depuis 1851. Ce domaine appartient encore en partie à la famille de Puységur; il est exploité par vingt-cinq fermiers; en outre, une petite ferme de 65 mesures, Saint-Henri, appartient à la famille de Clercq Wissocq. Sur cette partie des Moëres, le dessèchement se fait, quand il y a du vent, par trois moulins faisant marcher des vis d'Archimède et situés entre les cavels 104 et 105, 101 et 102, 100 et 101 (voir planche 15, p. 307). Si le vent vient à manquer et que les eaux abondent, le régisseur fait mettre en mouvement une machine à vapeur horizontale de la force de 25 chevaux, achetée à Gand en 1866 pour la somme de 18,000 fr. Cette machine a remplacé une ancienne machine à feu qui existait depuis 1836. Il est rare qu'on ait besoin de la mettre en activité pendant plus de 24 à 36 heures pour se débarrasser tout de suite des eaux gênantes ; elle consomme un hectolitre de houille à l'heure.

Voici les noms et l'étendue respective des fermes du domaine des Dix-sept-cents-Mesures ; ces détails servent à donner une idée de l'état de la culture :

|  |  |  | Hect. a. c. |
|---|---|---|---|
| Le Moerland , | cultivée par | veuve Schepens.... | 77.39.89 |
| — | — | Lepez............ | 17.94.93 |
| Sainte-Appoline, | — | Dumon............ | 14.25.38 |
| — | — | — ........... | 5.67.39 |
| Saint-Vincent, | — | Debra ........... | 63.31.02 |
| — | — | Bollingier........ | 33.97.11 |
| — | — | Reitaghe ........ | 13.74.46 |
| Sainte-Marie, | — | Foncke.......... | 21.09.09 |
| — | — | J. Fynnaert...... | 16.69.19 |
| — | — | P. Copven........ | 17.62.31 |
| Saint-Gonzalve, | — | D. Ruhoys........ | 63.44.93 |
| — | — | P. Fynnaert...... | 34.50.39 |
| — | — | F. Coitre......... | 18.26.38 |
| — | — | C. Copven........ | 15.05.55 |
| Sainte-Claire, | — | Delanoye ........ | 69.42.17 |
| Saint-Armand, | — | C. Peton......... | 34.95.57 |
| — | — | D. Tiersoon...... | 4.06.98 |
| — | — | A. Druwé ....... | 12.91.32 |
| — | — | C. Fynnaert...... | 12.22.57 |
| Saint-Etienne, | — | C. Verulst........ | 57.75.38 |
| — | — | C. Cortier........ | 0.30.00 |
| — | — | veuve Cortier...... | 9.63.06 |
| — | — | F. Len........... | 2.62.63 |
| La Borne , | — | Vendebelke ..... . | 33.54.03 |
| Saint-Thomas, | — | C. Lervoy ....... | 74.50.15 |
| — | — | C. Galloo........ | 24.32.16 |
| Contenance totale des Mille-sept-cents-Mesures. | | | 752.24.04 |

A de rares exceptions près, les terrains des Mille-sept-

cents-Mesures, comme ceux des Mille-Mesures, entretiennent un tiers de tête de gros bétail par hectare.

Toute cette partie des Moëres nous a paru présenter une
situation presque analogue à celle des Moëres françaises
dans lesquelles nous n'avons pas tardé à nous retrouver,
pour y constater une fois de plus l'incurie qui préside
à l'aménagement des fumiers, dont la partie la plus active
s'écoule dans les fossés des cavels.

*L'avenir des Moëres belges.* — On peut considérer la
prospérité des Moëres belges comme étant maintenant parfaitement assurée. Il faut cependant pour qu'elle soit
complète : 1º que des routes empierrées y soient créées,
qui, traversant les deux domaines des Mille et Mille-sept-
cents-Mesures, les relieront d'un côté à Furnes, marché
de grains très-important, et à Bergues, marché régulateur
du département du Nord ; 2º que l'administration supérieure, prenant en main la cause des Moëres belges, ainsi
que cela a lieu en France, mette une juste limite aux
exigences de certains membres de la wateringue du nord
de Furnes, qui, mal inspirés, conspirent contre leurs
propres intérêts en tracassant deux propriétés qui, conquises sur les eaux, méritent cependant à tous égards la
bienveillance d'un gouvernement ami du progrès ; 3º qu'une
industrie reposant sur l'agriculture soit créée sur une
échelle assez large pour répandre ses bienfaits sur toutes
les Moëres, belges et françaises. Tout cela va être réalisé
par l'infatigable activité de M. Moissenet. La première
route des Moëres belges sera probablement adjugée vers
la fin de 1869. D'un autre côté, les travaux de terras-

sement nécessaires pour rendre navigables les canaux qui traversent les terres sur divers points sont commencés ; ces canaux deviendront ainsi propres à porter des barques pouvant contenir de 6,000 à 8,000 kilogrammes de betteraves. Enfin il a été acheté sur les Moëres françaises un vaste terrain destiné à la construction d'un établissement très-important consistant en une distillerie et une sucrerie de betteraves qui devra fonctionner à la fin de 1870. Cette dernière combinaison a dû être prise pour vaincre les difficultés de la législation belge sur la distillation, difficultés que nous avons exposées dans un chapitre précédent (p. 367). Les cultivateurs des Moëres belges viendront apporter leurs betteraves sur le sol français pour remporter les pulpes et ainsi nourrir un nombreux bétail en faisant un fumier abondant. Les cultivateurs des Moëres françaises profiteront, nous l'espérons, de la rénovation des terres de leurs voisins. Nous avons la conviction que des fermiers habiles et ayant des ressources viendront y louer des fermes. L'œuvre accomplie achèvera de faire le plus grand honneur à M. Moissenet qui, nous ne devons pas l'oublier, est notre compatriote, et qui proclame en outre qu'il doit beaucoup à deux agronomes belge et français des plus distingués, MM. De Grave et Lebecque-Gomel, dont les conseils l'ont aidé dès le début de l'entreprise et lui ont frayé la route qu'il a suivie avec tant de succès.

# CHAPITRE XVIII

SYSTÈME DE CULTURE DE M. MOISSENET

Les trois fermes de Sainte-Flore, Sainte-Amélie et Saint-Ferdinand que M. Moissenet cultive lui-même, ont l'étendue totale suivante :

| | Mesures. | Verges. | | Hect. a. c. |
|---|---|---|---|---|
| Terres labourées........ | 384 | 204 | ou en mesures métriques | 168.40.21 |
| Pâtures grasses et autres, et digues pâturées..... | 138 | 190 | --- | 60.68.98 |
| Bâtiments et jardins des trois fermes.......... | 8 | 46 | — | 3.56.78 |
| Espace occupé par l'habitation de M. Moissenet | 7 | 61 | -- | 3.15.49 |
| Totaux........ | 538 | 201 | — | 235.81.46 |

Les terres labourées sont soumises à l'assolement suivant :

1. Betteraves avec fumier d'étable,
   Blé avec guano du Pérou,
   Avoine, *ou*
2. Féveroles avec fumier d'étable,
   Blés ou escourgeons,
   Avoine, *ou*
3. Pois avec fumier d'étable,
   Blés ou escourgeons,
   Avoine, *ou*
4. Lins,
   Blés ou escourgeons avec fumier d'étable,
   Avoine, *ou*
5. Pommes de terre,
   Blés avec fumier d'étable,
   Avoine, *ou*
6. Trèfles avec guano ou purin,
   Blés,
   Avoine.

C'est-à-dire que l'assolement est *triennal* pour les terres qui doivent porter de l'avoine (on va voir que M. Moissenet, en 1868, en a semé 43 mesures environ destinées à la consommation de ses trois exploitations), et *alterne* pour toutes les autres. Afin de soutenir cette production, il faut une grande quantité d'engrais. On a montré dans un chapitre précédent comment, au moyen d'une distillerie, quoiqu'elle n'ait fonctionné que trois ans, M. Moissenet a pu arriver à donner à ses terres une très-riche fumure en raison du nombreux bétail qu'il a engraissé. On a constaté aussi qu'il a continué à faire des achats considérables de guano et à augmenter beaucoup le fumier de son bétail par le ramassage de tous les débris organiques et par l'emploi du produit du curage des canaux et des fossés. En 1868, les terres ont été ensemencées de la ma-

nière suivante (la mesure du pays de 43 ares 77 centiares
72 centièmes se compose de 300 verges) :

|  | Mesures. | Verges. |  | Hect. a. c. |
|---|---|---|---|---|
| Blés................ | 179 | 45 | ou en mesures métriques | 78.42.68 |
| Seigle............... | 3 | 221 | — | 1.63.58 |
| Avoine............... | 43 | 166 | — | 19.06.63 |
| Fèves............... | 19 | 157 | — | 8.54.67 |
| Betteraves........... | 66 | 110 | — | 29.09.72 |
| Lins................ | 16 | 255 | — | 7.37.64 |
| Pois................ | 29 | 237 | — | 13.04.11 |
| Pommes de terre....... | 8 | 294 | — | 3.93.11 |
| Trèfle .............. | 11 | 171 | — | 5.06.49 |
| Luzerne ............. | 5 | 18 |  | 2.91.58 |
| Totaux....... | 384 | 204 | — | 168.40.21 |

En 1868, il a été répandu par hectare 32 voitures de
fumier, soit environ 29,000 kilog., tant sur 56 hectares
mis en blé (les autres 22 hectares en blé avaient été fumés
en 1867 pour betteraves), que sur les 29 hectares en betteraves et les 9 hectares environ ensemencés en fèves. Ainsi
94 hectares ou près des deux tiers de l'étendue des trois
exploitations ensemencée dans l'année ont reçu ensemble
3,000 voitures de fumier, pesant chacune 900 kilogrammes,
soit en tout 2,700,000 kilogrammes. Cette quantité de fumier a été produite par les procédés précédemment
décrits et en entretenant sur les trois fermes 30 chevaux,
20 vaches à lait, 75 bêtes bovines d'élevage, 28 bœufs
engraissés, 232 moutons, dont 96 brebis flamandes,
12 porcs et une centaine de volailles.

Afin que les 22 hectares des blés semés sur betteraves
et qui n'avaient pas reçu directement de fumier fussent
aussi robustes et aussi productifs que ceux mis en terre

guano de la manière que nous venons de décrire. C'est
en 1858 qu'il a fait la première expérience de ce procédé
en semant de l'avoine dans un champ dont le fond res-
semblait à un tissu de plantes que l'on regardait comme
indestructible; depuis cette époque, grâce sans doute à
ce que chaque année toutes les récoltes sont plantées au
semoir, et ensuite braquées, puis sarclées, cette parcelle
de terre est en parfait état comme tous les autres champs
des fermes Sainte-Flore, Sainte-Amélie et Saint-Ferdinand.

Quelques fermiers voisins ont imité l'exemple qui leur
a été donné et en ont obtenu les mêmes résultats. Quant
à ceux qui continuent les anciens errements de culture, ils
ont obtenu en 1868 un rendement maximum de 27 hectolitres de blé, alors que dans des champs de qualité
identique M. Moissenet en avait 40. Un excédant de
13 hectolitres, au prix de 22 fr. qu'il a obtenu sur le
marché, lui a donné un excédant en argent de 286 fr.,
chiffre suffisant pour couvrir plus de la moitié des dépenses
et pour assurer un bénéfice largement rémunérateur.
D'ailleurs il faut considérer que l'amélioration continue
des terres, grâce à l'abondance des apports d'engrais et
à la propreté du terrain, promet des récoltes plus riches
encore, et que la jachère est devenue absolument inutile.
Sans doute on objectera la difficulté de se procurer les
bras nécessaires pour exécuter les travaux qu'exige ce
procédé de culture; mais ce n'est qu'un obstacle passager
à vaincre par un grand effort, car la main-d'œuvre et les
frais de toutes sortes ne sont pas aussi considérables les
années suivantes. Maintenant M. Moissenet ne dépense plus

autant en argent sur les 235 hectares dont se compose les trois fermes qu'il exploite, qu'à l'origine sur 100 hectares seulement.

Contrairement à l'usage généralement adopté de ne pas appliquer une fumure pour les pois, M. Moissenet agit pour la culture de ces légumineuses comme pour les blés ; il a soin de charrier les fumiers sur les terres qui leur sont destinées au fur et à mesure qu'ils sont produits ; il estime qu'ils produisent ainsi plus d'effet, et il l'explique surtout par ce fait que les pailles longues mises en terre avant ou pendant l'hiver maintiennent le sol plus ouvert et plus accessible à l'action de l'air.

M. Moissenet cultive les betteraves pour une sucrerie du voisinage qui se charge de l'ensemencement, des braquages, de l'arrachage et du transport. Il n'exécute que les travaux de labours nécessaires avant l'hiver et les sarclages qui doivent précéder les semailles. Il estime que si la betterave appauvrit le sol, elle a l'avantage de le mettre en très-bon état de culture par les labours profonds qu'elle exige ; les travaux qu'elle entraîne correspondent certainement à l'effet d'une demi-jachère. La betterave contribue beaucoup au succès du mode d'exploitation adopté par l'habile propriétaire des Mille-Mesures. Il la préfère à la féverole, parce qu'elle permet de laisser la terre plus propre, qu'elle approfondit la couche végétale et qu'elle rend davantage, tout en permettant même d'augmenter la sole des blés. Chaque année il en plante 3 ou 4 hectares pour la nourriture de son bétail pendant l'hiver ; il a constaté que la betterave à sucre donnée aux ani-

maux, mais après avoir été découpée par le coupe-racines,
produit un excellent résultat. Avec quelques litres de
féveroles, environ deux tourteaux et des betteraves, il
engraisse parfaitement, en 70 à 80 jours, des bêtes bovines
de quatre à six ans. La betterave seule entretient en très-
bon état, sans addition de féveroles ou même de tourteaux,
les bêtes à cornes destinées à être mises sur les pâtures,
ainsi que les vaches à lait; elle paraît nuisible aux veaux
d'un an.

M. Moissenet renouvelle chaque année ses semences en
blé, en avoine et en féveroles; il regarde cette mesure
comme essentielle. L'usage du semoir paraît d'ailleurs de
beaucoup diminuer les quantités de semences à employer
et rend l'achat des bonnes graines moins onéreux.

La raison fondamentale des succès du propriétaire des
Mille-Mesures est l'emploi de grandes quantités d'engrais.
Il est convaincu que plus on augmente les fumures, plus
on obtient des récoltes abondantes et lucratives. C'est pourquoi on ne saurait trop s'efforcer d'annexer aux grandes
cultures des établissements industriels employant les produits agricoles comme matières premières et rendant au
sol tous leurs résidus. Il est déplorable de voir chaque
jour des fermiers, même très-éclairés, vendre une partie
de leurs pailles, sous prétexte que leurs bestiaux étant sur
pâture nuit et jour, pendant plusieurs mois, ils n'en ont
plus l'emploi comme litière. La question serait de savoir
si l'argent ainsi encaissé et transformé en engrais commerciaux donnerait un meilleur résultat. Il paraît certain que
même en enfouissant seulement la paille sous un trait

de charrue, on obtiendrait mieux qu'en la remplaçant par
l'équivalent en argent d'un engrais industriel. Dans tous
les cas, il n'est jamais difficile de mélanger les pailles avec
de la vase, des curures de ruisseaux et de cours de fermes,
des engrais liquides ou même du guano dissous dans de
l'eau. Le procédé que M. Moissenet emploie pour faire du
fumier que nous appellerons, si l'on veut, artificiel, ou
encore des composts, est applicable dans toutes les conditions agricoles. Cet agriculteur, bien loin de vendre des
pailles, achète toutes celles qu'il peut trouver autour de
son domaine. C'est ainsi qu'il faut opérer. Pour exporter
beaucoup de blé, il faut importer beaucoup d'engrais.

# CHAPITRE XIX

## CULTURE ET PRIX DE REVIENT DU BLÉ

Quoique la difficulté de bien établir des prix de revient de denrées agricoles soit extrême, c'est un devoir de chercher à discuter et à résoudre cette question intéressante lorsque l'on rencontre un agriculteur qui en a réuni les éléments. M. Moissenet nous a fourni les chiffres que nous allons successivement reproduire sur les principales cultures de sa ferme de Sainte-Flore; on y trouvera, outre des renseignements ayant l'avantage d'être très-positifs et caractéristiques d'une agriculture locale, des indications précieuses sur la situation de la propriété rurale en Belgique; il sera ainsi possible de faire une comparaison instructive avec la propriété rurale en France, si on rapproche les chiffres et les faits des détails que nous avons donnés pour des terres identiques séparées seulement par une frontière politique.

D'après les renseignements que M. Moissenet nous a communiqués, les frais de culture d'un hectare de blé, en y comprenant ceux de la récolte et du battage, se décomposeraient ainsi qu'on va le voir, selon que cette céréale succéderait : ou bien aux betteraves ; ou bien au lin, aux pommes de terre, au trèfle ; ou bien encore aux féveroles ou aux pois. Les différences consisteraient dans les quantités d'engrais employées selon les trois cas pour obtenir le même rendement de 40 hectolitres de grain et de 6,400 kilog. de paille, chiffres constatés en 1868. On a eu recours à du guano pour renforcer la végétation pour le blé sur betteraves. D'un autre côté, tandis que l'on n'attribue que 50 fr. de fumier aux blés ensemencés dans le premier et le troisième cas, on admet que le blé semé après lin, pommes de terre ou trèfle en absorbe pour 75 fr., ce qui peut s'expliquer si l'on jette un coup d'œil sur le tableau de l'assolement suivi (voir le chapitre précédent, p. 432). Ces observations faites, voici les chiffres des frais par hectare, tels que M. Moissenet les a calculés pour 1868 ; ils indiquent bien la série des travaux effectués :

| | Blés après betteraves. | Blés après lins, pommes de terre ou trèfle. | Blés après féveroles ou pois. |
|---|---|---|---|
| | Fr. | Fr. | Fr. |
| Fermage........................... | 62.00 | 62.00 | 62.00 |
| Impôts............................ | 6.00 | 6.00 | 6.00 |
| Part de la fumure .................. | 50.00 | 75.00 | 50 00 |
| Trois labours avant l'hiver et deux hersages | 40.00 | 40.00 | 40.00 |
| Semence employée, 157 litres à 40 fr. les 150 litres.................. ... | 41.85 | 41.85 | 41.85 |
| Frais d'ensemencement avec le semoir.. | 7.00 | 7.00 | 7.00 |
| A reporter........ | 206 85 | 231.85 | 206 85 |

| | Blés après betteraves. | Blés après lins, pommes de terre ou trèfle. | Blés après féveroles ou pois. |
|---|---|---|---|
| | Fr. | Fr. | Fr. |
| *Report* | 206.85 | 231.85 | 206.85 |
| Sillons truaux pour l'écoulement des eaux en hiver | 6.00 | 6 00 | 6.00 |
| Guano pour renforcer la végétation, 135 kilog. à 32 fr. les 100 kilog | 43.20 | » | » |
| Salaire du semeur du guano | 3.35 | » | » |
| Braquage, à 6 fr. les 44 ares | 13.50 | 13.50 | 13.50 |
| Hersages | 11.00 | 11.00 | 11.00 |
| Sarclages | 27.00 | 27.00 | 27.00 |
| Liens pour lier les gerbes | 1.60 | 1.60 | 1.60 |
| Piquage des blés, 6 fr. les 44 ares | 13.50 | 13.50 | 13.50 |
| Liage, endizelage et pose des capuchons | 7.35 | 7.35 | 7.35 |
| Fourchage sur chariot et sur meules ou en grange | 2.80 | 2.80 | 2.80 |
| Transport à la grange ou aux meules | 8 00 | 8.00 | 8.00 |
| Salaires de l'ouvrier et de ses aides sur la meule ou en grange | 19 00 | 19.00 | 19.00 |
| Couverture des gerbes mises en meule | 0.75 | 0.75 | 0.75 |
| Transport des gerbes à la machine à battre | 5.00 | 5.00 | 5.00 |
| Battage, nettoyage, mise en sacs ou sur le grenier pour 40 hectolitres | 32.00 | 32.00 | 32.00 |
| Part proportionnelle d'un hectare dans les frais généraux | 232.73 | 232 73 | 232.73 |
| *Totaux* | 623.63 | 612.08 | 587.08 |
| A déduire 6,400 kilog. de paille à 35 fr. les 1,000 kilog | 224.00 | 224.00 | 224.00 |
| Coût de 40 hectolitres de blé | 409.63 | 388.08 | 363.08 |
| Prix de revient d'un hectol. de blé | 10.26 | 9.70 | 9.08 |

Il faut faire observer tout de suite que la faiblesse de ces prix de revient a évidemment pour cause le rendement considérable; avec 15 ou 16 hectolitres à l'hectare et 3,000 kilog. de paille, on arriverait au contraire à des prix de plus de 25 fr. l'hectolitre. Le prix de la main-d'œuvre est aussi assez peu élevé, car, par exemple, pour couper les blés, lier les gerbes, les mettre en moyettes et couvrir celles-ci, la dépense ne s'élève à Sainte-Flore qu'à 20 fr. 85. Dans le Vexin, en Normandie, en 1869, on a payé 35 fr. pour couper et lier, et 6 fr. pour mettre en moyettes, soit en tout 41 fr. par hectare.

M. Moissenet calcule encore le prix de revient plus bas que nous ne venons de le faire, parce qu'il ne porte pour part proportionnelle dans les frais généraux que 105 fr. par hectare, au lieu que nous avons adopté 232 fr.; nous discuterons plus loin cette question dans le chapitre XXV.

En 1869, le rendement n'a été à Ste-Flore que 35 hectolitres et 5,600 kilog. de paille; comme les frais n'ont pas été moindres que l'année précédente, l'hectolitre de blé est revenu à 12 fr.

Quoi qu'il en soit, les bénéfices sont toujours considérables, surtout si l'on compte, comme cela a eu lieu en 1868, l'hectolitre de blé à 22 fr. On trouve alors pour produit de la vente, et, en déduisant les frais, pour bénéfices, les chiffres suivants :

|  | Blés après betteraves. | Blés après lin, pommes de terre, trèfle. | Blés après féveroles, pois. |
|---|---|---|---|
|  | Fr. | Fr. | Fr. |
| 40 hectol. de blé à 22 fr. l'hectol. | 880.00 | 880.00 | 880.00 |
| 6,400 kilog. de paille à 35 fr. les 1,000 kilog............... | 224.00 | 224.00 | 224.00 |
| Totaux........ | 1,104.00 | 1,104.00 | 1,104.00 |
| Frais........ | 633 63 | 612 08 | 587 08 |
| Produit net par hectare... | 470.37 | 491.92 | 516.92 |

Ces résultats sont du même ordre que ceux obtenus sur la ferme de Masny (voir chap. X, p. 54, du t. I de l'*Agriculture du Nord*). Il y a du reste des variations assez grandes d'une année à l'autre sur la ferme de Sainte-Flore, ainsi d'ailleurs que nous l'avons constaté sur la ferme de Masny.

Nous avons étudié particulièrement le blé velouté à épis carrés que M. Moissenet a récolté en 1869. Ce blé mesurait jusqu'à 1ᵐ.70 de hauteur. Il y avait 146 épis ou tiges au mètre carré, soit 1,460,000 tiges par hectare. Nous avons pris 96 tiges qui pesaient 540 grammes et qui nous ont fourni 170 grammes de blé battu mesurant 230 centimètres cubes, ce qui correspond à un poids de 73 kilog. 91 à l'hectolitre. Nous avons compté le nombre de grains contenu dans 10 grammes, et nous avons obtenu 260 grains; le nombre de grains par litre s'élève donc à 19,217. Chaque épi en moyenne a fourni 1 gr. 77 de blé ou 46 grains. Le poids total du grain par hectare a été de 2,584 kilog., et celui de la paille de 5,628 kilog.

La quantité de 157 litres de semence par hectare devrait donner, si tous les grains fournissaient une tige, 2,017,069 tiges par hectare; il n'y en a eu que 1,460,000. Environ 557,000 grains, soit le quart, ne se sont donc pas reproduits. La perte est du reste beaucoup plus considérable encore dans les semailles à la volée.

Nous croyons utile de donner la composition des plantes que, dans nos visites des fermes, nous pouvons récolter nous-même, lorsque d'ailleurs nous avons des renseignements sur les terrains et sur les conditions de la culture. Le blé de 1869 nous a présenté à l'analyse chimique la composition suivante :

```
Eau.............................................   11.90
Matières azotées (1.60 d'azote × 6 25)...........    9.90
Matières amylacées...............................   66.90
Matières grasses ................ ...............    2.00
Principes carbonés solubles dans l'eau (dextrine, etc ).   6.40
Cellulose .............. .......... ..............   1.70
Matières minérales ..... ... ...... ...........     1.20
                                                  ________
                    Total............   100.00
```

Les cendres renfermaient 52.80 pour 100 d'acide phosphorique.

En 1869, la vente du blé a enlevé au sol par hectare 41 kilog. d'azote et 16 kilog. d'acide phosphorique.

Les récoltes obtenues sur les terres cultivées par M. Moissenet ont été en 1869, quoique moins bonnes qu'en 1868, bien supérieures encore à celles des terres voisines; il a eu ainsi une nouvelle preuve de la vérité de son opinion sur l'importance qu'il y a à donner après l'hiver beaucoup de pied aux blés, c'est-à-dire de raffermir la terre dans tous les champs ensemencés en octobre, novembre ou décembre, en ayant recours à un roulage très-énergique surtout pour les terres de consistance moyenne ou légères. Nous avons vu, en effet, dans les Moëres, à la fin de juillet 1869, près d'un tiers des blés versés après une pluie assez forte qui avait été accompagnée d'un vent violent. Dans les parties boisées surtout, le blé couché par terre ne s'est pas relevé, et de nouvelles pluies étant survenues, la verse a encore augmenté. Les premiers blés versés ont germé et n'ont pas assez produit pour couvrir les fermiers de leurs débours. Les épis des derniers blés versés ayant eu le temps de se former, ceux-ci ont produit davantage, mais ils n'ont pas donné à beaucoup près le même rendement que les blés restés debout. Sans doute le voisinage des arbres a occasionné des tourbillons qui ont entrelacé les pailles, ce qui les a empêchées de se relever. Mais cette cause ne saurait expliquer l'étendue de la verse qui a réduit la moisson à une demi-récolte au lieu d'une bonne récolte qu'eussent faite les fermiers des Moëres. M. Moissenet attribue ce triste résultat au peu de soin que prennent les cultivateurs de rouler (rondeler) leurs blés. Leurs terres étant plus ou moins légères, c'est-à-dire de nature à se soulever à l'époque du retour des chaleurs, il arrive que le pied des blés n'est plus maintenu et que les tiges fléchissent dès que les épis s'étant formés deviennent lourds. Ce qui confirme l'habile cultivateur de Sainte-Flore dans cette explication, c'est que tandis que ses propres cultures ne présentaient pas plus de 10 à 15 ares de blés versés, les pertes autour de lui étaient considérables. Il faut cependant ajouter que les blés habituellement en usage dans le pays, blés dits de Bergues, qui produisent beaucoup moins que les blés veloutés à épis carrés employés par M. Moissenet, poussent plus en paille que ces derniers et sont plus sujets à subir les influences atmosphériques. Il est convaincu que si les fermiers qui ne veulent pas abandonner la culture des blés de Bergues avaient soin, comme il le fait, de donner, après le braquage, des hersages énergiques avec la herse à 52 dents et de rouler ensuite vigoureusement, ils éviteraient les verses trop fréquentes dont ils sont les victimes. Mais il est bien difficile d'introduire des habitudes nouvelles, et, par exemple, nul n'imite l'usage des capuchons pour couvrir les dizeaux de gerbes et mettre ainsi le blé coupé à l'abri des rigueurs du temps, quoique cela n'entraîne chez M. Moissenet qu'une dépense de 75 centimes par mesure de 44 ares, et qu'ils aient pu constater que quinze jours de pluie ne causent chez lui après la moisson aucun dégât sérieux.

Revenons au prix de revient du blé en 1868, tel qu'il résulte des renseignements qui nous ont été donnés pour la ferme de Sainte-Flore et établissons les chiffres par chapitres analogues à ceux que nous avons fournis pour la ferme de Masny (t. I de l'*Agriculture du Nord*, p. 312 et suivantes). Nous avons pour une récolte de 40 hectolitres de grain et 7,500 kilog. de paille par hectare :

|  | Fr. |
|---|---|
| Labours préparatoires et semences | 94.85 |
| Engrais | 73.85 |
| Binages, sarclages, hersages du printemps | 51.50 |
| Frais de moisson | 53.00 |
| Frais de battage | 37.00 |
| Impôt foncier | 6.00 |
| Fermage | 62.00 |
| Rente du capital d'exploitation | 110.78 |
| Loyer et entretien des bâtiments d'exploitation, des canaux et des chemins | 23.77 |
| Direction de l'exploitation et frais divers | 98.15 |
| Total | 610.90 |

Il est évident qu'il faut appliquer une partie de chacun de ces frais à la production de la paille dont la valeur à raison de 35 fr. les 1,000 kilog. est de 224 fr., ce qui est les 0.37 des frais totaux; il faut donc opérer sur chaque chapitre une réduction qui les ramène aux 0.63 de leur valeur. On trouve, en effectuant les calculs, les résultats suivants :

|  | Pour 40 hectolitres. | Par hectolitre. |
|---|---|---|
|  | Fr. | Fr. |
| Labours préparatoires et semences..... | 59.76 | 1.49 |
| Engrais............................ | 46.52 | 1.17 |
| Binages, sarclages, hersages du printemps | 32.44 | 0.81 |
| Frais de moisson .................. | 33.39 | 0.84 |
| Frais de battage................... | 23.31 | 0.58 |
| Impositions ...................... | 3.78 | 0.09 |
| Fermage ......................... | 39.06 | 0.98 |
| Rente du capital d'exploitation........ | 69.59 | 1.74 |
| Loyer et entretien des bâtiments d'exploitation, des canaux et des chemins..... | 14.98 | 0.37 |
| Direction de l'exploitation............ | 62.83 | 1.57 |
| Totaux........ | 385.66 | 9.64 |

On peut encore donner au détail des prix de revient la forme suivante (paille déduite) en divisant autrement les chapitres et en calculant soit pour 100 kilog. (l'hectolitre moyen étant supposé, toutes les qualités comprises, peser 75 kilog.), soit pour une valeur de 100 fr. :

|  | Pour 40 hectolitres. | Par hectolitre. | Pour 100 kilog. | Sur une valeur de 100 fr. |
|---|---|---|---|---|
|  | Fr. | Fr. | Fr. | Fr. |
| Force motrice pour labours, transports et battage ....... | 44.00 | 1.10 | 1.47 | 11.41 |
| Engrais .................. | 46.52 | 1.17 | 1.56 | 12.14 |
| Main-d'œuvre (charretiers compris)..................... | 60.00 | 1.50 | 2.00 | 15.57 |
| Outils et semences.......... | 44.90 | 1.12 | 1.49 | 11.62 |
| Impositions ................ | 3.78 | 0.09 | 0.12 | 0.93 |
| Fermage ou rente du propriétaire | 39.06 | 0.98 | 1.31 | 10.16 |
| Rente du capital d'exploitation.. | 69.59 | 1.74 | 2.32 | 18.05 |
| Loyer et entretien des bâtiments d'exploitation et des chemins. | 14.98 | 0.37 | 0.49 | 3.84 |
| Direction de l'exploitation..... | 62.83 | 1.57 | 2.09 | 16.28 |
| Totaux..... | 385.66 | 9.64 | 12.85 | 100.00 |

Ainsi 1,000 kilog. de froment ne coûteraient sur la ferme de Sainte-Flore que 128 fr. 50. Il faut remarquer que ce résultat correspond à une récolte de 40 hectolitres par hectare, récolte obtenue en 1868. En 1869, le rendement n'a été que de 35 hectolitres; en conséquence, le prix de revient a été plus élevé d'un septième; il devient 146 fr. Pour une récolte de 32 hectolitres à l'hectare, nous avons obtenu comme prix de 1,000 kilog. de froment sur la ferme de Masny (t. I de l'*Agriculture du Nord*, p. 314), la somme de 214 fr.; si l'on ramène les deux récoltes au même chiffre de 35 hectolitres afin de faire une comparaison légitime, on trouve pour Sainte-Flore 144 fr., et pour Masny 196 fr.; les détails comparatifs sont représentés par le tableau suivant :

| | Prix de 1,000 kilog. de froment pour une récolte de 35 hectol. par hectare. | | Pour une valeur de 100 fr. | |
| --- | --- | --- | --- | --- |
| | A Sainte-Flore (Moères belges). | A Masny (près de Douai, France). | A Ste-Flore. | A Masny. |
| | Fr. | Fr. | Fr. | Fr. |
| 1. Force motrice pr labours transports et battages | 16.20 | 17.92 | 11.41 | 9.17 |
| 2. Engrais.............. | 17.83 | 25.77 | 12.11 | 13.18 |
| 3. Main-d'œuvre d'ouvriers (charretiers compris). | 22.86 | 21.30 | 15.57 | 10.42 |
| 4. Outils et semences.... | 17.03 | 18.19 | 11.62 | 9.30 |
| 5. Impositions.......... | 1.37 | 4.48 | 0.93 | 2.28 |
| 6. Fermage ou rente du propriétaire........ | 14.97 | 38.68 | 10.16 | 19.68 |
| 7 Rente du capital d'exploitation.......... | 26.91 | 20.47 | 18.05 | 10.46 |
| 8. Loyer et entretien des bâtiments et chemins | 5.60 | 16.54 | 3.84 | 8.45 |
| 9. Direction de l'exploitation ............. | 23.68 | 33.36 | 16.28 | 17.06 |
| Totaux..... | 146.45 | 196.80 | 100.00 | 100.00 |

Les causes de l'excédant du prix de revient en France sont d'abord l'impôt foncier, qui est deux fois et demi plus élevé qu'en Belgique, le taux du fermage qui est aussi plus du double, ensuite la quantité de bâtiments d'exploitation qui entraîne des frais d'entretien trois fois plus considérables par hectare cultivé. Dans les deux fermes que nous comparons, les frais de main-d'œuvre par hectare en ouvriers, en chevaux, en machines sont à peu près les mêmes, et d'un autre côté le capital d'exploitation produit davantage à Sainte-Flore qu'à Masny. Si la quantité d'engrais nécessaire pour produire 1,000 kilog. de froment est portée pour un chiffre plus élevé à Masny qu'à Sainte-Flore, cela tient en partie à ce que la voiture de fumier (900 kilog.) est comptée par M. Moissenet ne valoir que 4 fr. (soit 4 fr. 44 les 1,000 kilog.), tandis que M. Fiévet compte 6 fr. pour les 1,000 kilog., et nous avons vu que ce chiffre est encore un peu faible. M. Moissenet pense qu'il doit agir ainsi, parce qu'il charrie ses fumiers alors que la paille est encore entière, c'est-à-dire peu décomposée ; « ainsi, dit-il, ils ont peut-être moins de valeur, mais aussi je pense arriver avec ce système à fumer mes terres tous les deux ans, au lieu de trois ans en trois ans. » En l'absence d'un compte détaillé des étables et écuries, et d'analyses des divers fumiers, il est impossible de vérifier scientifiquement cette manière de voir. Quoi qu'il en soit, on reconnaît par les deux dernières colonnes du tableau que les rapports dans lesquels sont entre eux les divers éléments qui concourent à constituer les frais de la production du blé peuvent varier dans certaines limites,

mais qu'il n'y a pas de très-grandes différences même
pour des circonstances aussi diverses que celles que nous
comparons. Ce sont surtout l'impôt foncier, la rente du
sol, celle du capital d'exploitation, l'entretien des bâtiments qui changent le plus lorsque l'on passe de Sainte-
Flore à Masny, en ce qui concerne leurs parts proportion-
nelles dans une valeur de 100 fr. de froment. Sous une
autre forme on peut dire que le travail (1, 3, 9 du tableau)
entre pour 43 pour 100 à Sainte-Flore et 37 pour 100
à Masny dans la valeur du blé ; que les matières premières
(2 et 4) en constituent 24 et 22 pour 100 ; que le capital
(n<sup>os</sup> 5, 6, 7 et 8) y influent pour 33 pour 100 dans la
première ferme et pour 41 dans la seconde. Le blé, dans
cette manière de voir qui nous paraît la bonne, est, comme
tout produit, obtenu avec des matières premières mises
en œuvre par du travail et de l'argent.

Les résultats de la culture du blé à Masny, sur lesquels
nous venons de baser nos comparaisons avec ceux de la
culture du blé à Sainte-Flore, s'arrêtent à l'année 1863
(voir les chapitres X et XL du t. I de l'*Agriculture du
Nord,* p. 45 à 63 et 308 à 316). Il est utile de rapprocher les
époques de nos différentes études, qui, malheureusement,
ne peuvent se faire que successivement. Aussi, placerons-
nous ici les comptes de culture que M. Fiévet nous a rem-
postérieurement pour les années 1864, 1865 et 1'
comptes établis en y faisant entrer tous les frais c
ainsi que nous l'avons conseillé dans notre ouv
que les avantages de la culture du blé da
employant les engrais à haute dose cor

Voici d'abord les rendements obtenus :

| Années. | Nombre d'hect. cultivés en blé. | Récolte Totale. | | Récolte par hectare. | |
|---|---|---|---|---|---|
| | | Grain hectolitres | Paille kilog. | Grain hectolitres | Paille kilog. |
| 1864 | 72.63 | 2,169.47 | 321,150 | 29.89 | 4,421 |
| 1865 | 76.37 | 2,934.75 | 463,299 | 38.42 | 6,066 |
| 1866 | 83.54 | 2,619.99 | 550,280 | 31.36 | 6,587 |
| Totaux ... | 232.54 | 7,724.21 | 1,334,729 | » | » |
| Rendement moyen.. | | | | 33.21 | 5,739 |

L'hectolitre de blé s'est trouvé peser en moyenne 77 kilogrammes ; dans les comptes, M. Fiévet ramène par le calcul tous les hectolitres au poids commun de 80 kilog.

Voici maintenant le détail complet de tous les frais de culture.

Nous commençons par l'année 1864, qui a été la moins bonne, mais qui serait encore très-remarquable pour toute autre ferme que celle de Masny :

| | Frais totaux. Fr. | Frais par hectare. Fr. |
|---|---|---|
| Labours : 752 journées de chevaux à fr. 5 . . | 3,760.00 | 59.39 |
| Semences : 149 hectolitres 35 litres de blé à fr. 30.91 . . . . . . . . . . . . . . | 4,617.10 | 64.47 |
| Engrais laissés par les cultures précédentes . . | 2,127.78 | 29.35 |
| Parcage . . . . . . . . . . . . . . . | 225.60 | 3.10 |
| Tourteaux de colza : 3,600 kilog. à fr. 14.35 %. | 516.60 | 7.11 |
| Binages et sarclages . . . . . . . . . . . | 1,208.65 | 16.74 |
| *Frais de moisson*. 247 journées ¹/₂ chevaux à fr. 5 . . . . . . . . . . . . . . . | 1,237.50 | 17.13 |
| Ouvriers . . . . . . . . . . . . . . . | 2,470.95 | 34.22 |
| Paille de seigle pour liens . . . . . . . . | 866.50 | 11.93 |
| *A reporter* . . . . . . . . . . | 17,030.68 | 243.44 |

|                                                                          | Frais totaux. Fr. | Frais par hectare. Fr. |
|--------------------------------------------------------------------------|-------------------:|-----------------------:|
| *Report* . . . . . . . . . . . . .                                       | 17,030.68         | 243.44                 |
| *Battage.* 207 journées de chevaux . . . . . . .                         | 1,035.00          | 14.29                  |
| Ouvriers. . . . . . . . . . . . . . . . .                                | 1,125.00          | 15.49                  |
| Charbon pour la machine . . . . . . . .                                  | 271.00            | 3.73                   |
| Frais généraux (fermage, impôts, réparations, intérêts divers , etc.) . . . . . . . . . . . | 26,137.02 | 359.95 |
| Totaux . . . . . .                                                       | 45,598.70         | 636.90                 |
| A retrancher la valeur de la paille à raison de 36 fr. les 1,000 kilog . . . | 11,561.40      | 159.16                 |
| Frais pour le grain. . . . . .                                           | 34,037.30         | 477.74                 |
| Prix de revient d'un hectolitre de blé . . . . .                         |                   | 15.97                  |

Le prix moyen de vente a été, à Masny, de 17 fr. 84 ; les cours avaient beaucoup baissé depuis l'année précédente 1863, où la semence avait dû être portée à un prix très-élevé.

Pour l'année 1865, les comptes du blé s'établissent ainsi qu'il suit, d'après les livres de M. Fiévet :

|                                                                          | Frais totaux. Fr. | Frais par hectare. Fr. |
|--------------------------------------------------------------------------|-------------------:|-----------------------:|
| Labours : 915 journées de chevaux à fr. 5 . .                            | 4,578.75          | 59.96                  |
| Semence : 104 hectolitres 78 litres de blé à fr. 21.22. . . . . . . . . . . . . . . . | 2,224.04 | 29.12 |
| Engrais laissés par les cultures précédentes . .                         | 1,960.00          | 25.65                  |
| 51,967 kilog. tourteaux de colza et d'arachide pour . . . . . . . . . . . . . . . . | 6,325.55 | 82.84 |
| Binages et sarclages. . . . . . . . . . . . .                            | 712.95            | 9.33                   |
| *Frais de moisson.* 203 journées de chevaux à fr. 5. . . . . . . . . . . . . . . . | 1,015.00 | 13.30 |
| Ouvriers. . . . . . . . . . . . . . . . .                                | 2,711.50          | 35.50                  |
| Paille de seigle pour liens . . . . . . . .                              | 1,295.00          | 16.95                  |
| A reporter . . . . . . . . . .                                           | 20,822.79         | 272.65                 |

|  | Frais totaux. Fr. | Frais par hectare. Fr. |
|---|---|---|
| *Report* . . . . . . . . . . . . . | 20,822.79 | 272.65 |
| *Battage.* 250 journées de chevaux à fr. 5 . . | 1,250.00 | 16.37 |
| Ouvriers . . . . . . . . . . . . . . . . . | 1,455.30 | 19.05 |
| Charbon pour la machine à vapeur . . . . . | 335.50 | 4.40 |
| Paille, huile et chandelles . . . . . . . . . | 178.40 | 2.33 |
| Frais généraux (fermage, impôts, réparations, intérêts divers, etc.) . . . . . . . . . . . | 29,139.59 | 381.56 |
| Totaux . . . . . . | 53,181.58 | 696.36 |
| Valeur de la paille à 36 fr. les 1000 kilog. | 16,678.76 | 218.38 |
| Frais pour le grain . . . . . | 36,502.82 | 477.98 |
| Prix de revient d'un hectolitre de blé . . . . . | | 12.44 |

Le prix moyen de vente n'a été que de 15 fr. 08, mais l'année avait été très-bonne, puisque le rendement moyen avait été de 38 hectolitres et demi par hectare.

Pour l'année 1866, les livres de Masny fournissent les comptes suivants :

|  | Frais totaux. Fr. | Frais par hectare. Fr. |
|---|---|---|
| Labours : 905 journées de chevaux à fr. 5 . . | 4,525.00 | 54.17 |
| Semence : 93 hectolitres 40 litres de blé, à fr. 21.50 . . . . . . . . . . . . . . . | 2,008.25 | 24.06 |
| Ingrédients pour sulfatage des semences . . . . | 18.75 | 0.22 |
| Engrais laissés par les cultures précédentes . . | 4,619.37 | 55.29 |
| Tourteaux de colza, 8,585 kilog. à fr. 14.94 | 1,288.90 | 15.42 |
| Binages et sarclages . . . . . . . . . . . . | 1,333.60 | 15.96 |
| *Frais de moisson.* 255 journées de chevaux à fr. 5 | 1,275.00 | 15.26 |
| Ouvriers . . . . . . . . . . . . . . . . . | 3,077.10 | 36.84 |
| Paille de seigle pour liens . . . . . . . . . | 648.50 | 7.73 |
| *A reporter* . . . . . . . . . . . | 18,794.47 | 224.95 |

|                                                                  | Frais totaux. | Frais par hectare. |
| ---------------------------------------------------------------- | ------------: | -----------------: |
|                                                                  | Fr.           | Fr.                |
| *Report*. . . . . . . . . . . . .                                | 18,794.47     | 224.95             |
| *Battage*. 278 journées de chevaux à fr. 5. . .                  | 1,390.00      | 16.63              |
| Ouvriers. . . . . . . . . . . . . . . . .                        | 1,689.15      | 20.22              |
| Charbon pour la machine à vapeur . . . . . .                     | 433.60        | 5.19               |
| Frais généraux (fermage, impôts, réparations, intérêts, etc.) . . . . . . . . . . . . . . . | 30,364.25 | 363.49 |
| Totaux . . . . . .                                               | 52,671.47     | 630.48             |
| Valeur de la paille à 36 fr. les 1000 kilog.                     | 19,810.08     | 237.13             |
| Frais pour le grain seul. . .                                    | 32,861.39     | 393.35             |
| Prix de revient d'un hectolitre de blé  . . . .                  |               | 12.54              |

La récolte a été vendue au prix moyen de 23 fr. 22 par
hectolitre, et comme la paille avait été extrêmement abondante, le prix de revient a été plus faible et le bénéfice
plus considérable qu'en 1865, quoique le rendement ait
été moins fort. Il est vrai qu'il faut ajouter que le prix de
vente a été plus élevé. De là une démonstration nouvelle
de ce fait que les bénéfices du cultivateur ne sont pas
toujours les plus considérables lorsque la récolte est
extrêmement abondante, en raison de l'avilissement qui
se produit souvent sur les marchés. Pendant les trois années
que nous examinons, d'après l'excellente comptabilité de
Masny, la culture du blé a donné du reste d'excellents
résultats, comme le prouve le tableau suivant :

| Années | Recettes pour la paille. | Recettes pour le grain. | Recettes totales. | Frais totaux. | Bénéfices. |
|---|---|---|---|---|---|
| | Fr. | Fr. | Fr. | Fr. | Fr. |
| 1864 | 11,561.40 | 38,631.10 | 50,192.50 | 45,598.70 | 6,593.80 |
| 1865 | 16,678.76 | 44,280.05 | 60,958.81 | 53,181.58 | 7.777.23 |
| 1866 | 19,810.08 | 60,841.79 | 80,651.87 | 52,671.47 | 27,980.40 |
| Totaux pour 232 hectares 54 ares. | 48,050.24 | 143,752.94 | 191,803.18 | 151,451.75 | 40,351.43 |
| Moyennes annuelles pour 77 hect. 51 ares. | 16,016.75 | 47,917.64 | 63,934.39 | 50,483.92 | 13,450.47 |
| Moyennes par hectare cultivé en blé. | 206.64 | 618.24 | 824 88 | 651.32 | 173.56 |

Les bénéfices peuvent varier, comme on le voit, dans
la proportion de 1 à 4. Pour apprécier complétement
une culture, il faut considérer les résultats d'un nombre
assez grand d'années. Mais dans tous les cas, les chiffres
recueillis dans nos trois études sur les fermes de M. Fiévet,
de M. Vandercolme et de M. Moissenet, démontrent que
la culture du blé est réellement productive dans le nord
de la France, et que les agriculteurs font bien de s'y
adonner.

# CHAPITRE XX



Sans entrer dans autant de détails qu'en ce qui concerne le blé, nous allons relever dans la comptabilité de M. Moissenet les éléments relatifs aux prix de revient de l'avoine, des féveroles et des betteraves, ce qui nous permettra de compléter l'appréciation des résultats du mode de culture adopté par cet habile agriculteur dans sa belle exploitation.

Les champs destinés à porter des avoines sont labourés avant l'hiver. En mars ou au commencement d'avril, alors que les terres sont très-sèches, M. Moissenet fait procéder à un léger labour, de 5 centimètres environ seulement, afin de détruire complétement les plantes adventives qui commencent à se produire. L'avoine demandant des terrains secs et bien ameublis, il faut herser en long, puis

58

en travers toutes les parcelles de terre. Lorsqu'elles ont pris enfin l'aspect d'un jardin parfaitement ratissé, on procède à l'ensemencement au moyen du semoir Jacquet-Robillard. Si quelques jours de beau temps succèdent à l'exécution de ces travaux et qu'enfin l'avoine ait pu lever, la récolte est assurée et elle ne laisse rien à désirer. Si les pluies surviennent, il ne faut pas craindre de herser de nouveau, dès qu'il se produit une éclaircie, tant que les grains ne sont pas tous germés. Depuis qu'il emploie cette méthode, ses avoines sont généralement très-belles ; du reste, il active très-souvent la végétation de cette plante par l'emploi de 100 à 120 kilogrammes de guano par hectare. On a vu précédemment comment cet usage du guano permet d'obtenir des résultats remarquables en dispensant de mettre en jachère des champs demandant de grands nettoyages.

Chaque année M. Moissenet achète des avoines de semence entre Dixmude et Bruges ; ces avoines blanches sont très-recherchées. Les avoines récoltées à Sainte-Flore en 1869 mesuraient 1ᵐ.50 de hauteur ; chaque tige présentait une grappe portant 59 ou 60 grains. Le rapport des poids était le suivant :

| | |
|---|---|
| Grain . . . . . . . . . . . . . . . . . . . . . . . . . . . . . . . . | 36.1 |
| Balle . . . . . . . . . . . . . . . . . . . . . . . . . . . . . . . . . | 4.9 |
| Paille . . . . . . . . . . . . . . . . . . . . . . . . . . . . . . . . | 59.0 |
| Poids total de la récolte sèche . . . . . . . . | 100.0 |

Le poids de l'hectolitre était de 48 kilog. 34. Le nombre de grains contenu dans un litre étant de

17,576, le poids moyen de chaque grain était de 28 milligrammes.

L'avoine de la récolte de 1869, avait la composition suivante :

| | |
|---|---:|
| Eau.......................................... | 15.65 |
| Matières azotées (1.64 × 6.25).................... | 10.24 |
| Matières amylacées......................... | 55.76 |
| Matières grasses............................ | 4.32 |
| Principes carbonés solubles dans l'eau............ | 5.48 |
| Cellulose................................... | 4.85 |
| Matières minérales... ....................... | 3.70 |
| Total............ | 100.00 |

La quantité d'acide phosphorique a été trouvée de 0.61 correspondant à 1.32 de phosphate de chaux tribasique.

Le compte de la culture d'un hectare d'avoine s'établit de la manière suivante à Sainte-Flore, en 1868 :

| | Fr |
|---|---:|
| Fermage .................................... | 62.00 |
| Impôt.......................... ............ | 6.00 |
| Engrais (3e année de l'assolement)................. | 25.00 |
| Trois labours avant l'hiver et hersages ............ | 40.00 |
| Semence employée (2 hectolitres à 14 fr.)........... | 28.00 |
| Ensemencement avec le semoir.................... | 7.00 |
| Braquage et hersage ... ...................... | 24.50 |
| Liens pour la récolte......................... | 1.60 |
| Moisson à la sape..... ...................... | 12.25 |
| Liage, endizelage et pose des capuchons sur les dizeaux | 7.35 |
| Fourchage sur chariots, sur meules ou sur grange .... | 2.80 |
| Transport à la grange ou aux meules............... | 8.00 |
| Gages des ouvriers rangeant les gerbes sur les meules ou en grange .................................. | 19.00 |
| Couverture des meules......................... | 0.75 |
| A reporter....... | 244.25 |

|  | |
|---|---:|
| *Report*...... | 244.25 |
| Transport à la machine à battre................... | 5.00 |
| Battage de 54 hectolitres, nettoyage, mise en sac et sur le grenier.............. ...... ............. | 32.40 |
| Part proportionnelle dans les frais généraux.......... | 232.73 |
| Frais totaux.............. | 514.38 |
| A déduire : 6,000 kilog. de paille à 20 fr. les 1,000 kilog.................. .. ..... | 120.00 |
| Prix de revient de 54 hectol. de grain. | 394.38 |
| Prix de revient de 1 hectol... 7 fr. 30 | |
| Vente de 54 hectol. d'avoine à 11 fr l'hectol... | 594.00 |
| Bénéfices par hectare......... | 199.62 |

Le produit net de la culture de l'avoine est de beaucoup inférieur à celui que donne la culture du blé, puisque les bénéfices moyens de cette dernière culture ont été de 493 fr. par hectare en 1868. Il est vrai qu'il faut ajouter que le rendement de 54 hectolitres à l'hectare n'est pas, toutes proportions gardées, aussi considérable que celui de 40 hectolitres de blé. En outre, M. Moissenet ne porte la paille qu'au prix de 20 fr. les 1,000 kilog., à raison de la facilité qu'on éprouve à s'en procurer dans les Moëres belges. C'est la concurrence pour la vente et le petit nombre de demandeurs qui font le cours du marché, d'après lequel il établit avec raison sa comptabilité. Si, comme M. Fiévet le fait à Masny, comme aussi nous l'avons compté pour les bilans des fermes de Rexpoëde, de Killem, d'Armbouts-Cappel et d'une ferme des Moëres françaises d'après M. Regodt, la paille d'avoine était évaluée au même prix que celle de froment, le prix de revient de l'hectolitre d'avoine à Sainte-Flore tomberait à

5 fr. 64, c'est-à-dire à peu près au chiffre le plus bas constaté sur la ferme de Masny (t. I de l'*Agriculture du Nord*, p. 324). Enfin remarquons encore que M. Moissenet admet, comme M. Fiévet, que l'avoine ne prend qu'une faible proportion d'engrais, puisqu'il suppose que sur une fumure totale de 150 fr. pour trois ans, les betteraves et les féveroles prennent la première année pour 75 fr., le blé, dans la deuxième année, pour 50 fr., et l'avoine, dans la troisième année, pour 25 fr. seulement, les 1,000 kilog. valant 4 fr. 44. Quoi qu'il en soit, en décomposant le prix de revient de l'avoine de la même manière que pour le blé, nous arrivons aux résultats suivants, la valeur de la paille déduite :

| | Par hectare ou pour 54 hectolitres. | Par hectolitre. | Pour 100 kilog. | Sur une valeur de 100 fr. |
|---|---|---|---|---|
| | Fr. | Fr. | Fr. | Fr. |
| 1. Force motrice...... | 49.57 | 0.92 | 1.95 | 12.60 |
| 2. Engrais............ | 19.16 | 0.36 | 0.76 | 4.93 |
| 3. Main-d'œuvre d'ouvriers.......... | 66.70 | 1.23 | 2.61 | 16.85 |
| 4. Outils et semence... | 27.60 | 0.50 | 1.05 | 6.85 |
| 5. Impositions ........ | 4.60 | 0.09 | 0.19 | 1.23 |
| 6. Rente du propriétaire | 47 53 | 0.88 | 1.87 | 12.05 |
| 7. Rente du capital d'exploitation....... | 84.93 | 1.58 | 3.36 | 21.65 |
| 8. Loyer et entretien des bâtiments et chemins.......... | 18.22 | 0.34 | 0.72 | 4.66 |
| 9. Direction de l'exploitation.......... | 75.27 | 1.40 | 2.98 | 19.18 |
| Totaux..... | 394.58 | 7.30 | 15.49 | 100.00 |

Sauf en ce qui concerne les engrais dont la proportion

est plus faible, tous ces chiffres ont la plus grande ana-
logie avec ceux que nous avons trouvés pour le prix de
revient de l'avoine sur la ferme de Masny (*loco citato*,
p. 325). Dans une valeur de 100 fr. en avoine, le travail
(1, 3, 9 du tableau) entre pour 49 pour 100 à Sainte-
Flore et 43 pour 100 à Masny; les matières premières
(2 et 4), pour 11 dans la première exploitation et 17
dans la seconde; enfin le capital (5, 4, 7, 8) pour 40
pour 100, également dans les deux fermes. Les 1,000
kilog. d'avoine reviennent à 155 fr. à Sainte-Flore et à
186 fr. à Masny. Les deux exploitations ne produisent à
bon marché que parce que l'emploi d'un grand capital
permet d'obtenir un grand produit par hectare.

# CHAPITRE XXI



M. Moissenet ne fait que préparer la terre pour recevoir la graine de betterave ; il vend la récolte sur pied à une sucrerie qui paye l'ensemencement, les binages, les sarclages, l'arrachage et tous les frais d'enlèvement ; il ne reprend pas la pulpe, du moins jusqu'à présent, car on a vu qu'il se propose d'agir autrement lorsqu'un grand établissement industriel existera dans les Moëres françaises. Peut-être qu'en vendant aux 1,000 kilog., comme il récolte maintenant en moyenne 50,000 kilog. à l'hectare, il obtiendrait un résultat financier meilleur que celui que nous allons constater, mais il a dû tout d'abord préférer un bénéfice moindre à être exposé à négliger pendant la période des améliorations l'exécution des nombreux labours exigés par ses terres à l'époque de l'année où ils sont le plus indispensables. Voici le compte que nous a remis l'habile agriculteur de Sainte-Flore :

|  | Fr. |
|---|---|
| Fermage . . . . . . . . . . . . . . . . . . . . . . . . . . . . . . . . . . . . . . . | 62.00 |
| Impôt. . . . . . . . . . . . . . . . . . . . . . . . . . . . . . . . . . . . . . . . . | 6.00 |
| Engrais (1re année de l'assolement) . . . . . . . . . . . . . . . . | 75.00 |
| Trois labours et deux hersages avant l'hiver. . . . . . . . . . | 40.00 |
| Travaux de hersage après l'hiver pour niveler la terre . | 8.50 |
| Part proportionnelle dans les frais généraux . . . . . . . . . | 232.73 |
| Frais totaux. . . . . . . . . . . . . . . . . | 424.23 |
| Prix de vente à la sucrerie qui se charge de tous les autres frais (250 fr. la mesure), l'hectare. | 568.00 |
| Bénéfices . . . . . . . . . . . . . . . . . . . . | 143.77 |

Si l'on considère que dans ce système le cultivateur ne
court aucuns risques en ce qui concerne l'action des
météores sur la quantité et la qualité de la récolte, qu'il
ne fait que louer son sol tout fumé et tout labouré pour
recevoir ensuite la semence qui doit, aux risques et périls
des preneurs, fournir un produit peut-être excellent,
peut-être médiocre, on doit regarder ce bénéfice de 144 fr.
environ par hectare comme très-remarquable. Du reste,
on a vu que M. Moissenet cultive, outre les betteraves
livrées à la sucrerie, une étendue de quelque importance
qui lui donne des racines excellentes pour l'engraissement
des bêtes à cornes.

Nous avons à regretter seulement, quant à nous, que
le système que M. Moissenet a dû adopter en ce qui
concerne les betteraves, nous empêche de pousser nos
calculs sur le prix de revient jusqu'à établir les relations
qui existent entre les divers éléments qui concourent à la
production.

# CHAPITRE XXII



En ce qui concerne les féveroles, nous pourrons faire
tous les calculs de prix de revient et poursuivre notre
étude aussi loin que pour le blé et l'avoine ; nous pourrons même constater ici des résultats plus complets qu'il
ne nous a été donné de le faire à Masny, où les féveroles ne sont pas battues et où, par conséquent, le
grain n'est pas séparé de la paille. M. Moissenet nous
a remis des détails d'après lesquels nous avons dressé le
compte suivant pour un hectare :

|  | Fr. |
|---|---|
| Fermage .................................... | 62.00 |
| Impositions................................. | 6.00 |
| Engrais (1re année de l'assolement) ............... | 75.00 |
| Trois labours avant l'hiver et deux hersages........ | 40.00 |
| Semence employée, 340 litres à 30 fr. les 150 litres... | 68.00 |
| *A reporter*........ | 251.00 |

|  |  |
|---|---:|
| *Report* | 251.00 |
| Ensemencement avec le semoir | 7.00 |
| Deux braquages à la houe et sarclage | 30.00 |
| Coupe à la sape | 11.50 |
| Liens pour lier les bottes, liage et endizelage | 6.60 |
| Fourchage sur chariots et sur meules ou en grange | 1.85 |
| Gages des ouvriers rangeant les bottes sur les meules ou en grange | 13.00 |
| Couverture des meules | 0.60 |
| Transport à la machine à battre | 4.00 |
| Battage de 23 hectolitres, nettoyage, mise en sac et sur le grenier | 13.80 |
| Part proportionnelle dans les frais généraux | 232.73 |
| Frais totaux | 572.08 |
| A déduire : 7,950 kilog. de paille à 20 fr. les 1,000 kilog | 159.00 |
| Prix de revient de 23 hectol. de féveroles | 413.08 |
| Prix de revient d'un hectol..... 17.96 | |
| Vente de 23 hectol. à 18 fr. | 414.00 |
| Bénéfices par hectare | 0.92 |

Ce résultat démontre que la culture des féveroles est souvent moins que lucrative ; c'est à peine si, en 1868, le produit a couvert les frais. M. Moissenet ne la pratique que pour précéder une récolte de blé, et même dans ce but il lui préfère de beaucoup la culture des pois ; toutefois, ceux-ci ne peuvent selon lui revenir que tous les neuf ans, tandis que les féveroles se prêtent très-bien à la rotation triennale. Quand la culture de la betterave pour les sucreries et les distilleries qui rendront la pulpe au bétail, sera établie d'une manière générale dans les Moëres, la culture des féveroles pourra bien disparaître. Dès maintenant M. Moissenet n'en cultive que le moins possible.

Les féveroles que nous avons visitées en 1869 sur la
ferme de Sainte-Flore étaient magnifiques ; elles mesuraient jusqu'à 2$^m$.35 de hauteur. Le rapport des poids
était le suivant :

| | |
|---|---:|
| Grain | 17.7 |
| Cosses | 10.8 |
| Paille | 71.5 |
| Poids total de la récolte sèche | 100.0 |

Le poids de l'hectolitre de féveroles était de 70 kilog.
37 ; le nombre de féveroles contenu dans un litre de
2,103, chaque grain pesant en moyenne 324 milligrammes. Le rendement de 23 hectolitres à l'hectare,
pour 340 litres semés, correspond à peu près à 9 pour 1
de semence. Le poids total du grain a été par hectare de
1,618 kilog., et celui de la paille, y compris les cosses,
de 7,520 kilog. Ces chiffres ne sont pas sensiblement différents de ceux obtenus en 1868.

Les féveroles de 1869, ayant été soumises à l'analyse
chimique, nous ont présenté un dosage de 4.30 pour
100 d'azote, et de 3.54 de matières minérales ou cendres
très-alcalines ; celles-ci renfermaient une quantité d'acide
phosphorique égale à 1.50 et correspondant à 3.20 de
phosphate de chaux tribasique.

D'après les détails précédents, on peut ainsi établir
le prix de revient d'une récolte de 23 hectolitres de féveroles et de 7,950 kilog. de paille (cosses comprises) :

|                                                                  | Fr.       |
| ---------------------------------------------------------------- | --------- |
| Labours préparatoires et semences . . . . .                      | 115.00    |
| Engrais. . . . . . . . . . . . . . . . . . . . . .               | 75.00     |
| Binages et sarclages . . . . . . . . . . . . . .                 | 30.00     |
| Frais de moisson . . . . . . . . . . . . . . .                   | 33.55     |
| Frais de battage . . . . . . . . . . . . . . .                   | 17.80     |
| Impôt foncier. . . . . . . . . . . . . . . . . .                 | 6.00      |
| Fermage . . . . . . . . . . . . . . . . . . . . .                | 62 00     |
| Rente du capital d'exploitation. . . . . . . . .                 | 110.78    |
| Loyer et entretien des bâtiments d'exploitation, des canaux et des chemins . . | 23.77 |
| Direction de l'exploitation et frais divers . .                  | 98.18     |
| Frais totaux . . . . .                                           | 572.08    |

Comme il faut appliquer une partie de ces frais à la
production de la paille, dont la valeur a été estimée être
de 159 fr., à raison de 20 fr. les 1,000 kilog., ce qui
est les 0.28 du total, il faut opérer sur les chiffres de
chaque chapitre une réduction qui les ramène aux 0.72
de leur valeur. En effectuant ces calculs, on obtient les
résultats suivants pour la production des graines de
féveroles :

|                                                                  | Par hectare ou pour 25 hectolitres. Fr. | Par hectolitre. Fr. |
| ---------------------------------------------------------------- | --------------------------------------- | ------------------- |
| Labours préparatoires et semences. . .                          | 82.80                                   | 3.60                |
| Engrais. . . . . . . . . . . . . . .                             | 54.00                                   | 2.35                |
| Binages et sarclages . . . . . . . . .                          | 21.60                                   | 0.94                |
| Frais de moisson . . . . . . . . . . .                          | 24.16                                   | 1.05                |
| Frais de battage . . . . . . . . . . .                          | 12.82                                   | 0.55                |
| Impôt foncier . . . . . . . . . . . .                           | 4.32                                    | 0.14                |
| Fermage ou rente du sol . . . . . . .                           | 44.64                                   | 1.94                |
| Rente du capital d'exploitation. . . .                          | 79.76                                   | 3 46                |
| Loyer et entretien des bâtiments d'exploitation, des canaux et des chemins. . . . . . . . . . . . . . . | 17.11 | 0.74 |
| Direction de l'exploitation. . . . . . .                        | 70.69                                   | 3.07                |
| Totaux . . . . .                                                | 411.90                                  | 17.84               |

En donnant maintenant à ce détail du prix de revient
(paille déduite) la forme que nous avons déjà adoptée
pour les autres récoltes, et en admettant pour le poids
de l'hectolitre 70 kilog. 37, nous trouvons :

|  | Par hectare ou pour 23 hectolitres. | Par hectolitre. | Pour 100 kilog. | Sur une valeur de 100 fr. |
|---|---|---|---|---|
|  | Fr. | Fr. | Fr. | Fr. |
| Force motrice pour labours, transports et battage . . | 44.38 | 1.92 | 2.73 | 10.76 |
| Engrais . . . . . . . . . . | 54.00 | 2.35 | 3.34 | 13.16 |
| Main-d'œuvre . . . . . . . | 43.00 | 1.86 | 2.64 | 10.48 |
| Outils et semences . . . . . | 54.00 | 2.35 | 3.34 | 13.16 |
| Impositions . . . . . . . . | 4.32 | 0.14 | 0.20 | 0.78 |
| Fermage ou rente du propriétaire . . . . . . . . | 44.64 | 1.94 | 2.75 | 10.87 |
| Rente du capital d'exploitation . . . . . . . . . . | 79.76 | 3.46 | 4.91 | 19.39 |
| Loyer et entretien des bâtiments d'exploitation et des chemins . . . . . | 17.11 | 0.74 | 1.05 | 4.15 |
| Direction de l'exploitation . | 70.69 | 3.08 | 4.37 | 17.25 |
| Totaux . . . . . | 411.90 | 17.84 | 25.33 | 100.00 |

On voit que le prix de revient des 1,000 kilog. de grains
de féveroles est de 253 fr., c'est-à-dire beaucoup plus
élevé que ceux du blé et de l'avoine. Nous ne pouvons pas
faire la comparaison avec les résultats obtenus à Masny,
puisque, dans cette ferme, M. Fiévet, comme nous l'avons
rappelé plus haut, ne fait pas battre les féveroles et donne
au bétail les tiges coupées sans séparation du grain. Pour
l'ensemble, le prix du millier de kilogrammes est de
56 fr. (l'*Agriculture du Nord*, t. 1, p. 329) à Masny ;
à Sainte-Flore, le poids total de la récolte étant de

9,568 kilog. par hectare, le prix des 1,000 kilog. n'est que de 60 fr. environ ; cela concourt à expliquer pourquoi les féveroles quoique ne donnant presque pas de bénéfices, continuent cependant à être cultivées dans les Moëres même pour le grain. Quoi qu'il en soit, à Sainte-Flore, dans la production des grains de féveroles, le travail entre pour 39 pour 100, les matières premières concourent pour 26 pour 100, et enfin la part du capital est de 35 pour 100.

# CHAPITRE XXIII



Les pois fournissent sur la ferme de Sainte-Flore, un produit plus considérable en grains que les féveroles, mais la paille est estimée avoir une moindre valeur comme fourrage. En 1868, ils ont rendu 43 hectolitres à l'hectare, mais en 1869, 34 seulement ; il est vrai que, dans cette dernière année, il y a eu une perte notable au moment de la moisson, des pluies continuelles ayant exigé des manipulations incessantes ; en outre, la paille n'était plus bonne qu'à être mise dans les fumiers. Nous avons trouvé au battage les rapports suivants :

| | |
|---|---|
| Grain. . . . . . . . . . . . . . . . . . . . . . . | 22.9 |
| Cosses . . . . . . . . . . . . . . . . . . . . . | 8.5 |
| Paille. . . . . . . . . . . . . . . . . . . . . . . | 68 6 |
| Poids total de la récolte sèche. . . . . | 100.0 |

L'hectolitre de pois pesait 88 kilog. Le nombre de pois dans un litre s'élevait à 4,320, et le poids moyen de chaque pois était de 204 milligrammes. Le rendement de 34 hectolitres à l'hectare correspond à 2,992 kilog. en grain et 10,000 kilog. en paille comprenant les cosses. Ces nombres, très-supérieurs à ceux donnés par la culture des féveroles, prouvent que la culture des pois dans les Moëres fournit, tant pour la nourriture du bétail que pour la confection des fumiers, des produits plus considérables, et ils expliquent les préférences du directeur du domaine des Mille-Mesures.

Soumis à l'analyse chimique, les pois récoltés en 1869, nous ont donné un dosage de 3.21 pour 100 d'azote, et de 2.50 de matières minérales ou cendres franchement alcalines, contenant 0.74 d'acide phosphorique, ce qui correspond à 1.63 de phosphate de chaux ordinaire.

# CHAPITRE XXIV


CULTURE DU LIN


La culture du lin est ancienne dans les Moëres ; elle donne souvent de magnifiques résultats. On peut en juger par le compte suivant que nous a remis M. Moissenet pour les frais et le produit d'un hectare ; il faut noter seulement que la récolte est vendue sur pied :

|  | Fr. |
|---|---|
| Fermage | 62.00 |
| Impôts | 6.00 |
| Part dans la fumure | 50.00 |
| 100 kilog. de guano en supplément | 35.00 |
| Trois labours avant l'hiver et deux hersages | 40.00 |
| Semence (tonne de Riga) | 120.00 |
| Ruaux pour l'écoulement des eaux en hiver | 6.00 |
| Ploutrage, hersages, affinage des terres | 22.50 |
| Sarclage | 45.44 |
| Nourriture de l'acheteur | 4.00 |
| Dépenses à l'occasion de la livraison des lins en bottes | 2.50 |
| *A reporter* | 393.44 |

|  | Fr. |
|---|---|
| *Report.* . . . . . . | 393.44 |
| Coût des *gluis* ou liens en paille de seigle livrés avec les lins . . . . . . . . . . . . . . . . . . . . . | 1.75 |
| Part proportionnelle dans les frais généraux . . . . . . | 232.73 |
| Total des frais . . . . . | 627.92 |
| Prix de vente sur pied avant l'arrachage . . . . . . | 1,534.00 |
| Bénéfices par hectare. . | 906.08 |

Ces résultats sont magnifiques, mais ils ne se réalisent pas toujours. Dans tous les cas, on ne les obtiendrait pas partout. Il faut, pour qu'ils soient possibles, que la culture du lin soit habituelle dans une contrée. Là où nous les constatons, à l'époque où les lins sont en fleurs, les acheteurs parcourent le pays et demandent aux fermiers à visiter les parties de lin qui leur conviennent. Le prix étant convenu, l'acquéreur paye la moitié comptant ; le surplus se règle le jour de la livraison chez l'acquéreur qui paye le dîner de tous les charretiers. Dès qu'une pièce est vendue, l'acheteur plante sur l'un de ses bords une branche d'arbre. A partir du moment de l'achat, les frais et les risques sont à la charge de l'acquéreur, le fermier n'a plus dès lors qu'à nourrir ce dernier pendant l'arrachage et à livrer à destination. Pour ce dernier travail, il réclame l'assistance de ses voisins ; c'est là une règle reçue, et jamais ce service ne se refuse, car il se rend à charge de revanche.

La culture du lin est donc très-lucrative ; malheureusement elle est loin d'être sûre. Aussi M. Moissenet cherche à lui substituer celle de la betterave, quoique celle-ci soit moins productive, comme on l'a vu dans un chapitre précédent (chap. XXI, p. 464). Les terres des Moëres ont porté trop fréquemment du lin ; on y avait recours impunément alors que le polder paraissait inépuisable. Mais maintenant il arrive souvent qu'alors qu'il a atteint une hauteur de 4 à 5 centimètres et qu'il offre les plus belles apparences, il *brûle*, c'est-à-dire devient tacheté de rouge pour disparaître complétement au bout de 48 heures. On affirme qu'une fois que cet accident s'est produit dans une pièce de terre, il se manifeste de nouveau, ne recourût-on à des ensemencements en lin que quarante ans plus tard, même après les cultures les plus soignées et en ayant eu soin d'employer des fumures abondantes et appliquées convenablement. Il est difficile de vérifier de telles allégations, mais il n'est pas possible de ne pas les enregistrer. M. Moissenet nous les a affirmées et déjà nous en avions reçu la communication de la part de M. Regodt (voir chap. XII, p. 340).

# CHAPITRE XXV



Il sera sans doute jugé intéressant de pouvoir établir le bilan de l'exploitation de M. Moissenet, car ce sera le moyen le meilleur de bien apprécier, par la comparaison des produits en argent, la supériorité de la valeur d'un système de culture perfectionné avec restitution d'engrais abondants sur le mode routinier adopté par les cultivateurs ordinaires des Moëres françaises et belges, et qui a été décrit en détail dans le chapitre XIII de cette étude (p. 342 à 349). Nous suivrons, pour établir ce nouveau bilan, la marche déjà adoptée dans le cours de cet ouvrage. Par conséquent, nous ferons d'abord le compte du produit brut des terres en labour. Si l'on se reporte au tableau des ensemencements faits par M. Moissenet en 1868 (chap. XVIII, p. 433), et aux détails donnés déjà sur les diverses cultures, on verra que ce compte fournit les résultats suivants :

| Hectares. | | Fr. |
|---|---|---|
| 78.43 | en blé à 40 hectol. de grain par hectare, soit 3,137 hectol. 20 à 22 fr . . . . . . . . . . . . | 69,018.40 |
| — | en paille à 6,400 kil. par hectare, soit 501,952 kil. à 35 fr. les 1,000 kil. . . . . . . . . . . | 17,568.32 |
| 19.07 | en avoine à 54 hectol. de grain par hectare, soit 1,029 hectol. 78 à 11 fr. l'hectol . . . . . . . | 11,327.58 |
| — | en paille à 6,000 kil. par hectare, soit 116,420 kil. à 20 fr. les 1,000 kil. . . . . . . . . . | 2,328.40 |
| 1.64 | en seigle à 32 hectol. par hectare, soit 52 hectol. 48 à 13 fr. 50 l'hectol. . . . . . . . . . . | 708.48 |
| — | en paille à 4,000 kil. par hectare, soit 6,560 kil. à 60 fr. les 1,000 kil. . . . . . . . . . | 393.60 |
| 8.54 | en féveroles à 23 hectol. de grain par hectare, soit 196 hectol. 42 à 18 fr. l'hectol . . . . . . | 3,375.56 |
| — | en paille à 7,950 kil. par hectare, soit 67,893 kil. à 20 fr. les 1,000 kil. . . . . . . . . . | 1,357.86 |
| 29.10 | en betteraves à 568 fr. l'hectare vendu la récolte enracinée . . . . . . . . . . . . . . . | 16,528.80 |
| 13.04 | en pois à 43 hectol. 5 de grain par hectare, soit 560 hectol. 72 à 20 fr. l'hectol . . . . . . . | 11,214.40 |
| — | en paille à 6,000 kil. par hectare, soit 78,240 kil. à 20 fr. les 1,000 kil. . . . . . . . . . | 1,564.80 |
| 7.38 | en lin à 1,534 fr par hectare, la récolte vendue sur pied . . . . . . . . . . . . . . . | 11,320.92 |
| 3.93 | en pommes de terre à 5,400 kil. par hectare, soit 21,222 kil. à 6 fr. les 100 kil . . . . . . . | 1,273.32 |
| 5.06 | en trèfle à 1,450 bottes de 4 kilog. par hectare pour la première coupe, et 1,100 bottes pour la seconde, soit 2,250 bottes par hectare, ou en tout 51,612 k. à 120 fr. les 1,000 kil., soit. | 6,193.44 |
| 2.21 | en luzerne à 1,250 bottes de 4 kilog. par hectare pour la première coupe, 350 pour la deuxième, 450 pour la troisième, soit 2,550 bottes par hectare, ou en tout 22,542 kilog. à 120 fr. les 1,000 kilog. . . . . . . . . . . . . . | 2,705.04 |
| 168.40 | Total pour les terres en labour . . . | 156,878.90 |

Soit par hectare en culture . . . 931 fr. 58

Ce résultat est non-seulement très-supérieur à celui
obtenu dans les fermes ordinaires des Moëres qu'il dépasse
de 66 pour 100, mais il est encore au-dessus de ceux
déjà si remarquables constatés sur les fermes d'Armbouts-
Cappel et de Killem, où nous avons trouvé de 820 à
830 fr. alors que les pailles étaient cependant comptées à
des prix beaucoup plus élevés.

Il faut maintenant envisager la culture dans tout son
ensemble, c'est-à-dire faire entrer dans les calculs les
terres en pâtures et autres et leurs produits. Il y a 60 hectares 69 ares en pâtures, et 6 hectares 72 ares en cours,
jardins et terrains occupés par les bâtiments.

Le cheptel vivant doit être estimé de la manière suivante :

| | |
|---|---:|
| 30 chevaux à 600 fr. chacun . . . . . . . . . . . | 18,000 fr. |
| 2 baudets à 140 fr. chacun . . . . . . . . . . . | 280 |
| 20 vaches à lait 450 fr. chaque. . . . . . . . . . | 9,000 |
| 75 bêtes bovines d'élevage dont 40 d'un an et au-<br>dessous à 100 fr. chaque, et 35 de 1 à 2 ans<br>à 300 fr. . . . . . . . . . . . . . . . . . . . . | 14,500 |
| 28 bœufs à l'engrais, à 500 fr. chacun. . . . . . | 14,000 |
| 232 moutons à 30 fr. chaque . . . . . . . . . . | 6,960 |
| 12 porcs à 60 fr. l'un . . . . . . . . . . . . . . | 720 |
| 100 volailles . . . . . . . . . . . . . . . . . . . | 300 |
| Valeur totale du cheptel vivant . . . . . | 63,760 fr. |

Ce capital à 5 pour 100 correspond à un intérêt de
3,188 fr. qui doit entrer dans les frais généraux annuels ;
mais avant de calculer ceux-ci, il faut évaluer les produits animaux.

En ramenant tout le bétail à la même unité, on trouve

qu'il y a en tout, sur les 236 hectares environ exploités
par M. Moissenet, 147 têtes de gros bétail, soit à peu
près 2 tiers de tête par hectare ; c'est le double de ce
qu'on rencontre sur les autres fermes des Moëres.

M. Moissenet prépare chaque année pour la boucherie
20 têtes de gros bétail, 35 à 40 agneaux mâles, 25
à 30 brebis grasses ; il a en outre la laine de son troupeau qui donne par toison 3 kilog. et demi en moyenne ;
il a vendu ou consommé en 1868 pour 2,165 fr. de beurre
produit par les vingt vaches, plus 205 fr. d'œufs et 509 fr.
de volailles. Il faut d'ailleurs que nous tenions compte
du fumier produit par l'écurie, l'étable et la bergerie,
ainsi que du travail des chevaux.

Les bêtes bovines restent à l'étable six mois ou 195
jours ; le reste du temps, elles sont sur les pâtures et
nous ne devons rien compter pour le fumier qu'elles y
laissent, puisque nous ne faisons pas intervenir non plus
la nourriture qu'elles y prennent. Les moutons fournissent
aussi du fumier pendant toute l'année soit à l'étable, soit
par le parcage. Le travail des chevaux est fourni pendant
265 jours par an. Nous pouvons en conséquence estimer
ainsi qu'il suit les produits animaux de la culture de
M. Moissenet.

| | |
|---|---:|
| 20 bêtes bovines grasses à 540 fr . . . . . . . . . . | 10,800 fr. |
| Beurre. . . . . . . . . . . . . . . . . . . . . . . . | 2,165 |
| 35 agneaux mâles à 30 fr. l'un. . . . . . . . . . | 1,050 |
| 25 brebis grasses à 45 fr. l'une. . . . . . . . . . | 1,125 |
| 232 toisons de 3 kilog. 5 chaque à 1 fr. 60 le kilog. | 1,300 |
| Porcs . . . . . . . . . . . . . . . . . . . . . . . . | 720 |
| *A reporter* . . . . . . . . | 17,160 fr. |

| | |
|---|---:|
| *Report*. . . . . . . | 17,160 fr. |
| Œufs et volailles . . . . . . . . . . . . . . . . . . . | 714 |
| Fumier de l'étable, 195 jours $\times$ 123 $\times$ 0 fr. 25. . | 5,996 |
| Fumier des moutons et parcage, 365 jours $\times$ 232 $\times$ 0 fr. 04 . . . . . . . . . . . . . . . | 3,387 |
| Fumier de l'écurie, 365 jours $\times$ 32 $\times$ 0 fr. 18. . | 2,102 |
| Fumier des porcs et de la basse-cour . . . . . . . | 250 |
| Travail des chevaux, 265 journées $\times$ 30 $\times$ 3 fr.. | 23,850 |
| Travail des baudets, 265 jours $\times$ 2 $\times$ 1 fr. 50. . | 795 |
| Valeur totale des produits animaux . . . . . | 54,254 fr. |

Aux valeurs de fumier mentionnées dans ce tableau il faut encore ajouter l'estimation de l'engrais provenant des composts faits par M. Moissenet, avec les produits du faucardement des fossés de son exploitation et des pailles qui ne passent pas par les écuries, par les étables ou les bergeries. Ces fumiers végétaux doivent être estimés valoir 4,485 fr., somme à ajouter aux produits végétaux ci-dessus détaillés.

Par conséquent, le produit brut cultural total est le suivant pour toute la culture :

| | |
|---|---:|
| Produits végétaux. . . . . . . . . . . . . . . . | 161,364 fr. |
| Produits animaux. . . . . . . . . . . . . . . . | 54,254 |
| Total pour 235 hectares 81 ares . . . . | 215,618 fr. |
| Soit par hectare moyen . . . . . . 914 fr. | |

Si nous voulons passer au produit brut social, nous devons retrancher de cette somme les semences qui reviennent aux champs, les pailles qui sont consacrées à la production du fumier, le fumier qui rentre dans la terre, le travail des chevaux qui est employé sur la ferme, c'est-à-dire tout ce qui ne peut pas être compté comme

enrichissant le domaine public ou constituant une valeur
pour la société. Les valeurs à déduire du produit brut
cultural sont donc les suivantes :

|  |  | Fr. |  |
|---|---|---:|---:|
| _Semences._ | Blé, 41 fr. 85 × 78.43 ........ | 3,282.20 | |
| — | Avoine, 28 fr. × 19.07 ........ | 533.96 | |
| — | Seigle, 2 hectol. × 13 fr. 50 × 1.64. | 22.14 | |
| — | Féveroles, 68 fr. × 8.54 ....... | 580.72 | |
| — | Betteraves, pour _mémoire_, la graine étant fournie par les acheteurs... | » | Fr. 6,111.02 |
| — | Pois, 1 hectol. 50 × 20 fr. × 13.04 . | 391.20 | |
| — | Lin, 120 fr. × 7.38 ......... | 885.60 | |
| — | Trèfle, 17 fr. 90 × 5.06 ........ | 90.57 | |
| — | Luzerne, 18 fr. × 2.21 ........ | 39.78 | |
| — | Pommes de terre, 75 fr. × 3.93 .... | 294.75 | |
| Pailles......................... | | | 23,212.98 |
| Fumier......................... | | | 16,200.00 |
| Travail des chevaux et des baudets ........... | | | 24,645.00 |
| Total à déduire du produit brut cultural .... | | | 70,169.00 |
| Reste pour le produit brut social ........ | | | 145,440.00 |

Ce produit brut social qui doit faire face à toutes les
dépenses autres que celles des semences, du fumier et
du travail des attelages, ainsi qu'aux bénéfices de l'exploitation, se décompose ainsi qu'il suit pour toute la
culture de M. Moissenet et par hectare :

|  | Pour 235 hectares 84 ares.<br>Fr. | Par hectare.<br>Fr. |
|---|---:|---:|
| Produits végétaux .............. | 127,555 | 540.92 |
| Produits animaux ............. | 17,894 | 75.88 |
| Totaux ..... | 146,449 | 616.80 |

Ce produit est de 50 pour 100 supérieur à celui que
donne une ferme ordinaire des Moëres (voir chap. XIII,

p. 346) ; il est à peu près le même que celui des belles
fermes de Killem et d'Armbouts-Cappel, supérieur à celui
de Rexpoëde, mais un peu moindre que celui obtenu à
Masny (t. I de l'*Agriculture du Nord*, p. 282).

Le système adopté par M. Moissenet a donc produit
des résultats remarquables attestés déjà par les produits
bruts ; il faut encore l'examiner au point de vue des bénéfices. Pour y arriver, nous devons calculer tous les frais.

Nous commencerons par établir l'état des frais généraux, qui doivent renfermer les intérêts du capital
employé.

Nous avons déjà donné plus haut la valeur du cheptel
vivant qui s'élève à 63,760 fr. Voici le tableau de la valeur
du cheptel inerte :

| | |
|---|---:|
| 15 charrues à 120 fr. l'une..................... | 1,800 fr. |
| 24 herses à 20 fr............................. | 480 |
| 3 scarificateurs à 300 fr..................... | 900 |
| 8 rouleaux à 100 fr. ................. ..... | 800 |
| 3 binots à 70 fr....... ..................... | 210 |
| 3 ploegs à 65 fr............................. | 195 |
| 1 charrue Demesmay....................... | 120 |
| 4 semoirs à 300 fr.... ................... .... | 1,200 |
| 15 chariots à 600 fr........................ | 9,000 |
| 8 tombereaux à 150 fr...................... | 1,200 |
| 2 tonneaux à purin à 750 fr................. | 1,500 |
| 3 machines à battre à 1,500 fr............... | 4,500 |
| 1 machine locomobile à vapeur.............. | 6,000 |
| 1 baratte à manége....................... | 400 |
| 2 appareils à cuire les aliments du bétail à 300 fr. l'un. | 600 |
| 2 coupe-racines pour le gros bétail à 100 fr.... | 200 |
| 1 coupe-racines pour les moutons............. | 150 |
| 1 hache-paille............................. | 90 |
| *A Reporter*....... | 29,345 fr. |

|                                                                          |            |
| ------------------------------------------------------------------------ | ---------- |
| *Report*.......                                                          | 29,345 fr. |
| 1 laveur de racines.........................                             | 120        |
| Braquettes, fourches, pelles, faux, râteaux et autres instruments à main.................... | 500 |
| 2 moulins à vis d'Archimède à 30,000 fr. chacun..                        | 60,000     |
| 1 machine d'épuisement à vapeur.............                             | 40,000     |
| Total..........                                                          | 129,965 fr. |

Ce capital, à 15 pour 100 par an à cause de l'entretien
et de l'usure, correspond à une dépense annuelle de
19,545 fr. 25.

Pour calculer les frais généraux que nous avons répartis
sur chaque hectare dans l'établissement des prix de revient,
nous avons encore à tenir compte des salaires des chefs de
culture, des intérêts des capitaux employés en bâtiments,
etc. Tous ces frais sont détaillés dans le tableau suivant :

|                                                                          | Fr.       |
| ------------------------------------------------------------------------ | --------- |
| Intérêts à 5 pour 100 du cheptel vivant..........                        | 3,188.00  |
| Intérêts à 15 pour 100 du cheptel mort.. ........                        | 19,545.25 |
| 3 chefs de culture à 1,500 fr. chacun (un conduit en même temps la machine à tympan)........ | 4,500.00 |
| 2 meuniers pour les moulins à vis d'Archimède, à 1,000 fr........................ | 2,000.00 |
| Loyer des 6 hectares 74 ares employés en cours, bâtiments, jardins, à 62 fr. l'hectare, surface improductive directement et qui doit grever les terres en culture......................... | 416.64 |
| Impôts de ces 6 hectares 74 ares à 6 fr. par hectare.                    | 40.32     |
| Frais de faucardement, curage et entretien des fossés.                   | 800.00    |
| Frais de charbon pour la machine à vapeur de la roue à tympan, frais de la mise en marche des moulins (en d'autres termes épuisement, non compris les salaires des deux meuniers et du conducteur de la machine).................. | 750.00 |
| *A Reporter*.......                                                      | 31,240.21 |

|  |  |
|---|---|
| *Report*....... | 31,240.21 |
| Intérêts à 6 pour 100 du capital des bâtiments d'exploitation évalués à 60,000 fr............ | 3,600.00 |
| Intérêts à 5 pour 100 du capital-engrais (fumier 16,200 fr., guano 30,000 kilog. à 320 fr. les 1,000 kilog., soit 9,600 fr., en tout 25,800 fr.). | 1,290.00 |
| Intérêts à 10 pour 100 du mobilier des fermes évalué 6,000 fr........................ | 600.00 |
| Primes d'assurances......................... | 1,000.00 |
| Impôts des portes et fenêtres................. | 500.00 |
| Intérêts à 5 pour 100 du capital employé pour salaires (25,000 fr.) et pour achat de tourteaux (5,000 fr.). | 1,500.00 |
| Frais de direction à 64 fr. environ par hectare.... | 15,150.00 |
| Total des frais généraux...... | 54,880.21 |

C'est cette somme de 54,880 fr. qui, divisée par 235 hectares 81 ares, nous a donné la part proportionnelle de 232 fr. 73 par hectare que nous avons comptée dans le calcul des prix de revient et des bénéfices de la culture du blé, de l'avoine, des betteraves, des féveroles et du lin. M. Moissenet dans sa comptabilité ne porte aux frais généraux à répartir que 105 fr. 65 par hectare, ou en tout que 24,913 fr. 33, parce qu'il ne s'attribue aucun émolument comme directeur, et aussi parce qu'il ne demande pas un intérêt aussi grand que nous l'avons supputé pour les capitaux engagés. Il a parfaitement le droit d'agir ainsi. Mais comme nous faisons ces études sur l'agriculture du Nord afin de pouvoir faire des comparaisons et tirer des conséquences, nous avons le devoir de faire des rectifications, en les indiquant. Du reste, cela revient seulement à diminuer les bénéfices attribués aux cultures, sans rien changer au résultat final. Les bénéfices des cultures que nous avons calculés précédemment devraient être, selon M. Moissenet, augmentés de la différence 232.73 — 105.65 = 127.08 ; on aurait alors :

| Bénéfices de culture par hectare. | D'après nos calculs. Fr. | D'après M. Moissenet. Fr. |
|---|---|---|
| Pour blé après betteraves..... | 470.37 | 597.45 |
| — — lin........... | 491.92 | 619.00 |
| — — féveroles...... | 516.92 | 644.00 |
| Avoine.................... | 199.62 | 326.70 |
| Féveroles ................ | 0.92 | 128.00 |
| Betteraves................ | 143.77 | 270.85 |
| Lin ..................... | 906.08 | 1,033.16 |
| Bénéfices moyens.... | 389.94 | 517.02 |

Il est certain que la différence est grande, mais, nous le répétons, nous devons faire la part de la direction et des capitaux d'après des règles constantes.

Les dépenses brutes, soit totales, soit par hectare, de l'exploitation de M. Moissenet, peuvent maintenant s'établir sans difficulté ainsi qu'il suit :

| | Pour 235 hectares 81 ares. Fr. | Par hectare. Fr. |
|---|---|---|
| Fermage................. ..... | 14,620.22 | 62.00 |
| Salaires, nourriture et gages...... | 32,300.00 | 136.98 |
| Semences ................... | 6,111.02 | 25.91 |
| Fumier et engrais achetés.. ...... | 25,800.00 | 109.40 |
| Nourriture du bétail. ........... | 39,657.32 | 167.33 |
| Travail des chevaux...... ....... | 21,645.00 | 104.51 |
| Impôt foncier, impôts divers, primes d'assurance.................... | 2,914.86 | 12.36 |
| Charbon de terre et menues dépenses. | 1,500.00 | 6.36 |
| Intérêts du capital d'exploitation... | 26,133.25 | 110.82 |
| Intérêts des bâtiments........... | 3,600.00 | 15.26 |
| Direction de l'exploitation........ | 15,150.00 | 64.24 |
| Totaux..... | 192,431.67 | 815.17 |
| A déduire du produit brut cultural. | 215,618.00 | 914.00 |
| Bénéfices... | 23,186.33 | 98.83 |

Si à ce chiffre de 98 fr. 83 nous ajoutons celui de 64 fr. 24 déjà attribué à l'exploitant pour la rémunération de ses soins et de son travail, on arrive à un total de 163 fr. 07 qui est évidemment très-remarquable, et cela d'autant plus que des intérêts très-suffisants ont déjà été alloués aux capitaux engagés. Lors même qu'on augmenterait beaucoup le taux du fermage, il resterait une rémunération très-belle pour le cultivateur de Sainte-Flore.

Les capitaux engagés dans la culture de M. Moissenet sont les suivants ; ils s'élèvent à 1,400 fr. environ par hectare ; nous les rapprochons des intérêts qui leur sont attribués dans les comptes ci-dessus :

| | Capitaux engagés. | Taux de l'intérêt. | Intérêts attribués. |
|---|---|---|---|
| Cheptel vivant. . . . . | 63,760 fr. | 5 pour 100 | 3,180 fr. |
| Cheptel inerte. . . . . . . | 130,235 — | 15 — | 19,545 |
| Engrais confiés au sol. | 25,800 — | 5 — | 1,290 |
| Mobilier . . . . . . . . . . | 6,000 — | 10 — | 600 |
| Bâtiments d'exploitation . . . . . . . . . . . . . | 60,000 — | 6 — | 3,600 |
| Fonds de roulement pour salaires, achat de tourteaux , etc. | 30,000 — | 5 — | 1,500 |
| Semences. . . . . . . . . | 6,111 — | » — | » |
| Totaux. . . . | 321,906 fr. | » — | 29,723 fr. |

Taux moyen auquel le capital est déjà payé dans les frais. 9 fr. 23 pour 100.

Il faut ajouter, il est vrai, que des pertes sont possibles sur quelques-uns des articles, qu'il y a en outre des frais de réparation, d'entretien, de remplacement. Mais tout est largement couvert. En effet, la terre qui, dans les Moëres, vaut de 1,600 à 1,800 fr. l'hectare, rapporte, d'après le loyer compté, 3.44 pour 100 ; les capitaux engagés tant en bâtiments, qu'en cheptel, engrais, semences, fonds de roulement, touchent 9.25 pour 100, et l'exploitant a en outre plus de 38,000 fr. tant pour son travail que pour ses bénéfices.

Maintenant que nous connaissons dans tous leurs détails les divers frais qu'exige la culture de M. Moissenet, nous pouvons donner au produit brut social plus haut trouvé la forme conventionnelle adoptée pour comparer entre elles les diverses exploitations du Nord, forme que M. de Lavergne a prise pour ses études sur l'économie rurale de la France et de l'Angleterre, et qui permet de bien mesurer les divers degrés d'avancement de l'agriculture. Nous trouvons :

|  | | Pour<br>235 hect. 84 ares.<br>Fr. | Par hectare.<br><br>Fr. |
|---|---|---|---|
| Rente du sol ou fermage.............. .. | | 14,620 | 62.00 |
| Intérêts du capital d'exploitation. 26,123 fr.<br>Loyer des bâtiments.......... 3,600 fr. | | 29,723 | 126.00 |
| Impôts............................... | | 2,915 | 12.36 |
| Salaires .......... ................. | | 32,300 | 136.98 |
| Frais accessoires (dont *engrais*<br> *importés* ................. 9,600 fr.). | | 27,555 | 116.80 |
| Direction de l'exploitation..... 15,150 fr.<br>Bénéfices de l'exploitant...... 23,186 fr. | | 38,336 | 163.07 |
| Totaux............ | | 145,449 | 616.80 |

Si l'on ajoutait l'intérêt du capital, non compris les bâtiments qui doivent être considérés comme dus au propriétaire du sol, et par conséquent comme nécessairement joints au loyer de la terre ou fermage, ce qui porterait celui-ci à 18,000 fr. environ, on trouverait 64,000 fr.

pour la part de l'exploitant, tandis que l'impôt serait de
3,000 fr., les salaires de 32,000 fr., et enfin les frais
accessoires pour engrais achetés, nourriture importée et
autres menus frais, de 28,000 fr., sur une somme totale
de 145,000 fr. de produits réalisables. En réduisant le
tout par hectare de superficie, on trouve à peu près le
résultat suivant :

| | |
|---|---:|
| Rente du sol. | 62 fr. |
| Intérêts du capital | 100 |
| Loyers des bâtiments. | 26 |
| Impôts | 12 |
| Frais accessoires. | 117 |
| Salaires | 137 |
| Bénéfices. | 163 |
| Total | 617 fr. |

Ces chiffres dénotent une culture déjà très-avancée, et
qui certainement ne tardera pas à atteindre le maximum
de la culture intensive. Le produit brut social est pour
les cultures de M. Moissenet de 212 fr. supérieur à celui
qu'on obtient dans le reste des Moëres, c'est-à-dire de
50 pour 100 au-dessus, et il ne tardera pas à devenir le
double. Ce résultat sera atteint aussitôt que M. Moissenet
aura pu créer dans le centre des Moëres, tant belges
que françaises, le long du chemin du Nord, en France
et avant d'arriver à la frontière de Belgique, l'importante distillerie que nous avons annoncée et qui permettra
de beaucoup accroître l'entretien du bétail, en conservant pour les terres arables tous les principes importants
de fécondité, et de n'exporter que des éléments carbonés,
hydrogénés et oxygénés.

# CHAPITRE XXVI



CONSIDÉRATIONS DE STATIQUE CHIMIQUE

Pour se prononcer sur la question de savoir si un système de culture épuise une terre, ou bien s'il conserve
ou même accroît la fertilité d'un domaine, il paraît
simple de rechercher si les éléments nutritifs des plantes
se maintiennent dans le sol arable en quantité ou plus
faible, ou constante, ou plus grande. Malheureusement
une telle recherche rencontre des difficultés presque insur-
montables. Des modifications appréciables dans une terre
cultivée ne se produisent que sous l'influence d'un temps
très-long; il faudrait, pour les constater, pouvoir comparer
des résultats d'analyses chimiques bien faites, obtenus en
remontant à des époques éloignées, avec ceux que fourni-
raient des analyses entreprises très-postérieurement. Or, il
est impossible de suppléer à l'absence de tout travail fait
autrefois dans le but de déterminer le degré de fertilité

des terres des Moëres. On sait seulement, comme nous l'avons constaté, que les premiers fermiers qui s'établirent dans le marais assaini et desséché, obtinrent longtemps de riches moissons en cultivant le blé, l'orge, l'avoine, les fèves, le colza et le lin ; ils exportèrent à outrance, non-seulement les grains, mais encore les pailles ; n'ayant pas de pâturages, n'entretenant que peu de bétail, ne faisant que très-peu de fumier, ils pratiquèrent l'épuisement sur une vaste échelle, jusqu'à ce qu'enfin la diminution manifeste des récoltes (voir chap. XII, p. 338) les engagea à changer de système. Aujourd'hui on assiste à la transformation de l'ancien mode d'exploitation. On apporte du guano et on fait du fumier de plus en plus. Mais en général, l'exportation excède encore l'importation. On enlève d'ailleurs, en rejetant les eaux de l'intérieur des Moëres dans le Rincksloot et de là dans la mer, une assez grande quantité de matières fertilisantes. On pourrait, on devrait faire des irrigations en emmagasinant les eaux dans des réservoirs qui seraient alimentés par les moulins à vent et les machines à vapeur, exclusivement employés maintenant à l'épuisement des eaux aux époques où elles affluent en trop grande quantité. Les eaux des Moëres sont, il est vrai, légèrement salées. Nous en avons recueilli un échantillon lors d'une de nos visites faite le 13 novembre 1868, en puisant dans le fossé longeant le chemin du Sud, du côté du cavel 91 (voir planche 15, p. 307). Le niveau de l'eau était à 0$^m$.70 au-dessous du sol des champs. Cette eau très-limpide et sans odeur, avait une saveur franchement salée. Par l'évaporation, elle a laissé un résidu cristallin du poids de 3 gr. 50 par litre, ce résidu a bruni sous l'action de la chaleur; il était formé par les deux tiers environ de chlorure de sodium ou sel ordinaire. La proportion du sel par litre, a été trouvée de 2 gr. 28. D'où vient ce sel? Faut-il admettre que c'est un reste de celui apporté par les eaux de la mer, lors de la dernière inondation océanique en 1793. Au bout de 75 ans, l'effet de l'inondation d'eau salée se ferait encore sentir dans cette hypothèse, quoique les eaux pluviales lavent chaque année la couche arable et soient en grande partie rejetées par les moulins et les machines à vapeur hors de l'ancien marais. Ne peut-on pas plutôt supposer que le sel remonte du fond? Le sous-sol des Moëres est perméable. A une profondeur de 1ᵐ.50 environ (voir fig. 17, page 256), on est au niveau de la basse mer, et par conséquent on doit rencontrer la nappe souterraine permanente, qui est en communication avec l'Océan. Pendant les hautes mers, une pression de quelques mètres d'eau doit agir pour faire remonter les eaux du fond vers la surface, quoique la distance à la mer soit de 3 à 4 kilo-mètres. Il y a dans cette disposition des lieux, un jeu de la nature qui entretient dans une certaine mesure la fertilité des Moëres, car les sucs nourriciers des plantes ne peuvent pas descendre malgré la perméabilité du sol ; ils sont ramenés au contact des racines. Mais d'un autre côté, le sel peut agir pour obstruer celles de ces racines qui pénétreraient à de trop grandes profondeurs. De là, une difficulté très-grande de traiter la question de statique chimique agricole dans les mêmes termes que nous l'avons fait dans nos études sur les fermes de M. Fiévet et de M. Vandercolme.

Il y a pour le cas des Moëres un apport naturel du fond vers la surface dont il est, dans l'état de nos connaissances, impossible d'estimer la valeur. Cet apport, utile dans certaines circonstances, est peut-être nuisible dans d'autres, et c'est de ce côté qu'il faudra porter son attention afin de chercher à expliquer pourquoi la récolte du lin est tout à fait impossible aujourd'hui dans certaines parties des Moëres. Quoi qu'il en soit, il est certain que le sol de l'ancien marais présente aujourd'hui une fertilité acquise très-notable, ainsi qu'il résulte des quatre analyses suivantes faites après dessiccation, sur quatre échantillons de terres qui nous ont été envoyés par M. Moissenet, savoir : I et III pris dans le cavel 86 sur un sous-sol argileux, la couche arable ayant pour I une épaisseur de 28 à 30 centimètres, et pour III de 40 à 45 ; II pris dans le cavel 50 sur un sous-sol sablonneux placé à une profondeur de 25 à 30 centimètres ; IV pris dans le cavel 34 sur un sous-sol également sablonneux, la couche arable ayant de 18 à 20 centimètres seulement :

|  | I. | II. | III. | IV. |
|---|---|---|---|---|
| Matières organiques......... | 4.46 | 5.95 | 3.58 | 3.50 |
| Carbonate de chaux........ | 9.10 | 8.20 | 8.40 | 2.00 |
| Phosphate de chaux tribasique. | 1.70 | 1.98 | 1.87 | 1.24 |
| Sels alcalins .............. | 0.89 | 0.26 | 0.34 | 0.50 |
| Sable et pertes............. | 83.85 | 83.61 | 85.81 | 92.76 |
| Totaux....... | 100.00 | 100.00 | 100.00 | 100.00 |
| Azote pour 1000........... | 1.86 | 1.80 | 1.56 | 1.56 |

Dans les sels alcalins, le rapport de la potasse à la soude se trouve à peu près celui de 1 à 30.

La forte proportion de phosphate de chaux sera certainement remarquée : elle est beaucoup plus grande que celle que nous avons constatée dans le sable des dunes de Dunkerque qui, lavé par l'eau, nous a donné la composition suivante :

| | I. | II. | III. |
|---|---|---|---|
| | Sable pris à un endroit encore recouvert par la mer dans les marées hautes. | Sable des dunes qui ne sont plus recouvertes par la mer. | Sable employé pour le fumier de la ville de Bergues. |
| Carbonate de chaux. | 9.80 | 7.30 | 6.20 |
| Phosphate de chaux.. | 0.79 | 0.71 | 0.92 |
| Silice.............. | 89.40 | 91.70 | 92.50 |
| Fer et alumine...... | 0.01 | 0.29 | 0 38 |
| Totaux.... | 100.00 | 100.00 | 100.00 |

Le sable de la mer renferme un grand nombre de coquillages entièrement solubles dans l'acide azotique et contenant du phosphate de chaux en assez grande proportion. L'analyse précédente a été faite sur du sable dont on avait séparé les coquillages.

Il résulte de ces déterminations que les terres des Moëres présentent une grande accumulation de quelques-uns des principes utiles aux plantes. Ainsi, par exemple, en bornant le calcul à l'acide phosphorique seul, et en supposant que les plantes peuvent puiser leurs principes nutritifs dans une couche limitée à une profondeur de 25 centimètres, un hectare contient au moins 23,000 kilog. d'acide phosphorique. Or, on a vu antérieurement (ch. XIX, page 445) que la vente d'une récolte de blé en 1869, malgré les forts rendements obtenus par M. Moissenet, ne correspond qu'à un enlèvement de 16 kilog. d'acide phosphorique. Il faut s'empresser d'ajouter que, pour tous les éléments minéraux, la provision contenue dans le sol est loin d'être également considérable. Ainsi, un hectare, sous une épaisseur de 25 centimètres, ne renferme que 480 kilog. de potasse. Or, la vente annuelle du blé correspond à une exportation de 12 kilog., de telle sorte que la quantité totale serait épuisée en quarante ans, s'il n'y avait pas des restitutions suffisantes. Ce fait explique parfaitement pourquoi, dans les parties des Moëres qui ont été soumises à un système de culture consistant à toujours extraire du sol, sans y rien rapporter, consistant même à n'entretenir que très-peu de bétail, lequel bétail est aussi un consommateur qui n'a pour avantages que de moins prendre à la terre, on a constaté, comme nous l'avons vu, une diminution graduelle de fertilité. Quelques éléments fertilisants existent en quantités assez considérables, pour que, en ce qui les concerne, l'épuisement ne puisse se manifester qu'après des siècles. Mais pour d'autres éléments, l'effet est sensible au bout d'un petit nombre d'années. Les théories chimiques sont complétement d'accord avec les faits d'expérience pour démontrer ce théorème agricole : « La fertilité d'un champ n'est conservée qu'à la condition que les restitutions directes ou indirectes des éléments constitutifs des récoltes équivalent au moins aux exportations. »

# CHAPITRE XXVII



Au commencement du dix-septième siècle, les Flandres étaient déjà renommées pour leur agriculture avancée; le commerce et l'industrie y étaient florissants, malgré les intermittences que les troubles politiques et les guerres apportaient à la prospérité publique. Les trois villes de Dunkerque, Furnes et Bergues ont une histoire qui atteste la vigueur et le génie industriel de leurs populations. Des canaux facilitaient les relations commerciales entre ces trois cités. Mais le triangle dont elles sont les trois sommets était un vaste et insalubre marécage. Une cuvette profonde avec des bords moins élevés que la mer dans ses hautes marées recevait à la fois des eaux douces et des eaux salées dont le mélange donnait lieu à des émanations pestilentielles qui portaient souvent la mort au loin dans les campagnes et dans les villes. Dessécher ces 3,278

hectares couverts d'une saumure infecte, surface qui semblait maudite et à travers laquelle passait cependant la
ligne idéale d'une frontière séparant la France et les possessions autrichiennes, fut la pensée et l'œuvre de
Cobergher. Par l'énergique effort d'un homme, la vie a
succédé à la mort. Le travail a fécondé des terres en
apparence vouées à une éternelle stérilité. Ce miracle
humain ne fut accompli qu'avec d'immenses souffrances.
Deux siècles y furent consacrés. L'œuvre du desséchement
et de la mise en culture par d'intrépides cultivateurs rencontra et le dénigrement et le mépris des droits conquis
par les plus durs labeurs. L'aveuglement et les passions,
puis tous les fléaux des guerres retardèrent le moment où
enfin la victoire de l'agriculture fut complète. De 1620 à
1820, les eaux salées furent chassées cinq fois, et jusqu'à
quatre fois revinrent sur un sol qu'elles semblaient ne
vouloir abandonner qu'à regret. Enfin la charrue règne sous
la protection de la machine d'épuisement mue par le vent
ou même encore par la vapeur, la force immense dont
l'homme a fait une esclave pour dompter la nature. Et
puis, comme toujours, le conquérant a voulu jouir, jouir
vite et beaucoup. La terre sauvée des eaux a été exploitée
à outrance et sans prévoyance. L'épuisement allait succéder
à une riche production. La science a montré l'écueil. Le
péril est désormais conjuré, parce qu'on sait qu'en agriculture il faut obéir à la loi de restitution des principes
fertilisants en proportion des principes contenus dans les
récoltes exportées du domaine. Au lieu de courir vers la
stérilité, les cultivateurs des Moëres peuvent accroître la

fertilité de leurs champs de manière à atteindre, sinon
dépasser, le niveau des terres réputées les plus riches.
Pour obtenir ce résultat, on a dépensé quatre millions et
demi environ ; on eût pu faire la conquête à un prix moins
élevé, mais il a fallu payer les fautes des temps les plus
malheureux. Or, que possède-t-on? En défalquant les
routes et les chemins, les canaux et les fossés, on possède
3,150 hectares, d'une valeur totale de 5 millions et demi
tout au moins, en ne comptant que 1,750 fr. par hectare
en moyenne. Chaque année l'ensemble des produits réalisables (céréales, viande, lins, etc.) est aujourd'hui de
1,326,000 fr. ; il pourrait être de 2 millions si toutes les
terres étaient amenées au même degré de prospérité que
celles exploitées par le propriétaire actuel des Mille-
Mesures. Le taux des fermages s'élève à 240,000 fr.
environ, soit près de 4 et demi pour cent de la valeur
foncière, et plus de 5 pour 100 du capital employé à
changer un marais pestilentiel en une terre qui porte
d'abondantes moissons. La France et la Belgique perçoivent
50,000 fr. d'impôts sur cette même terre ; les fermiers ou
exploitants du sol ont 388,000 fr. de bénéfices. Les capitaux employés par les fermiers s'élèvent à 2,370,000 fr.
qui rapportent 123,000 fr., soit de 5 à 6 pour 100. Il y
a plus de 300,000 fr. de salaires payés annuellement aux
ouvriers. Enfin 125,000 fr. sont employés en frais accessoires de toutes sortes, y compris l'entretien du desséchement. Ces chiffres sont assez éloquents pour dispenser de
tout commentaire. Peut-on prétendre, après un tel exemple,
que les entreprises agricoles ne sont pas productives? Ne

doit-on pas dire, au contraire, qu'il n'en est pas de plus dignes du génie de l'homme? Si elles exigent le temps et la persévérance, elles récompensent toutes les peines et rémunèrent tous les sacrifices.


FIN DE L'ÉTUDE SUR LES MOERES.

# TABLE DES PLANCHES

# TABLE DES FIGURES

# TABLE DES MATIÈRES

FIN DU DEUXIÈME VOLUME DE L'AGRICULTURE DU NORD.

www.ingramcontent.com/pod-product-compliance
Lightning Source LLC
LaVergne TN
LVHW021926170726
843501LV00001BA/138